よくわかる！

環境計量士試験 騒音・振動関係

《合格を確実にする》
出題内容の整理！
問題を解きながら学んで合格！！

編　著　学校法人・専修学校　環境学園専門学校
（執　筆）工学博士　久谷邦夫

弘文社

はしがき

　地球環境問題を始め，我々の生活環境の問題も大いに懸念される時代において，環境計量士に期待される役割も，非常に大きなものになりつつあります。この資格は取得できれば就職にも困らないという資格ですが，それだけにかなり取得の難しい資格であって合格率も 10～20％程度です。

　常日頃，環境技術者を目指す学生に対して環境問題について講義し，各種環境関連資格に関する国家試験受験指導を行い，また環境計量士などの受験のための通信教育をしている立場の著者は，それらの経験をもとに，先に「よくわかる環境計量士試験　濃度関係」を世に出し，化学分析の立場から環境計量に寄与しようという方のための資格取得支援を行いましたが，今般は，騒音・振動関係の環境計量士を目指す人々のためにも，同様の参考書を出版して，その方面から環境問題に貢献していただく人を増やしたいと願うものであります。

　最近，カラオケや携帯電話など，音を発する装置が我々の身の回りにもあふれてきていて，騒音・振動の問題も客観的に正確に測定する必要も増えており，そのような中で，騒音・振動区分の環境計量士の需要も増えています。

　また一つ，特殊な考え方ではありますが，最近，濃度関係の環境計量士資格を目指す人の中で，物理や計算の得意な方は，先に騒音・振動区分の資格を取得し，その後で濃度区分の受験を考える人も出てきております。たしかに，濃度区分の範囲は化学物質の種類の多さに比例して多岐にわたっているのに対して，騒音・振動関係のそれは波動の物理を中心とした比較的狭い範囲が対象となっているために，数式アレルギーの少ない方にとってはある程度受験しやすい試験になっていると考えられます。その合格後，濃度区分を受験するに際しては，計量法規と計量管理概論は免除され，より受けやすくなるというメリットがあります。

　この本は，本来騒音・振動の領域で仕事をされる方のためであることは言うまでもありませんが，濃度区分に先だって騒音・振動区分を受験される方のためにも，波動の基礎となる数学を中心に騒音および振動の理論を分かりやすく学習できるように配慮して書いております。その中で，基礎となる数学とその応用につながる美しい（と著者は思っている）体系をできるだけ分かりやすく説明しようとしたものでもあります。

　いずれにしても，環境計量士の資格を目指す多くの方々がこの資格を取得され，我々の身の回りの小さな問題から地球規模の大きな環境問題までの解決のために大いにその力を発揮していただくことをこい願うものであります。

著者

目　次

はしがき ……………………………………………………………… 3
この本の勉強の仕方 ………………………………………………… 12

受験案内

計量士の登録 ………………………………………………………… 13
受験資格 ……………………………………………………………… 13
試験科目の一部免除 ………………………………………………… 13
試験の期日 …………………………………………………………… 14
試験地 ………………………………………………………………… 14
試験の時間割 ………………………………………………………… 14
試験方法 ……………………………………………………………… 14
受験申込書類 ………………………………………………………… 15
試験願書用紙及び試験案内書の入手先 …………………………… 15
受験前の心構えと準備 ……………………………………………… 16

第1編　環境関係法規と物理基礎

1. 環境基本法 ………………………………………………………… 19
　1－1　環境基本法制定の背景と概要 …………………………… 19
　1－2　目的と定義 ………………………………………………… 20
　1－3　基本理念 …………………………………………………… 20
　1－4　国，事業者，国民の責務 ………………………………… 21
　1－5　環境保全に関する基本的施策 …………………………… 21
　1－6　環境審議会等の組織 ……………………………………… 23
　マスター！　重要問題と解説 …………………………………… 25
2. 騒音に係る環境基準 ……………………………………………… 29
　マスター！　重要問題と解説 …………………………………… 31

6　目　次

3. 騒音規制法 …………………………………………32
   - 3—1　法の目的 …………………………………32
   - 3—2　指定地域および特定施設 ………………32
   - 3—3　規制基準 …………………………………32
   - 3—4　特定建設作業に対する規制 ……………32
   - マスター！　重要問題と解説 …………………33
4. 振動規制法 …………………………………………39
   - 4—1　法の目的 …………………………………39
   - 4—2　地域指定 …………………………………39
   - 4—3　規制基準 …………………………………39
   - 4—4　特定建設作業に対する規制 ……………39
   - マスター！　重要問題と解説 …………………41
5. 力と運動および剛体の力学 ………………………45
   - 5—1　質点の運動，振動および衝突 …………45
   - マスター！　重要問題と解説（質点の運動） …48
   - マスター！　重要問題と解説（ばね及び振動） …52
   - マスター！　重要問題と解説（衝突） …………56
6. 流体の力学 …………………………………………59
   - 6—1　静止流体と圧力 …………………………59
   - 6—2　流体の運動 ………………………………60
   - マスター！　重要問題と解説 …………………61
7. 熱およびエネルギー ………………………………63
   - 7—1　熱と仕事 …………………………………63
   - 7—2　熱力学の法則 ……………………………63
   - 7—3　伝熱の基礎式 ……………………………65
   - マスター！　重要問題と解説 …………………66
8. 波 ……………………………………………………74
   - 8—1　波動 ………………………………………74
   - 8—2　音波 ………………………………………75
   - 8—3　光波とレンズ ……………………………76
   - マスター！　重要問題と解説 …………………79
9. 電気と磁気 …………………………………………91
   - 9—1　電気および電場 …………………………91

9－2　磁気および磁場 ………………………………92
　9－3　電気と磁気 ……………………………………93
　マスター！　重要問題と解説 ……………………………94
10．原子および原子核 ……………………………………110
　マスター！　重要問題と解説 ……………………………111
11．微分方程式の解き方 …………………………………116
　11－1　一階微分方程式 ……………………………116
　11－2　単振動の微分方程式 ………………………117
　11－3　抵抗項のある振動の微分方程式 …………119

第2編　音響・振動概論

1．波動および音波の理論 ………………………………127
　1－1　波の種類 ……………………………………127
　1－2　音の基礎 ……………………………………128
　マスター！　重要問題と解説（波動） …………………130
　マスター！　重要問題と解説（音の基礎） ……………133
2．騒音振動の基礎 ………………………………………136
　2－1　騒音の基礎 …………………………………136
　2－2　振動の基礎 …………………………………137
　マスター！　重要問題と解説（騒音の基礎） …………138
　マスター！　重要問題と解説（振動の基礎） …………139
3．デシベル ………………………………………………149
　3－1　レベル ………………………………………149
　3－2　音の強さのレベル …………………………150
　3－3　音圧レベル …………………………………150
　3－4　音響パワーレベル …………………………150
　3－5　騒音レベル …………………………………150
　3－6　振動レベルと振動加速度レベル …………151
　マスター！　重要問題と解説（レベル） ………………151
　マスター！　重要問題と解説（音の強さのレベル） …154
　マスター！　重要問題と解説（音圧レベル） …………155
　マスター！　重要問題と解説（音響パワーレベル） …155

8　　　　　　　　　　　目　次

| マスター！　重要問題と解説（騒音レベル） | ……… 156 |
| マスター！　重要問題と解説（振動レベルと振動加速度レベル） | ……… 161 |

④. 評価量と感覚量 ……………………………………………… 164
　　4－1　音の諸量と聴覚 ……………………………………… 164
　　4－2　振動の影響 ………………………………………… 165
| マスター！　重要問題と解説（音の諸量と聴覚） | ……… 166 |
| マスター！　重要問題と解説（振動の影響） | ……… 173 |

⑤. 測定器および測定方法 ……………………………………… 174
　　5－1　騒音の測定 …………………………………………… 174
　　5－2　振動の測定 …………………………………………… 175
| マスター！　重要問題と解説（騒音の測定） | ……… 176 |
| マスター！　重要問題と解説（振動の測定） | ……… 188 |

⑥. 音と振動の伝搬 ……………………………………………… 199
　　6－1　音の伝搬 ……………………………………………… 199
　　6－2　遮音 ………………………………………………… 202
　　6－3　防振 ………………………………………………… 202
マスター！　重要問題と解説（音の伝搬）	……… 203
マスター！　重要問題と解説（遮音）	……… 214
マスター！　重要問題と解説（防振）	……… 217

第3編　計量関係法規

①. 総則 ……………………………………………………………… 222
　　1－1　計量法の目的に関する問題 ………………………… 222
　　1－2　用語及び取引又は証明に関する問題 ……………… 226
②. 計量単位 ………………………………………………………… 228
　　2－1　計量単位に関する問題 ……………………………… 228
③. 適正な計量の実施 ……………………………………………… 236
　　3－1　特定商品に関する問題 ……………………………… 236
　　3－2　特定計量器に関する問題 …………………………… 241
　　3－3　特殊容器に関する問題 ……………………………… 243
　　3－4　定期検査に関する問題 ……………………………… 247

3－5　指定定期検査機関に関する問題 …………………250
4. 正確な特定計量器の供給 ………………………………252
　4－1　計量器の製造に関する問題 ……………………252
　4－2　計量器の修理に関する問題 ……………………255
　4－3　計量器の販売に関する問題 ……………………257
　4－4　家庭用特定計量器等に関する問題 ……………259
5. 検定制度等 ………………………………………………261
　5－1　検定制度に関する問題 …………………………261
　5－2　型式承認に関する問題 …………………………266
　5－3　基準器に関する問題 ……………………………270
　5－4　指定製造事業者および指定検定機関に関する問題 …273
6. 計量証明の事業 …………………………………………277
　6－1　計量証明事業に関する問題 ……………………277
7. 適正な計量管理 …………………………………………284
　7－1　計量士に関する問題 ……………………………284
　7－2　適正計量管理事業所に関する問題 ……………287
8. 標準供給制度 ……………………………………………291
　8－1　計量器の校正に関する問題 ……………………291
9. 雑則・罰則 ………………………………………………296
　9－1　立入検査に関する問題 …………………………296
　9－2　罰則およびその他に関する問題 ………………298

第4編　計量管理概論

1. 計量管理 …………………………………………………308
　1－1　計量管理に関する問題 …………………………308
　1－2　工程管理に関する問題 …………………………312
2. 量と単位，およびトレーサビリティ …………………314
　2－1　SI単位に関する問題 ……………………………314
　2－2　尺度に関する問題 ………………………………318
　2－3　トレーサビリティに関する問題 ………………320
　2－4　標準化に関する問題 ……………………………324

目次

- ③. 測定方式と測定誤差の性質 …………………………………326
  - 3－1 測定法に関する問題 …………………………………326
  - 3－2 測定誤差に関する問題 ………………………………328
- ④. 統計および推定・検定 ……………………………………332
  - 4－1 測定値の代表値に関する問題 ………………………332
  - 4－2 統計データに関する問題 ……………………………334
  - 4－3 統計分布に関する問題 ………………………………336
  - 4－4 平均と分散に関する問題 ……………………………338
  - 4－5 誤差の伝播に関する問題 ……………………………342
  - 4－6 正規分布表を用いる問題 ……………………………344
  - 4－7 母平均の範囲推定に関する問題 ……………………346
  - 4－8 正規分布表による検定に関する問題 ………………348
  - 4－9 その他の分布による検定に関する問題 ……………350
- ⑤. 実験計画と分散分析 ………………………………………352
  - 5－1 実験計画に関する問題 ………………………………352
  - 5－2 一元配置の分散分析に関する問題(1) ………………356
  - 5－3 一元配置の分散分析に関する問題(2) ………………358
  - 5－4 繰返しのない二元配置に関する問題(1) ……………360
  - 5－5 繰返しのない二元配置に関する問題(2) ……………362
  - 5－6 繰返しのある二元配置に関する問題 ………………364
- ⑥. 回帰分析と相関分析 ………………………………………366
  - 6－1 回帰分析と相関分析に関する問題 …………………366
- ⑦. 校正方法とSN比 ……………………………………………370
  - 7－1 校正に関する問題 ……………………………………370
  - 7－2 SN比に関する問題 …………………………………374
- ⑧. 品質管理と管理図 …………………………………………378
  - 8－1 品質管理に関する問題 ………………………………378
  - 8－2 管理図に関する問題 …………………………………382
- ⑨. サンプリングと製品検査 …………………………………386
  - 9－1 サンプリングに関する問題 …………………………386
  - 9－2 製品検査に関する問題 ………………………………389
- ⑩. 信頼性 ………………………………………………………391
  - 10－1 機器の寿命等に関する問題 …………………………391

11. コンピュータと自動制御 ……………………………………………396
　11－1　信号の扱いに関する問題 ……………………………………396
　11－2　2進法に関する問題 …………………………………………398
　11－3　コンピュータに関する問題 …………………………………400
　11－4　自動制御に関する問題 ………………………………………402

第5編　実践的模擬試験問題と解説・解答

解答についての留意点 ……………………………………………………410
　1　環境関係法規と物理基礎 …………………………………………412
　2　音響・振動概論 ……………………………………………………420
　3　計量関係法規 ………………………………………………………428
　4　計量管理概論 ………………………………………………………439
模擬問題解説 ………………………………………………………………450
模擬問題解答 ………………………………………………………………455
　　あとがき ………………………………………………………………457

この本の勉強の仕方

　本書は，必要に応じて説明から入り，あるいは，いきなり問題から始めて，演習問題集とテキストを兼ねたスタイルとして作られています。従って，問題の正解が出せない場合や，用語などの意味が分からない場合には，[解説と正解]を参照しながら勉強して下さい。

　小見出しの右上に示している，[比較的重要！]印，[重要！]印，[極めて重要！]印は次のような事項を表しています。

　[比較的重要！]印：過去に比較的よく出題されている問題です。
　[重要！]印：過去によく出題されている問題のうち，基本的な事項に関する問題です。
　[極めて重要！]印：過去によく出題されていて，なおかつ高度なレベルが要求されている問題です。
　実際の国家試験問題は，各問とも五者択一式になっていますので，本書においてもその形に統一しております。学習に当たっては，どれが正解の選択肢であるかがまず重要ではありますが，同時に他の4つの選択肢が示す意味内容も学習されることによって，短い時間で効率的に学習範囲を拡大できます。あなたが今度受けられる試験では，他の選択肢に関連して出題されるかも知れません。特に，法律の学習においてこの方法は大いに有効です。
　なお，本書の内容を100％理解しなければ試験に合格できないものではなく，**80％程度以上を理解**すれば合格の可能性はかなり高くなります。焦ることなくゆったりとした気持ちで勉強していただければ結構だと思います。
　ご健闘をお祈り致します。
※「中央省庁等改革関係法」施行後（平成13年1月6日以降）は，行政組織等の名称については，「環境庁」とあるのは「環境省」，「環境庁長官」は「環境大臣」，「通商産業省」を「経済産業省」，「通商産業局」を「経済産業局」，「総理府」を「内閣府」等と変更されました。本書は新法に基づいて記述しております。

受験案内

1. 計量士の登録

　計量士になろうとする人は，次の計量士の区分ごとに経済産業大臣の登録を受けることとされています。国家試験もそれぞれの区分に基づいて行われます。
・環境計量士（濃度関係）
・環境計量士（騒音・振動関係）
・一般計量士
登録の要件は次のいずれかに該当することです。
1）登録を受けようとする計量士の区分の計量士国家試験に合格し，かつ，経済産業省令で定める実務の経験その他の条件に適合すること。
2）計量教習所の課程を修了し，かつ，経済産業省令で定める実務の経験その他の条件に適合し，計量行政審議会が上記1）に掲げる者と同等以上の学識経験を有すると認めること。

2. 受験資格

　3区分ともに，学歴，年齢その他の制約は一切ありません。

3. 試験科目の一部免除

　既に，環境計量士（濃度関係），環境計量士（騒音・振動関係）及び，一般計量士の計量士国家試験のいずれかに合格していれば，他の試験区分を受験する際には，必要な手続きをすれば，試験科目のうち「計量関係法規」及び「計量管理概論」の試験が免除されます。

（注1）　環境計量士（濃度関係）及び，環境計量士（騒音・振動関係）合格者には，計量法施行規則の一部を改正する省令（昭和49年，通商産業省令第86号）に基づき昭和50年から平成5年まで実施した環境計量士に係る計量士国家試験に合格している人を含みます。（計量士登録の有無は問いません）
（注2）　一般計量士合格者には，昭和28年から昭和49年まで実施した旧制度による試験の合格者及び計量施行規則の一部を改正する省令（同上）附則第4項の規定に基づき昭和50年から昭和52年まで実施した従前の例による試験において全科目合格となった人を含みます。（やはり，計量士登録の有無は問いません）

④. 試験の期日

3区分ともに，通常は3月の第1日曜日，年によっては第2日曜日です。

⑤. 試験地

3区分ともに，次の9都市で行われます。
札幌市，仙台市，東京都，名古屋市，大阪府，広島市，高松市，福岡市，那覇市

⑥. 試験の時間割（一般計量士については省略しています）

時間　区分	濃度関係	騒音・振動関係
9:10～9:30	準備時間（試験についての注意を読む）	
9:30～10:40	環境計量に関する基礎知識（環境関係法規及び化学に関する基礎知識）	環境計量に関する基礎知識（環境関係法規及び物理に関する基礎知識）
11:00～12:10	化学分析概論及び濃度の計量	音響・振動概論並びに音圧レベル及び振動加速度レベルの計量
12:10～13:10	昼食時間	
13:10～14:20	計量関係法規	
14:40～15:50	計量管理概論	

⑦. 試験方法

3区分とも筆記試験により行われます。

試験は，上表のように各区分4科目で，1科目につき問題は25問，全100問です。

出題型式は五肢択一式です。従って，1問に5つの記述事項があり，そのうち正しいものあるいは誤っているもの1つを選んでマークシートを塗りつぶします。

〈試験時に持参可能なもの〉
① HBの鉛筆等
② プラスティックの消しゴム
③ 鉛筆削り（電動式は駄目です。）
④ 定規

⑤ 時計

　なお，計算尺，又は，電子式卓上計算機について，従来はある範囲で使用が認められていましたが，平成13年3月実施の試験から認められなくなりました。ご注意下さい。

8. 受験申込書類

　下記のものが必要となります。ただし，記入方法などは試験案内書を取り寄せてそれに従って作成下さい。

1）**受験願書**
　　願書用紙，試験案内書は下記の通商産業局等で入手可能です。
2）**収入印紙**　8,000〜9,000円程度
　　（受験手数料として願書に貼るもの。年により額は変化します。）
3）**写真**（5cm×5cmで，裏面に氏名及び生年月日を自署）
4）**郵便切手50円**（受験票に貼り付け）
5）**合格証書の写し**（試験科目の一部免除を申請する者のみ必要）

9. 試験願書用紙及び試験案内書の入手先

　下記の連絡先に，受験される方が直接申し込んで下さい。
　なお，入手目的の際には140円切手（2部は200円，3部は240円，4〜8部のとき，390円切手）を貼った封筒に宛先を書き，返信用封筒を同封して下さい。これらの配布期間は，通常10月初旬から願書締切日までの約一ケ月間ですので，申込は，余裕を持って行って下さい。

試験願書用紙及び試験案内書入手の際の連絡先

名　　称	郵便番号	所　在　地	電話番号
北海道経済産業局 産業部消費経済課	060-0808	札幌市北区8条西2丁目1-1 札幌第1合同庁舎	(011) 709-2311(代)
東北経済産業局 産業部消費経済課	980-8403	仙台市青葉区本町3-3-1 仙台合同庁舎	(022) 263-1111(代)
関東経済産業局 産業部消費経済課	330-9715	埼玉県さいたま市中央区新都心1-1 さいたま新都心合同庁舎1号館	(048) 600-0401〜 0402(直)
中部経済産業局 産業部消費経済課	460-8510	名古屋市中区三の丸2-5-2	(052) 951-2560(直)

近畿経済産業局 産業部消費経済課	540-8535	大阪市中央区大手前1-5-44 大阪合同庁舎1号館	(06) 6966-6000(代)
中国経済産業局 産業部消費経済課	730-8531	広島市中区上八丁堀6-30 広島合同庁舎3号館	(082) 224-5671(直)
四国経済産業局 産業部消費経済課	760-8512	高松市サンポート3-33 高松サンポート合同庁舎	(087) 811-8526(直)
九州経済産業局 産業部消費経済課	812-8546	福岡市博多区博多駅東2-11-1 福岡合同庁舎本館	(092) 482-5459(直)
沖縄総合事務局 経済産業部商務通商課	900-8530	那覇市おもろまち2-1-1 那覇第2地方合同庁舎2号館	(098) 866-1731(直)

10. 受験前の心構えと準備

一般の試験と共通ですが，以下のように計画的にご準備下さい。

1) **事前の心構え**

　できるだけ，弱点が克服できるように計画的に学習を進めて下さい。

　また，体調をあらかじめ整えておいて下さい。試験が3月なので，受験勉強の時期に風邪などを引かないようにご注意下さい。

2) **直前の心構え**

　受験に必要なものを忘れないようにチェックリストを作って確認するくらいの配慮をお願いします。（送付された受験票も忘れずに）

　試験会場の地図などを参考に，当日あわてないように会場の位置を下調べしておいて下さい。前日は，十分な睡眠をとって下さい。残業や酒席の付き合いなどは避けるようでないとなかなか合格はできません。

3) **当日の心構え**

　試験会場には，少なくとも開始時間の30分前には到着するように出発して下さい。自分の席を早めに確認して下さい。また，用便はあらかじめ済ませておくことがよいでしょう。

4) **試験に臨んで**

　受験番号と氏名をまず書きましょう。

　全問正解でなくてもよいのだと考えてリラックスしましょう。

　問題は少なくとも2回読みましょう。

ご健闘をお祈りしております。

第1編

環境関係法規と物理基礎

物理基礎の出題傾向と対策

　本編の目的は，環境関係法規および騒音・振動の計量のための基礎となる物理を学んでいただく，あるいは，おさらいをしていただくことにあります。

　騒音および振動の区分を受験される方は，一般に物理には自信のある方が多いかと思いますが，そうでない方やしばらく遠ざかっておられた方もおられると思います。本書では，そういう方のためにも，できるだけ，分かり易く解説を書くことにつとめて書いております。

　まずはじめに，この科目の試験では，必ず最初の5問が環境法令となっています。年によって多少は増減がありますが，最近では第1問が環境基本法，第2，3問が騒音規制法，第4，5問が振動規制法に関する問題となっています。第3編の計量関係法規に比べると法令の問題数は少ないものの，必ず出ますので勉強をお願いします。

　物理基礎の出題傾向を考えてみますと，頻出している分野としては，電磁場・荷電粒子の運動，衝突その他の運動・慣性力，熱力学・理想気体，落体・円運動・単振動などが挙げられますが，その他の分野もほぼ確実に出題されています。

　また，環境基準（一般騒音，航空機騒音，及び，新幹線騒音）についての測定方法などは，第2編の範囲の，「音響・振動概論並びに音圧レベル及び振動加速度レベルの計量」によく出題されています。

　法律については，他の法律の勉強と同様に，その法律の目的を理解し，体系を全体像として把握するとともに，個別の事例ごとにその法律ではどのように扱われるかということを学んでいただきたいと思います。設置届や変更届を市町村長，都道府県知事に出すのかあるいは環境大臣に出すのか，などの事項についての勉強もお願いしたいと思います。

　また，物理の問題については，数式の意味の理解に加えて，計算問題に習熟されるようにできればご自分で数式を扱って計算練習をしていただけますようお願いします。必要と思われます方は，次の分野の学習・復習・練習をお願いします。

　Ⅰ．高等学校の物理　Ⅱ．大学二年生までに学習する物理

　ご健闘をお祈り致します。

①. 環境基本法

1−1 環境基本法制定の背景と概要

公害の激化に伴って，1967年(昭和42年)に公害対策基本法が制定されました。その後地球環境時代へと移行し，国際的な環境理念を取り入れた**リオ宣言**

```
§15  環境基本計画
§16  環境基準 …………………………………大気，水質，土壌，騒音に係る環境基準
§17  公害防止計画 ……………………………36地域について公害防止計画策定
国が講ずる環境の保全のための施策等
 ├§19  国の施策の策定等に当たっての配慮…各種計画策定にあたっての環境配慮等
 ├§20  環境影響評価………………………………環境影響評価実施要綱等
 ├§21  規制
 │     公害の防止のための排出等の規制…大気汚染防止法，水質汚濁防止法等
 │     公害防止のための土地利用施設設置規制…建築基準法，工場立地法
 │     自然環境の保全のための開発行為等の規制…自然環境保全法，自然公園法
 │     野生生物等の自然物保護のための規制…鳥獣保護及び狩猟に関する法律等
 │     公害及び自然環境の両分野に係る規制…瀬戸内海環境保全特別措置法等
 ├§22  経済的措置
 │     経済的助成措置………………………環境事業団貸付事業，税制優遇措置等
 │     経済的負担措置
 ├§23  施設の整備その他の事業………………各種公共施設の整備その他の事業の推進
 ├§24  製品等の利用促進………………………再生資源の利用の促進に関する法律等
 ├§25  教育，学習…………………………………資料提供，設備整備，人材確保等
 ├§26  民間団体等の自発的活動の促進…………地球環境基金による助成等
 ├§27  情報提供……………………………………環境監視データの公表等
 ├§28  調査…………………………………………公害調査費等による調査
 ├§29  監視等の体制整備…………………………公害監視等設備整備費補助等
 ├§30  科学技術の振興……………………………国立環境研究所における試験研究等
 └§31  紛争処理及び被害の救済…………………公害紛争処理法，公害健康被害の補償に関
                                              する法律等
地球環境保全等に関する国際協力等
 ├§32  地球環境保全等に関する国際協力等  環境ODAの実施，国際機関との連携
 ├§33  監視，観測等に係る国際的連携  国際機関を通じた観測結果の相互交換
 ├§34  地方公共団体，民間団体等の活動推進  情報提供，資金の確保等
 └§35  国際協力の実施等に当たっての配慮  国際協力事業団環境配慮ガイドライン
費用負担及び財政措置等
 ├§37  原因者負担…………………………………公害防止事業費事業者負担法等
 ├§38  受益者負担…………………………………自然環境保全法，自然公園法等
 ├§39  地方公共団体に対する財政措置等………公害防止に関する事業に係る国の財政上
 │                                              の特別措置に関する法律等
 └§40  国及び地方公共団体の協力
```

図1-1　環境基本法の下での環境政策の体系

が1992年の地球サミットで採択されました。これに基づき日本も新たに環境基本法を1993年（平成5年）に制定し，公害対策基本法を廃止しました。それまでは公害被害の救済，対策を目指していたものでしたが，環境基本法では**地球環境保全に関する国際協力，環境影響評価の推進**などが追加されました。

1－2　目的と定義

目的（第1条）

第1条では環境の保全について基本となる事項を定めて，現在および将来の国民の健康で文化的な生活の確保と人類の福祉に貢献することとしています。その対象は将来世代の国民及び人類にまで拡張されています。

定義（第2条）

第2条では定義規定がおかれ，「環境への負荷」，「地球環境保全」，「公害」の定義をしています。

「**環境への負荷**」とは，人の活動により環境に加えられた影響であって環境の保全上の支障となるおそれのあるものをいいます。

「**地球環境保全**」とは，人の活動による地球全体の温暖化又はオゾン層の破壊の進行，海洋の汚染，野生生物の種の減少その他の地球の全体又はその広範な部分の環境に影響を及ぼす事態に係る環境の保全であって，人類の福祉に貢献するとともに国民の健康で文化的な生活の確保に寄与するものをいいます。

「**公害**」とは，環境の保全上の支障のうち，事業活動その他の人の活動に伴って生じる相当範囲にわたる大気の汚染，水質の汚濁（水質以外の水の状態又は水底の底質が悪化することを含む），土壌の汚染，騒音，振動，地盤の沈下（鉱物の掘採のための土地の掘削によるものを除く）及び悪臭によって人の健康又は生活環境に係る被害が生ずることをいいます。

ただし「**生活環境**」とは，人が生活する上で必要な環境をいい，人の生活に密接な関係のある財産並びに人の生活に密接な関係のある動植物及びその生育環境を含みます。

1－3　基本理念

環境の恵沢の享受と継承（第3条）

第3条では**現在及び将来世代の環境の享受**と人類存続基盤としての**環境の将**

来にわたる維持をうたっています。これは主として自然生態系の維持能力が危うくなりつつあるため、自然の豊かな恵みを保ち将来に継承すべきという考え方にたっており、環境行政に世代間倫理を取り入れたという点ではリオ宣言の趣旨に即しています。

<u>環境への負荷の少ない持続的発展が可能な社会の構築（第4条）</u>

ここでは、環境への負荷のできる限りの低減、公平な役割分担と自主的、積極的な環境保全活動、環境への負荷の少ない健全な経済の発展等による持続的発展可能な社会の構築、科学的知見の充実による予防原則をうたっています。これはリオ宣言に基づいており、「持続的開発」という言葉を「持続的発展」と言い換えています。

<u>国際的協調による地球環境保全の積極的推進（第5条）</u>

地球環境保全のため、我が国の持てる能力を生かし、国際的地位に応じて国際的協調のもとに積極的に取り組むべきであるとしています。

1－4　国，事業者，国民の責務

基本理念の実現に向けては国や地方公共団体が環境の保全に関する施策を講じていくことはもちろんのこと、事業者や国民も事業活動や日常生活において環境への負荷を減らすよう努めるなど、環境の保全のために行動することが必要であるとしています。

1－5　環境保全に関する基本的施策

<u>施策の策定等に係る指針（第14条）</u>

環境の保全に関する施策の策定及び実施の指針として大気，水，土壌その他の環境の自然的構成要素が良好な状態に確保されるよう生物の多様性が確保され、多様な自然環境が体系的に確保されるよう、また人と自然の豊かな触れ合いが保たれるよう、各種の施策相互の有機的連携を図りつつ、環境政策を総合的かつ計画的に推進すべきことが規定されています。

<u>環境基本計画（第15条）</u>

環境保全に関する多様な施策を、有機的な連携を保ちつつ、すべての主体の公平な役割の下、長期的な観点から総合的かつ計画的に推進するため、政府全体の環境の保全に関する施策の基本的な方向を示す**環境基本計画**を、環境大臣

が中央環境審議会の意見を聴いて，閣議決定により定めることを新たに規定しています。

□国の施策の策定等に当たっての配慮（第19条）
　国の施策は社会経済活動の全般にわたって展開され，それに伴って生ずる影響も広範多岐にわたるため，その策定及び実施に当たって環境の保全に配慮することを規定しています。

□環境影響評価の推進（第20条）
　事業者が事業の実施に当たって，事前に環境への影響について自ら**調査，予測又は評価**を行い，その結果に基づき環境の保全について適正に配慮する，いわゆる環境影響評価についての重要性を位置づけ，その推進のために必要な措置を講ずることとしています。

□環境の保全上の支障を防止するための規制措置（第21条）
　環境の保全において引き続き重要な役割を果たす規制の措置を位置づけたもので，国は公害防止のための排出等に関する規制，公害防止のための土地利用・施設設置に関する規制，自然環境保全のための面的な自然に着目した規制，自然環境保全のための個別の自然物に着目した規制及び公害防止と自然環境保全の融合規制について必要な規制の措置を講じなければならないことを規定しています。

□経済的手法の活用（第22条）
　今日の環境問題では助成措置や規制的措置では対応が困難であるため，**適正かつ公平な経済的負担**を課し，市場メカニズムを活用して環境への負荷を低減させる**環境税，課徴金，デポジット制度**などの経済的手法についての重要性及び考え方を示しています。具体的措置については，適切に調査・研究の上，国民の理解及び協力を得るよう努めることとしています。

□環境の保全に関する施設の整備その他の事業の推進（第23条）
　環境への負荷を低減させるため，鉄道などの公共輸送施設やバイパス道路の整備，緑地などの整備等，さらにそれらをいかすソフト事業の推進など環境の保全の観点から広範な社会資本の整備等を図っていくこととします。

□環境保全活動の推進（第24～27条）
　事業者や国民が自主的，積極的に環境保全のための諸活動ができるよう国は，①環境負荷の少ない製品等の利用促進，②環境教育及び環境学習の振興，③民間団体等が自主的に行う緑化活動・リサイクル活動などの推進，④必要な情報の提供という措置を講ずることとしています。

地球環境保全に関する国際協力等（第32〜35条）

地球環境保全については，基本理念の一つとして「**国際的協調による地球環境保全の積極的推進**」（第5条）を掲げるとともに，特に節を一つ設けて（第6節），地球環境保全等に関する我が国の姿勢を内外に明らかにしています。

その内容は①国際協力と開発途上地域の環境保全支援，それに関する専門的知見者の育成などの措置，②地球環境監視・観測・測定などの国際連携の確保，③地方公共団体又は民間団体による活動を促進するための情報提供等の措置，④国際協力の実施に当たって，国際協力実施地域にかかわる地球環境保全等の配慮と，本邦以外の地域での事業活動者への地球環境配慮の情報提供等の必要な措置，の4項目です。

地方公共団体の施策（第36条）

地方公共団体は国の施策に準じた施策及び区域の自然的社会的条件に応じた環境の保全のために必要なその他の施策を，総合的かつ計画的な推進を図りつつ実施すべきとしています。

費用負担及び財産措置（第37〜40条）

ここでは**原因者負担**，**受益者負担**，地方公共団体に対する財政措置などについて規定します。

1－6　環境審議会等の組織

環境審議会

旧公害対策審議会を組織替えしたものであり，次の三種があります。

① **中央環境審議会**

環境省におかれ，環境基本計画の作成，環境大臣，関係大臣の諮問による調査，意見具申などを行います。

② **都道府県環境審議会**

都道府県の環境保全に関する基本的事項を調査審議します。

③ **市町村環境審議会**

市町村の環境保全に関する基本的事項を調査審議します。

公害対策会議

公害対策基本法から引き継がれたものであり，公害防止計画の審議や基本的総合的公害防止施策の審議とその実施の推進を行います。

1. 環境基本法

マスター！ 重要問題と解説

【問題 1】 環境基本法の目的に関する次の記述中，(ア)～(ウ)に入れる語句の組合せとして，正しいものを一つ選べ。

　この法律は，環境の保全について，【(ア)】を定め，並びに【(イ)】を明らかにするとともに，【(ウ)】に関する施策の基本となる事項を定めることにより，【(ウ)】に関する施策を総合的かつ計画的に推進し，もって現在及び将来の国民の健康で文化的な生活の確保に寄与するとともに人類の福祉に貢献することを目的とする。

	(ア)	(イ)	(ウ)
1	基本理念	国，都道府県，市町村，事業者及び国民の責務	環境の維持
2	基本理念	国，都道府県，市町村，事業者及び国民の責務	環境の保全
3	基本概念	国，都道府県，市町村，事業者及び国民の責務	環境の保全
4	基本概念	国，地方公共団体，事業者及び国民の責務	環境の維持
5	基本理念	国，地方公共団体，事業者及び国民の責務	環境の保全

解説と正解

　基本的にたいていの法律では，第1条に法の目的，第2条に用語等の定義が書かれます。本問の文章も環境基本法の目的について述べているものですので，一字一句きっちりと読んでおいて下さい。
　なお，法律においてなされる「法第○条第○項第○号」という表記を，本書では簡単のため，「法○条○項○号」などと書いておりますが，ご了承下さい。

正解　5

【問題 2】 環境基本法の用語の定義に関する次の記述中，(ア)～(ウ)に入れる語句の組合せとして，正しいものを一つ選べ。

　この法律において「【(ア)】」とは，人の活動により環境に加えられる影響であって，環境の保全上の支障の原因となるおそれのあるものをいう。
　この法律において「地球環境保全」とは，人の活動による【(イ)】又はオゾン層の破壊の進行，【(ウ)】，【(エ)】その他の地球の全体又はその広範な部分の環境に影響を及ぼす事態に係る環境の保全であって，人類の福祉に貢献するとともに国民の健康で文化的な生活の確保に寄与するものをい

う。
　この法律において「公害」とは，環境の保全上の支障のうち，事業活動その他の人の活動に伴って生ずる相当範囲にわたる大気の汚染，水質の汚濁，土壌の汚染，騒音，振動，地盤の沈下，及び悪臭によって，人の健康又は生活環境に係る被害が生ずることをいう。

	(ア)	(イ)	(ウ)	(エ)
1	環境への重荷	地球全体の温暖化	海洋の汚染	野生生物の種の増加
2	環境への重荷	地球全体の寒冷化	海洋の汚濁	野生生物の種の増加
3	環境への負荷	地球全体の温暖化	海洋の汚染	野生生物の種の減少
4	環境への負荷	地球全体の温暖化	海洋の汚濁	野生生物の種の増加
5	環境への負荷	地球全体の寒冷化	海洋の汚染	野生生物の種の減少

解説と正解

　環境基本法の2条の用語の定義に関わるものです。代表的な地球環境問題（地球全体の温暖化，オゾン層の破壊の進行，海洋の汚染，野生生物の種の減少，その他）や，我が国でいう典型7公害（大気の汚染，水質の汚濁，土壌の汚染，騒音，振動，地盤の沈下，悪臭）が記述されています。
　用語は似ているものでも法律に用いられている用語が正しいものとなります。(ア)は「環境への負荷」が正しい用語，また，(ウ)は海洋の汚濁でも意味は通じるかと思いますが，「海洋の汚染」が正しい用語です。
　また，(イ)は「地球全体の温暖化」，(エ)は「野生生物の種の減少」ですね。
　環境基本法では，この後の法3条から法5条で法の基本理念（環境の恵沢の享受と継承等，環境への負荷の少ない持続的発展が可能な社会の構築等，国際的協調による地球環境保全の積極的推進）がうたわれています。また，それ以下の条文にて，国の責務，地方公共団体の責務，事業者の責務，国民の責務などが定められています。
　法9条の「国民の責務」では，「国民は，基本理念にのっとり，環境の保全上の支障を防止するため，その日常生活に伴う環境への負荷の低減に努めなければならない。そのほか，国民は，基本理念にのっとり，環境の保全に自ら努めるとともに，国又は地方公共団体が実施する環境の保全に関する施策に協力する責務を有する。」と書かれており，全国民が認識しておくべきものではないかと思います。

1. 環境基本法

環境基本法に関する出題は，毎年1題程度ですが，確実に出ますので，法の趣旨には一通り目を通して学習しておいて下さい。

正解　3

【問題　3】　環境基本法に関して記述された次の文のうち，適当でないものを1つ選べ。
1　政府は，毎年一度，国会に，環境の状況及び政府が環境の保全に関して講じた施策に関する報告を提出しなければならない。
2　国は，国際協力の実施に当たって，その国際協力の実施に関する地域に係る地球環境保全等について配慮するように務めなければならない。
3　国は，環境の状況を把握し，及び環境の保全に関する施策を適正に実施するために必要な監視，巡視，観測，測定，試験及び検査の体制の整備につとめるものとする。
4　市町村は，その市町村の区域における環境の保全に関して，基本的事項を調査審議させる等のため，その市町村の条例で定めるところにより，市町村公害防止審議会を置くことができる。
5　国は，環境の状況の把握，環境の変化の予測又は環境の変化による影響の予測に関する調査その他の環境を保全するための施策の策定に必要な措置を講ずるものとする。

解説と正解

4については，「環境の保全に関して，基本的事項を調査審議させる等のため」という目的であれば，「市町村公害防止審議会」ではなくて，「市町村環境審議会を置くことができる」となっています。その他の記述はそれぞれ正しいものとなっていますので，それぞれの意味を噛みしめておいて下さい。

正解　4

【問題　4】　環境基本法について記述された次の文章のうち，誤っているものを1つ選べ。
1　国は，再生資源その他の環境への負荷の低減に資する原材料，製品，役務等の利用が促進されるように，必要な措置を講ずるものとする。
2　この法律において「環境への負荷」とは，人の活動により環境に加えられる影響であって，環境の保全上の支障の原因となるおそれのあるものを

いう。
3　政府は，環境の保全に関する施策を実施するために必要な法制上又は財政上の措置その他の措置を講じなければならない。
4　事業者や国民の間に広く公害防止に関する関心と理解を深めると共に，積極的に公害防止に関する活動を行う意欲を高めるため，公害防止月間を設ける。
5　国は緩衝地帯その他の環境の保全上の支障を防止するための公共的施設の整備，及び汚泥のしゅんせつ，絶滅のおそれのある野性動物の保護増殖その他の環境の保全上の支障の防止を目的とする事業を推進するため，必要な措置を講ずるものとする。

 解説と正解

　4については，環境の保全に関する啓蒙のための措置について書かれているものと思われますが，法25条にはその精神として，「事業者及び国民が環境の保全についての理解を深めるとともにこれらの者の環境の保全に関する活動を行う意欲が増進されるようにするため，必要な措置を講ずるものとする。」と書かれていますが，「公害防止月間」を具体的には規定していません。
　法10条（環境の日）には，「公害の防止」ではなく，「環境の保全」を目的として「公害防止月間」ではなく，「環境の日」が法律で定められています。

正解　4

環境基本法は，環境分野の憲法だからしっかり勉強しておこう

②. 騒音に係る環境基準

　環境基本法 16 条 1 項の規程に基づいて，騒音についての環境基準「騒音に係る環境基準について」(平成 10.9.30 環告 64 号)が次のように定められています。環告とは環境庁告示の略です。生活環境を保全し，人の健康の保護に資するために維持することが望ましい基準が示されています。その他に「航空機騒音に係る環境基準について」(昭和 48.12.27 環告 154 号) や「新幹線に係る環境基準について」(昭和 50.7.29 環告 46 号) などによって測定の方法や目標水準が決められています。

　なお，振動には，環境基準はありません。間違えやすいので注意して下さい。

表 2 − 1　騒音に係る環境基準

地域の類型		基準値	
		昼間	夜間
AA	療養施設，社会福祉施設等が集合して設置される地域など特に静穏を要する地域	50 dB 以下	40 dB 以下
A	専ら住居の用に供される地域	55 dB 以下	45 dB 以下
B	主として住居の用に供される地域		
C	相当数の住居と併せて商業，工業等の用に供される地域	60 dB 以下	50 dB 以下

時間の区分は，昼間を 6 ～ 22 時，夜間を 22 ～ 6 時としています。

表 2 − 2　騒音に係る環境基準（道路に面する地域）

地域の区分	基準値	
	昼間	夜間
A 地域のうち 2 車線以上を有する道路に面する地域	60 dB 以下	55 dB 以下
B 地域のうち 2 車線以上を有する道路に面する地域及び C 地域のうち車線を有する道路に面する地域	65 dB 以下	60 dB 以下

表2−3　騒音に係る環境基準（幹線交通をになう道路に近接する地域）

基準値		備　　考
昼　間	夜　間	
70 dB 以下	65 dB 以下	個別の住居等において騒音の影響を受けやすい面の窓を主として閉めた生活が営まれていると認められるときは，屋内へ透過する騒音に係る基準（昼間は45 dB 以下，夜間は40 dB 以下）によることができる。

注）表2−1にかかわらず，表2−2が優先，またこれらにかかわらず表2−3が優先されます。

表2−4　騒音の大きさの目安

分　　類	大きさ/dB	目　　　安
非常にやかましい	120	飛行機のエンジンの直近
	110	ロックコンサート，自動車の警笛（前方2 m）リベット打ち，杭打ち
	100	電車通行時のガード下
	90	騒々しい工場内，大声の独唱，怒鳴る声
やかましい	80	地下鉄電車内，バス車内，交通量の多い道路電話が聞こえないレベル
	70	騒々しい街頭，電話のベル，騒々しい事務所内
	60	静かな街頭，静かな乗用車内，普通の会話
静か	50	静かな事務所
	40	図書館，市内の深夜，昼間の静かな住宅地
非常に静か	30	深夜の郊外，夜の静かな住宅地
	20	置き時計の秒針音（前方1 m）木々の葉の触れ合う音

②. 騒音に係る環境基準

　ここで「大きさ/dB」という表現は，下欄の数字の単位がdB（デシベル）であることを表しています。dBの詳細については，P 149を参照下さい。また「/dB」という表記は，「dBで割算をした」という意味で，例えば「120 dB」という大きさを「dB」で割って（約分して）「120」になることを示しています。

マスター！　重要問題と解説

【問題　5】次の表に示された騒音に係る環境基準のうち，誤っている下線部を選べ。

地域の類型		基準値	
		昼間	夜間
AA	(ア)療育施設，社会福祉施設等が集合して設置される地域等，特に静穏を要する地域	(イ)50 dB 以下	(ウ)55 dB 以下
A	専ら住居の用に供される地域	55 dB 以下	(エ)45 dB 以下
B	主として住居の用に供される地域		
C	相当数の住居と併せて，商業や工業等の用に供される地域	60 dB 以下	(オ)50 dB 以下

1　(ア)　　2　(イ)　　3　(ウ)　　4　(エ)　　5　(オ)

　解説と正解

　一般に，AA，A，B，Cという類型があれば，AAが最も規制が厳しく（数値が小さく），以下その順に規制が緩やかになっていきます。また，昼間より夜間の方がより静かであることが求められますので，夜間の規制の方が厳しくなっているはずですね。従って，類型AAの夜間が昼間よりも，また，類型A，Bよりも緩やかであってはおかしいですね。

正解　3

③. 騒音規制法

3−1　法の目的

　本法の目的は，工場や事業場における事業活動あるいは建設工事に伴って発生する相当範囲にわたる騒音についての規制を行うことに加え，自動車騒音に関する許容限度を定めて生活環境を保全し，国民の健康の保護を目指したものです。鉄道・新幹線騒音や航空機騒音については，騒音規制法では規定していませんが，前節で述べたように別途規程があります。

3−2　指定地域および特定施設

　都道府県知事は，住民の生活環境を保全する必要において，指定地域を定めることができます。指定地域の中では，特定施設の設置されている工場（特定工場）の騒音が規制されます。
　特定施設を設置しようとする場合や届出事項を変更する場合は，工事開始の30日前までに市町村長に届け出なければならないとされています。

3−3　規制基準

　騒音にしても振動にしても，敷地の境界線で測定されたものが，許容できるかどうかを問題にします。これは，基本的に各種の公害に共通の考え方で，発生源よりも境界地点での状態を問題にすることになります。これが，周囲に実害を与える場合の水準だからです。水質汚濁では排水濃度，大気汚染では着地濃度などです。（その他に，総量規制などもあります）

3−4　特定建設作業に対する規制

　特定建設作業とは，著しい騒音を発生する建設作業のことで，政令によって定められています。指定地域でこのような建設工事を行いたい場合は，工事開始の7日前までに市町村長に届けることが必要です。

3. 騒音規制法

表3-1 特定工場等において発生する騒音の規制に関する基準 (昭和43.11.27告示)

時間 区域	昼間	朝・夕	夜間	該当地域
第1種 区域	45 dB 以上 50 dB 以下	40 dB 以上 45 dB 以下	40 dB 以上 45 dB 以下	良好な住居の環境を保全するため，とくに静穏の保持を必要とする区域
第2種 区域	50 dB 以上 60 dB 以下	45 dB 以上 50 dB 以下	40 dB 以上 50 dB 以下	住居の用に供されているため，静穏の保持を必要とする区域
第3種 区域	60 dB 以上 65 dB 以下	55 dB 以上 65 dB 以下	50 dB 以上 55 dB 以下	住居の用にあわせて商業，工業等の用に供されている区域であって，その区域内の住民の生活環境を保全するため，騒音の発生を防止する必要がある区域
第4種 区域	65 dB 以上 70 dB 以下	60 dB 以上 70 dB 以下	55 dB 以上 65 dB 以下	主として工業等の用に供されている区域であって，その区域内の住民の生活環境を悪化させないため，著しい騒音の発生を防止する必要がある区域

表3-2 振動の大きさの目安

大きさ/dB	目安
90	人体に生理的な影響が出はじめる
80	職場で振動が気になるレベル 深い睡眠にも影響がでる
70	深い睡眠にも影響が出はじめる
60	静止している人間が振動を感じ始める
50	ほとんど睡眠への影響がない
40	人体に感じない常時微動

マスター！ 重要問題と解説

【問題 6】 騒音規制法における，用語の定義に関する次の記述について，不適切なものを1つ選べ。

1 「特定建設作業」とは，建設工事として行われる作業のうち，著しい騒音

を発生する作業であって政令で定めるものをいう。
2 「規制基準」とは，特定工場等において発生する騒音の特定工場等の敷地の中央地点における大きさの許容限度をいう。
3 「特定施設」とは，工場又は事業場に設置される施設のうち，著しい騒音を発生する施設であって政令で定めるものをいう。
4 「自動車騒音」とは，自動車の運行に伴い発生する騒音をいう。
5 「特定工場等」とは，特定施設を設置する工場又は事業場をいう。

解説と正解

2の記述において，特定工場等の敷地の「中央地点」は間違いです。正しくは敷地の「境界線」です。騒音が他人に迷惑を掛けるのは，原理的に近隣の土地に対してですので，中央地点では意味がありません。広大な土地では近隣に何も迷惑を掛けないかも知れません。境界線で規制しておけば，基本的に事足りるはずですね。

その他の定義の文章はそれぞれに正しいので，今後の騒音規制法に関する学習の基礎としてよくご理解をしておいて下さい。　　正解　2

【問題　7】騒音規制法に関する次の記述のうち，誤っているものを1つ選べ。
1 市町村長は，特定工場等において発生する騒音が規制基準に適合しないことが明らかになった場合には，その特定工場に対して直ちに必要な措置をとることを命ずることができる。
2 「特定建設作業」とは，建設工事として行われる作業のうち，著しい騒音を発生する作業であって政令で定めるものをいう。
3 市町村長は，指定地域の全部又は一部について，当該地域の自然的，社会的条件に特別な事情があるため，都道府県知事が定めた規制基準によっては当該地域の住民の生活環境を保全することが十分でないと認めるときは，条例で，環境大臣の定める範囲内において，都道府県知事が定めた規制基準にかえて適用すべき規制基準を定めることができる。
4 「規制基準」とは，特定工場等において発生する騒音の特定工場等の敷地の境界線における大きさの許容限度をいう。
5 関係市町村長は，都道府県知事から指定地域の指定をしようとするとき

③. 騒音規制法

に意見を聞かれることがある。

解説と正解

1：直ちには，命令は出せません。まずは改善の勧告を出します。
4：騒音規制法2条2項によって定義されています。
5：都道府県知事が地域の指定，変更，廃止を行おうとする際，関係市町村長の意見を聞くことが定められています。

正解　1

【問題　8】 騒音規制法に関する次の記述のうち，誤っているものを1つ選べ。
1　騒音の測定は，計量法の検定に合格した騒音計を用いて行い，周波数補正回路はA特性を，動特性は速い動特性（FAST）を用いる。
2　特定施設の設置者は，特定工場等の敷地の境界線における騒音を測定し，記録を保存しなければならない。
3　「特定施設」とは，工場又は事業場に設置される施設のうち，著しい騒音を発生する施設であって政令で定めるものをいう。
4　特定工場等に設置する特定施設のすべての使用を廃止したときは，その日から30日以内に，その旨を市町村長に届け出なければならない。
5　指定地域内において工場又は事業場（特定施設が設置されていないものに限る）に特定施設を設置しようとする者は，その特定施設の設置の工事の開始の日の30日前までに市町村長に届け出なければならない。

解説と正解

1は，特に規定がない場合にはこのような条件で測定します。航空機や新幹線の騒音では，周波数補正回路はA特性を，動特性は緩（SLOW）を用いるとされています。
2に関しては，記述されているような事業者の測定義務はありません。その他は，正しい記述となっています。
4および5は市町村長に届け出ます。

正解　2

【問題　9】 騒音規制法に関する次の記述のうち，誤っているものを1つ選

べ。
1　騒音の大きさの決定に際し，騒音計の指示値が不規則かつ大幅に変動する場合は，測定値の 90 パーセント・レンジの上端を数値とする。
2　第 1 種区域とは，良好な住居の環境を保全するため，特に静穏の保持を必要とする区域である。
3　第 3 種区域とは，住居の用にあわせて商業，工業等の用に供されている区域であって，その区域内の住民の生活環境を保全するため，騒音の発生を防止する必要がある区域である。
4　第 4 種区域内に所在する児童福祉法に規定する保育所の敷地の周囲おおむね 50 メートルの区域内における，特定工場等において発生する騒音の規制に関する基準は，都道府県知事が規制基準として定める値以下当該値から 5 デシベルを減じた値以上とすることができる。
5　指定地域内に特定施設を設置する者は，施設の種類ごとに定められた規制基準を遵守しなければならない。

解説と正解

5 について，騒音の規制基準は，昼間，夜間，その他の時間の区分及び指定地域内の区分ごとに設定されており，特定施設の種類とは関係がありません。

1 の 90 パーセント・レンジについては，P 184 を参照下さい。　　正解　5

【問題　10】　騒音規制法に関する次の記述のうち，正しいものを 1 つ選べ。
1　電気事業法に規定する電気工作物又はガス事業法に規定するガス工作物については，騒音規制法で定める規制基準の適用は受けない。
2　市町村長は，小規模の事業者に対する計画変更の勧告の適用に当たっては，その者の事業活動の遂行に著しい支障を生ずることのないよう当該勧告の内容について特に配慮しなければならない。
3　指定地域内に工場又は事業場（特定施設が設置されていないものに限る）特定施設を設置しようとする者は，その特定施設の設置の工事の開始の日の 30 日前までに，環境省令で定めるところにより，いくつかの項目を届け出なければならない。その中においては，公害防止管理者と環境計量士の氏名も届け出ることが必要であるとされている。
4　国土交通大臣は，自動車が一定の条件で運行する場合に発生する自動車

③. 騒音規制法

騒音の大きさの許容限度を定めなければならない。
5 都道府県知事は，騒音を発生する施設の改良のための研究，騒音の生活環境に及ぼす影響の研究その他騒音の防止に関する研究を推進し，その成果の普及に努めるものとする。

解説と正解

1：法5条に定める規制基準の遵守義務は電気及びガス事業の施設に対しても適用されます（このことは，法2条の定義を読めば鉱山保安法に規定する鉱山以外は適用されることが分かります。）ので適用除外はされません。法21条に，電気事業法に規定する電気工作物又はガス事業法に規定するガス工作物については，騒音規制法の6条から13条の規定は適用しないと書かれていますが，4条及び5条の規定は適用されます。

2：法13条にあり，改善勧告及び改善命令の適用に際しての配慮事項です。

3：公害防止管理者と環境計量士の氏名は必要ありません。届出すべきことは以下の通りです。①氏名又は名称と住所 ②工場又は事業場の名称と所在地 ③特定施設の種類ごとの数 ④騒音防止の方法 ⑤環境省令で定める事項（事業内容，従業員数，特定施設の形式と公称能力，通常使用時の開始と終了の時刻），その他に，配置図，見取り図等。

4：国土交通大臣ではなくて，環境大臣です。

5：都道府県知事ではなくて，国がすることになっています。　　正解　2

【問題 11】 騒音規制法の報告及び検査に関する第20条の記述について，誤っている部分を含むものを1つ選べ。

(ア)市町村長は，この法律の施行に必要な限度において，政令で定めるところにより，特定施設を設置する者若しくは(イ)特定建設工事を伴う建設工事を施工する者に対し，特定施設の状況，特定建設工事の状況その他必要な事項の報告を求め，又はその(ウ)事務員に，特定施設を設置する者の特定工場等若しくは特定建設工事を伴う建設工事を施工する者の建設工事の場所に立ち入り，特定施設その他の物件を検査することができる。

この規定による(エ)立入検査の権限は，(オ)犯罪捜査のために認められたものと解釈してはならない。

1　(ア)　　2　(イ)　　3　(ウ)　　4　(エ)　　5　(オ)

解説と正解

3の「事務員」は「職員」の間違いです。

本設問にあるように，知事の立入検査は，犯罪捜査の目的で行ってはならないことになっています。これは，計量法などでも同様です。「この法律の施行に必要な限度において」とあるだけでも，その趣旨は明確と思われますが，更に「犯罪捜査のために認められたものと解釈してはならない」とまで明示されています。

正解　3

4. 振動規制法

4−1 法の目的

　この法律の目的は，工場・事業場における事業活動，および，建設工事に伴って発生する相当範囲にわたる振動についての規制を行うことと，道路交通振動に係る措置を定めて，生活環境を保全し国民の健康を守ることです。

　振動規制法は，騒音規制法とパターンがよく似ていますので，というより，文章は基本的に一緒で「騒音」と「振動」を置き換えればよいところが多いものとなっています。

　騒音規制法で理解された法律の構成は，ほとんど振動規制法でも通用しますので，そのつもりで見て下さい。

4−2 地域指定

　騒音と同様に都道府県知事が，住民の生活環境を保全する必要において，指定地域を定めることができます。指定地域の中では，特定施設の設置されている工場（特定工場）の振動が規制されます。

　やはり，特定施設を設置しようとする場合や届出事項を変更する場合に，工事開始の30日前までの市町村長への届け出が必要です。

4−3 規制基準

　騒音にしても振動にしても，敷地の境界線で測定されたものが，許容できるかどうかを問題にします。これは，基本的に各種の公害に共通の考え方で，発生源よりも境界地点での状態を問題にすることになります。これが，周囲に実害を与える場合の水準だからです。水質汚濁では排水濃度，大気汚染では着地濃度などです（その他に，総量規制などもあります）。

4−4 特定建設作業に対する規制

　やはり，特定建設作業について，騒音と同じような規定があり，著しい振動

を発生する建設作業が政令によって定められています。指定地域でこのような建設工事を行いたい場合は、工事開始の7日前までに市町村長に届けることが必要です。

表4-1　特定工場等における規制基準（昭和51.11.10 環告90号）

区域の区分 \ 時間の区分	昼間	夜間
第1種区域	60 dB 以上 65 dB 以下	55 dB 以上 60 dB 以下
第2種区域	65 dB 以上 70 dB 以下	60 dB 以上 65 dB 以下

備考
1. 昼間とは、午前5時、6時、7時又は8時から午後7時、8時、9時又は10時までとし、夜間とは、午後7時、8時、9時又は10時から翌日の午前5時、6時、7時又は8時までとする。
2. 第1種区域及び第2種区域とは、それぞれ次の各号に掲げる区域をいう。ただし、必要があると認める場合は、それぞれの区域を2区分することができる。
　(1) 第1種区域　良好な住居の環境を保全するため、特に静穏の保持を必要とする区域及び住居の用に供されているため、静穏の保持を必要とする区域
　(2) 第2種区域　住居の用にあわせて商業、工業等の用に供されている区域であって、その区域内の住居の生活環境を保全するため、振動の発生を防止する必要がある区域及び主として工業等の用に供されている区域であって、その区域内の住民の生活環境を悪化させないため、著しい振動の発生を防止する必要がある区域

表4-2　特定建設作業における規制基準

建設作業の種類 \ 基準	振動の大きさ	作業ができない時間 第1号区域	作業ができない時間 第2号区域	1日当たりの作業時間 第1号区域	1日当たりの作業時間 第2号区域	同一場所における作業期間 第1号区域	同一場所における作業期間 第2号区域	日曜休日における作業
くい打機等を使用する作業鋼球を使用する作業等	75 dB を超える大きさのものでないこと	午後7時〜午前7時	午後10時〜午前6時	10時間	14時間	連続6日間		禁止

備考　第1号区域及び第2号区域とはそれぞれ次の各号に掲げる区域をいう。
　(1) 第1号区域とは次のいずれかに該当する区域
　　ア　良好な住居の環境を保全するため、特に静穏の保持を必要とする区域
　　イ　住居の用に供されているため、静穏の保持を必要とする区域
　　ウ　住居の用にあわせて商業、工業等の用に供されている区域であって、相当数の住居が集合しているため、振動の発生を防止する必要がある区域
　　エ　病院、学校等の敷地の周辺

4. 振動規制法

(2) 第2号区域とは住民の生活環境を保全する必要がある地域のうち，上記に掲げる区域以外の区域

表4－3　道路交通振動の限度

区域の区分 \ 時間の区分	昼　　間	夜　　間
第　1　種　区　域	65 dB	60 dB
第　2　種　区　域	70 dB	65 dB

(注) 1．都道府県知事，道路管理者及び都道府県公安委員会の協議により，学校，病院等の周辺の道路の限度は5dB下げ，特定の既設幹線道路の夜間の第1種区域の限度は65dBとすることができる。
　　 2．振動の測定は道路の敷地の境界線で行うものとする。

マスター！　重要問題と解説

【問題　12】 振動規制法の目的に関する条文において，誤っている下線部はどれか。

　この法律は，(ア)工場及び事業所における事業活動並びに(イ)建設工事に伴って発生する相当範囲にわたる振動について必要な規制を行うとともに，(ウ)道路交通振動に係る要請の措置を定めること等により，(エ)生活環境を保全し，(オ)国民の健康の保護に資することを目的とする。
　1　(ア)　　2　(イ)　　3　(ウ)　　4　(エ)　　5　(オ)

解説と正解

第1条は一字一句の違いを含めてきっちり学習しましょう。似た言葉でも区別されます。1の「工場及び事業所」は誤りで，「工場及び事業場」が正しい用語です。

正解　1

【問題　13】 次の条文は振動規制法第2条である。次の文中において誤りを含む下線部はどれか。

　この法律において「特定施設」とは，(ア)工場又は事業場に設置される施設のうち，(イ)著しい振動を発生する施設であって政令で定めるものをいう。
　2　この法律において「規制基準」とは，特定施設を設置する工場又は事業

場（以下「特定工場等」という。）において発生する振動の特定工場等の敷地内の最大値に対する許容限度をいう。
3　この法律において「特定建設作業」とは，建設工事として行われる作業のうち，著しい振動を発生する作業であって政令で定めるものをいう。
4　この法律において「道路交通振動」とは，自動車（道路運送車両法（昭和26年法律第185号）第2条第2項に規定する自動車及び同条第3項に規定する原動機付自転車をいう。）が道路を通行することに伴い発生する振動をいう。

1　(ア)　　2　(イ)　　3　(ウ)　　4　(エ)　　5　(オ)

解説と正解

振動規制法における特定施設の規制基準は，敷地内の最大値に対する許容限度ではなくて，敷地の境界線における大きさの許容限度を言います。

正解　3

【問題 14】 振動規制法に関する次の文中から誤っているものを1つ選べ。
1　市町村長は，指定地域の全部又は一部について，当該地域の自然的，社会的条件に特別な事情があるため，都道府県知事が定めた規制基準によっては当該地域の住民の生活環境を保全することが十分でないと認めるときは，条例で，環境大臣の定める範囲内において，都道府県知事が定めた規制基準にかえて適用すべき規制基準を定めることができる。
2　市町村長は，計画変更勧告を受けた者がその勧告に従わないで特定施設を設置しているとき，又は改善勧告を受けた者がその勧告に従わないときは，期限を定めて，その勧告に従うべきことを命ずることができる。
3　特定施設の種類ごとの数を直近に届け出た数の2倍に増加する場合は，政令で定める軽微な変更であり，届出は必要ない。
4　市町村長は，小規模の事業者に対する計画変更の勧告の適用に当たっては，その者の事業活動の遂行に著しい支障を生ずることのないよう当該勧告の内容について特に配慮しなければならない。
5　特定施設が設置されている事業場の所在地の変更があったときは，その日から30日以内にその旨を市町村長に届け出なければならない。

解説と正解

3：施行規則6条に規定する軽微な変更（届出に係る特定施設の種類及び能力ごとの数の増加しない場合）には当たりませんので誤りとなります。

4：騒音規制法にも同様の規定がありますが、改善勧告及び改善命令の適用に際しての配慮事項です。

正解　3

【問題　15】　振動規制法に関する次の記述で、誤っているものを1つ選べ。
1　市町村長は、指定地域について振動の大きさを測定するものとする。
2　市町村長は、特定施設の届け出があった場合に、その届け出に係る特定工場等において発生する振動が規制基準に適合しないおそれがある場合、振動防止の方法又は特定施設の使用の方法若しくは配置に関する計画を変更すべきことを勧告することができる。
3　市町村長が、計画の変更を勧告できるのは、特定施設の配置又は変更の届出を受理した日から30日以内に限られる。
4　改善命令に違反した者には罰則が科せられる。
5　振動の測定は、計量法の検定に合格した振動レベル計を用い、鉛直方向について行うものとする。この場合において、振動感覚補正回路は鉛直振動特性を用いることとする。

解説と正解

2は、特定施設の設置（法6条）の届出に対して、計画の変更を勧告できることを規定した法9条のものですが、勧告、命令の要件は、発生する振動が規制基準に適合しないおそれがあるだけでなく、その振動が「発生源の工場周辺の生活環境が損なわれるか損なわれている」と認められることが必要です。

正解　2

【問題　16】　振動規制法に定める特定施設設置の届出事項に該当しないものを1つ選べ。
1　振動の防止の方法
2　特定施設の型式
3　特定工場及びその付近の見取り図

4　常時使用する従業員数
5　特定施設の設計図

解説と正解

　設置の届出事項も，騒音規制法と同じパターンです。設計図を添付することは定められていません。また，振動においては，伝播が土質などの影響を受けますので，発生源では測定場所を定めることはありません。(「振動の大きさの測定場所とその場所選定の理由」が設置の届出事項に含まれるかどうか出題されたこともあります。)

正解　5

5. 力と運動および剛体の力学

　この節以降の内容は大学二年生までに学習する物理の内容になっています。本書のページ数で十分にこれを理解していただけるように書くことは難しいところですので，もし学習されて難しいと思われるようでしたら，高等学校の物理の復習や大学前半課程の物理の内容を復習していただけますようお願いします。

5-1　質点の運動，振動および衝突

　基本となる法則は，よくご存じのニュートンの運動の法則です。
1） 運動の第一法則　（慣性の法則）：実質的に力を受けていない物体は静止し続けるか，等速直線運動をします。「実質的に」とした意味は，いくつかの力が働いていても，その合力がゼロである場合を含むためです。
2） 運動の第二法則　（運動の法則）：物体(質量 m)に力 f が働くと，運動の変化は速度の変化（加速度 a）となります。

$$f = ma$$

3） 運動の第三法則　（作用反作用の法則）：ある物体が他の物体に力を与えると，力が与えられた物体も同じ大きさの力を与え返します。ただし，その物体が動いてしまうとそうはなりません。壁や地球のようにその力では動かない物体の場合の話です。

運動量保存の法則
　系の運動量が保存されるという法則ですが，よく使われます。

いろいろな運動
1） 自由落下運動

　　　$f = ma$　から　$m\dfrac{dv}{dt} = mg$　が得られます。

　dv/dt は，v を時間で微分したことを意味します。この式から，v が t のどのような関数であるかを求めることを，「微分方程式を解く」と言います。それを解いて見ますと，初期速度を v_0 などとすれば，次のようになります。

$$v = v_0 + gt \qquad y = y_0 + v_0 t + \dfrac{1}{2}gt^2$$

2） 放物運動
　　投げ上げる場合の運動は，

$$m\frac{dv_x}{dt}=0$$

$$m\frac{dv_y}{dt}=-mg$$

角度 θ で斜め上へ投げ上げれば，

$$\frac{dx}{dt}=v_0\cos\theta$$

$$\frac{dy}{dt}=v_0\sin\theta-gt$$

これを解いて

$$x=v_0\cos\theta t \qquad y=v_0\sin\theta t-\frac{1}{2}gt^2$$

これから θ を消去すると，

$$y=x\tan\theta-\frac{g}{2v_0^2\cos^2\theta}x^2$$

これは，x の二次式ですので，放物線を示します。

3）単振動

 半径が r の円周上の点 P が角速度 ω で等速円運動をしている場合に，その点の動きをある直線上に射影した点は**単振動**（周期的往復運動）という動きをします。その位置を x で表しますと，

$$x=r\sin(\omega t+\delta)$$

で表せます。この式を，二回微分すると，$\dfrac{d^2x}{dt^2}=-r\omega^2\sin(\omega t+\delta)$ となるので，x は，

$$\frac{d^2x}{dt^2}=-\omega^2 x$$

という微分方程式を満たします（P 117 参照）。

 単振動を次のように複素指数関数で表すこともあります。

$$z=re^{i(\omega t+\delta)}$$

4）衝突

 一直線上を運動している質量 m_1，速度 v_1 の物体と，質量 m_2，速度 v_2 の物体が衝突して，それぞれの速度が $v_1{}'$，$v_2{}'$ に変化する場合の計算は，運動量保存の法則より，

$$m_1v_1+m_2v_2=m_1v_1{}'+m_2v_2{}'$$

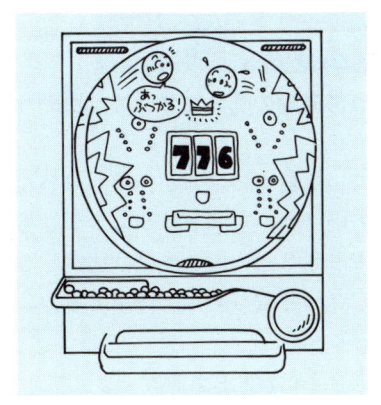

反発，あるいは，跳ね返り係数 e を使うと，
$$e=-\frac{v_2'-v_1'}{v_2-v_1}$$
これらを，v_1'，および，v_2' について解いて，
$$\begin{cases} v_1'=\dfrac{m_1v_1+m_2v_2}{m_1+m_2}+e\dfrac{m_2(v_2-v_1)}{m_1+m_2} \\ v_2'=\dfrac{m_1v_1+m_2v_2}{m_1+m_2}-e\dfrac{m_1(v_2-v_1)}{m_1+m_2} \end{cases}$$

ここで，両速度の質量による重みつき平均を V とし相対速度を v，また，両物体の質量の調和平均（逆数の相加平均の逆数）を M とすれば

$$V=\frac{m_1v_1+m_2v_2}{m_1+m_2}$$

$$v=v_2-v_1$$

$$M=\frac{2m_1m_2}{m_1+m_2}=\frac{1}{\left(\dfrac{\dfrac{1}{m_1}+\dfrac{1}{m_2}}{2}\right)}$$

$m=\dfrac{m_1m_2}{m_1+m_2}$ を換算質量と呼ぶことがあります。

衝突後の速度は次のように書き換えられます。
$$\begin{cases} v_1'=V+\dfrac{eM}{2m_1}v \\ v_2'=V-\dfrac{eM}{2m_2}v \end{cases}$$

$e=1$ のとき，運動エネルギーは系全体として保存され（問題28），両物体は別々に運動し，$e=0$ のときは，両物体は速度 V で一緒に動きます。

マスター！ 重要問題と解説 （質点の運動）

【問題 17】 力と質点の運動の関係について，次のうちより正しいものを1つ選べ。
1 等速円運動をしている質点には力が作用していない。
2 質点の加速度の方向は力の方向とはかならずしも一致しない。
3 質点の加速度の大きさは力の大きさには比例しない。
4 等速直線運動をしている質点には，作用する力の総和がゼロであるか，力が作用していない。
5 質点の加速度の大きさは質量に比例する。

解説と正解

運動法則に関する問題です。従って，力と加速度はベクトルとして同じ方向です（肢2）。大きさは比例します（肢3）。加速度の大きさは質量には比例しません（肢5）。

等速直線運動（肢4）では，$F=ma$ において，$a=0$ ですから，$F=0$ となって力は作用していないか，合力がゼロであるかのいずれかです。

等速円運動：質量 m の質点が半径 r の円周上を運動している場合は，半径の延長方向の力成分 F_r と，中心の周りの回転角を θ として，接線に沿って θ の増加する方向の力成分 F_θ は，それぞれ，

$$F_r = -mr\omega^2, \qquad F_\theta = mr\frac{d\omega}{dt}$$

で与えられます。等速円運動をしている場合は，ω は一定ですから，$\frac{d\omega}{dt}=0$ となって，$F_\theta=0$ ですが，F_r はゼロではありません。力は半径方向（内側）に作用しています。従って，等速円運動をしている質点にも力は作用しているのです（肢1）。

正解 4

【問題 18】 一端を固定した糸につながれて，滑らかな水面上で等速円運動をしている質点がある。この運動に関する記述のうち，誤っているものを1つ選べ。
1 質点に力が働いているが，合力の円周方向の成分は0である。

5. 力と運動および剛体の力学

2　糸の張力は，角速度の二乗に比例する。
3　糸が切れると，質点は遠心力で円周から糸の方向に外側へ飛び出す。
4　糸の張力は質点の質量に比例する。
5　質点の角運動量は一定である。

解説と正解

質点の力学で基本的な運動である等速円運動についての理解度を見る問題です。等速円運動をしている質点にどのような力が働いているかを解析的に解いてみます。円の半径を a，角速度を ω で表せば，質点の位置の x，y 座標は，

$$x = a\cos\omega t, \quad y = a\sin\omega t \quad \cdots\cdots ①$$

加速度は時間 t で二階微分して

$$\frac{d^2 x}{dt^2} = -a\omega^2 \cos\omega t \quad \cdots\cdots ②$$

$$\frac{d^2 y}{dt^2} = -a\omega^2 \sin\omega t \quad \cdots\cdots ②'$$

となります。今，位置ベクトル $\boldsymbol{r}$ と力 $\boldsymbol{f}$ を用いると，ニュートンの方程式は，

$$\boldsymbol{f} = m\frac{d^2 \boldsymbol{r}}{dt^2}$$

ですから，①と②，②' を用いて，$(a\cos\omega t, a\sin\omega t)$ で各成分からなるベクトルを表しますと，

$$\boldsymbol{f} = m\frac{d^2}{dt^2}(a\cos\omega t, a\sin\omega t)$$
$$= -m\omega^2 (a\cos\omega t, a\sin\omega t)$$
$$= -m\omega^2 \boldsymbol{r} \quad \cdots\cdots ③$$

が導けます。従って，質点に働く力は，質点の位置ベクトルと逆向き，つまり円の中心に向き，その大きさは $m\omega^2 a$ で与えられます。これが，向心力です。力の大きさは ω^2 と質量に比例します。

糸が切れたとき向心力がなくなり，その反作用である遠心力もなくなります。その後の質点の運動は糸が切れた瞬間の速度で円周の接線の方向に慣性の法則に従って直線的に運動します。遠心力の方向に飛び出すのではありません。ですから，遠心力によって飛び出すという記述は誤りと言えます。

中心の周りの角運動量 L は，一般に中心からの距離 r と速度 v によって，

$$L = mr \cdot v \cdot \sin\theta \quad \cdots\cdots ④$$

で表されます。ここで，θ は動径と速度のなす角です。より正確に表現しますと，ベクトルである角運動量 L は，位置ベクトル r とその質点の運動量 p の外積（ベクトル積）となります。x 軸方向のベクトルと y 軸方向のベクトルの外積ベクトルは，z 軸方向を向きます。

$$L = r \times p \quad \cdots\cdots ④'$$

一般に万有引力のように中心力（常に一点に向かう力）のもとで運動するときは等速でなくても角運動量は一定に保存されます。

|正解　3|

【問題 19】 ある宇宙船が宇宙旅行中に目指す星の近くまで来たので，着陸しようとしてエンジンを逆噴射させてゆっくり降下した。その星の表面から L[m] の高さに達した時，その噴射をやめ，自然落下によって着陸した。噴射をやめた時の落下速度を v_0[m/s] とすると，星の表面に接触する直前の速度 v はどのように表されるか。ただし，この星の重力加速度は a[m/s^2] であることが分かっているものとする。

1　$v_0 + 2\sqrt{aL}$　　　2　$v_0 - 2\sqrt{aL}$　　　3　$\sqrt{v_0^2 + 2aL}$
4　$\sqrt{v_0^2 - 2aL}$　　5　$\sqrt{v_0^2 + aL}$

解説と正解

これは，v_0[m/s] で落下している物体が，その後 L[m] だけ落下した際の速度 v[m/s] を求める問題ですね。このような時には，運動エネルギーの保存則を用いることがよいでしょう。

［落下開始時の運動エネルギー］＋［落下開始時の位置エネルギー］
＝［落下後の運動エネルギー］

これを式にしますと，質量を m として，

$$\frac{1}{2}mv_0^2 + maL = \frac{1}{2}mv^2$$

この左辺の第2項目の位置エネルギーは，地上では mgL となるところですね。この式を，v について解きますと，

$$v = \sqrt{v_0^2 + 2aL}$$

|正解　3|

【問題 20】 地上 h[m] の上空を等速飛行（速度 v）している飛行機から落下した物体は，落下し始めた地点から水平距離としてどれだけ離れた地

5. 力と運動および剛体の力学

表上の点に落下するか。ただし，重力加速度は $g\,[\mathrm{m/s^2}]$ とする。

1. $v\sqrt{\dfrac{2h}{g}}$　　2. $v\sqrt{\dfrac{h}{g}}$　　3. $\dfrac{v^2}{g}$　　4. $\dfrac{2v^2}{g}$　　5. $\dfrac{v^2}{2g}$

解説と正解

物体を落下した真下の地表上に原点を置き，飛行機の進行方向と平行な水平方向に x 軸を，真上に y 軸を取りますと，$v=$ 一定ですので，時間を t として，

$x = vt$ ……①

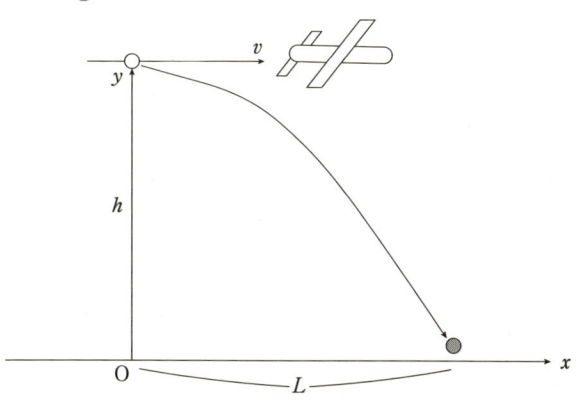

また，y 方向には下向きに重力加速度がかかりますので，

$y = h - \dfrac{1}{2}gt^2$ ……②

となり，地上まで到達したときには，

$y = 0$

となりますので，その時の時間 t は，②式を $y=0$ として解きますと，

$t = \sqrt{\dfrac{2h}{g}}$

これを①式に代入し，その時の x である距離 L を求めます。

$L = v\sqrt{\dfrac{2h}{g}}$

正解　1

マスター！ 重要問題と解説　（ばね及び振動）

【問題　21】ばね定数 k のつるまきばねの一端を固定し，滑らかな面と平行になるように置いて，他端に質量 m の物体を結び，引っ張って離した時の物体の運動を考える。その運動における周期は次のどれが妥当か。正しいものを1つ選べ。

1. $\sqrt{\dfrac{k}{m}}$　　2. $\dfrac{1}{2\pi}\sqrt{\dfrac{k}{m}}$　　3. $\dfrac{1}{2\pi}\sqrt{\dfrac{m}{k}}$　　4. $2\pi\sqrt{\dfrac{m}{k}}$　　5. $2\pi\sqrt{\dfrac{k}{m}}$

解説と正解

変位 x の従う運動方程式は，ばねの伸びを x，ばね定数を k としますと，

$$m\frac{d^2x}{dt^2} = -kx$$

となります。これを解くと，

$$x = x_0 \sin\left(\sqrt{\frac{k}{m}}\,t + \delta\right)$$

ここで，x_0 は振幅，δ は位相を示します。すると，ばねの振動数は，$\sqrt{\dfrac{k}{m}}$ ですから，周期 T は，2π を振動数で割ったものになるので，

$$T = \frac{2\pi}{\sqrt{\dfrac{k}{m}}} = 2\pi\sqrt{\frac{m}{k}}$$

正解　4

[別解]　試験の時のためにもう少し早い解き方もあります。
　$f=kx$ ですから，k の単位は［kg/s²］ですね。従って，周期［s］の単位になるようにするには，$\sqrt{}$ の中は［s²］とならなければなりませんから，1，2，5 が外れます。
　また，2π は単位が［rad］（ラジアン）ですが，一周の 360° に対応するものですので，周期運動の一回分に当たります。つまり，一周に相当する 2π を角速度で割ったものが時間の単位となる「周期」ですので，2π と周期は比例の関係でなくてはなりません。この考えから 4 が選ばれます。

【問題　22】質量 m の質点をばねにつるしたときの単振動の振動数を ω と

⑤. 力と運動および剛体の力学

する。その同じばねを2本たてにつないで，先端に2倍の質量の質点をつるした時の振動数は ω の何倍か。次のうち正しいものを1つ選べ。

1　1倍　　　2　2倍　　　3　4倍　　　4　$\frac{1}{2}$倍　　　5　$\frac{1}{4}$倍

解説と正解

ばねの定数の同じものを2本直列につないだ場合のばね定数 k' を考えてみましょう。ばね定数 k のばねを x だけ伸ばす力は $F=kx$ であり，直列につないで力 F を加えると伸びは $2x$ となるので，この場合は，$F=k'\cdot 2x$ となります。これらの式より，$k'=\frac{k}{2}$ となりますので，$\omega=\sqrt{\frac{k}{m}}$ の式を用いると，2本つないだ振動数 ω' は，

$$\omega'=\sqrt{\frac{\frac{k}{2}}{2m}}=\frac{1}{2}\sqrt{\frac{k}{m}}=\frac{1}{2}\omega$$

となって，半分になります。

正解　4

【問題　23】 長さ h の長い糸の一端を固定し，他端に質量 m のおもりをつるして1つの鉛直面内に小さな角度で振らせるとき，この運動を記述する下記の各々のうち，不適切な部分を含むものを1つ選べ。

1　糸の張力を S とし，糸が鉛直線となす角度を θ とすると，おもりの座標 (x, y) の運動方程式は，

$m\frac{d^2x}{dt^2}=-S\sin\theta$

$m\frac{d^2y}{dt^2}=mg-S\cos\theta$

2　おもりの位置と θ の関係は

$x=h\sin\theta$

$y=h\cos\theta$

3　いま，θ が小さい（$\theta\fallingdotseq 0$，$\sin\theta\fallingdotseq\theta$，$\cos\theta\fallingdotseq 1$）とすれば，$\frac{d^2y}{dt^2}\fallingdotseq 1$ であるので，

$mh\frac{d^2\theta}{dt^2}=-S\theta$

4　3で S を消去して，
$$\frac{d^2\theta}{dt^2} = -\alpha\theta \quad \left(\alpha = \frac{g}{h}\right)$$

5　これを解いて，
$$\theta = \theta_0 \sin(\omega t + \delta) \quad (\delta \text{ は初期位相角}, \omega = \sqrt{\alpha})$$

解説と正解

最後の解のようにこれは，単振動運動であることを示します。$\cos\theta \fallingdotseq 1$ であるので，$\frac{dy}{dt} \fallingdotseq 0$，よってこの両辺を t で微分すれば，$\frac{d^2y}{dt^2} \fallingdotseq 0$ です。　|正解　3|

【問題　24】　長さが 40 m の単振子をビルの屋上からぶら下げたが，その周期はどれだけか。
1　11.5 秒　　2　12.5 秒　　3　13.5 秒
4　14.5 秒　　5　15.5 秒

解説と正解

単振子の周期 T は糸の長さ L，重力加速度 g によって，次のように与えられます。
$$T = 2\pi\sqrt{\frac{L}{g}}$$

本問では，$L = 40$ m なので，これに $g = 10$ m/s² として計算します。正しくは，$g = 9.8$ m/s² ですが，選択肢の数値の幅が 10 % 弱は開いていますので，9.8 と 10 の 2 % の誤差は無視できると考えます。従って，
$$T = 2 \times 3.14 \times \sqrt{\frac{40}{10}} = 2 \times 3.14 \fallingdotseq 12.5 \text{[s]}$$

一方，$g = 9.8$ m/s² を使いますと，
$$T = 2 \times 3.14 \times 2.02 \fallingdotseq 12.7 \text{[s]}$$

となりますが，電卓の使用が禁止される場合には，上の近似も有効ですね。

|正解　2|

5. 力と運動および剛体の力学

【問題 25】 質量 m の質点が，原点 O を中心にして x 軸に沿って，振幅 A，角振動数 ω で単振動している。この質点が，$x=x_1$ の位置から，$x=x_2$ の位置まで動く間になされる仕事はいくらか。正しいものを1つ選べ。

1　0　　　2　$-m\omega(x_2{}^2-x_1{}^2)^2$　　　3　$-m\omega(x_2-x_1)^2$

4　$-\dfrac{1}{2}m\omega(x_2-x_1)^2$　　　5　$-\dfrac{1}{2}m\omega^2(x_2{}^2-x_1{}^2)$

解説と正解

単振動および保存力のする仕事の基礎的な知識を扱った問題です。ばね定数 k で質点の質量 m の時，角振動数は，

$$\omega=\sqrt{\frac{k}{m}} \quad \cdots\cdots ①$$

となります。質点が $x=x_1$ から $x=x_2$ まで動く間に力のする仕事 W は，復元力 $f=-kx$ を積分して，

$$W=\int_{x_1}^{x_2}(-kx)dx=-\frac{k}{2}(x_2{}^2-x_1{}^2) \quad \cdots\cdots ②$$

となり，①式より，$k=m\omega^2$ が言えますので，②式に代入しますと，

$$W=-\frac{1}{2}m\omega^2(x_2{}^2-x_1{}^2)$$

正解　5

【問題 26】 2次元振動子の運動の軌跡を，$x-y$ 平面上に示したとき，その軌跡が $y=-x$ の直線上にある場合，この運動は下式のうちどれで与えられるか。正しいものを1つ選べ。

1　$x=\sin\omega t$，$y=\cos\omega t$　　　2　$x=\cos\omega t$，$y=-\sin\omega t$

3　$x=\sin\omega t$，$y=\sin(\omega t-\pi)$　　　4　$x=\sin\omega t$，$y=\sin\left(\omega t+\dfrac{\pi}{4}\right)$

5　$x=\sin 2\omega t$，$y=-\sin\omega t$

解説と正解

2次元振動子は，ブラウン管オシロスコープなどに応用されています。本問はその基礎知識を問う問題で，各連立方程式から t を消去して x と y の関係式を求めることになります。

1と2が，$x^2+y^2=1$を与えることは容易に分かると思います。これは，yとxに直線関係がないことを示します。
$$\sin(\omega t - \pi) = -\sin \omega t$$
の関係があることから，xとyが，$y=-x$という式を満たすものは，3であることが分かります。

xとyの周波数の異なる場合は計算が厄介ですが，周波数の等しいときには計算は容易になります。
$$x = a\sin\omega t, \quad y = b\sin(\omega t + \delta)$$
からtを消去すれば，次のようになります。
$$\left(\frac{x}{a}\right)^2 + \left(\frac{y}{b}\right)^2 - 2\frac{xy}{ab}\cos\delta = \sin^2\delta$$

この誘導は，三角関数計算の簡単な練習問題になるので，試みられたらよいでしょう。加法定理$\sin(\omega t + \delta) = \sin\omega t\cos\delta + \cos\omega t\sin\delta$や，$\sin^2\omega t + \cos^2\omega t = 1$を利用すればできます。

これは，一般には楕円の方程式ですが，$a=b=1$，$\delta=-\pi$のとき，$(x+y)^2=0$となって，$y=-x$に一致します。

正解　3

マスター！　重要問題と解説　（衝突）

【問題　27】　静止した質点Aに質点Bが衝突し，衝突後質点A, Bはくっついたまま運動した。この衝突に関する記述のうち，誤っているものを1つ選べ。
1　衝突の前後で，運動エネルギーの和は保存している。
2　衝突の前後で，運動量の和は保存している。
3　衝突後，質点A, Bの運動方向は衝突前のBの運動方向と同じである。
4　質点A, Bの質量中心（重心）の速度は衝突前後で変化しない。
5　衝突の際，質点A, Bに働く力は，大きさは等しく互いに逆向きである。

解説と正解

力学の基礎的な問題です。二体の衝突についての知識が問われています。質点A, Bの質量をそれぞれm_A，m_Bとして，衝突の際質点に作用する力をf_A，f_Bとすれば，ニュートンの運動方程式は，

5. 力と運動および剛体の力学

$$m_A \frac{d^2 x_A}{dt^2} = f_A \qquad \cdots\cdots ①$$

$$m_B \frac{d^2 x_B}{dt^2} = f_B \qquad \cdots\cdots ②$$

で与えられます。ここで，初めのBの運動方向をx軸の正の方向にとりました。衝突の際，質点間に働く力は，作用反作用の法則により，つねに$f_A = -f_B$です。従って，5は正しいことになります。これより，①+②によって，

$$m_A \frac{d^2 x_A}{dt^2} + m_B \frac{d^2 x_B}{dt^2} = f_A + f_B = 0 \qquad \cdots\cdots ③$$

となります。この式は，

$$\frac{d}{dt}\left(m_A \frac{dx_A}{dt} + m_B \frac{dx_B}{dt}\right) = 0 \qquad \cdots\cdots ④$$

と書けるので，この括弧の中が時間によらない定数であることが示されます。すなわち，衝突の前後では，個々の速度が変化しても，運動量の和は変わらないことになりますので，2も正しいことが分かります。

また，質点A，Bの重心の位置x_Gは，

$$x_G = \frac{m_A x_A + m_B x_B}{m_A + m_B}$$

ですから，重心の速度v_Gは，

$$v_G = \frac{dx_G}{dt} = \frac{m_A \frac{dx_A}{dt} + m_B \frac{dx_B}{dt}}{m_A + m_B} \qquad \cdots\cdots ⑤$$

であるので，④の式と比較すると，重心の速度も一定になることが分かります。よって，4も正しいことが分かります。重心の速度v_Gは，衝突前のBの速度をuと書くと，⑤式より，

$$v_G = \frac{m_B u}{m_A + m_B} \qquad \cdots\cdots ⑥$$

で与えられるので，v_Gとuの方向は同じであって，3も正しいことが分かります。

衝突前と後の運動エネルギーをそれぞれT_1，T_2とすると，

$$T_1 = \frac{1}{2} m_B u^2$$

$$T_2 = \frac{1}{2} m_A v_A^2 + \frac{1}{2} m_B v_B^2$$

$v_A = v_B = v_G$ですから，⑥式を用いると，

衝突

$$T_2 = \frac{1}{2} \frac{m_B^2 u^2}{m_A + m_B}$$

となって、$\frac{T_2}{T_1} = \frac{m_B}{m_A + m_B} < 1$

となります。特に，$m_A = m_B$ のときには，運動エネルギーは半分になることが分かります。

正解　1

【問題　28】 質量 m の球を自然落下させて地面に落とし，第1回目の地面への衝突直前の速度が v_1 であったとすると，その反発係数を e とした時，n 回目の衝突直前の速度 v_n はどのように表されるか。

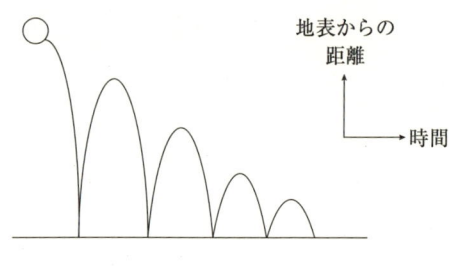

1　$(1 + e^n)v_1$　　2　$(1 - e^n)v_1$　　3　$e^n v_1$
4　$e^{n-1} v_1$　　5　$e^{n-2} v_1$

解説と正解

球の n 回目に撥ね上がる時の上昇速度を v_n' と書き，地面の衝突前後の速度（実際はゼロですが）を，それぞれ，V，V' としますと，反発の関係より，球と地面の衝突の式は，

$$e = -\frac{V' - v_n'}{V - v_n}$$

となります。当然，$V = V' = 0$ とできますので，

$$e = -\frac{v_n'}{v_n}$$

$$\therefore \quad v_n' = -e v_n$$

v_{n+1} は v_n' で上昇した後，再び落ちてきて下向き（v_n と同方向）で大きさは v_n' と同じになりますので，

$$v_{n+1} = -v_n' = e v_n$$

この関係を用いて，v_n と v_1 との間の関係を導きますと，

$$v_n = e v_{n-1} = e^2 v_{n-2} = \cdots = e^{n-1} v_1$$

正解　4

6. 流体の力学

　騒音や振動も基本的には波ですので，海の波が海面を伝わったり，音波が空気中を伝播したり，また振動が地中を通して届いたりする現象には物質の三態が関係しますが，その物質の三態のうち，気体と液体は流体に区分されます。気体は圧縮性流体と，液体は圧縮率が極めて小さいので非圧縮性流体と見なされます。

6-1　静止流体と圧力

　いま，静止流体中に高さ h，断面積 S の柱状流体を想定すると，圧力によって下底面にかかる力 PS は，上底面の力 $P_0 S$ に柱状部分の重量にかかる力を加えたものになりますので，

$$P_0 S + \rho S h g = PS$$

これより，

$$P = P_0 + \rho g h \qquad \cdots\cdots ①$$

　圧縮性流体の場合に，連続的な圧力分布を求めてみます。この式を書き換えて，鉛直上向きに z 軸をとり，柱の長さ h を微小長さ dz に取ります。高さが z の圧力を $p(z)$，高さが $z+dz$ の圧力を $p(z+dz)$ としますと，

$$p(z) = p(z+dz) + \rho g dz$$

これを整理すると，

$$-\frac{dp}{dz} = \rho g \qquad \cdots\cdots ②$$

　気体を理想気体とすると，その n モルの状態方程式は，

$$pV = nRT$$

ここで，気体の重さ w と分子量 M を用いて，

$$pV = \frac{w}{M} RT$$

また，$\rho = w/V$ であることを利用して整理しますと，

$$\rho = \frac{pM}{RT}$$

これを，②式に代入して，

$$-\frac{dp}{dz} = \frac{Mg}{RT} p$$

$$p(z) = p(0) e^{-\frac{Mg}{RT}z}$$

$$a = \frac{mg}{nRT}$$

6-2　流体の運動

連続の方程式

　定常的に流れている流体部分を，**定常流**といいます。その中に細い一つの管を考えて，**流管**と呼びます。流管において流れ方向に対して垂直な断面積 S と底における流速 v，流体の密度 ρ の積は次のように位置に無関係に一定です。これを，**連続の方程式**と言います。

$$\rho S_A v_A = \rho S_B v_B$$

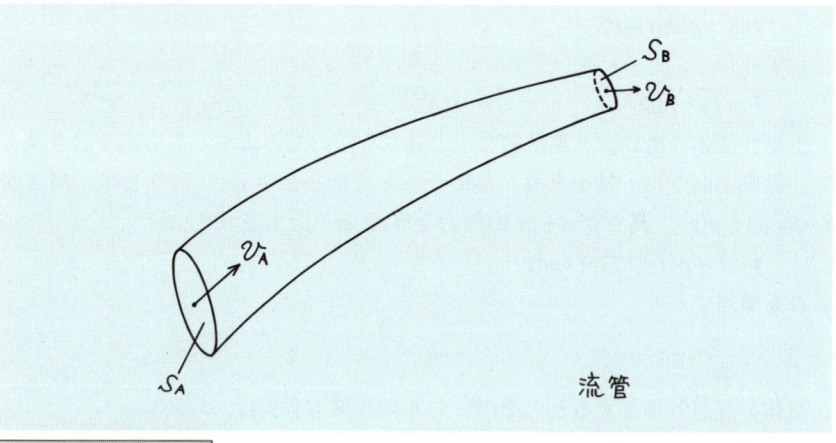

図　流管

ベルヌーイの定理

　流体の運動における基本的な定理です。詳細は，問題 30 を参照下さい。

ハーゲン・ポアズイユの法則

　細い管の中を流れる粘性の高い流体の速度は，その流体の粘性によって管の中央部が最大速度，管壁ではゼロとなります。その速度分布は次頁の図のようになります。

6. 流体の力学

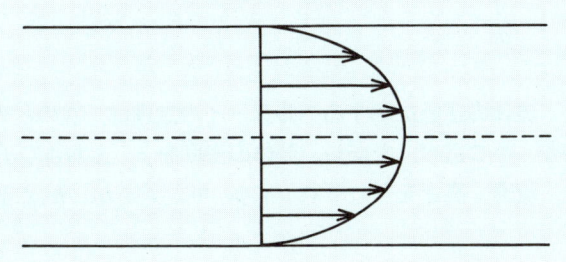

細管中の速度分布

半径 r，長さ l の細い管の中を流れる粘性率 η の流体速度 V（時間当たりに流れる体積）は，両端の圧力を p_1, p_2 としますと，次のようになります。

$$V = \frac{\pi(p_1 - p_2)}{8\eta l} r^4$$

これを，**ハーゲン・ポアズイユの法則**といいます。

マスター！ 重要問題と解説

【問題 29】 密度 d の物体を，密度 d_0 ($d_0 > d$) の液の中に漬けた場合，物体は氷山のようにその一部が液面上に現れる。物体の中の x が液面上に現れるとすると，x は d および d_0 によってどのように表されるか。

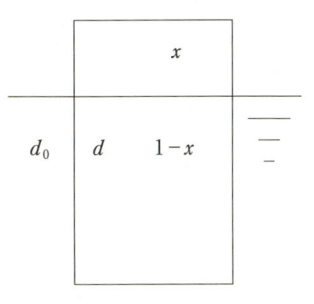

1. $x = 1 - \dfrac{d}{d_0}$
2. $x = \dfrac{d}{d_0 - d}$
3. $x = 1 - \dfrac{d_0}{d}$
4. $x = \dfrac{d}{d + d_0}$
5. $x = \dfrac{d_0}{d + d_0}$

解説と正解

アルキメデスの原理があります。「液の中に沈められた物体はそのものと同体積の液の重さだけ軽くなる」というものでしたね。この原理によりますと，物体の体積を V として，物体の本来の重さ dV から，液に漬かった部分と同体積の液の重さ $d_0(1-x)V$ を引いたものがゼロとなって液面付近で浮きます。（この d は微分記号ではありません，ご注意を）従って，

$$dV - d_0(1-x)V = 0$$
$$\therefore \quad x = 1 - \frac{d}{d_0}$$

正解　1

【問題　30】　流体の運動に関するベルヌーイの定理は，次のどの表現がもっとも適切か。1つ選べ。ただし，流体の密度を ρ，AおよびBの位置における圧力，流速，高さをそれぞれ p_A, p_B, v_A, v_B, h_A, h_B と表すものとする。

1　$p_A + \rho v_A + \rho g h_A = p_B + \rho v_B + \rho g h_B$

2　$p_A + \dfrac{1}{2}\rho v_A + \rho g h_A = p_B + \dfrac{1}{2}\rho v_B + \rho g h_B$

3　$p_A + \dfrac{1}{2}\rho v_A^2 + \rho g h_A = p_B + \dfrac{1}{2}\rho v_B^2 + \rho g h_B$

4　$p_A + \rho v_A^2 + \rho g h_A = p_B + \rho v_B^2 + \rho g h_B$

5　$p_A + \rho v_A^2 + \rho g h_A^2 = p_B + \rho v_B^2 + \rho g h_B^2$

解説と正解

基本的に，その位置の圧力 p_A に対して，運動エネルギー $\left(\dfrac{1}{2}\rho v_A^2\right)$ と位置のエネルギー（$\rho g h_A$）が加わりますので，

$$p_A + \dfrac{1}{2}\rho v_A^2 + \rho g h_A$$

が保存される形となります。

正解　3

7. 熱およびエネルギー

7−1　熱と仕事

熱容量

質量 m の物体を，相変化がない範囲（蒸発や凝縮のない範囲）で ΔT だけ温度を上げるためには比熱を c_p として，次の熱量 Q が必要となります。

$$Q = mc_p \Delta T$$

この mc_p は，物体を単位温度だけ昇温するために必要な熱量で，これを熱容量といいます。

7−2　熱力学の法則

熱力学の第一法則（エネルギー保存の法則）

「一つの系において，エネルギーの出入りがなければ，エネルギーは一定に保たれる」という法則です。別な表現としては，「第一種永久機関（エネルギーを消費しないで，永久に運動する機械）は存在しない」とも言えます。

もう少し具体的にいいますと，ある系に熱量 Q を与えたり，仕事 W がなされたりしますと，系の持つ内部エネルギー U が変化し，状態 A から状態 B に変わります。状態 A, B の内部エネルギーをそれぞれ U_A, U_B としますと，内部エネルギー変化 ΔU は，

$$\Delta U = U_B - U_A$$

この内部エネルギー変化は外から与えられた熱量や仕事に相当しますので，

$$\Delta U = Q + W$$

例えば気体よりなる系において，外部圧力 P と平衡を保ちながら $dV(=V_2-V_1)$ だけ体積変化をした時，外部から受ける仕事は，

$$dW = -PdV$$
$$W = -\int_{V_1}^{V_2} PdV$$

と表されます。ここで，系が膨張するときは $dV>0$，収縮する場合は $dV<0$ です。

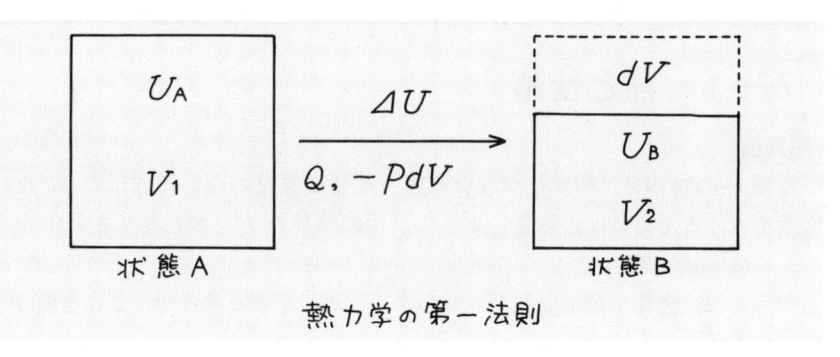

熱力学の第一法則

熱力学の第二法則（エントロピー増大の法則）

ある物質が熱量 dQ を可逆的に吸収し，系のエントロピーが ΔS だけ変化したとすると ΔS は

$$\Delta S = \int_1^2 \left(\frac{1}{T}\right) dQ$$

で表されます。これは熱を吸収するとエントロピーが増大，つまり乱雑さが増すことを示しています。熱は高温から低温に向かって不可逆に流れ込んでエントロピーが増大するように，自発的に起こる化学反応はエントロピーが増大する方向に反応が進みます。定圧下で熱 dQ を吸収し，温度が T_1 から T_2 に変化したとすると，$C_p = dQ_p/dT$ なのでエントロピーは

$$\Delta S = \int_{T_1}^{T_2} \frac{dQ}{T} = \int_{T_1}^{T_2} \frac{C_p}{T} dT$$

だけ変化することになります。理想気体 n モルの体積を V_1 から V_2 にしたときのエントロピー変化は

$$\Delta S = \frac{\Delta Q}{T} = -\frac{\Delta W}{T} = \frac{\int P dV}{T} = \frac{\int_{V_1}^{V_2} \frac{nRT}{V} dV}{T} = nR \ln \frac{V_2}{V_1}$$

同様に圧力 P_1 から P_2 まで等温変化したときのエントロピー変化は

$$\Delta S = nR \ln \frac{RT/P_2}{RT/P_1} = nR \ln \frac{P_1}{P_2}$$

となります。

この法則の表現にもいろいろありますが，「自然界のあらゆる変化は，エントロピーの総和が増大するように行われる」，「第二種の永久機関（自然界になん

7. 熱およびエネルギー

らの変化を与えずに，低温の物体から高温の物体に熱を継続的に移動できるような機械）は存在しない」などの表現があります。

エントロピー

エントロピーはその温度における無秩序さを示す量で，

$$S = k \ln A$$

によって表されます。ただし，k はボルツマン定数で，1.38×10^{-23} J·K^{-1}，A は無秩序性の母数，言い換えると，場合の数を示します。トランプなどで，よく混ぜられたものは場合の数が大きくなり，きっちりと揃って並んでいる時は，場合の数が小さくなります。A はこのことに対応した量です。

7－3　伝熱の基礎式

1）**伝熱厚みを考えない場合**：面だけを考えた伝熱の式は，熱伝達率を U，伝わる熱量を Q，伝わる面積を A，そして，伝熱の温度差を ΔT としますと，次のようになります。

$$Q = AU\Delta T$$

2）**伝熱厚みを考える場合**：厚みを考慮する式は，熱伝導率を λ とし，熱の伝わる距離を d としますと，

$$Q = A\frac{\lambda}{d}\Delta T$$

となり，伝わる厚み（距離）を考える時の基本式となります。

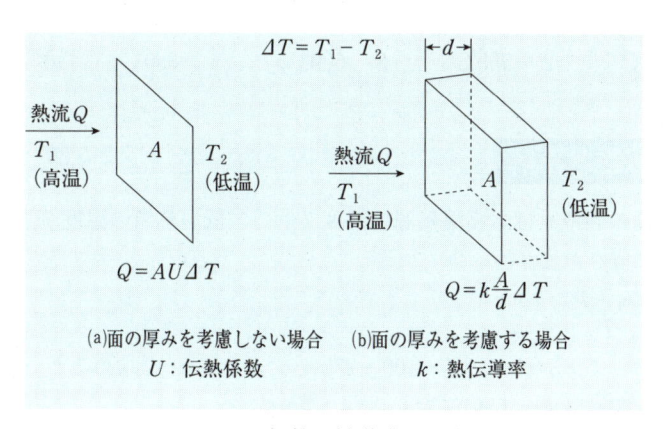

伝熱の基礎式
(a) 面の厚みを考慮しない場合　U：伝熱係数
(b) 面の厚みを考慮する場合　k：熱伝導率

マスター！ 重要問題と解説

【問題 31】 比熱 $0.25\,\mathrm{J/(g\cdot K)}$ で温度が $100\,\mathrm{K}$ の物体 $400\,\mathrm{g}$ を熱容量 $300\,\mathrm{J/K}$ で温度 $120\,\mathrm{K}$ の液体に入れて平衡になった時点で，液体の温度は何 K 低下するか。正しいものを1つ選べ。

1　$1\,\mathrm{K}$　　2　$2\,\mathrm{K}$　　3　$3\,\mathrm{K}$　　4　$4\,\mathrm{K}$　　5　$5\,\mathrm{K}$

解説と正解

比熱が c_1，c_2 で，質量が m_1，m_2，温度が T_1，T_2（$T_1 < T_2$）である二つのものが熱的に混ざって，高温側の T_2 が ΔT だけ温度降下したとするとき，

$$m_1 c_1 T_1 + m_2 c_2 T_2 = (m_1 c_1 + m_2 c_2)(T_2 - \Delta T)$$

よって，

$$\Delta T = \frac{m_1 c_1 (T_2 - T_1)}{m_1 c_1 + m_2 c_2}$$

本問では，$m_1 c_1 = 400\,\mathrm{g} \times 0.25\,\mathrm{J/gK} = 100\,\mathrm{J/K}$，$m_2 c_2 = 300\,\mathrm{J/K}$ であるので，

$$\Delta T = 100 \times \frac{120 - 100}{100 + 300} = 5\,\mathrm{K}$$

正解　5

【問題 32】 可逆熱機関がある。高温熱源から熱を受けて $100\,\mathrm{^\circ C}$ の低温熱源に熱を排出しつつ，熱エネルギーを仕事に変換しているとき，この熱機関の効率が $60\,\%$ であることが分かった。高温熱源の温度はどれだけか。次の中から適当なものを1つ選べ。

1　$500\,\mathrm{^\circ C}$　　2　$550\,\mathrm{^\circ C}$　　3　$600\,\mathrm{^\circ C}$　　4　$660\,\mathrm{^\circ C}$　　5　$770\,\mathrm{^\circ C}$

解説と正解

可逆機関の効率 η は，高温熱源の温度 $T_1\,[\mathrm{K}]$，低温熱源の温度 $T_2\,[\mathrm{K}]$ より，次のように表されます。

$$\eta = \frac{T_1 - T_2}{T_1}$$

本問において，$\eta = 0.6$，$T_2 = 100 + 273$ を代入して T_1 を求めると

$$T_1 = 932.5\,[\mathrm{K}] = 659.5\,[\mathrm{^\circ C}]$$

正解　4

7. 熱およびエネルギー

【問題 33】 温度に比例する目盛りを持った水銀温度計を0℃，100℃に正しく調節された恒温槽に入れたところ，それぞれ−1℃，98℃を示した。この温度計が38.5℃を示したときの正しい温度はいくらか。正しいものを1つ選べ。

1　38.7℃　　2　38.9℃　　3　39.1℃　　4　39.9℃　　5　42.5℃

解説と正解

新しい温度計を使う際には検定をすることが常識となっています。

温度計の読みを θ とし，正しい温度を T とすると，2点 $(-1, 0)$，$(98, 100)$ を通る直線の式は，

$$T = \frac{100-0}{98-(-1)}\{\theta-(-1)\} = \frac{100}{99}(\theta+1) \quad \cdots\cdots ①$$

この温度計の読み θ と真の温度計の値 T との関係が，この式で表されますから，

①式に $\theta = 38.5$ を代入すると，

$$T = \frac{100}{99} \times 39.5 = 39.899$$

正解　4

【問題 34】 熱力学に関する次の記述のうち，誤っているものを1つ選べ。
1　熱力学の第一法則は，「エネルギーは生起することも消滅することもない」というエネルギー保存則で，理論的に厳密に証明されているものである。
2　発熱を伴う化学反応系において，化学平衡が触媒の有無で左右されないということは第二法則で説明できる。
3　高さ100 mにある一定の質量の物体が50 mのところまで落下するときにする仕事は，同じ物体が高さ50 mから0 mのところまで落下するときになす仕事と同じである。しかし，最大効率の条件で一定の熱量が100℃に保たれた物体から50℃に保たれた物体に移動する時に得られる仕事は，同じ熱量を50℃に保たれた物体から，0℃に保たれた物体に移動する時に得られる仕事とは等しくない。
4　温度が異なる2つの物体が接触する際に，高い温度の物体から低い温度の物体に移動するエネルギーを熱という。

5　電気エネルギーを抵抗線に通して熱に変換するより，ヒートポンプの動力に用い，低温の熱源から熱を汲み上げた方が多くの熱が得られる。

解説と正解

　熱力学の基本的な考え方についての問題です。熱力学の法則は理論的に導かれたものというより，人類の長い経験によって得られたものです。しかし，同時に今後も，これらの法則に反する現象は起こらないであろうと言われています。

　1：この法則は，必ずしも理論的に証明されておりません。このように考えると矛盾なくいろいろな現象を説明できるということです。

　2：化学平衡は，触媒の有無によって左右されないということは，背理法によって次のように説明できます。

　まず，触媒の有無で化学平衡が移動する反応系があったと仮定します。無触媒のもとであるところまで反応が進んで平衡に達したとして，この状態で触媒を系に加えた場合，平衡が移動して熱が発生したとします。この熱を仕事に変えて取り出して，その後で，系から触媒を除くと平衡は元に戻りますから，何度でも触媒を出し入れして熱を取り出すことができることになります。これは熱力学の第二法則に反しますので，最初の仮定「触媒の有無で化学平衡が移動する反応系があったと仮定」したことが誤りであったことになります。

　3：熱を仕事に変える最大の効率は，

$$\frac{W}{Q} = \frac{T_1 - T_2}{T_1}$$

となります。そこで，100℃ から 50℃ に熱 Q が移動するときに得られる仕事 W は，

$$W_1 = \frac{T_1 - T_2}{T_1} Q = \left(1 - \frac{50 + 273}{100 + 273}\right) Q = 0.134\, Q$$

一方，50℃ から 0℃ に熱が移動する際の仕事 W_2 は，

$$W_2 = \frac{T_1 - T_2}{T_1} Q = \left(1 - \frac{0 + 273}{50 + 273}\right) Q = 0.155\, Q$$

よって，$W_1 \neq W_2$

　4：熱の定義です。与えられた熱はその物体の内部エネルギーを増加させますが，内部エネルギーは一般には熱の移動だけではなく，外部に対する仕事に

⑺. 熱およびエネルギー

対応して，また物質の出入りによって変化します。

5：電気エネルギーを抵抗線を通して熱に変えれば，ジュール熱が出るだけですが，ヒートポンプの動力に使いますと約3倍の熱を吸い上げることができます。ヒートポンプは高価ですが，低温の排熱などをただ捨ててしまわずに，有効に利用できます。これからの地球環境問題においても大いに活用すべきではないでしょうか。

正解　1

【問題 35】　熱力学に関する次の記述のうち，正しいものを1つ選べ。
1　気体は空間の3方向に同等に運動するとして，理想気体分子の運動エネルギー $3kT$ を，各方向に kT ずつ分配できるという考え方を，エネルギー等分配の法則という。
2　2つの熱源をもち，等温変化と断熱変化が交互に行われるサイクルをカルノー・サイクルという。
3　熱平衡にある系の状態は，圧力 P，体積 V，温度 T などの状態量を用いて表すことができる。理想気体では，n を気体のモル数，R を気体定数として，$PV = nRT$ で表される。これをファン・デル・ワールスの状態方程式という。
4　物体に加えた熱量を上昇した温度幅で除した量は，その物体の比熱という。
5　エントロピーは状態の乱雑さを表す量で，絶対温度 T での準静的等温変化で微小熱量 dQ を吸収した時の系のエントロピーの増加 dS を dQ/T で表す。

解説と正解

1は，「理想気体分子の運動エネルギー $3kT/2$ を，各方向に $kT/2$ ずつ分配する」という表現が正しい表現です。3では，$PV = nRT$ という状態方程式は，理想気体のそれであって，「ファン・デル・ワールスの状態方程式」ではありません。4の説明は，比熱ではなくて，熱容量の説明です。5は，エントロピーに関する記述です。

正解　2

【問題 36】　等温等圧に保たれた容器で，中央に水平な仕切りのあるものがあり，その仕切りの上方にネオンガス，下方に水素ガスが充満されている。

ある時刻にこの仕切りを外すと,これらのガスはどのような挙動をとるか。次の中から適切なものを1つ選べ。
1　2つの気体は,等温等圧が維持されている限り,動かずにじっとしている。
2　ネオンガスは水素ガスより重いので,ネオンガスが仕切りのあった位置を越えて下方に流れ込み,水素ガスが上に上がる。
3　ネオンガスと水素ガスは,それぞれの分子の運動によって互いに混じり合い,均一な濃度の混合気体になる。
4　ネオンガスは水素ガスより重いので,互いの密度が等しくなるまでネオンガスが水素ガスを押しつけて圧縮する。
5　ネオンガスは水素ガスより重いので,ネオンガスの濃度が下に行くほど濃くなって,濃度勾配がつくこととなる。

解説と正解

気体では,分子の運動エネルギーが,分子どうしの引き合う力に比べて極めて大きいことと,分子の質量が極めて小さいため地球による引力も無視できますので,分子は熱的な運動によって容器内に均一に広がろうとします。従って,分子の重さによらず,拡散して均一な濃度になります。　　　　正解　3

【問題　37】　1気圧,気温 127℃ における水素分子の平均2乗速度の平方根 $\sqrt{<v^2>}$ は,およそどのくらいか。ただし,気体定数を $8\,\text{J/(mol·K)}$ とする。
1　2,000 m/s　　2　2,100 m/s　　3　2,200 m/s
4　2,300 m/s　　5　2,400 m/s

解説と正解

エネルギーの当分配則によりますと,3自由度である並進運動には,
$$\frac{1}{2}kT \times 3 = \frac{3}{2}kT$$
のエネルギーが分配されます。これが,分子の平均運動エネルギーと等しいと置けますので,分子の質量を m として,

$$\frac{1}{2}m<v^2> = \frac{3}{2}kT \quad \cdots\cdots ①$$

アボガドロ数 N_A，分子量 M を用いますと，$N_A m = M$ となります。
また，気体定数 R についても，$R = N_A k$ が成り立ちますので，①式の両辺に N_A を掛けてまとめますと，

$$\frac{1}{2}M<v^2> = \frac{3}{2}RT$$

$$<v^2> = \frac{3RT}{M}$$

この式に，$R = 8\,\text{J/(mol·K)}$，$T = 127 + 273 = 400\,\text{K}$，$M = 0.002\,\text{kg}$ を代入して，

$$<v^2> = \frac{3 \times 8 \times 400}{0.002} = 4.8 \times 10^6$$

よって

$$\sqrt{<v^2>} \fallingdotseq 2{,}200\,\text{m/s}$$

電卓が使えませんので，4.8 の平方根を求めるところで，逆に選択肢から
　　　$2.1^2 = 4.41$　　$2.2^2 = 4.84$　　$2.3^2 = 5.29$
などの筆算をして 3 を選びます。

正解　3

【問題　38】　理想気体に関する次の文章において，誤っているものを選べ。
1　理想気体に限り，定積比熱は定圧比熱と等しくなる。
2　理想気体が等温可逆的に膨張する時，外部にした仕事の分だけ熱が流入して，内部エネルギーは一定に保たれる。
3　理想気体が可逆的に断熱膨張する時，気体のエントロピーは一定である。
4　理想気体が断熱的に真空中に吹き出す時，気体の温度は不変である。
5　理想気体が断熱的にゆっくりと膨張する時，気体の温度は低下する。

解説と正解

　1：理想気体では定圧比熱 C_p と定積比熱 C_V とは $C_p - C_V = R$（気体定数）の関係があります。等しくはなりません。
　3：可逆過程においては，エントロピーは一定です。仮にエントロピーが増えると，その逆反応においてエントロピーが減ることになり，熱力学の第二法則に反します。
　4：気体が真空中に膨張する場合，外部への仕事がなされませんので，内部

エネルギーの変化もなく，温度も変わりません。

5：理想気体が断熱的にゆっくりと膨張する際には，外部に対して仕事をすることになりますので，その分内部エネルギーが減少し，温度も下がります。

正解　1

【問題　39】 理想気体の断熱変化において，圧力 P と体積 V との間には，比熱比を γ とすると，

$PV^\gamma =$ 一定

という関係がある。今，温度 T_1 の理想気体を断熱圧縮して体積が $1/m$ になったとすると，温度はどれだけになるか。

1　$m^{\gamma-1}T_1$　　　　2　$m^\gamma T_1$　　　　3　$m^{\gamma+1}T_1$
4　$(2m)^{\gamma-1}T_1$　　5　$(2m)^\gamma T_1$

解説と正解

n モルの理想気体の状態方程式は，気体定数を R，絶対温度を T として，

$PV = nRT$

となりますので，これを P について解いて与式に代入しますと，

$\dfrac{nRT}{V}V^\gamma =$ 一定

nR は一定ですので，次のようになります。

$TV^{\gamma-1} =$ 一定

本問において，圧縮前を1，圧縮後を2の添え字で示しますと，

$T_1 V_1^{\gamma-1} = T_2 V_2^{\gamma-1}$

$T_2 = T_1 \left(\dfrac{V_1}{V_2}\right)^{\gamma-1}$

与えられた条件より，

$\dfrac{V_1}{V_2} = m$

ですので，これを用いて，

$T_2 = T_1 m^{\gamma-1}$

正解　1

【問題　40】 外気温が0℃の時，100℃の熱水を貯めているタンクにおいて，

7. 熱およびエネルギー

断熱材を張ってタンクから放熱する熱量を $100\,kJ/(m^2 \cdot h)$ 以下に抑えたい。熱伝導率 $0.05\,W/(m \cdot K)$ の断熱材をどのくらいの厚さに装着するべきか。ただし，タンク板材の厚みは極めて薄いものとする。

1 　2 cm 　　　2 　5 cm 　　　3 　10 cm
4 　15 cm 　　 5 　18 cm

解説と正解

右図のように厚さ $d\,[m]$（熱伝導率 $k\,[W/(m \cdot K)]$）の断熱材を隔てて，温度 T_1 と T_2 （$T_1 > T_2$）とが接する時，熱流量 $Q\,[W]$ は，断面積を $A\,[m^2]$ として，次のようになります。

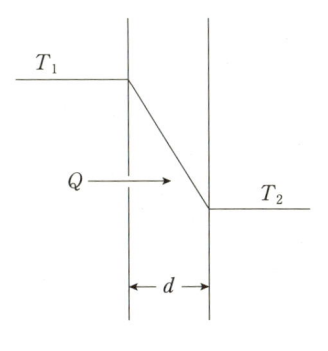

$$Q = k\frac{A}{d}(T_1 - T_2)$$

この式は重要ですので，よく理解しておいて下さい。今，分かっている情報は，$Q \leq 100\,kJ/(m^2 \cdot h)$，$k = 0.05\,W/(m \cdot K)$，$T_1 = 100\,[℃]$，$T_2 = 0\,[℃]$（温度は本来ケルビン（K）ですが，温度差の時は摂氏で計算しても同じ）ですから，代入して，

$$100\,kJ/(m^2 \cdot h) \geq 0.05\,W/(m \cdot K) \times \frac{1}{d} \times (100 - 0)$$

1h = 3,600 s ですから，

$$d = 3{,}600 \times 0.05 \times 100 / 100{,}000 = 0.18\,m$$

正解　5

8. 波

8-1 波動

音や海の波をはじめ波にもいろいろあります。我々が目で見ることのできる光，即ち可視光も電磁波という波です。電磁波にも，波長によって，γ線，X線から，紫外線，赤外線，マイクロ波，電波などがあります。

これらの波は，基本的に波動方程式という次のような方程式に支配されます。

$$c^2 \frac{\partial^2 f}{\partial x^2} = \frac{\partial^2 f}{\partial t^2}$$

これは，座標軸が一つの場合ですが，三次元の時には，

$$c^2 \left(\frac{\partial^2 f}{\partial x^2} + \frac{\partial^2 f}{\partial y^2} + \frac{\partial^2 f}{\partial z^2} \right) = \frac{\partial^2 f}{\partial t^2}$$

となります。

これらを直接解くためには，かなり訓練を積む必要がありますが，環境計量士試験（騒音・振動関係）においては，次のようなものが解けるか，あるいは理解されれば十分でしょう。計算の練習のために解いてみて下さい（11章参照）。ただし，無理にとは言いません。途中で投げ出しても結構です。その場合は，結果と意味だけは，学習して下さい。

1） 単振動運動（P 117 参照）

$$\frac{d^2 x}{dt^2} + \omega^2 x = 0 \quad (\omega > 0)$$

2） 単振動に抵抗要素が加わった場合の運動（P 119 参照）

抵抗は，一般に速度に比例する形で加わりますので，その場合は

$$m \frac{d^2 x}{dt^2} + r \frac{dx}{dt} + kx = 0$$

のような形になります。この式は，バネ定数 k と質量 m の系に抵抗 r が加わった場合ですが，そのような機械系の他にも，電気系や音響系においても，この式と同型の式で記述されるものがあります。

ここで，$r=0$ の時，1) の単振動の式になります。2) の m と k は，1) の ω との間に次の関係が有ります。

$$\omega = \sqrt{\frac{k}{m}}$$

8. 波

波の基礎

x 軸の正の方向に速度 c[m/s]で伝わる物理量，例えば音の圧力，音圧 p[Pa] は，時刻 t[s] において

$$p = p(x - ct)$$

と書くことができます。x が Δx だけ増しても，t が $\Delta t = \Delta x/c$ だけ増えれば（　）内が変わらないからです。

正弦波が伝わる場合は，振幅 P_m，波長 λ[m]，位相 δ ならば，次のように表わされます。

$$p = P_m \sin\left\{-\frac{2\pi}{\lambda}(x - ct) + \delta\right\}$$

このような周期関数は，波の表現ですが，その場合に周期 T[s]，周波数 f[Hz]，角周波数 ω[rad/s]，波長定数 k[rad/m]，波数 $\varkappa$[1/m]などの互いの関係とそれらの定義は次のようになります。

$$f = \frac{c}{\lambda}, \quad \omega = \frac{2\pi}{T} = 2\pi f$$

$$T = \frac{1}{f}, \quad k = \frac{2\pi}{\lambda} = \frac{\omega}{c}$$

$$\varkappa = \frac{1}{\lambda}$$

周期：繰返現象における最小再現間隔。
周波数：振動数ともいう。単位時間当りの繰返回数。
角周波数：角振動数とも。周波数に 2π を掛けたもの。
波長定数：位相定数とも。2π を波長で割ったもの。ラジアン波数。
波数：単位長さ当りの繰返回数。無次元波数。

8-2 音波

音は，通常縦波で，光波などと同様に，反射，屈折，干渉などの現象がおこります。

音の速さ

空気中を伝わる縦波の速度を c としますと，K を空気の体積弾性率，ρ を密度として，次のように与えられます。

$$c = \sqrt{\frac{K}{\rho}}$$

K は，断熱変化においては，比熱比 $\gamma\left(=\dfrac{C_p}{C_v}\right)$ と圧力の積になりますので，

$$c=\sqrt{\dfrac{\gamma P}{\rho}}$$

状態方程式 $PV=\dfrac{W}{M}RT$ と $\rho=\dfrac{W}{V}$ によって

$$c=\sqrt{\dfrac{\gamma RT}{M}}$$

と表わされます。ここで，空気について，V：体積，W：重さ，M：平均分子量としています。

これから，t [℃] における音速 C_t [m/s] について，

$$C_t ≒ 331.5+0.61t\ [\mathrm{m/s}]$$

が導びかれます。

音のエネルギー

密度 ρ の媒質の中を，平面波である音 (波長 λ，振動数 ν，振幅 A) が進む時の，単位面積当りの伝播エネルギー E は

$$E=2\pi^2\rho\lambda\nu^2 A^2$$

で与えられます。これは，音の強さと言われます。

ドップラー効果

波を発する源 (波源) とそれを観測する者とがともに運動している時，それらの速度の状態によって観測者が観測する波の振動数は異なってきます。これをドップラー効果といいます。波源の振動数 ν_1，観測者が観測する振動数 ν_2，波の速度 v，波源の速度 v_1，観測者の速度 v_2 としますと，

$$\dfrac{\nu_2}{\nu_1}=\dfrac{v-v_2}{v-v_1}$$

ただし，波源が観測者に近づく時 $v_1>0$，観測者が波源から遠ざかる時 $v_2>0$ のように符号をとることにします。従って，両者が互いに近づく場合に振動数は実際より大きく観測され，互いに離れる場合には，実際より小さく観測されます。

8−3　光波とレンズ

光も波の一種ですので，音と同様に反射，屈折，干渉が起きます。

8. 波

光の干渉

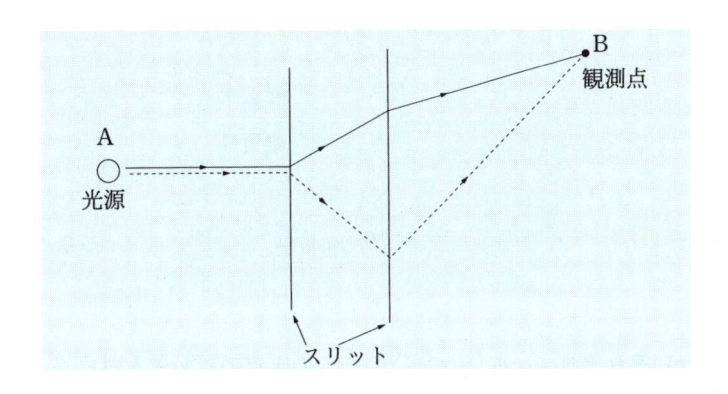

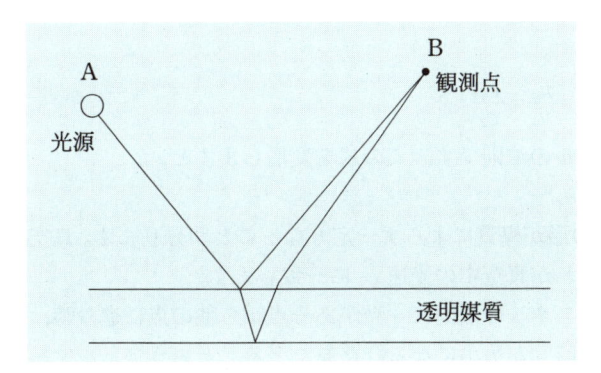

　図のように，反射や屈折によって，同一の光源を出た光が異った経路を通って，再び同一の観測点に到達する時，それぞれの経路長 r_1, r_2 の差 Δr が波長の倍数ならば，

$$\Delta r = \pm m\lambda \quad (m = 1, 2, 3, \cdots)$$

光は互いに重なり合い強め合って明るくなります。これに対し，光波の山と谷，谷と山が重なる場合には，互いに弱め合って暗くなります。

$$\Delta r = \pm \frac{2m+1}{2}\lambda \quad (m = 0, 1, 2, \cdots)$$

この現象を干渉といい，これらによって干渉縞ができます。

光の反射と屈折

　光が，二種類の媒質の境界面に入射すると，反射と屈折が起こります。

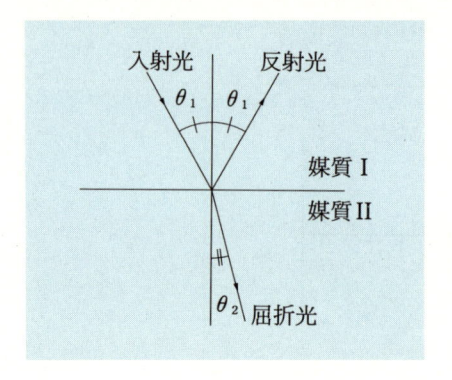

屈折率が，それぞれ n_1, n_2 ($n_1 < n_2$) の二つの媒質の界面に入射角 θ_1 で入射した光の屈折角が θ_2 である時，それぞれの媒質中での光速 c_1, c_2 との関係は次のようになります。

$$\frac{\sin \theta_1}{\sin \theta_2} = \frac{n_2}{n_1} = \frac{c_1}{c_2}$$

これがスネルの法則です。この式を変形しますと，

$$n_1 c_1 = n_2 c_2$$

となり，nc の形が媒質によらず一定となることが分ります。真空の屈折率は1ですから，これが真空中の光速 c_0 に一致します。

また，このスネルの法則は「光がある点から他の点に進む時，この2点間を通るに要する時間が最小になる経路をたどる」というフェルマーの原理の一つの具体例となっています。光は，人間とちがって寄り道をしないものなんですね。

8. 波

鏡とレンズ

球面鏡, あるいは, 球面レンズにおいて, 焦点距離を f, 鏡またはレンズから物体および像までの距離を, それぞれ a および b とする時,

$$\frac{1}{a}+\frac{1}{b}=\frac{1}{f}$$

が成り立ちます。また, 物体の大きさに対して像の大きさが m 倍になったとすると, 次の関係が成り立ちます。| | は絶対値の記号です。

$$m=\left|\frac{b}{a}\right|$$

マスター！ 重要問題と解説

【問題 41】 次のように表される変量について, 誤っているものを選べ。

$$y = A \sin\left\{2\pi\left(ft - \frac{x}{\lambda}\right)\right\}$$

1　この変量の表す振動は単振動である。
2　A は振幅である。
3　f は振動数である。
4　λ は波長である。
5　周期 T は, $T = 2\pi f$ と書かれる。

解説と正解

1～4 は設問の通りです。周期 T は, 振動数 f の逆数ですので,

$$T = \frac{1}{f}$$

正解　5

【問題 42】 波の性質に関する次の記述について, 誤っているものを選べ。
1　縦波は, 媒質を構成する分子や微小部分が波の進行方向と平行に振動して伝わる波である。
2　回折現象は, 縦波の場合に起きるが, 横波では起こらない。
3　固体中を波が伝わる時, 一般に縦波の方が横波よりも早く伝わる。
4　音源に近づく観測者に聞こえる音の振動数は, 音源の発する振動数より大きく感じられる。

5　音のエネルギー（強さ）は，その振幅の2乗に比例する。

解説と正解

2：波であれば縦波でも横波でも，回折現象や干渉は起こります。

3：設問の通りです。地震波においても，一次波（P波）は縦波で，二次波（S波）は横波です。

4：音の振動数をν，移動速度をvとし，添え字で音源と観測者を表しますと，互いに近づくときに$v_{観測者}<0$, $v_{音源}>0$にとると，次の関係が成り立ちます。νとvが似た形をしていますのでご注意を。

$$\frac{\nu_{観測者}}{\nu_{音源}} = \frac{音速 - v_{観測者}}{音速 - v_{音源}}$$

これによって，互いに近づくときは，右辺の分子が大きくなり，分母が小さくなりますので，振動数は大きく聞こえます。

5：音のエネルギー（強さ）Eは波長λ，振動数ν，振幅A，媒質密度ρによって，次のように書かれます。

$E = 2\pi^2 \rho \lambda \nu^2 A^2$

正解　2

【問題　43】　光の屈折に関する次の記述のうち，誤っているものを選べ。
1　光波は，一般に屈折率の異なる媒質の境界を通過する際に，屈折する。
2　媒質の屈折率は，常に1より大きい。
3　光波の振動数は媒質によらず常に一定である。
4　媒質中の光の波長は真空中より短くなる。
5　光波の速度は媒質によらず常に一定である。

解説と正解

真空中の光速をc_0，その波長をλ_0とし，ある媒質（屈折率n）における光速をc，その波長をλとしてみます。

2：$n = c_0/c$の関係があり，常に$c_0 > c$ですので，常に$n > 1$です。真空中の光速より速く進むことはできません。

3：光波の振動数は媒質によって変化しませんので，正しい記述です。

4：$\lambda = \lambda_0/n$の関係があります。正しい記述です。

5：$c = c_0/n$ ですので，媒質によって光波の速度は変化します。設問は誤りです。

正解　5

【問題　44】　波の性質について次の記述のうち，誤っているものを1つ選べ。
1　観測者と音源が相対的に近づくとき，観測者に聞こえる音の振動数は実際より高く，遠ざかるときは低く聞こえる。
2　x 軸上の一点で振幅 A，初期位相 δ，周期 T の単振動を与えて，x 軸の正の向きに v の速さでこの単振動による波が伝わるとき，この波動は
$$z = A \sin\left\{\frac{2\pi}{T}\left(t - \frac{x}{v}\right) + \delta\right\} = A \sin\left\{2\pi\left(\frac{t}{T} - \frac{x}{\lambda}\right) + \delta\right\}$$
で表される。ここに，$\lambda = vT$
3　波長と振幅がともに等しく，互いに反対方向に進む2つの波
$$z_1 = A \sin 2\pi\left(\frac{t}{T} - \frac{x}{\lambda}\right)$$
$$z_2 = A \sin 2\pi\left(\frac{t}{T} + \frac{x}{\lambda}\right)$$
によってできる合成波は，
$$z = z_1 + z_2 = 2A \cos\left(2\pi\frac{x}{\lambda}\right)\sin\left(2\pi\frac{t}{T}\right)$$
となって，定常波となる。
4　波の伝わる方向と，波を伝える媒質の変位する方向とがたがいに垂直な波を横波，それらが互いに平行であるような波を縦波，または疎密波という。光波は縦波であり，音の波は横波である。
5　2つの媒質の界面を波が通過するとき波は屈折するが，その入射角を i，屈折角を r と書くと，
$$\frac{\sin i}{\sin r} = \frac{v_1}{v_2} = \frac{n_2}{n_1}$$
ただし，媒質1及び2の中の波の速度と媒質の屈折率をそれぞれ v_1, v_2 及び n_1, n_2 とする。

解説と正解

1は，音のドップラー効果といわれるもので，波一般に共通の性質です。波の三角関数表示で選択肢3のように，位置の変数 x と時間の変数 t とが変数分離されるものは，波としてどちらの方向にも進まない波，いわゆる定常波です。

定常波において，もっとも大きく変位する点を腹，全く変位しない点を節といいます。定常波に対して，どちらか一方へ進む波は進行波と呼びます。

4の文章は，縦波，横波の説明は正しいですが，光と音の波の記述は誤っています。光が横波で，音が縦波です。

5は，スネルの法則と呼ばれるものです。

正解　4

【問題　45】 物質中を伝わる音波の速さはいくつかの物質定数に関係する。次に示す物質定数のうち，音速に関係しないものを1つ選べ。
1　比熱比　　2　弾性率　　3　ずれ弾性率　　4　密度　　5　圧縮率

解説と正解

縦波である音波の問題です。波が密度 ρ および体積弾性率 K の媒質中を X 軸方向に伝播するときの運動方程式（波動方程式）は，

$$\frac{\partial^2 \zeta}{\partial t^2} = \frac{K}{\rho} \frac{\partial^2 \zeta}{\partial x^2}$$

であり，音速 v は，

$$v = \sqrt{\frac{K}{\rho}}$$

で表されます。そこで，体積弾性率 K は次のように定義されます。

固体：$K = E \dfrac{1-\sigma}{(1+\sigma)(1-2\sigma)}$　　（σ：ポアソン比）

液体：$K = -V \left(\dfrac{\partial \rho}{\partial v} \right)_{\mathrm{ad}}$

気体：$PV^\gamma = $ 一定

一般に，物質中を伝播する音波の速さは密度，弾性率，圧縮率，比熱比に関係し，縦波に対しては，ずれ弾性率は関係しません。これは横波に関係します。

正解　3

【問題　46】 空気中の音速は，気圧が P で空気の密度が ρ の時，$\sqrt{\dfrac{\gamma P}{\rho}}$ で与えられる。ここに，γ は空気の比熱比（定圧比熱／定容比熱）である。気温が一定で，気圧が2倍になるとき，音速は何倍になるか。次のうち正しいものを1つ選べ。

8. 波

1　$\dfrac{1}{\sqrt{2}}$ 倍　　2　$\dfrac{1}{2}$ 倍　　3　変わらない　　4　$\sqrt{2}$ 倍　　5　2 倍

解説と正解

気圧の変化によって音速がどれだけ変わるかを聞く問題。気圧の変化はボイル・シャルルの法則を使って考えます。

一般に，流体中のたて波の伝わる速さは，$\sqrt{\dfrac{K}{\rho}}$ で表されます。ここで，K は流体の体積弾性率，ρ はその密度です。空気中の音波によって空気は早い圧縮を受けますので，弾性率としては断熱変化の場合を用いることが必要です。気体の圧力を P，体積を V とすると，断熱変化の場合は，$PV^\gamma = $ 一定 です。体積変数を v として，$K = -V\dfrac{dP}{dv}$ ですから，これらより，$K = \gamma P$ が得られます。従って，空気中の音速 c は，$\sqrt{\dfrac{\gamma P}{\rho}}$ となります。γ は気圧や気温に無関係な量ですが，圧力が変わるときには空気の密度も変化することを考慮しなければなりません。

はじめの空気の圧力を，P_0，体積を V_0 として，圧力 P のとき，体積が V になったとすると，気温が一定ならば，ボイルの法則によって，

$$P_0 V_0 = PV$$

空気の密度をそれぞれ，ρ_0，ρ とすると，空気の質量の保存則より，

$$\rho_0 V_0 = \rho V$$

これらの両式より，

$$\dfrac{P_0}{\rho_0} = \dfrac{P}{\rho}$$

従って，$P = 2P_0$ のときには，$\rho = 2\rho_0$ となりますから，音速 c は，問題で与えられた式から，

$$c = \sqrt{\gamma \cdot \dfrac{2P_0}{2\rho_0}} = \sqrt{\dfrac{\gamma P_0}{\rho_0}}$$

これらのことより，気圧が変化しても音速は変わらないことが分かります。

正解　3

【問題 47】 天体観測において，ある恒星の発する光を観測したところ，本

来波長 238.1 nm であるはずの光がドップラー効果によって長波長側に 0.020 nm だけシフトして観測された。この恒星は観測者に対して近づいているか遠ざかっているか，正しいものを選べ。ただし，光速を 3.0×10^8 m/s とする。

1　25.2 km/s の速度で遠ざかっている。
2　12.6 km/s の速度で遠ざかっている。
3　相対距離は変化していない。
4　12.6 km/s の速度で近づいている。
5　25.2 km/s の速度で近づいている。

解説と正解

観測者は移動していないと仮定して，相対距離が変化していない状態の恒星からの光の振動数を ν_0（波長 λ_0）とし，この星が速度 v で近づく時の観測振動数を ν（波長 λ），光速を c としますと，ドップラー効果により，次のようになります。

$$\frac{\nu}{\nu_0} = \frac{c}{c-v}$$

波長は振動数に逆比例しますので，

$$\frac{\lambda_0}{\lambda} = \frac{c}{c-v}$$

$$v = c\left(1 - \frac{\lambda}{\lambda_0}\right) = c\frac{\lambda_0 - \lambda}{\lambda_0} = 3.0 \times 10^8 \times \frac{-0.020}{238.1}$$

$$= -2.52 \times 10^4 = -25.2 \text{ km/s}$$

正解　1

8. 波

【問題 48】 振動数 60 Hz の音を出しているスピーカー A と，それより少し低い振動数の音を出しているスピーカーを並べて観測者の前に置いた。そのとき観測者は 1 秒間に 5 回のうなりを聞いた。スピーカーの出している音の波長はおよそ何 m か。正しいものに近いものを 1 つ選べ。ただし，音速は $340\,\mathrm{ms^{-1}}$ とする。

 1 6.4   2 6.2   3 6.0   4 5.6   5 5.2

解説と正解

振動数が，ν_1 と ν_2 で，波数が κ_1 と κ_2 であるような音波の重ね合わせ波の振幅は，

$$y = \sin(2\pi\nu_1 t - \kappa_1 x) + \sin(2\pi\nu_2 t - \kappa_2 x)$$
$$= 2\cos\left\{\pi(\nu_1-\nu_2)t - \frac{(\kappa_1-\kappa_2)x}{2}\right\}\sin\left\{\pi(\nu_1+\nu_2)t - \frac{(\kappa_1+\kappa_2)x}{2}\right\}$$

となります。2 つの振動数 ν_1 と ν_2 が近い値の時，第 2 の因子に比べて，第 1 の因子はゆっくりと時間変化するので，$\nu_1+\nu_2$ の振動に対する振幅の変化と見なせます。従って，うなりの振動数は，$|\nu_1-\nu_2|$ で与えられます。いま，$\nu_1-\nu_2=5\,\mathrm{Hz}$，および，$\nu_1=60\,\mathrm{Hz}$ が与えられていますので，$\nu_2=55\,\mathrm{Hz}$ です。

波の速度 v，振動数 ν，波長 λ の間には，$v=\nu\lambda$ の関係があるので，

$\lambda = \dfrac{v}{\nu} = \dfrac{340}{55} = 6.18\,\mathrm{m}$ となります。

正解 2

【問題 49】 振動数 475 Hz のおんさを鳴らしたところ，静止している人に 500 Hz で聞こえた。このとき，おんさは静止している人に向かって毎秒何 m の速さで動いていたことになるか。正しいものを 1 つ選べ。ただし，音速を 340 m/s とする。

 1 16   2 17   3 18   4 19   5 20

解説と正解

今，発音体の振動数を ν_0，静止している観測者の受ける振動数を ν とします。音源から観測者に向かう方向を正とし，音源の速さを v，音速を V とすると

$$\nu = \frac{V}{V-v}\nu_0$$

が成立します。この式を変形しますと，

$$v = V\left(1 - \frac{\nu_0}{\nu}\right)$$

となりますので，$V=340\,\mathrm{m/s}$，$\nu_0=475\,\mathrm{Hz}$，$\nu=500\,\mathrm{Hz}$ を代入して求めればよいわけです。

正解　2

【問題　50】次の記述のうち，誤っているものを1つ選べ。
1　夏の暑い日に空が地面に反射したように見える逃げ水という現象は，地上付近に熱い空気があることが原因である。
2　夕焼けの太陽が赤く見える現象は，空気や空気中のほこりが，波長の長い光を選択的により多く散乱するためである。
3　地上のものが上方に伸びるように浮き上がって見える蜃気楼という現象は，地上付近に冷たい空気がある場合に起こる。
4　眼で見る日没の時間には，大気による光の屈折のために，太陽は水平線の延長線上よりかなり下にある。
5　水の入ったプールを真上から見ると，実際の深さに比べて浅く見える。

解説と正解

1の，逃げ水という現象は，地表近くの気温がかなり高い場合に，光線が空気に屈折されて起こるものです。

2の，波長の短い青い光は空気や空気中を漂うほこりに散乱されやすく，そのため波長の長い赤い光がより遠方までとどくのです。

3でいう蜃気楼は，地表近くの気温が低くかつ鉛直方向に急激に変化しているときに，光線が空気に屈折されて起こるものです。富山湾や伊勢湾などでよく起こるとされています。甚だしい場合は，「島浮き」あるいは「浮景」，「浮き上がり」と呼ばれて，島が浮いたように見えることもあるそうです。

正解　2

【問題　51】石鹸水はほぼ透明であるが，シャボン玉にはきれいな色が見える。この色の理由として，最も正しいと思われる記述を次の中から1つ選べ。
1　光の偏り　　2　シャボン玉の出す燐光　　3　光の回折

4　光の干渉　　　5　シャボン玉の出す蛍光

解説と正解

　この問題は，光の波動特性としての干渉効果について聞いています。完全に溶けた石けん水自身は透明であり，シャボン玉の色は石けん水自身の色ではありません。蛍光や燐光は，物質が吸収したエネルギーを光として放出することで，紫外線またはX線等を吸収して，それと異なった波長の光を出す現象です。照射後も光を放出するものを燐光と言って，区別することもあります。
　シャボン玉の色は光の干渉によって起こります。シャボン玉の膜の外側から入った光が表面で反射して外に向かう反射光と，膜の内部に入って膜の内側の界面で反射される光とが干渉するものと考えられます。より詳しくは，さらにそれらの光が二次，三次の干渉光を形成することもありえます。　　正解　4

【問題　52】　光源の光度を I [cd (カンデラ)] が距離 d [m] を隔てて照らした点の照度を E [lx (ルクス)] とする時，次の関係があるという。

$$E = \frac{I}{d^2}$$

　今，机上を 100 lx の明るさにするために 2 m 上方にどれだけの明るさの照明を要するか。

1　100 cd　　2　200 cd　　3　300 cd
4　400 cd　　5　500 cd

解説と正解

与えられた式を I について解いて，$E = 100$ lx，$d = 2$ m を代入しますと，
　　$I = Ed^2 = 100 \times 2^2 = 400$ cd　　　　　　　　　正解　4

【問題　53】　顕微鏡の分解能に関する記述のうち誤っているものを1つ選べ。
1　対物レンズの開口での回折効果により分解能は低下する。
2　物体を照明する光の波長を短くすると分解能は上がる。
3　短い焦点距離の対物レンズを用いると拡大率が上がり見掛け上分解能は

上がる。
4　対物レンズと物体の間の空間を屈折率の大きい液体で満たすと分解能は上がる。
5　対物レンズの開口径を小さくすると分解能は上がる。

解説と正解

光の回折現象への理解度を試す問題です。顕微鏡の分解能は対物レンズの開口での光の回折による，物体面内の点の像面での像の広がりから，次のように定義されます。

即ち，物体面内の1点から対物レンズの径を見込む角度を α，レンズと物体面の間の空間の屈折率を n，物体からの光の波長を λ としますと，物体面内の2点間の識別距離 δ は，次式で定義されます。

$$\delta = 0.61 \frac{\lambda}{n \sin\left(\frac{\alpha}{2}\right)}$$

この距離 δ は，次の条件で短くなり，分解能が上がります。
1　光の波長を短くする。
2　屈折率を高くする。
3　角 α を大きくする。

従って，レンズの開口径を小さくすると，角 α が狭くなり，回折効果が増して，像が広がり分解能は低下します。　　　　　　　　　　　　　正解　5

【問題　54】焦点距離 f の凸レンズにおいて，レンズから nf の距離に物体を置く時の像の位置と大きさはどれだけになるか。

	像の位置	大きさ（倍）
1	$\frac{n}{n-1}f$	$\frac{1}{n-1}$
2	$\frac{n}{n+1}f$	$\frac{1}{n-1}$
3	$\frac{n}{n+1}f$	$\frac{1}{n+1}$
4	nf	n
5	$(n-1)f$	n

8. 波

解説と正解

基本はレンズと物体の距離 a とレンズと像の距離 b が次の式を満たすことです。

$$\frac{1}{f} = \frac{1}{a} + \frac{1}{b}$$

本問は，$a = nf$ の時の b を求めるものですので，

$$b = \frac{af}{a-f} = \frac{nf^2}{nf-f} = \frac{n}{n-1}f$$

大きさ（倍率）は，

$$\frac{b}{a} = \frac{nf/(n-1)}{nf} = \frac{1}{n-1}$$

正解　1

【問題　55】　気体中の音速は，その気体の比熱比を γ，圧力を p，密度を ρ とすると次式で表されるという。

$$c = \sqrt{\frac{\gamma p}{\rho}}$$

理想気体において，これと同等な式は次のどれに当たるか。ただし，R は気体定数，T は絶対温度，M は分子量とする。

1　$c = \sqrt{\dfrac{RT}{M}}$　　2　$c = \sqrt{\dfrac{2RT}{M}}$　　3　$c = \sqrt{\dfrac{\gamma RT}{M}}$

4　$c = \sqrt{\dfrac{RT}{\gamma M}}$　　5　$c = \sqrt{\dfrac{RT}{2\gamma M}}$

解説と正解

n モルの理想気体の状態方程式は，体積を V として，

　$pV = nRT$

となります。その質量を w としますと，$n = w/M$ ですので，

　$pV = \dfrac{w}{M}RT$

ここで，$\rho = w/V$ であることを使い，

　$p = \dfrac{\rho}{M} \cdot RT$

これを与えられた式に代入しますと，

$$c = \sqrt{\frac{\gamma RT}{M}}$$

正解 3

【問題 56】 2種の媒質（固有音響抵抗 $\rho_1 c_1$ および $\rho_2 c_2$）の境界において，音波が媒質1から媒質2の方向に，境界面に垂直に入射する際，音の強さの反射率 r は次のどの式で表されるか。ただし，$x = \rho_2 c_2 / \rho_1 c_1$ とする。

1. $\dfrac{1}{(1+x)^2}$ 2. $\dfrac{1}{(1-x)^2}$ 3. $\dfrac{1-x}{(1+x)^2}$
4. $\left(\dfrac{1+x}{1-x}\right)^2$ 5. $\left(\dfrac{1-x}{1+x}\right)^2$

解説と正解

この問題が正攻法で解ける人はよほど音響学を勉強した人でしょう。普通にはもう少し現実的に考えましょう。

1) $x = 1$ の時，つまり，2種の媒質の固有音響抵抗が等しい場合，媒質の性質が等しいために反射が起こらないはずです。従って，$r = 0$ でなければなりません。これで1，2，4が外れます。

2) 次に，$x \to \infty$（無限大）の時，つまり，媒質2の抵抗が極めて大きい場合，全部が反射して $r = 1$ となります。$r = 1$ になるのは，4，5ですね。3は分母が x の2乗レベル，分子が x の1乗レベルですので，$r \to 0$ となります。

以上で，正解として5が得られますが，$x = 0$ の場合はどうなるのでしょう。$r = 1$ となりますが，これは物理的にどういう意味と考えればよいでしょうか。少し考えにくい状態ですが，媒質2が真空のような場合ですね。現実に作りにくい状態ですが，仮に作れたとしても音波は真空中に伝わりませんので，全部の音波のエネルギーが反射するはずです。従って，$r = 1$ でよいと考えられます。

正解 5

9. 電気と磁気

9−1 電気および電場

クーロンの法則

二つの点電荷 q, q' が距離 r を隔てて位置している時, これらの間に働く電気力 F は,

$$F = \frac{1}{4\pi\varepsilon_0} \cdot \frac{qq'}{r^2} \quad (\varepsilon_0：真空誘電率)$$

となり, q, q' が同種の電荷なら互いに反発する斥力, 異種の電荷の場合は互いに引き合う引力となります。

電場

クーロンの法則の二つの点電荷のうち, 一つが「場」(空間の各位置での電気力のもと)を与え, もう一つがその場(電場)によって力を受けると考えますと, その電場の強さは, 次のようになります。

$$E = \frac{F}{q'} = \frac{1}{4\pi\varepsilon_0} \cdot \frac{q}{r^2}$$

電束密度 D と電場の強さ E をそれぞれベクトルで, $\bm{D}$, $\bm{E}$ と表すとこれらの間にも, 次の関係があります。

$$\bm{D} = \varepsilon\bm{E}$$

コンデンサー

コンデンサーとは, 電荷を貯える素子で, 二つの導体を向かい合わせにしたものです。面積の等しい金属板(極板)を平行に向かい合わせたものを平板コンデンサーといい, 面積が S で極板間距離が d であるものに, 電荷 Q が貯えられていれば, コンデンサーの電気容量 C が

$$C = \frac{Q}{V} = \varepsilon_0 \frac{S}{d}$$

で表されます。ここに, V は極板間電圧です。

電気容量が, C_1, C_2, C_3, …の複数のコンデンサーを連結する時, 全電気容量 C は次のようになります。

並列連結：$C = C_1 + C_2 + \cdots$

直列連結：$C = \dfrac{1}{\dfrac{1}{C_1} + \dfrac{1}{C_2} + \cdots}$

[電気抵抗]

　電気抵抗 R は，電圧 V と電流 i の比例定数に当たります。いわゆるオームの法則です。

$$V = Ri$$

　また，物体の電気抵抗は，長さ l に比例し，断面積 S に反比例しますので，抵抗率（あるいは，比抵抗）ρ を用いて，

$$R = \rho \dfrac{l}{S}$$

と書けます。更に，電気抵抗は温度が高くなると一般に増加し，温度 t[℃] との間に，次の関係があります。

$$R(t) = R_0(1 + \alpha t)$$

　複数の抵抗（R_1, R_2, R_3, …）を連結した場合の全抵抗は，

　直列連結：$R = R_1 + R_2 + \cdots$

　並列連結：$R = \dfrac{1}{\dfrac{1}{R_1} + \dfrac{1}{R_2} + \cdots}$

　これは，コンデンサーの場合とよく似ていますが，直列・並列の場合が入れ替わっていることに注意下さい。

[キルヒホッフの法則]　（【問題66】の解説を参照して下さい）
①キルヒホッフの第一法則
　回路中の分岐点においては，その点に流入する電流の総和と，その点から流出する電流の総和は常に等しい。
②キルヒホッフの第二法則
　閉じた電気回路では，その中に含まれる抵抗による電圧降下の和と，その中に含まれる起電力の和とは等しい。

9-2　磁気および磁場

　電気におけるクーロンの法則（P 91）と同様の法則が成立します。磁荷 m, m' が距離 r だけ離れて置かれている時，これらに互いに働く磁力 F は，

9. 電気と磁気

$$F = \frac{1}{4\pi\mu_0} \cdot \frac{mm'}{r^2} \quad (\mu_0：真空透磁率)$$

となり，同符号の磁荷の時は斥力に，異符号の時には引力になります。

また，磁場も電場と同様に，空間中に磁荷を置くとき空間が磁荷に力を与えるもととなるものであって，その磁場の強さを H とすると，

$$H = \frac{F}{m'} = \frac{1}{4\pi\mu_0} \cdot \frac{m}{r^2}$$

電束密度と同様に，磁束密度 B と磁場の強さ H をそれぞれベクトルで表すとこれらの間にも，次の関係があります。

$$\boldsymbol{B} = \mu \boldsymbol{H}$$

9−3 電気と磁気

電気と磁気が両方とも関係する現象も沢山あります。

磁束密度 B の磁場の中を正電荷 q が速度 v で移動する時，この電荷が場から受ける力 F は，

$$\boldsymbol{F} = q\boldsymbol{v} \times \boldsymbol{B}$$

というベクトル積で表されます。スカラー（ベクトルでない実数）で表すと，v と B のなす角度を θ として，次のようになります。

$$F = qvB \sin\theta$$

ビオ・サバールの法則

電流の磁気作用の一つとして，この法則があります。電流が流れることによってその周囲に磁場が生まれますが，その磁束密度は，電流 i の流れている導線の微小部分によって生じる磁束密度を導線全体にわたって加え合わせることで得られます。電流素片 ds が距離 r だけ離れた点Pに作る磁束密度 dB は，素片と点Pとを結ぶ線と ds とのなす角を θ として次のように書かれます。

$$dB = \frac{\mu_0}{4\pi} \cdot \frac{i \sin\theta}{r^2} ds$$

この式に，$\sin\theta$ が入っているということは，ベクトルで表すと，外積になることと対応します。

ローレンツ力

ある空間に，電場 E と磁束密度 B の磁場が同時に存在する時，B に対して θ

の角度で速度 v の電荷 q が移動する際，電荷の受ける力はローレンツ力といわれ，電場からの力と磁場からの力の和となります。すなわち，

$$F = qE + q(v \times B)$$

マスター！　重要問題と解説

【問題 57】 1電子ボルトは何 $kJ\ mol^{-1}$ か。最も近いものを次の中から1つ選べ。ただし，$1\ eV = 1.6022 \times 10^{-19} J$，$N_A = 6.022 \times 10^{23} mol^{-1}$ である。

1　96.4　　　2　100.4　　　3　120.5　　　4　152.2　　　5　164.2

解説と正解

$1\ eV$ とは，電気素量を持つ粒子が，真空中で電位差 $1\ V$ の2点間で加速されるときに得るエネルギーで，$1\ eV = 1.6022 \times 10^{-19} J$ です。

計算は，次のようにします。N_A はアボガドロ数でしたね。

$$1.6022 \times 10^{-19} \times 6.022 \times 10^{23} \times 10^{-3} = 96.4\ kJ\ mol^{-1}$$

この結果は，記憶しておくといろいろと便利です。

正解　1

【問題 58】 $x-y$ 平面上において，原点にある $+2C$ の点電荷 A が，$(1, 0)$ にある $+3C$ の点電荷 B と，$(0, 1)$ にある $-3C$ の点電荷 C にクーロン力を受ける時，B および C より受ける力の合成力の大きさと向きはどのようになるか。ただし，座標の単位は $[m]$ とし，

$$\frac{1}{4\pi\varepsilon_0} = 9 \times 10^{-12} N \cdot m^2/C^2$$

とする。

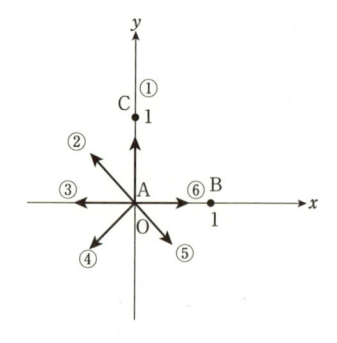

1　$3.8 \times 10^{-11} N$，①の方向
2　$7.6 \times 10^{-11} N$，②の方向
3　$11.4 \times 10^{-11} N$，③の方向
4　$15.2 \times 10^{-11} N$，④の方向
5　$19.0 \times 10^{-11} N$，⑤の方向

⑨. 電気と磁気

解説と正解

点電荷 A は，同種電荷の点電荷 B から斥力を，異種電荷の点電荷 C から引力を受けます。B からの斥力を f_B，C からの引力を f_C と書きますと，

$$f_B = 9 \times 10^{-12} \text{N} \cdot \text{m}^2/\text{C}^2 \times \frac{(+2\text{C}) \times (+3\text{C})}{(1\text{m})^2} = 5.4 \times 10^{-11} \text{N}$$

$$f_C = 9 \times 10^{-12} \text{N} \cdot \text{m}^2/\text{C}^2 \times \frac{(+2\text{C}) \times (-3\text{C})}{(1\text{m})^2} = -5.4 \times 10^{-11} \text{N}$$

従って，これらの二つの力を合成しますと，大きさは，2の平方根を約 1.4 として，

$$5.4 \times 10^{-11} \text{N} \times 2^{1/2} = 5.4 \times 10^{-11} \text{N} \times 1.4 \fallingdotseq 7.6 \times 10^{-11} \text{N}$$

向きは，①の方向と③の方向の同じ大きさの力が合成されますので，②の方向です。

正解　2

【問題　59】静電気についての下記の各記述の中から，誤っているものを1つ選べ。
1　静電気が荷電した金属の電位はいたるところで一定である。
2　静電気が荷電した金属表面の電荷密度は一様である。
3　静電気が荷電した金属表面付近の電場の方向は，金属表面に垂直である。
4　静電気が荷電した金属の電荷は，すべてその金属の表面に集まる。

5 静電気が荷電した金属において，金属の内部電場はゼロである。

解説と正解

仮に金属の内部に電場があるとするとそれによって電流が流れなければなりません。電流が流れてしまうと，もはや電場はゼロでしかなくなります。従って，5は正しい記述です。

電荷は互いに反発しますので，反発して表面に集まります（4）。

物体の表面では電荷は互いに反発して一様電位になっていて（1），電場は表面に垂直になっています（3）。しかし，表面の形状によっては例えば，とんがっているところでは密度が大になるなど，電荷の密度は一定とは限りません（2）。

正解 2

【問題 60】 真空中の一様な電界 E の中を，質量 m の小物体が電界方向に加速度運動をしている。その加速度が α である時，この物体の帯びている電荷はいくらか。次のうち正しいものを1つ選べ。

1　$\dfrac{mE}{\alpha}$　　2　$\dfrac{\alpha}{mE}$　　3　$\dfrac{m\alpha}{E}$　　4　$\dfrac{\alpha E}{m}$　　5　$\dfrac{E}{m\alpha}$

解説と正解

電界中の力の作用，および，運動の法則の理解を見る問題です。

電荷 q の物体が，電界 E の中に置かれるとき，これに作用する力 F は，

$$F = qE$$

で与えられます。また，運動の法則から，加速度 α と力の関係は，

$$F = m\alpha$$

これらを等置して，

$$m\alpha = qE$$

よって，$q = \dfrac{m\alpha}{E}$

正解 3

【問題 61】 質量が m で，電荷の絶対値が e であるような電子を，一様な静電場の中に電場の向きと垂直に速度 v で打ち出した。t 秒後のこの電子の

9. 電気と磁気

速度の電場に平行な方向の成分は次のどれで表されるか。正しいものを1つ選べ。ただし、電子の運動に伴う電磁場の変化はないものとする。

1 $-\dfrac{eE}{m}$　　2 $-\dfrac{eEt}{m}$　　3 $-\dfrac{Et}{e}$　　4 $-eE$　　5 $-eEt$

解説と正解

電子の打ち出される方向には直接は力がかからず、電場と平行な方向に eE の力がかかることになります。方向は、電場の向きと逆なので、$-eE$ となります。この力が、質量 m の物体に作用するので、その加速度 a は、作用する力を等置して、

$$ma = -eE$$

より、

$$a = -\dfrac{eE}{m}$$

従って、t 秒後の速度は、

$$v = at = -\dfrac{eEt}{m}$$

この問題は、上記のように解くのがオーソドックスですが、試験の時には時間を稼いで早く答えを出すことも必要な場合があります。この問題では、いわゆる「考察」で解を求めることもできます。

すなわち、問題の趣旨から、答えは時間の関数であるはずであるということで、1と4を消します。次に、力のかかる物体の運動ですから質量にかかわるはずであると考えて3、4、5を消します。すると、2だけが残ります。

こういう考え方で答えがでると早いですが、判断に自信があることが必要です。(どんなものでもそうかもしれませんが。)

他の観点として、「速度の次元を持つものは2だけである」と考えて選ぶことも可能です。(この方法を「次元解析法」と我々は言っています。)　　正解　2

【問題　62】平行平板コンデンサーを充電し、電源から切り離す。その極板間に誘電体の板を挿入するとどうなるか。正しいものを1つ選べ。

1　極板間の電圧が下がる。
2　極板の電荷が増える。

3　コンデンサーに蓄えられるエネルギーが増える。
4　電気容量が減る。
5　極板間の電圧が上がる。

解説と正解

間隔 d，面積 S，極間媒質の誘電率 ε の平行平板コンデンサーの容量 C は次のように表されます．

$$C = \frac{\varepsilon S}{d}$$

また，コンデンサーの容量は，与える電気量を Q，それにより生ずる両導体の間の電位差を V と書くと，

$$C = \frac{Q}{V}$$

蓄えられるエネルギー U は，

$$U = \frac{1}{2}CV^2 = \frac{Q^2}{2C}$$

正解　1

【問題　63】コンデンサー及び抵抗に関する次の記述のうち，誤っているものを1つ選べ．ただし，記号 $\sum_i$ は i に関する和を表すものとする．

1　電気容量が $C_i(i=1\sim n)$ であるような n 個のコンデンサーを並列に接続すると，全コンデンサーに貯えられる電気容量は，$\sum_i C_i$ となる．

2　電気容量が $C_i(i=1\sim n)$ であるような n 個のコンデンサーを直列に接続すると，全コンデンサーに貯えられる電気容量は，$\dfrac{1}{\sum_i \left(\dfrac{1}{C_i}\right)}$ となる．

3　電気抵抗が $R_i(i=1\sim n)$ であるような n 個の抵抗を直列に接続すると，全抵抗は，$\sum_i R_i$ となる．

4　電気容量が C であるコンデンサーの極板間に電圧 V をかけたとき，コンデンサーに貯えられる静電エネルギー U は，CV^2 で与えられる．

5　電気抵抗が $R_i(i=1\sim n)$ であるような n 個の抵抗を並列に接続すると，全抵抗は，$\dfrac{1}{\sum_i \left(\dfrac{1}{R_i}\right)}$ となる．

⑨. 電気と磁気

解説と正解

4 の静電エネルギー U は，$\frac{1}{2}CV^2$ となります。貯えられた電荷 Q を用いると，$\frac{1}{2}\frac{Q^2}{C}$，QV を用いると $\frac{1}{2}QV$ となります。

コンデンサーと抵抗の並列および直列の接続の問題については，上記の各設問の通りです。コンデンサーと抵抗ではちょうど逆の型式になっています。

正解　4

【問題　64】 面積 S，間隔 d の平行板コンデンサーの2つの極板に電荷 $+Q$ と $-Q$ をそれぞれ与えたとき，蓄えられた静電エネルギーの大きさは次のうちどれか。正しいものを1つ選べ。ただし，空気の誘電率を ε_0 とする。

1　$\dfrac{3\varepsilon_0 SQ^2}{2d}$　　2　$\dfrac{dQ^2}{2\varepsilon_0 S}$　　3　$\dfrac{\varepsilon_0 dQ^2}{2S}$　　4　$\dfrac{3dQ^2}{2\varepsilon_0 S}$　　5　$\dfrac{SQ^2}{2\varepsilon_0 d}$

解説と正解

静電容量が C であるコンデンサーの両極板に，$+Q$，および，$-Q$ の電荷を与えたとき，コンデンサーに貯えられた静電エネルギー U は，

$$U = \frac{1}{2}\frac{Q^2}{C}$$

です。平行板コンデンサーの静電容量は，

$$C = \frac{\varepsilon_0 S}{d}$$

ですから，これらの式より，

$$U = \frac{1}{2}\frac{Q^2 d}{\varepsilon_0 S}$$

正解　2

【問題　65】 抵抗値 R_1 及び R_2 を有する2つの抵抗を直列に接続すると合成抵抗は R_1+R_2 となり，並列に接続すると $\dfrac{1}{\dfrac{1}{R_1}+\dfrac{1}{R_2}}$ となる。いま，これらを並列につないだ後，それらに直列に新たな抵抗を接続して全体の抵抗

値が R_1+R_2 になるようにするためにはいかほどの抵抗をつないだらよいか。適当なものを1つ選べ。

1. $\dfrac{R_1{}^2-R_1R_2+R_2{}^2}{R_1+R_2}$
2. $\dfrac{R_1{}^2+R_1R_2+R_2{}^2}{R_1+R_2}$
3. $\dfrac{R_1{}^2+R_2{}^2}{R_1+R_2}$
4. $\dfrac{R_1{}^2-3R_1R_2+R_2{}^2}{R_1+R_2}$
5. $\dfrac{R_1{}^2+3R_1R_2+R_2{}^2}{R_1+R_2}$

解説と正解

抵抗の合成に関する基本的な知識を問う問題です。新たにつなぐ抵抗の抵抗値を x として式を立てると，

$$x+\dfrac{1}{\dfrac{1}{R_1}+\dfrac{1}{R_2}}=R_1+R_2$$

これを解いて，

$$x=\dfrac{R_1{}^2+R_1R_2+R_2{}^2}{R_1+R_2}$$

正解　2

【問題 66】 コイル（インダクタンス L）と抵抗（抵抗値 R）及びコンデンサー（容量 C）が直列に接続されている回路（LCR 直列回路）がある。この回路に電圧 $V(t)$ をかけるときに流れる電流 $I(t)$ が従う微分方程式は次のどれか。適当なものを1つ選べ。

1. $L\dfrac{d^2I(t)}{dt^2}+R\dfrac{dI(t)}{dt}+\dfrac{I(t)}{C}=\dfrac{dV(t)}{dt}$
2. $L\dfrac{d^2V(t)}{dt^2}+R\dfrac{dV(t)}{dt}+\dfrac{V(t)}{C}=\dfrac{dI(t)}{dt}$
3. $R\dfrac{d^2I(t)}{dt^2}+L\dfrac{dI(t)}{dt}+\dfrac{I(t)}{C}=\dfrac{dV(t)}{dt}$
4. $C\dfrac{d^2I(t)}{dt^2}+R\dfrac{dI(t)}{dt}+LI(t)=\dfrac{dV(t)}{dt}$
5. $C\dfrac{d^2V(t)}{dt^2}+R\dfrac{dV(t)}{dt}+LV(t)=\dfrac{dI(t)}{dt}$

解説と正解

この方程式は，正確にはキルヒホッフの法則を用いて求めますが，この問題

⑨. 電気と磁気

の解を出すだけでしたら、①抵抗 R と電流を掛けたものが電圧にならないといけないので、2、3、5 は外します。② 4 は $C\dfrac{d^2I(t)}{dt^2}$ 及び $LI(t)$ の項の次元が電圧の時間微分のものと合わないので外します。

電気回路に流れる電流を求めるために、重要な法則としてのキルヒホッフの法則を説明しておきますと、基本的に次の2法則があります。

1) 回路内の任意の点に流入する電流 I_i の代数的総和は 0 である。
$$\sum I_i = 0$$
2) 閉じた回路において、その各部分の抵抗 R_i（または、インピーダンス Z_i）と電流 I_i の積の総和は起電力 E_i の総和に等しい。
$$\sum R_i I_i = \sum E_i \quad \text{あるいは} \quad \sum Z_i I_i = \sum E_i$$

基本的に、この法則の趣旨は「回路において、電流は湧き出しも蓄積もされない」ということです。

正解　1

【問題　67】 内部抵抗がそれぞれ r_1, r_2 で、電圧がそれぞれ V_1, V_2 であるような2つの電池があって、これらを直列につなぎ、これらが抵抗値 R を有する抵抗に通電するように配線した。この時に流れる電流はどれだけか。次の中から適切なものを1つ選べ。

1　$\dfrac{V_1+V_2}{r_1+r_2+R}$　　2　$\dfrac{V_1+V_2}{R}$　　3　$\dfrac{V_1}{r_1}+\dfrac{V_2}{r_2}+\dfrac{V_1+V_2}{R}$

4　$\dfrac{V_1}{r_1+R}+\dfrac{V_2}{r_2+R}$　　5　$\dfrac{\dfrac{V_1}{r_1}+\dfrac{V_2}{r_2}}{R}$

解説と正解

抵抗 R と電圧 V と電流 I の間の関係は、オームの法則によって、
$$V = RI$$
いま、設問では、電圧が V_1+V_2、全抵抗が r_1+r_2+R なので、流れる電流を I とすると、
$$V_1 + V_2 = (r_1 + r_2 + R)I$$
よって、
$$I = \dfrac{V_1+V_2}{r_1+r_2+R}$$

正解　1

【問題 68】 静電容量がC_1, C_2である2つのコンデンサーが，電荷をそれぞれQ_1, Q_2だけ貯えている。これらを並列につないで，閉回路を形成するとき，長い時間がたったあとは，それぞれのコンデンサーにどれだけの電荷が貯えられているか。次の中から適切なものを1つ選べ。

1　$q_1 = \dfrac{C_1}{C_1Q_1 + C_2Q_2}$　　$q_2 = \dfrac{C_2}{C_1Q_1 + C_2Q_2}$

2　$q_1 = \dfrac{C_1Q_1}{C_1 + C_2}$　　$q_2 = \dfrac{C_2Q_2}{C_1 + C_2}$

3　$q_1 = \dfrac{C_1(Q_1 + Q_2)}{C_1 + C_2}$　　$q_2 = \dfrac{C_2(Q_1 + Q_2)}{C_1 + C_2}$

4　$q_1 = \dfrac{C_1{}^2 Q_1 + C_2 Q_2}{C_1 Q_1 + C_2 Q_2}$　　$q_2 = \dfrac{C_1 Q_1 + C_2{}^2 Q_2}{C_1 Q_1 + C_2 Q_2}$

5　$q_1 = \dfrac{C_1{}^2 Q_1}{C_1 Q_1 + C_2 Q_2}$　　$q_2 = \dfrac{C_2{}^2 Q_2}{C_1 Q_1 + C_2 Q_2}$

解説と正解

並列に接続されて長い時間が経った後の二つのコンデンサーにかかる電圧は等しくなりますので，それをVとし，それぞれに貯えられている電荷をq_1, q_2とすると，静電容量との関係で，

$$\dfrac{q_1}{C_1} = \dfrac{q_2}{C_2} = V$$

また，電荷にロスがなければ，$q_1 + q_2 = Q_1 + Q_2$

これから，q_1, q_2を求めると，

$$q_1 = \dfrac{C_1(Q_1 + Q_2)}{C_1 + C_2}$$

$$q_2 = \dfrac{C_2(Q_1 + Q_2)}{C_1 + C_2}$$

正解　3

【問題 69】 コイル（インダクタンスL）と抵抗（抵抗値R）及びコンデンサー（容量C）が直列に接続されている回路（LCR直列回路）がある。この回路に，正弦的電圧をかけるときに共振現象を起こす周波数は次のどれで表されるか。適当なものを1つ選べ。

1　$2\pi\sqrt{LC}$　　2　$\dfrac{2\pi}{\sqrt{LC}}$　　3　$\dfrac{\sqrt{LC}}{2\pi}$

⑨. 電気と磁気

4 $\dfrac{1}{\sqrt{2\pi LC}}$ 5 $\dfrac{1}{2\pi\sqrt{LC}}$

解説と正解

コイル（インダクタンス L）と抵抗（抵抗値 R）とコンデンサー（容量 C）とが直列に接続されている回路は，拡張された抵抗の概念である複素インピーダンス Z として，次のように書かれます。ここで用いている j は虚数単位で，$j^2 = -1$ という数字です。（電流の i と混同させないために j を用います。）

$$Z = R + j\left(\omega L - \dfrac{1}{\omega C}\right)$$

この回路における電流 I と電圧 V の関係は，オームの法則の形で表されます。

$$ZI = V$$

共振現象は，絶対値で表した次の量が最大値を取るような角振動数 ω_0 において起こります。

$$I = \dfrac{V}{Z} = \dfrac{R}{\sqrt{R^2 + \left(\omega L - \dfrac{1}{\omega C}\right)^2}} V$$

分母が最小となる条件，すなわち（ ）の中が 0 となる条件として，

$$\omega_0 = \dfrac{1}{\sqrt{LC}}$$

周波数で表しますと，

$$f_0 = \dfrac{1}{2\pi\sqrt{LC}}$$

正解　5

【問題　70】　静電容量 C のコンデンサーに電荷 Q があって，この両端に抵抗値 R の電気抵抗を結んだ。このコンデンサー内の電荷はどのような挙動をするか。次の中から適切なものを 1 つ選べ。

1　コンデンサー内の電荷は，時間とともに減少して一定の値で飽和する。
2　コンデンサー内の電荷は，減少と増加を繰り返して減衰し一定値に近づく。
3　コンデンサー内の電荷は，一旦減少するがその反動として増加し一定値に近づく。
4　コンデンサー内の電荷は，時間とともに減少して最終的にはゼロとなる。
5　コンデンサー内の電荷は，減ったり増えたりを繰り返す。

解説と正解

電流を I とすると，電圧 $=\dfrac{Q}{C}=IR$ です。一方，Q と I には，

$$-\dfrac{dQ}{dt}=I$$

の関係があるので，これらより，

$$\dfrac{dQ}{dt}=-\dfrac{Q}{CR}$$

これを解くと，Q の初期値を Q_0 とすれば，

$$Q=Q_0\exp\left(-\dfrac{t}{CR}\right)$$

これは，徐々に減少して最後にゼロになることを示しています。　　**正解　4**

【問題　71】 磁束密度 B の一様な磁場の中を，質量 m，電荷 Q の粒子が磁場と垂直な面内で円運動している。いわゆるサイクロトロンである。この円運動の周期はどれだけか。正しいものを1つ選べ。

1　$\dfrac{\pi m}{2QB}$　　2　$\dfrac{2\pi B}{mQ}$　　3　$\dfrac{2\pi Q}{mB}$　　4　$\dfrac{2\pi m}{QB}$　　5　$\dfrac{QB}{2\pi m}$

解説と正解

磁場の中で，電荷を帯びた粒子が円運動している場合の問題です。

磁束密度 B の磁場内を運動する電荷 Q の粒子は，その速度 v が B と角度 θ をなすとき，

$F=QvB\sin\theta$ の大きさのローレンツ力を v と B がなす平面に垂直な向きに受けます。（ベクトルで表しますとベクトル積の形となって，$\boldsymbol{F}=Q\boldsymbol{v}\times\boldsymbol{B}$）即ち，進行方向に直角な力を受け続けることになるので，この力が一定の時粒子の運動の軌跡は円となります。運動方程式は，回転半径を r として，

$$m\dfrac{v^2}{r}=QvB\sin 90°$$

よって，$r=\dfrac{mv}{QB}$ となります。これから円周が求められ，その円周を速さ v で回りますから，周期 T は，

9. 電気と磁気

$$T = \frac{2\pi r}{v} = 2\pi \frac{\frac{mv}{QB}}{v} = \frac{2\pi m}{QB}$$

正解　4

【問題 72】 棒磁石が水平で強さ H の磁場の中で極めて細い糸によって中央部を支持され水平につるされており，この棒磁石が糸を軸として回転振動をしている。この磁石の慣性モーメントを I, 磁場と磁石の磁気モーメント m のなす角度を θ とすると，この振動運動が従う運動方程式は次のどれか。適当なものを 1 つ選べ。

1　$I\dfrac{d^2\theta}{dt^2} = -Hm\sin\theta$　　2　$I\dfrac{d^2\theta}{dt^2} = -Hm\cos\theta$　　3　$I\dfrac{d^2\theta}{dt^2} = Hm\theta$

4　$H\dfrac{d^2\theta}{dt^2} = Im\theta$　　5　$H\dfrac{d^2\theta}{dt^2} = -Im\sin\theta$

解説と正解

「多数決の原理」に従うと，$\dfrac{d^2\theta}{dt^2}$ の前に H があるか否かで 4 と 5 が消え，右辺の係数の － で 3 と 4 が消え，$\sin\theta$ と θ が 2 個ずつあることで 2 が消えます。これで答えが 1 となりますが，このような答え方は，「素直な出題者」の場合に正解を得ることがあるものの，中には「意地悪な?」あるいは「受験者の心理を読む」出題者は裏をかくかも知れませんので必ずしもそうなるとは限りません。ご注意下さい。

しかし，本問はやはり正解は，1 です。

磁気モーメント m の磁石が，磁場 H となす角度を θ としますと，磁気モーメントが磁場から受ける偶力のモーメント N は，

　　　$N = -mH\sin\theta$　　……①

となります。ベクトルで言うと，磁気モーメントベクトル $\boldsymbol{m}$ の磁石が，磁場ベクトル $\boldsymbol{H}$ と角度 θ で相互作用するとき，磁気モーメントが磁場から受ける偶力のモーメントベクトル $\boldsymbol{N}$ は，ベクトル積として，

　　　$\boldsymbol{N} = \boldsymbol{m} \times \boldsymbol{H}$

と書けます。

一方で，慣性モーメント I を有する物体が外力 N を受けて回転運動する際の運動方程式は，

$$I\frac{d^2\theta}{dt^2}=N \quad \cdots\cdots ②$$

①および②式によって，

$$I\frac{d^2\theta}{dt^2}=-Hm\sin\theta$$

本問では θ が小さいとは断ってありませんので，この形が解となります。θ が小さい場合には，

$$\sin\theta \fallingdotseq \theta$$

で近似できますので，次のように書かれます。

$$I\frac{d^2\theta}{dt^2}=-Hm\theta$$

この場合には，単振動になってその周期 T は，

$$T=2\pi\sqrt{\frac{I}{mH}}$$

となります。　　　　　　　　　　　　　　　　　　　　　正解　1

【問題　73】　電気及び磁気に関する次の記述の中で，誤りを含むものを1つ選べ。

1　電場 E の中に正電荷 q を有する質点があるとき，これにかかる電気力 F は，次式で表される。

$$F=qE$$

2　2つの電荷 q, q' が距離 r だけ離れて置かれているとき，これらの間に働く電気力 F は，真空の誘電率を ε_0 とすると，次式で表される。

$$F=\frac{1}{4\pi\varepsilon_0}\frac{qq'}{r^2}r$$

3　電束密度 D は，電場を E，誘電分極を P，真空の誘電率を ε_0 とすると，次式で表される。

$$D=\varepsilon_0 E+P$$

4　磁束密度 B は，真空の透磁率を μ_0 とすると磁場の強さ H との間に次の関係がある。

$$B=\mu_0 H$$

5　磁束密度 B の磁場の中を電荷 q の粒子が速度 v で動くとき，粒子に働く力 F をローレンツ力といい，スカラー量では，v 及び B のなす角度を θ として $F=qvB\sin\theta$，ベクトル積では，$F=q(v\times B)$ で表される。

9. 電気と磁気

解説と正解

2：いわゆるクーロンの法則です。分母が r の2乗ですと，ベクトルにするために分子に r があるため全体では r の1乗に反比例してしまいます。正確には，$F = \dfrac{1}{4\pi\varepsilon_0} \dfrac{qq'}{r^3} r$ でなければなりません。万有引力と型式は同等ですが，電荷が同種ならば斥力，異種ならば引力となります。

3：分極した電荷を表すベクトルを誘電分極あるいは電気分極と言います。P は電場 E に比例して方向も一致しますので，χ_e で誘電体の電気感受率を示しますと，$P = \chi_e \varepsilon_0 E$ が成り立ちます。従って，$D = \varepsilon_0 (1+\chi_e) E$ となります。

4：H の単位はアンペア/メートル [A/m] またはニュートン/ウェーバー [N/Wb]，B の単位はテスラ [T] またはウェーバー/平方メートル [Wb/m²] です。

5：磁気の向きとは，N極からS極への向きと考えます。ローレンツ力の働く方向は，v から B へ右ネジをまわしたときのネジの進む向きです。

正解　2

【問題　74】 電気及び磁気に関する次の記述で，正しくないものを1つ選べ。

1　電流によって磁場が生じるとき，その磁場は電流の方向と平行である。
2　磁場の変化によって生じる誘導電流は，磁場の変化を打ち消す方向に流れる。
3　比電荷 e/m（電荷 e, 質量 m）が一定の荷電粒子が，一様な磁場の中に垂直に入ってきたとき，この粒子は角速度一定の円運動を行う。
4　コイルに導線を巻いたものの断面を磁束が貫通しているとき，この磁束の大きさが時間とともに変化すれば，コイル内には起電力が生じて電流が流れる。この現象を電磁誘導という。
5　近接した2つのコイルの一方に流れる電流が変化すると，電磁誘導によって他方のコイルに誘導起電力が生じ，これを相互誘導という。

解説と正解

1：直線電流によって生じる磁場は，電流を取り囲むように環状に発生しますので，この記述は誤りです。

2：この現象は，起こったことを打ち消すように起こる現象なので，一種の作用反作用の法則と考えられます。

3：磁場 B の中に直角に速度 v で入ってくる荷電 q の粒子に働く力は，v と B に垂直に qvB です（ローレンツ力）。従って，常に進行方向に直角に一定の力が働くので円運動をします。接線方向に働く力を等置して，

$$qvB = m\frac{v^2}{r}$$

よって，回転半径は，

$$r = \frac{mv}{qB}$$

角速度 ω は，$v = r\omega$ より，

$$\omega = \frac{qB}{m}$$

これによると，回転の角速度は粒子の速度によらないことが分かります。

正解　1

【問題　75】 一回巻きの円形コイルに一定の電流を流したときには，磁気モーメントの大きさは何に比例するか。次の中から適切なものを1つ選べ。
1　コイルの全長に比例し，コイルに流れる電流に反比例する。
2　コイルの面積に比例し，コイルに流れる電流に比例する。
3　コイルの面積に反比例し，コイルに流れる電流に反比例する。
4　コイルの全長に比例し，コイルに流れる電流に比例する。
5　コイルの全長に反比例し，コイルに流れる電流に反比例する。

解説と正解

一回巻きの円形コイルに電流を流すと円形電流になりますが，これを一つの円板と見ますと s の両側に正負の磁極をもった薄い磁石のように働きます。この磁気モーメントを求めます。

はじめに，半径 r の円形電流の中心軸（x 軸）上，円板から x の距離に点 P を考え，その位置の磁場を考えます。円周上の電流素片 Ids と P を結ぶ線分の長さを h，これと x 軸のなす角を ψ とすると，ビオ・サバールの法則によって，電流素片 Ids の生ずる磁場 dH は，$(1/\mu_0)\,dB$ ですから

9. 電気と磁気

$$dH = \frac{Ids}{4\pi h^2}$$

円電流による磁場は，円板の対称性から x 軸方向に平行であるため，x 成分のみを考えればいいので，dH の x 成分 dH_x は，$h^2 = x^2 + r^2$ を用いて，

$$dH_x = dH \sin\psi = \frac{Ir}{4\pi h^3} \int_0^{2\pi r} ds$$
$$= \frac{Ir^2}{2(x^2+r^2)^{\frac{3}{2}}}$$

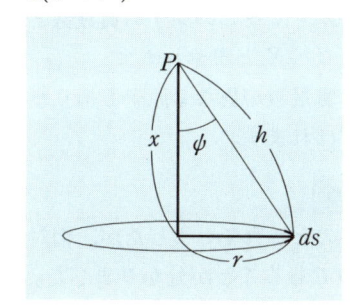

ここで，$x \gg r$ とすると，

$$H = \frac{Ir^2}{2x^3} \quad \cdots\cdots ①$$

一方，この円板を厚さ 2ε と考えて，その上下に磁荷 m，$-m$ があって，コイルに与える磁気モーメントがどれだけかを求めます。円板から x の位置の磁位 ζ_m は，

$$\zeta_m = \frac{1}{4\pi\mu_0}\left(\frac{m}{x-\varepsilon} - \frac{m}{x+\varepsilon}\right)$$
$$= \frac{m}{4\pi\mu_0} \cdot \frac{2\varepsilon}{x^2-\varepsilon^2}$$

ここで，$x \gg \varepsilon$ として，磁気モーメントを $M = m\varepsilon$ とすると，

$$\zeta_m = \frac{M}{2\pi\mu_0 x^2}$$

従って，

$$H = -\frac{\partial \zeta_m}{\partial x} = \frac{M}{2\pi\mu_0 x^3} \quad \cdots\cdots ②$$

①および②式を等置して，

$$M = \pi\mu_0 r^2 I = \mu_0 SI$$

ただし，S は，πr^2 であって，円板の面積です。

正解　2

10. 原子および原子核

　原子は，中心にある原子核とそのまわりを回っている電子からなります。原子番号が Z である原子は原子核のまわりに Z 個の電子を持ちます。原子は一般に電気的に中性であって，電子の全電荷 $-Ze$ と原子核中の陽子の全電荷 $+Ze$ とが互いに中和しています。中性子の数を N としますと，陽子と中性子の質量はほぼ等しいので，$Z+N$ をこの原子の**質量数**といいます。この原子の元素記号を X としますと，$^{Z+N}_{Z}X$ と書かれます。

　原子番号が同じでも，質量数が異なる原子もありますが，これらは**同位体**，または**アイソトープ**と呼ばれます。

質量とエネルギーの変換

　質量は以前は不変のものとされていましたが，相対性理論によりエネルギーと互いに変換しうるものであることが分かりました。質量 m とエネルギー E の間には，光速を c として，次の関係があります。

$$E=mc^2$$

これは，原子力発電や原子爆弾の理論的基礎でもあります。

放射性崩壊

　原子番号の大きな原子の原子核は一般に不安定で，放射線を放出して崩壊し安定な原子核に変わっていこうとしますので，これを**放射性崩壊**といいます。また，この性質を**放射能**といいます。このような性質を持つ同位体を，**放射性同位体**あるいは**ラジオアイソトープ**ともいいます。

　単位時間当たりの崩壊率を**崩壊定数**といいます。これを λ と書きますと，放射性原子が N 個ある時の崩壊微分方程式は，

$$\frac{dN}{N}=-\lambda dt$$

これを解きますと，

$$N(t)=N_0 e^{-\lambda t}$$

のようになります。放射性原子の数が半分になる時間を**半減期**といいます。半減期を T と書きますと，次の関係式が成立します。

$$T=\frac{\ln 2}{\lambda}$$

10. 原子および原子核

これを用いますと，次のように書けます。

$$N(t) = N_0 2^{-\frac{t}{T}}$$

原子核反応

原子核の種類が変化するような化学反応を**原子核反応**といいます。例えば，窒素原子にα線を当てると，酸素17が生じます。

$$^{14}_{7}\text{N} + ^{4}_{2}\text{He} \rightarrow ^{17}_{8}\text{O} + ^{1}_{1}\text{H}$$

これらの反応の前後で，質量数と電荷は保存されますので，この式で言えば，

$14 + 4 = 17 + 1$

$7 + 2 = 8 + 1$

例えば，次のような反応で原子核が合同して大きなエネルギーが生み出されますが，これを**核融合**といい新エネルギーの一つとして期待されています（あまりエネルギーを生みすぎて別な問題が生じなければよいのですが）。

$$^{2}_{1}\text{H} + ^{3}_{1}\text{H} \rightarrow ^{4}_{2}\text{He} + ^{1}_{0}\text{n}$$

この$^{1}_{0}\text{n}$は中性子です。

マスター！　重要問題と解説

【問題 76】 原子関係に関する次の記述の中より誤っているものを1つ選べ。

1 元素の原子記号を決めるのは，原子核内の陽子の数である。
2 原子核はα線を出したときは，必ずより軽い原子核に変わる。
3 原子核の質量は，それを構成している陽子と中性子の質量の総和と厳密に等しい。
4 あらゆる元素の原子核は，基本的に陽子と中性子から構成されている。
5 原子核の中で，陽子と中性子を結びつけているものはπ中間子である。

解説と正解

3については，原子核を構成している陽子と中性子は，それぞれ単独の状態の合計のエネルギーより結合エネルギーの分だけ低いエネルギー（ΔE）を持っています。そのエネルギーの分だけ質量も低く，その質量差をΔmとすると，光速をcとすれば，$\Delta E = \Delta m c^2$の関係があります。

質量数12の炭素原子の質量の12分の1を1原子質量単位といって，amu（atomic mass unit）で表します。陽子，及び，中性子の質量をそれぞれ m_p，及び，m_n と書くと，次のようになります。

$m_p = 1.0073$ amu

$m_n = 1.0087$ amu

正解　3

【問題　77】　素粒子や放射線等に関する次の記述のうち，誤っているものを1つ選べ。

1　α 線は，ヘリウム原子核のビームである。
2　β 線は，陽電子を含む電子で構成される放射線である。
3　γ 線は，中性子の放射線である。
4　素粒子の位置と運動量は，同時に確定することができないものである。
5　放射性原子核が崩壊する際には，原子核の数が時間とともに指数関数的に減少する。

解説と正解

γ 線は波長の短い電磁波であって，中性子線ではありません。次の表をご覧下さい。3は誤りです。

	α 線	β 線	γ 線
構成要素	ヘリウム原子核	電子（含陽電子）	短波長の電磁波
電荷	$+2e$	$-e$	0
透過性	小	中	大
電離作用	強	中	弱
放出の際の原子核の変化	原子番号 -2 質量数 -4	原子番号 $+1$ 質量数　不変	原子番号　不変 質量数　不変

正解　3

【問題　78】　ウラン235に中性子を当てて核分裂を起こす次の反応において，

$${}^{235}_{92}U + {}^{1}_{0}n \rightarrow {}^{94}_{x}Kr + {}^{y}_{56}Ba + 3{}^{1}_{0}n$$

10. 原子および原子核

x および y はどのような数字となるか。

	x	y
1	32	135
2	34	135
3	34	137
4	36	137
5	36	139

解説と正解

核分裂反応や核融合反応においては，質量数や電荷数が保存されます。従って，与えられた反応式において次のような保存式を立てます。
（質量数）
$$235+1=94+y+3\times 1$$
（電荷数）
$$92+0=x+56+3\times 0$$
これらを解いて，
$$x=36,\ y=139$$

正解　5

【問題 79】 真空中で，γ 線を ^2_1H に照射するとき，
$$^2_1H + \gamma\ 線 \rightarrow\ ^1_1H + ^1_0n$$
という反応が起きる。この反応を起こさない波長の γ 線を照射し，徐々に波長を短くしていったとき，波長 $\lambda=5.55\times 10^{-3}$ Å の γ 線を照射した段階で初めて上記の反応が観測された。いま，$^{12}_6C=12$ amu を基準として，$^1_1H=1.00783$，$^1_0n=1.00867$ という質量が分かっているとき，^2_1H の質量は何 amu か，次の中から最も近いものを1つ選べ。ただし，プランク定数 $h=6.63\times 10^{-34}$ J·s，真空中の光速 $c=3.00\times 10^8$ m/s，1 amu $=1.66\times 10^{-27}$ kg とする。

1 2.01410   2 2.02410   3 2.03410
4 2.04410   5 2.05410

解説と正解

γ 線の限界波長の問題です。設問の反応の両辺の質量変化 ΔE は，^2_1H の質量を M [amu] とすると，

$$\Delta E = 1.00783 + 1.00867 - M = 2.01650 - M$$

この質量変化量が，Δmc^2 に相当するが，一方これが限界波長を有する γ 線のエネルギーに等しいと考えられるので，γ 線の振動数 ν によって，$\Delta E = h\nu$ と書かれます。ここで，$\nu = \dfrac{c}{\lambda}$ ですので，

$$\Delta E = \frac{hc}{\lambda} = \Delta mc^2$$

$$\therefore \Delta m = \frac{h}{\lambda c}$$

$$= \frac{6.63 \times 10^{-34} \text{J·s} \times 1 \text{m}^2\text{kg/s}^2\text{J}}{5.55 \times 10^{-3} \text{Å} \times 10^{-10} \text{m/Å} \times 3.00 \times 10^8 \text{m/s} \times 1.66 \times 10^{-27} \text{kg/amu}}$$

$$= 0.002399 \text{amu}$$

従って，

$$2.01650 - M = 0.002399$$

より，$M = 2.01410$

実際に，これだけの精度のある測定をしようとすれば，変換定数の有効桁数ももっと上げなければなりませんが，考え方はお分かりいただけたかと思います。

正解　1

【問題　80】　ある時刻に 2 種の放射性同位体が同時に同一の個数だけ生じた。それらの半減期が T 及び $2T$ であるとき，一方の同位体の個数が他方の 2 倍になるのにどれだけの時間を要するか。次の記述のうち，適切なものを 1 つ選べ。

1　T　　2　$2T$　　3　$3T$　　4　$4T$　　5　$5T$

解説と正解

放射性元素の半減期についての基礎知識を問う問題です。

2 種の核を A，B とし，A の半減期が T であるとすると，A，B の数それぞれ N_A，N_B は，それらの初期値が，$N_{A_0} = N_{B_0} = N_0$ と等しいので，

10. 原子および原子核

$N_A(t) = N_0 2^{-\frac{t}{T}}$

$N_B(t) = N_0 2^{-\frac{t}{2T}}$

A の方が減少が早いので，$N_B(t) = 2N_A(t)$ となる t を求めればよい。従って，

$N_0 2^{-\frac{t}{2T}} = 2 \times N_0 2^{-\frac{t}{T}}$

∴ $t = 2T$

正解　2

11. 微分方程式の解き方

　本章は，計算の練習にもなり，それぞれの微分方程式の示す物理現象の理解にもなりますので，学習していただきたいと思いますが，複雑な式の計算はアレルギーがあって嫌だという向きは，適当にとばして計算の結果だけを吟味していただきたく思います。あまり気張ることはありません。

11-1　一階微分方程式

　放射性元素の崩壊や細菌の増殖などにおいて，ある量の一階微分（一回微分と思っても結構です）がその量に比例するという方程式で記述されます。

$$\frac{dx}{dt} = kx$$

この式の k が正の時 x は増加し，負である時には減少する解を与えます。
　この式を，初期条件 $x(0) = x_0$ で解いてみます。
　もとの式を書き換えて，

$$\frac{dx}{x} = kdt$$

両辺を積分して

$$\int \frac{dx}{x} = \int kdt$$

左辺が $\ln x$ となることはご存知でしょうか。積分定数を C として積分を実行しますと，

$$\ln x = kt + C$$

初期条件から C を求めて整理すれば，

$$x(t) = x_0 e^{kt}$$

となります。

11-2 単振動の微分方程式 (P 46 の 3) 参照

$$\frac{d^2x}{dt^2} + \omega^2 x = 0$$

この方程式の解法にもいくつかありますが，二つほど紹介します。

特性方程式の根を用いる方法（通常の方法）

上記の方程式に対する特性方程式とは，x の二階微分を λ^2 に，x を 1 に，一階微分を λ に置き換えたものを言います。即ち，

$$\lambda^2 + \omega^2 = 0$$

λ についてのこの二次方程式の根は，$\lambda_1, \lambda_2 = \pm i\omega$ となりますので，上の微分方程式の解は，

$$x = Ae^{i\omega t} + Be^{-i\omega t} \quad (A, B \text{ は積分定数})$$

となります。初期条件として $x(0) = x_0$，$x'(0) = x'_0$ を採用しますと，($x'(0)$ は，x を微分した関数 $x'(t)$ の $t = 0$ の時の値という意味です。)

$$A = \frac{i\omega x_0 + x'_0}{2i\omega}, \quad B = \frac{i\omega x_0 - x'_0}{2i\omega}$$

よって，これらを整理しますと，

$$x = x_0 \frac{e^{i\omega t} + e^{-i\omega t}}{2} + \frac{x'_0}{\omega} \frac{e^{i\omega t} - e^{-i\omega t}}{2i}$$

ここで，

$$\sin \omega t = \frac{e^{i\omega t} - e^{-i\omega t}}{2i}, \quad \cos \omega t = \frac{e^{i\omega t} + e^{-i\omega t}}{2}$$

であることを利用すれば，(これらは，オイラーの公式と言われる $e^{i\omega t} = \cos \omega t + i \sin \omega t$ より導けます。)

$$x = x_0 \cos \omega t + \frac{x'_0}{\omega} \sin \omega t$$

となります。

【閑話休題1】

i^i

虚数単位である i の i 乗です。「i 乗なんてあるの？」という驚きの声ももっともですが，しかし，愛情（i 乗）があればあるのです。

便利な公式があります。

$$e^{i\theta} = \cos\theta + i\sin\theta$$

これは，オイラーの公式と言われて，非常に役立つものです。この公式で，$\theta = \frac{\pi}{2}$（90°のこと）と置きますと，$\cos\left(\frac{\pi}{2}\right) = 0, \sin\left(\frac{\pi}{2}\right) = 1$ ですから，式は，

$$e^{\frac{\pi}{2}i} = i$$

となります。この両辺を愛情を持って i 乗しますと，

$$(e^{\frac{\pi}{2}i})^i = i^i$$

つまり，

$$i^i = e^{-\frac{\pi}{2}}$$

これによると，虚数の虚数乗である，i の i 乗はなんと，$e^{-\frac{\pi}{2}}$ という実数になってしまうのです。

ラプラース変換による方法

この方法は，初めての方は，少し驚かれるかも知れませんが，微分や積分の知識のない方や練習をしていない人でも，関数表を参照して式の四則演算をするだけで微分方程式が解けるというものです。どのようにするのか，とっくりとご覧下さい。（第4編11－4に自動制御と関係した説明があります）

11. 微分方程式の解き方

　ラプラース変換とは，時間の関数 $x(t)$（表関数）をラプラース領域という別な世界の s という変数の関数 $X(s)$（裏関数）に変えてしまう方法です。
　$x(t)$ と $X(s)$ の間に次の関係があります。この式は分からなくても結構です。

$$X(s) = \int_0^\infty e^{-st} x(t) dt$$

ラプラース変換表(1)

時間領域 （変数 t）	ラプラース領域 （変数 s）
$x(t)$	$X(s)$
$\dfrac{d^2x}{dt^2}$	$s^2 X - sX_0 - X_0'$
$\sin \omega t$	$\dfrac{\omega}{s^2 + \omega^2}$
$\cos \omega t$	$\dfrac{s}{s^2 + \omega^2}$

　もとの方程式を，この表を用いて変換します。即ち，$\dfrac{d^2x}{dt^2}$ のかわりに $s^2X - sX_0 - X_0'$，x のかわりに X と書くことになりますので，

$$(s^2 X - sX_0 - X_0') + \omega^2 X = 0$$

$$\therefore \ X(s) = \frac{sX_0 + X_0'}{s^2 + \omega^2} = \frac{s}{s^2 + \omega^2} X_0 + \frac{1}{s^2 + \omega^2} X_0'$$

この式を，やはり，上の表を用いて，今度は逆ラプラース変換，つまり，時間領域の関数に戻します。

$$x(t) = x_0 \cos \omega t + \frac{x_0'}{\omega} \sin \omega t$$

11-3　抵抗項のある振動の微分方程式 （P 137 参照）

$$m \frac{d^2x}{dt^2} + r \frac{dx}{dt} + kx = 0$$

　第2項が抵抗項を示しています。
　この式を一般化する，つまり，本質を変えないようにしながら定数の数を減らして，次のように書き換えます。

$$\frac{d^2x}{dt^2}+2\zeta\omega\frac{dx}{dt}+\omega^2 x=0 \quad (\omega>0,\ \zeta>0)$$

即ち，$\frac{k}{m}=\omega^2$ に加えて，$\frac{r}{m}=2\zeta\omega$ と置いたことになります。

作意的に見えるかも知れませんが，あとで少しでも楽なようにしています。
初期条件としては，$x(0)=x_0,\ x'(0)=x_0'$ を採用します。

特性方程式の根を用いる方法 （通常の方法）

特性方程式は，
$$\lambda^2+2\zeta\omega\lambda+\omega^2=0$$
この方程式の判別式 D' は，
$$D'=(\zeta^2-1)\omega^2$$
通常の判別式 D は，$4(\zeta^2-1)\omega^2$ となりますので，
$$D'=\frac{D}{4}$$
従って，$\zeta^2 \gtreqless 1$ に対応して，$D \gtreqless 0$ となります。

（1） $\zeta^2>1$ の場合

特性方程式は，次の二実根を持ちます。
$$\begin{cases} \lambda_1=-\zeta\omega+\sqrt{\zeta^2-1}\,\omega \\ \lambda_2=-\zeta\omega-\sqrt{\zeta^2-1}\,\omega \end{cases}$$

この時，微分方程式の解は，$A,\ B$ を積分定数として，
$$x(t)=Ae^{\lambda_1 t}+Be^{\lambda_2 t}$$

と書けますので，初期条件によって係数を決めますと，
$$x(t)=\frac{-\lambda_2 x_0+x_0'}{\lambda_1-\lambda_2}e^{\lambda_1 t}+\frac{\lambda_1 x_0-x_0'}{\lambda_1-\lambda_2}e^{\lambda_2 t}$$
$$=\frac{1}{\lambda_1-\lambda_2}\{x_0(-\lambda_2 e^{\lambda_1 t}+\lambda_1 e^{\lambda_2 t})+x_0'(e^{\lambda_1 t}-e^{\lambda_2 t})\}$$

ここで，
$$\lambda_1-\lambda_2=2\sqrt{\zeta^2-1}\,\omega$$
$$\begin{cases} \sinh \omega t=\dfrac{e^{\omega t}-e^{-\omega t}}{2} \\ \cosh \omega t=\dfrac{e^{\omega t}+e^{-\omega t}}{2} \end{cases}$$

を利用して，整理しますと，

$$x(t) = \frac{e^{-\zeta\omega t}}{\sqrt{\zeta^2-1}\,\omega}(x_0' + \zeta\omega x_0)\sinh(\sqrt{\zeta^2-1}\,\omega t)$$
$$+ x_0 e^{-\zeta\omega t}\cosh(\sqrt{\zeta^2-1}\,\omega t)$$

$\sinh t$ や $\cosh t$ は，双曲線関数を表わすもので，$\sin t$ や $\cos t$ が円関数といわれることと似ています。それらの定義は，
$$\sinh t = \frac{e^t - e^{-t}}{2}$$
$$\cosh t = \frac{e^t + e^{-t}}{2}$$
となっていて，
$$\sin t = \frac{e^{it} - e^{-it}}{2i}$$
$$\cos t = \frac{e^{it} + e^{-it}}{2}$$
と形は似ていますが，円関数が振動状態を表わすのに対し双曲線関数は，値が t とともに大きくなっていきます。

また，容易に分るように，
$$\sinh(z) = \frac{\sin(iz)}{i}$$
$$\cosh(z) = \cos(iz)$$
となって，これらもオイラーの公式と呼ばれることがあります。

（2） $\zeta^2 = 1$ の場合

特性方程式は $\lambda = -\omega$ という重根を持ちます。この時は，
$$x(t) = e^{-\omega t}u(t)$$
と置いて，もとの微分方程式を変形して整理しますと，
$$\frac{d^2 u}{dt^2} = 0$$
となるので，A，B を定数として，
$$u(t) = At + B$$
$$\therefore \quad x(t) = e^{-\omega t}(At + B)$$
初期条件によって，
$$x(t) = e^{-\omega t}\{(\omega x_0 + x_0')t + x_0\}$$

（3） $\zeta^2 < 1$ の場合

特性方程式の二根は，次のような複素数です。

$$\begin{cases} \lambda_1 = -\zeta\omega + \sqrt{1-\zeta^2}\,\omega i \\ \lambda_2 = -\zeta\omega - \sqrt{1-\zeta^2}\,\omega i \end{cases}$$

（1）と同様に，
$$x(t) = A e^{\lambda_1 t} + B e^{\lambda_2 t}$$
の係数を決めると，
$$x(t) = \frac{1}{\lambda_1 - \lambda_2}\{x_0(-\lambda_2 e^{\lambda_1 t} + \lambda_1 e^{\lambda_2 t}) + x_0'(e^{\lambda_1 t} - e^{\lambda_2 t})\}$$

ここで，
$$\lambda_1 - \lambda_2 = 2\sqrt{1-\zeta^2}\,\omega i$$
$$\begin{cases} \sin\omega t = \dfrac{e^{i\omega t} - e^{-i\omega t}}{2i} \\ \cos\omega t = \dfrac{e^{i\omega t} + e^{-i\omega t}}{2} \end{cases}$$

を用いますと，
$$x(t) = e^{-\zeta\omega t}\left\{\frac{(\zeta\omega x_0 + x_0')}{\sqrt{1-\zeta^2}\,\omega}\sin(\sqrt{1-\zeta^2}\,\omega t) + x_0 \cos(\sqrt{1-\zeta^2}\,\omega t)\right\}$$

【閑話休題 2 】

$$\log(i)$$

ここで，log は自然対数を表すものとします。「log の中味は正数でなければならない」と高等学校では教わったと思いますが，その制約を外しても対数は使えるのです。

では，$\log(i)$ はどれだけになるのでしょう。

P 118 で先に求めた
$$i^i = e^{-\frac{\pi}{2}}$$
において，両辺の対数を取ってみますと
$$i \log i = -\frac{\pi}{2}$$
よって，
$$\log i = \left(\frac{\pi}{2}\right) i$$
となります。これを拡張して言いますと，絶対値が 1 となるような複素数 $\cos\theta + i\sin\theta$ の対数は，θi となるのです。複素数の対数が，偏角（x 軸となす角度）を表わすとも言えます。このことは，
$$e^{i\theta} = \cos\theta + i\sin\theta$$
の両辺の対数を取っても導くことができます。

11. 微分方程式の解き方

ラプラース変換による方法

　P 118 に解説したラプラース変換法を用い，下表によってもとの微分方程式を変換します。

ラプラース変換表(2)

時 間 領 域	ラプラース領域
（変数 t）	（変数 s）
$x(t)$	$X(s)$
$\dfrac{dx}{dt}$	$sX - X_0$
$\dfrac{d^2x}{dt^2}$	$s^2X - sX_0 - X_0'$
$\delta(t)$	1
$u(t)$ （単位ステップ関数）	$\dfrac{1}{s}$
t	$\dfrac{1}{s^2}$
e^{-at}	$\dfrac{1}{s+a}$
$e^{-at}t$	$\dfrac{1}{(s+a)^2}$
$e^{-at}x(t)$	$X(s+a)$
$\sinh \omega t$	$\dfrac{\omega}{s^2-\omega^2}$
$\cosh \omega t$	$\dfrac{s}{s^2-\omega^2}$
$\sin \omega t$	$\dfrac{\omega}{s^2+\omega^2}$
$\cos \omega t$	$\dfrac{s}{s^2+\omega^2}$

変換したままの式は

$$(s^2X - sX_0 - X_0') + 2\zeta\omega(sX - X_0) + \omega^2 X = 0$$

$$\therefore \quad X = \frac{sX_0 + X_0' + 2\zeta\omega X_0}{s^2 + 2\zeta\omega s + \omega^2}$$

抵抗項のある振動の微分方程式

これを，後に逆変換しやすいように多少変形しますと，

$$X=\frac{(s+\zeta\omega)X_0+X_0'+\zeta\omega X_0}{(s+\zeta\omega)^2+(1-\zeta^2)\omega^2}$$

ここで，$\zeta^2 \gtreqless 1$ に応じて場合分けをします。

　少し形が面倒に見えますが，分りにくければ，$s+\zeta\omega=z$ や $(\zeta^2-1)\omega^2=b^2$ などと置けば，ラプラース変換表を使いやすくなります。$s+\zeta\omega$ から，$e^{-\zeta\omega t}$ が現われますし，$\frac{s}{s^2-b^2}$ が $\cosh(bt)$ に，$\frac{c}{s^2-b^2}$ が $\frac{c}{b}\sinh(bt)$ になります。

（1）$\zeta^2>1$ の場合

$$X=\frac{(s+\zeta\omega)X_0+X_0'+\zeta\omega X_0}{(s+\zeta\omega)^2-(\zeta^2-1)\omega^2}$$

この式は，$X(s+a)$ と $\frac{s}{s^2-b^2}+\frac{b}{s^2-b^2}$ の組合せになっていると見ることができますので，ラプラース変換表を逆に用いて，

$$x(t)=e^{-\zeta\omega t}\left\{x_0\cosh(\sqrt{\zeta^2-1}\omega t)+\frac{\zeta\omega x_0'+x_0'}{\sqrt{\zeta^2-1}\omega}\sinh(\sqrt{\zeta^2-1}\omega t)\right\}$$

（2）$\zeta^2=1$ の場合

$$X=\frac{(s+\omega)X_0+X_0'+\omega X_0}{(s+\omega)^2}=\frac{X_0}{s+\omega}+\frac{X_0'+\omega X_0}{(s+\omega)^2}$$

$$\therefore\quad x(t)=e^{-\omega t}\{(\omega x_0+x_0')t+x_0\}$$

（3）$\zeta^2<1$ の場合

$$X=\frac{(s+\zeta\omega)X_0+X_0'+\zeta\omega X_0}{(s+\zeta\omega)^2+(1-\zeta^2)\omega^2}$$

これをもとに，逆ラプラース変換しますと，

$$x(t)=e^{-\zeta\omega t}\{x_0\cos(\sqrt{1-\zeta^2}\omega t)+\frac{\zeta\omega x_0+x_0'}{\sqrt{1-\zeta^2}\omega}\sin(\sqrt{1-\zeta^2}\omega t)\}$$

以上により，少し長くかかってしまいましたが，二つの方法による解が当然のことながら全く一致することが分ります。

第 2 編

音響・振動概論

音響・振動概論の出題傾向と対策

　本編の目的は，騒音および振動分野における専門的な知識を新たに学習される方や，あるいは既に学習されていて復習される方にその材料を提供することです。

　試験の名称は，「音響・振動概論並びに音圧レベル及び振動加速度レベルの計量」ということになっています。

　この科目では，対数に基づいたデシベルという単位や音響に関する各種の取り扱いが，他の分野から見ますとやや独特に感じられる面もあろうかと思いますが，慣れてしまえばたいしたことはありません。似たようなパターンが何度も出てきます。範囲は広くありません。あまり心配されずに学び進んで下さい。

　国家試験では，全25問のうち，平均的には，毎年ほぼ10問が計算問題です。全体を分野別に整理してみますと，よく出題されるものとしては，
・デシベル，パワー和・平均，暗騒音補正
・騒音レベル，振動レベルの測定
・騒音計，マイクロホン
・音圧，粒子速度，音の強さ，変位，速度，加速度
・たわみと共振周波数，伝達率，機械・電気・音響類似
・距離減衰，室内音響

などが挙げられますが，その他の分野からも数は少ないもののほぼ毎年出ていますので学習が必要です。

1. 波動および音波の理論

　騒音とは，音響の一部ではありますが，その中でも聴いて不快に感じるものを言います。また，振動とは地面などを通じて伝わってくる周期的な揺(ゆ)れのことです。
　これらはともに，周期性のある現象として共通部分を多く持っています。これらの基礎となるものは「波動」です。この章では，その理論として振動，波動および音の基礎について学んで下さい。

1-1　波の種類

弾性波
　弾性体を伝わる弾性振動の波，すなわち，波を伝える媒体の持つ質量や弾性によって，媒体の変位や内部応力の変化が伝播する波をいいます。

縦波
　体積弾性によって起こるもので，波を伝える媒質粒子の振動方向と波の進行方向とが一致する波のことで，**疎密波**ともいいます。音波や地震において最初に到達する波 (**P波**, Primary wave) などがその代表的な例です。この波は，気体，液体，および，固体のそれぞれを媒質として伝わります。

横波
　ずれ弾性によっておこるもので，波の伝播方向と媒質粒子の振動方向とが互いに垂直なものです。この波は媒質の体積変化を伴わず，媒質が変形することで伝わります。地震において二番目に到達する波 (**S波**, Secondary wave) などがその例です。張力をかけて張った弦や細い棒を伝わる波も媒質粒子の動きが波の方向と直角ですので，横波と言います。
　気体，および，液体内部においては，せん断応力が存在しえないので横波は伝わりません。液体表面では，重力や表面張力を復元力として横波が生じます。

| レイリー波 |

弾性体の表面に沿って伝わる波のことです。横波よりも遅いが，距離減衰が小さく遠方にまで届きやすい波です。

| 屈曲波 |

板状の媒質が折れ曲がりながら伝える波です。

1－2　音の基礎

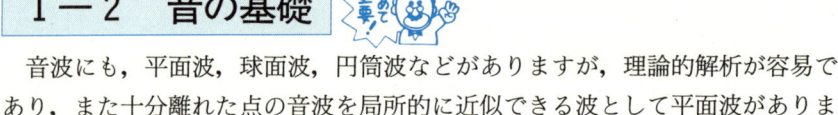

音波にも，平面波，球面波，円筒波などがありますが，理論的解析が容易であり，また十分離れた点の音波を局所的に近似できる波として平面波があります。

今，y, z 方向に一様であって，空中を x 軸方向に伝わる平面波を考えてみます。

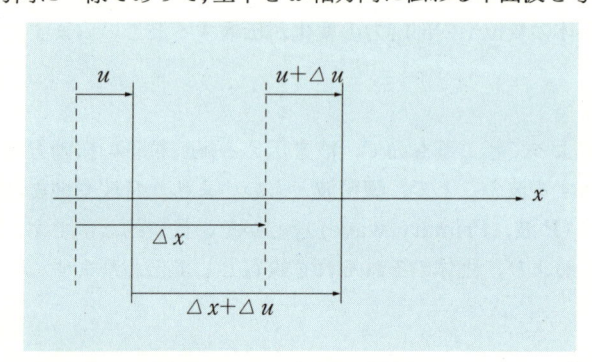

図のように，空気粒子が音波によって，ある時間に x 方向に u [m] だけ動き，その変位が x 軸方向には一定でないとします。もし一定なら，それは空気の単純な流れであって波ではないことになります。一定でない時，その変化率（距離当りの変化幅）$\frac{\partial u}{\partial x}$ が，空気の圧力である音圧 p と比例関係にあるはずですので，

$$p = -K\frac{\partial u}{\partial x} \quad (K：体積弾性率)$$

また，位置による音圧の差は空気粒子に働く力となりますので，ニュートンの運動法則（$f = ma$）を適用しますと，変位 u の二階微分が加速度なので，

1. 波動および音波の理論

$$\rho \frac{\partial^2 u}{\partial t^2} = -\frac{\partial \rho}{\partial x} \quad (\rho：空気密度)$$

となります。これらの二式より、次の波動方程式が導びかれます。

$$\frac{\partial^2 u}{\partial t^2} = \frac{K}{\rho} \frac{\partial^2 u}{\partial x^2}$$

音速を c とすると、次の関係があります。

$$c = \sqrt{\frac{K}{\rho}}$$

粒子速度

変位 $u[\mathrm{m}]$ の時間微分 $v[\mathrm{m/s}]$ を粒子速度といいます。音によって生じる空気粒子の振動速度です。

特性インピーダンス

平面波がただ一つしかない場合は、音圧と粒子速度の比は媒質毎に一定の値となります。これを特性インピーダンスといいます。

$$\frac{p}{v} = \sqrt{\rho K} = \rho c$$

音の強さ（音響インテンシティー）

単位面積を毎秒通過する音のエネルギーは、言いかえますと、音響パワー（単位時間当りの音のエネルギー）の密度でもありますので、これを音の強さ、または、音響インテンシティーといいます。これを $i[\mathrm{W/m^2}]$ と書くと、音圧 $p[\mathrm{Pa}=\mathrm{N/m^2}]$ と粒子速度 $v[\mathrm{m/s}]$ によって次のように表わせます。

$$i = pv \quad [\mathrm{Pa \cdot m/s} = \mathrm{N/(m \cdot s)} = \mathrm{J/(m^2 s)} = \mathrm{W/m^2}]$$

平面波では $p = \rho c v$ ですから

$$i = \rho c v^2 \quad \text{あるいは、} \quad i = \frac{p^2}{\rho c}$$

これが、音圧と音の強さとの関係式で、よく使われます。

実効値

音のような振動現象におけるエネルギー量などの物理量にはその周期 T で平均した実効値という概念があり、もとの物理量を小文字、実効値を大文字で表わすことがあります。

音の強さ i の実効値は、

$$I = \frac{1}{T}\int_0^T i(t)dt$$

で定義されます。音圧の場合は，その2乗がエネルギー量となりますので，その実効値は，

$$P = \sqrt{\frac{1}{T}\int_0^T p^2(t)dt}$$

で定義され，実効値どうしでも，もとの量どうしと同様に

$$I = \frac{P^2}{\rho c}$$

の関係が成立します。

マスター！ 重要問題と解説 （波動）

【問題 1】 波動に関する次の記述のうち，誤っているものを1つ選べ。
1 縦波とは，媒質中の各点の粒子変位の方向が伝搬方向と一致する波のことである。
2 波の干渉とは，波が一つの媒質中を進行して他の媒質との境に達したとき，進行方向が変化して再び元の媒質中を進行する現象をいう。
3 球面波とは，波面（同位相面）が球面をなす波のことであり，点の波動源や球面が同位相で一様に振動しているような波動源から放射される場合に起こる。
4 電磁波とは，真空又は物質中で電磁場の振動が伝搬する現象のことである。
5 平面波とは，一定方向に垂直な平面上の振動状態が同一である波をいう。

解説と正解

1の縦波は，弾性体の局所的な密度変化が伝わる波ですので疎密波あるいは圧縮波とも言います。例えば音波や地震波のP波はその例です。伝搬速度 c_p は，媒質の密度，体積弾性率，剛性率をそれぞれ，ρ，K，μ として，

$$c_p = \sqrt{\frac{K + \frac{4}{3}\mu}{\rho}}$$

と表せますが，気体あるいは液体中では $\mu = 0$ のため，

$$c_p = \sqrt{\frac{K}{\rho}}$$

となります。

　横波は，波の振動方向と進行方向が垂直な進行波です。弾性波の場合は，ずれ弾性によって起こり，流体内では普通見られません。電磁波は常に純粋な横波です。すべり波，あるいは，剪（せん）断波とも言います。伝搬速度 c_p は，

$$c_p = \sqrt{\frac{\mu}{\rho}}$$

と表されます。気体，液体中では，$\mu=0$ なので，横波は伝わりません。

　2の記述は，波の反射のことであって干渉ではありません。

　5の平面波とは普通は進行波の場合を指します。進行方向を x，速さを v とすれば，振動状態 ϕ は，

$$\phi = f(vt - x)$$

という形で表されます。やさしい言葉で言いますと，波面が平面である波です。

正解　2

【問題　2】　波動に関する次の記述のうち，誤っているものを1つ選べ。
1　地震波とは，地震の時に伝わる弾性波をいい，地球表面を伝わる表面波と地球内部を伝わる実体波がある。
2　表面波とは，媒質の表面または界面に沿って伝わり，内部では表面からの距離とともに振幅が急激に減衰する波である。
3　レイリー波とは，平面の境界を有する均質な半無限弾性体の媒質を伝わる表面波である。
4　進行波，およびそれが進行して境界から反射した波との干渉によって生じるものであって，振幅分布が空間的に定まった波を定常波という。
5　波動の伝搬速度は，伝わる媒質の密度を ρ，その体積弾性率を K とすると
$$c = \sqrt{\frac{\rho}{K}}$$
で表される。

解説と正解

1：実体波には，P波とS波があって，観測地点で振幅が最大になるのは，

近地地震ではS波，遠地地震では距離が小さいところでレイリー波，大きいところでラブ波と呼ばれる波です。

3：レイリー波においては，一般に，波の進行方向に平行で表面に垂直な面内で媒質を構成する粒子が楕円運動を行います。地震のレイリー波は地表面にしか伝わらないので，距離減衰が小さく遠方にまで影響を与えます。

4：定常波は，振動量関数 $\Psi(x, t)$ が時間部分 $\Psi_1(t)$ と空間座標部分 $\Psi_2(x)$ の積に変数分離されるもので，時間の経過による空間的な波の形の移動（変化）が認められないものです。

5：正しくは，

$$c = \sqrt{\frac{K}{\rho}}$$

です。また，K は

$$K = \gamma P_0$$

のように表されます。ここに，P_0 は静圧の大気圧，γ は定圧比熱の定積比熱に対する比です。空気中では，1気圧（P_{00}[Pa]），0℃の時の空気密度を ρ_0[kg/m³]，気圧 P_0[Pa]，温度 θ[℃]の空気の密度 ρ[kg/m³]とすると，

$$\rho = \rho_0 \cdot \frac{P_0}{P_{00}} \cdot \frac{273}{273 + \theta}$$

これと，$c = \sqrt{\frac{K}{\rho}}$ より

$$c = \sqrt{\frac{\gamma P_{00}}{\rho}} \sqrt{\frac{273 + \theta}{273}} \fallingdotseq c_0 \left(1 + \frac{\theta}{546}\right)$$

$$\fallingdotseq 331.5 + 0.61\theta \, [\mathrm{m \cdot s^{-1}}]$$

正解　5

【問題　3】　次に示すような周期1sの階段状矩形波がある。

$$f(t) = 1 \quad \left(0 \leq t < \frac{1}{2}\right)$$

$$f(t) = \frac{1}{2} \quad \left(\frac{1}{2} \leq t < 1\right)$$

この波動の実効値はいかほどか。次の中から適切なものを1つ選べ。

1　$\dfrac{1}{2}$　　　2　$\dfrac{\sqrt{2}}{2}$　　　3　$\dfrac{\sqrt{10}}{4}$

4　$\dfrac{\sqrt{15}}{4}$　　　5　$\dfrac{3\sqrt{3}}{4}$

解説と正解

実効値を F とすれば,周期 T のとき,

$$F^2 = \frac{1}{T}\int_0^1 f(t)^2 dt = \int_0^{\frac{1}{2}} f(t)^2 dt + \int_{\frac{1}{2}}^1 f(t)^2 dt$$

$$= \int_0^{\frac{1}{2}} 1^2 dt + \int_{\frac{1}{2}}^1 \left(\frac{1}{2}\right)^2 dt$$

$$= [t]_0^{\frac{1}{2}} + \frac{1}{4}[t]_{\frac{1}{2}}^1$$

$$= \frac{1}{2} + \left(\frac{1}{4}\right)\left(1 - \frac{1}{2}\right) = \frac{5}{8}$$

$$\therefore\ F = \sqrt{\frac{5}{8}} = \frac{\sqrt{10}}{4}$$

正解　3

マスター！　重要問題と解説　（音の基礎）

【問題　4】 音に関する次の記述のうち,誤っているものを1つ選べ。

1　波長とは波の一周期の長さであって,音の伝搬速度を周波数で割ったものに等しい。
2　縦波とは,波の振動方向と進行方向とが一致する波である。
3　オクターブとは,振動または振動数比が2:1となる間隔のことをいう。
4　オクターブバンドとは,1オクターブの間隔に含まれる振動数全体が作る振動数帯をいう。
5　1/3オクターブバンドとは,オクターブの間に3本の振動数帯が加えられたものをいう。

解説と正解

1：音の伝搬速度 v[m・s^{-1}] を周波数 f[Hz=s^{-1}] で割ると,波長になります。

2：弾性波の場合は,体積弾性によって起こり,疎密は例えば音波や地震波のP波はその例です。

3：通常は音程について用いられ,$2^n:1$ となる振動数比を n オクターブといいます。

4：その最小振動数を n_1，最大振動数を $n_2=2n_1$ として，$n_c=\sqrt{n_1 n_2}=\sqrt{2}n_1$ をバンドの中心振動数といいます。音楽では，a'（440 Hz）を中心とした 12 平均率音階が使われ，一般音響学や騒音では 1000 Hz を基準に対数尺度を用いています。ISO では，周波数表示が推奨されていて，その中のオクターブについては次の通りです。

　　16，31.5，63，125，250，500，1000，2000，4000，8000，16000

5：1/3 オクターブバンドとは，オクターブの間に 2 本の振動数帯が加えられたものです。2 本入るために 3 つに分かれるのです。通常は，500 Hz と 1000 Hz の間に，630 Hz と 800 Hz が加えられます。　　　　　　　　　　正解　5

【問題　5】音に関する次の記述のうち，誤っているものを1つ選べ。
1　地表付近に比べて上空の気温が高いときには，音は予想外の遠方まで伝搬することがある。
2　水面に向かう音が空気と水の境界で反射されて水中へはほとんど入っていかないのは，空気中の縦波が水中の横波に変換されにくいからである。
3　周囲に反射物体がない場合，騒音源がある大きさを持っていても，音源の寸法に比べて十分遠方では点音源から発生した球面波と見なせる。
4　しゃへい物のかげの部分へも音の一部は回折されて伝搬するが，一般にしゃへい効果は高い周波数ほど顕著である。
5　常温の空気中では，周波数 100 Hz の音の波長は約 3.4 m，1 kHz の音の波長はその 10 分の 1 である。

解説と正解

0 ℃における音速を c_0 とすると，t [℃] における音速 c_t は，次のように表されます。

$$c_t = c_0\sqrt{1+\frac{t}{273}}$$

従って，上空の気温が高いときは早く音が伝わるので，屈折現象などもあいまって意外なほど遠くまで伝わることがあります。

音の反射は，音響インピーダンスの異なる媒質の境界面において起きます。空気と水ではその音響インピーダンスが大きく異なるために，水面において空気中を伝搬してきた音波のエネルギーの大部分が反射されて，水中にはほとん

1. 波動および音波の理論

ど入っていきません。また，気体や液体中では音波は縦波として伝わり，横波に変わることはありません。

3は，自然に考えてその通りになることはお分かりと思います。周波数の高い音ほど，物体にぶつかったときのエネルギーの低下が激しく，しゃへい効果は高くなります。

常温の空気中の音の速さは，毎秒約340mですから，100Hzの音では，それを100で割った位になります。従って，約3.4mです。　　　正解　2

【問題　6】　一方が閉じ，他の端が開放されている管があり，この開放端に85Hzの音波を当てたところ共鳴が生じた。この管の長さは次のどれに近いか。適当なものを1つ選べ。ただし，開口端の補正はしなくてもよいものとする。

1　0.5m　　　2　1.0m　　　3　1.5m　　　4　2.0m　　　5　2.5m

解説と正解

問題のような管では，閉端が音圧の腹（粒子速度の節），開端が音圧の節（粒子速度の腹）となって共鳴が生じます。共鳴周波数 f[Hz] と管の長さ h[m] との関係は，音速を c[m/s]，波長を λ として，

$$h = \frac{(2n-1)\lambda}{4} \text{[m]} \quad n = 1, 2, 3, \cdots$$

$$\lambda = \frac{c}{f}$$

従って，空気中の音速340m/s と $f=85$[Hz] より，

$$\lambda = \frac{340}{85} = 4$$

$$\therefore \quad h = (2n-1) \text{[m]} \quad n = 1, 2, 3, \cdots$$

これにより，$n=1, 2, 3, \cdots$ のとき，$h=1, 3, 5, \cdots$ なので，正解は2です。
なお，n 次の共鳴周波数 f_n とその波長 λ_n は，次のようになります。

$$f_n = \frac{(2n-1)c}{4h} \text{[Hz]}$$

$$\lambda_n = \frac{4h}{2n-1} \text{[m]}$$

正解　2

②. 騒音振動の基礎

2−1　騒音の基礎

　騒音とは，音の中で人間が聞いて不快に感じられる音のことです。ですから，騒音と騒音でない音との明確な境界があるわけではありません。
　騒音にもいろいろな分類がありますので，それらの定義を整理しておきましょう。

(騒音の分類)
総合騒音：ある時刻におけるある場所の総合的な騒音。環境騒音とも言います。
特定騒音：総合騒音のうち，音響として明確に識別され騒音源が特定できる騒音。
残留騒音：総合騒音の中で，全ての特定騒音を差し引いた残りの騒音。
暗騒音：総合騒音の中において，着目したある特定の騒音以外の全ての騒音。

(騒音の状態)
定常騒音：騒音の水準の変化が小さく，ほぼ一定と見なされる騒音。
変動騒音：騒音の水準が不規則に，かつ連続的に変動する騒音。
間欠騒音：間欠的に発生して，一回の継続時間が数秒以上の騒音。
衝撃騒音：極めて短い継続時間の騒音。

各種の騒音の定義について整理しておきましょう!!

2－2　振動の基礎

減衰振動

第1編11－3で解いた微分方程式のうち，減衰振動にあたる部分のおさらいをしておきますと，質量 m，ばね定数 k，抵抗係数 r であるような微分方程式

$$m\frac{d^2x}{dt^2}+r\frac{dx}{dt}+kx=0$$

において，$\frac{k}{m}=\omega^2\,(\omega>0)$，$\frac{r}{m}=2\zeta\omega\,(\zeta>0)$ と置いて，

$$\frac{d^2x}{dt^2}+2\zeta\omega\frac{dx}{dt}+\omega^2x=0$$

これを，初期条件，$x(0)=x_0$，$x'(0)=0$ で解いた結果は次の通りです。

$0<\zeta<1$ のとき

$$x(t)=x_0 e^{-\zeta\omega t}\left\{\frac{\zeta}{\sqrt{1-\zeta^2}}\sin(\sqrt{1-\zeta^2}\,\omega t)+\cos(\sqrt{1-\zeta^2}\,\omega t)\right\}$$

$\zeta=1$ のとき

$$x(t)=x_0 e^{-\omega t}(\omega t+1)$$

$\zeta>1$ のとき

$$x(t)=x_0 e^{-\zeta\omega t}\left\{\frac{\zeta}{\sqrt{\zeta^2-1}}\sinh(\sqrt{\zeta^2-1}\,\omega t)+\cosh(\sqrt{\zeta^2-1}\,\omega t)\right\}$$

この結果は，$0<\zeta<1$ のとき，振動的に減衰し，$\zeta>1$ のとき，対数的に減衰することを示します。$\zeta=1$ がその境い目となり $\gamma=2\sqrt{mk}$ を臨界制動といいます（下図参照）。

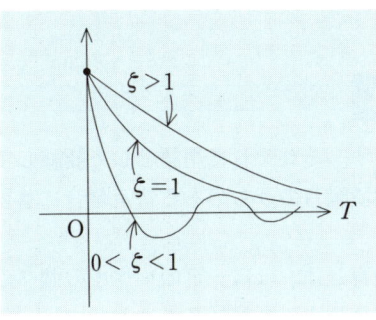

このような ζ を減衰比といいます。

$$\zeta = \frac{\gamma}{2\sqrt{mk}}$$

また，$\zeta\omega$ を減衰率といって，α と書くことがあります。

$$\alpha = \frac{\gamma}{2m}$$

振動的減衰において，隣り合う山の高さの比の対数を対数減衰率として δ で表わします。いま，固有角周波数と言われる $\omega\sqrt{1-\zeta^2}$ を用いると，周期 T は 2π を角周波数で割ったものですから，

$$T = \frac{2\pi}{\omega\sqrt{1-\zeta^2}}$$

これを使うと，対数減衰率 δ は次のようになります。

$$\delta = \ln\left\{\frac{e^{-\zeta\omega t}}{e^{-\zeta\omega(t+T)}}\right\} = \frac{2\pi\zeta}{\sqrt{1-\zeta^2}}$$

マスター！ 重要問題と解説 （騒音の基礎）

【問題 7】 騒音に関する次の記述のうち，誤っているものを1つ選べ。
1 環境騒音とは，観測しようとする場所における総合された騒音をいう。
2 特定騒音とは，騒音源(単体又は群)を特定した場合，環境騒音の中で特にその音源の寄与による騒音をいう。
3 暗騒音とは，光の量が一定以下の暗いところにおける騒音をいう。
4 衝撃騒音とは，一つの事象の継続時間が極めて短い騒音をいう。
5 準定常衝撃騒音とは，ほぼ一定のレベルの個々の事象が，極めて短い時間間隔で繰り返して発生する衝撃騒音をいう。

解説と正解

騒音の定義の問題です。それぞれに用語として認識しておいて下さい。

3の暗騒音とは，環境騒音のうちのある特定騒音に着目した場合のそれ以外の騒音をいいます。

他に，準定常衝撃騒音とは，ほぼ一定のレベルの個々の事象が，極めて短い時間間隔で繰り返して発生する衝撃騒音のことです。

正解 3

②. 騒音振動の基礎

【問題 8】 騒音に関する次の記述のうち，誤っているものを1つ選べ。
1 騒音とは，好ましくない音の総称であって，その境界を科学的に分別することは容易である。
2 汽車，電車，地下鉄などの車両による騒音を軌道騒音という。
3 航空機騒音の特徴には，音が大きいこと，機種によっては金属性の高い周波数成分を含むこと，間欠的かつ衝撃的であることなどが挙げられる。
4 道路や建物の建設作業に伴う騒音を建設騒音という。
5 自動車交通によって引き起こされる道路騒音を自動車騒音という。

解説と正解

騒音とは，「好ましくない音の総称」ですが，その表現の「非科学性」からも理解されるように，境界を科学的に分別することは容易ではありません。

正解 1

貧乏ゆすりも振動

マスター！ 重要問題と解説 （振動の基礎）

【問題 9】 振動に関する次の文章の中から，誤っているものを1つ選べ。
1 振動の周期 T と角周波数 ω との間には，$T=1/\omega$ の関係がある。
2 振動加速度レベルの基準値は，10^{-5}m/s^2 とされている。
3 角周波数 ω の正弦波振動において，加速度の実効値 a と変位の実効値 x との間には $a=\omega^2 x$ の関係がある。
4 振動の振幅の値とその実効値とは値が異なる。
5 騒音とは空気中を伝搬する音波の中で聞いて不快に感じるものであり，振動とは地表面あるいは地中や建物などを伝搬して体感されるものであるが，騒音も振動も，ともに物理現象としては弾性波であって，通常はデシベル単位で表され，それらを測定する機器の構成や動作には本質的な差異がないというのが共通の特徴である。

解説と正解

1については，正しくは，振動数 f と角周波数 ω との関係は，$T=2\pi/\omega$ です。

3と4は，基本的な振動についての記述です。角周波数 ω の正弦波振動において，変位，速度，加速度を，それぞれ，u，v，a とし，それらの振幅をそれぞれ，U_m，V_m，A_m としますと，

$$u = U_m \sin(\omega t + \theta)$$
$$v = V_m \cos(\omega t + \theta)$$
$$a = -A_m \sin(\omega t + \theta)$$

のような関係があります。また，それらの振幅の間の関係として，次の式が成り立ちます。

$$A_m = \omega V_m = \omega^2 U_m$$

それぞれの実効値の間にも次のように同様の関係が存在します。

$$A = \omega V = \omega^2 U$$

この式は，次のように書くと，振動数 f を用いた関係となります。

$$A = 2\pi f V = (2\pi f)^2 U$$

5は，正しい文章であり，なおかつ，振動と騒音の共通の特徴を言い表しているものとなっていますので，よくその意味をお考え下さい。　　　正解　1

【問題 10】 正弦波振動があって，その変位全振幅（$p-p$ 値）が 5 mm，周波数が 10 Hz であるとき，加速度の実効値は次のどれに近いか。適当なものを1つ選べ。

1　3 m/s²　　2　4 m/s²　　3　5 m/s²　　4　6 m/s²　　5　7 m/s²

解説と正解

波動における振幅 u [m] と変位全振幅 y [m] の関係は，$2u = y$ となっています。また，周波数 ν [Hz] の正弦波振動の，加速度 a [m/s²] と振幅 u の間には，

$$a = (2\pi\nu)^2 u$$

の関係があります。更に，それぞれの実効値である A および U はそれぞれ，a および u の $\dfrac{1}{\sqrt{2}}$ 倍ですから，

$$U = \frac{u}{\sqrt{2}}$$

$$A = \frac{a}{\sqrt{2}}$$

従って，

$$A = \frac{(2\pi\nu)^2 y}{2\sqrt{2}} = 6.98 [\text{m/s}^2]$$

正解　5

【問題　11】　地表面のある地点におもりを落下させて衝撃を与え，その振動源（震源）から十分離れた地点においてその伝搬振動を観測した。伝搬する波動は波の種類によって時間遅れを伴って観測される。到達順序の組合せのうち，正しいものを次の中から1つ選べ。
1　レイリー波　→　圧縮波　→　せん断波
2　圧縮波　→　レイリー波　→　せん断波
3　せん断波　→　圧縮波　→　レイリー波
4　圧縮波　→　せん断波　→　レイリー波
5　せん断波　→　レイリー波　→　圧縮波

解説と正解

　地震の際に，地震計に現れる波形で最初に出る，振幅が小さく振動数がやや高い波をP波と呼びますが，これが圧縮波（縦波）です。普通初期微動が終わってやや周期の長い，従って，周波数がやや低い振幅の大きい振動が続きます。これをS波と呼びます。
　S波の最初の部分が剪（せん）断波すなわち横波であり，震源があまり遠くない場合には，そのS波と分離できないところにレイリー波（R波）が来ます。一般に，振動や振幅はさらに大きくなります。更に遠くなるとS波とは分かれて届きます。

　圧縮波　→　剪断波　→　レイリー波

正解　4

【問題　12】　次の二つの正弦波が合成された波の実効値はどのように表されるか。ただし，$\omega_1 \neq \omega_2$ とする。

$$p_1(t) = P_1 \sin(\omega_1 t + \theta_1)$$

$p_2(t) = P_2 \sin(\omega_2 t + \theta_2)$

1. $\dfrac{(P_1+P_2)^2}{2}$ 　　2. $\dfrac{(P_1+P_2)^2}{\sqrt{2}}$ 　　3. $\dfrac{\sqrt{P_1^2+P_2^2}}{2}$

4. $\dfrac{\sqrt{P_1^2+P_2^2}}{\sqrt{2}}$ 　　5. $\sqrt{P_1^2+P_2^2}$

解説と正解

二つの波が合成された波の実効値は，合成前の各々の波の実効値の2乗和の平方根となります。

本問の合成前の二つの波の実効値はそれぞれ

$$\dfrac{P_1}{\sqrt{2}} \quad \text{および} \quad \dfrac{P_2}{\sqrt{2}}$$

ですので，これらの2乗和の平方根として合成波の実効値 P を求めますと，

$$P = \sqrt{\left(\dfrac{P_1}{\sqrt{2}}\right)^2 + \left(\dfrac{P_2}{\sqrt{2}}\right)^2}$$

$$= \sqrt{\dfrac{P_1^2}{2} + \dfrac{P_2^2}{2}}$$

$$= \dfrac{\sqrt{P_1^2 + P_2^2}}{\sqrt{2}}$$

正解　4

【問題 13】 振動レベル 60 dB の鉛直方向正弦波振動の変位全振幅（$p-p$ 値）はおよそどのくらいか。次の中から適切なものを1つ選べ。ただし，この振動の振動数は 6 Hz とする。

1. 5 μm　　2. 10 μm　　3. 20 μm　　4. 50 μm　　5. 100 μm

解説と正解

周波数 6 Hz の鉛直方向振動感覚補正値は 0 dB ですので，加速度レベルも 60 dB です。加速度 $a\,[\text{m/s}^2]$ と加速度レベル $L_a\,[\text{dB}]$ との間には，基準の加速度 $a_0\,[\text{m/s}^2] = 10^{-5}\,[\text{m/s}^2]$ によって次のように表されます。

$$L_a = 20 \log\left(\dfrac{a}{a_0}\right)$$

また，加速度と変位 X [m] の関係は，周波数 ω によって，
$$X = \frac{a}{\omega^2}$$
変位実効値 X と変位全振幅（$p-p$値）X_{p-p} の間の関係式は，
$$X_{p-p} = 2\sqrt{2} \times X$$
従って，
$$\begin{aligned}X_{p-p} &= 2\sqrt{2} a_0 \times \frac{10^{La/20}}{\omega^2} \\ &= 2\sqrt{2} \times 10^{-5} \times \frac{10^{60/20}}{(2\pi \times 6)^2} \\ &= 2.0 \times 10^{-5} [\text{m}]\end{aligned}$$

正解　3

【問題　14】　1自由度の振動系において，周波数を変えながら強制加振した場合，特定の周波数で振動系の振幅が急激に増加する共振という現象が現れることがある。共振曲線の鋭さを表す記述で誤っているものを次の中から1つ選べ。ただし，系の減衰が小さい場合とする。

1　共振の鋭さ Q は，半値幅 Δf を共振周波数 f_0 で割ったものの逆数である。

2　対数減衰率を Δ とすると，$Q = \dfrac{\pi}{\Delta}$ である。

3　損失係数 η は，$\eta = \dfrac{1}{Q}$ である。

4　減衰比を ζ とすると，$\zeta Q = 1$ である。

5　Q，Δ，η，および，ζ は無次元数である。

解説と正解

f_0 におけるピーク値の $\dfrac{1}{\sqrt{2}}$ の振幅を示す周波数 f_1，f_2（すなわち，エネルギーが半分の位置）の差 $\Delta f = f_2 - f_1$ を半値幅と言います。共振の鋭さ Q を $Q = \dfrac{f_0}{\Delta f}$ で定義します。

この問題では，1，2，3の関係は正しく，4は $\zeta Q = \dfrac{1}{2}$ が正しいので，上の記述は間違いです。

正解　4

【問題15】 一自由度の振動系において，共振周波数が 1,000 Hz であることが分かっている。そのピーク振幅の $\frac{1}{\sqrt{2}}$ を与える周波数が 960 Hz および 1,040 Hz である時，共振の鋭さはどれだけか。

1　3.2　　2　6.3　　3　12.5　　4　25.0　　5　50.0

解説と正解

共振の鋭さ Q は，ピークを与える周波数 f_0 と半値幅 $\varDelta f$ の比で計算されます。従って，$f_0 = 1,000$ Hz，$\varDelta f = 1,040 - 960 = 80$ Hz を使って，

$$Q = \frac{1,000}{80} = 12.5$$

正解　3

【問題 16】 質量 m，機械抵抗 r_M，バネの定数 k であるような機械系において，$F_0 \sin(\alpha t)$ という振動加振力を与えたときに，変位 x の従う方程式は，

$$m\frac{d^2 x}{dt^2} + r_M \frac{dx}{dt} + kx = F_0 \sin(\alpha t)$$

である。この系について，次の記述の中で誤っているものを1つ選べ。

1　(狭義の)抵抗は r_M であるが，m や k による効果も含めて抵抗を複素インピーダンス Z_M として表現すると，ω を系の角振動数，j を虚数単位として，

$$Z_M = r_M + j\left(\omega m + \frac{k}{\omega}\right)$$

2　複素インピーダンスの虚数部が0となるような周波数

$$\omega_0 = \sqrt{\frac{k}{m}}$$

において，共振現象が発生する。

3　振動伝達率 τ は，$\zeta = \frac{r_M}{2\sqrt{mk}}$，$\mu = \frac{\omega}{\omega_0}$ と置いて，次式で表される。

$$\tau = \sqrt{\frac{1 + (2\zeta\mu)^2}{(1-\mu^2)^2 + (2\zeta\mu)^2}}$$

4　インダクタンス L，電気抵抗 r_e，及び，電気容量 C_e のコンデンサを直列に接続した系では，上記と同型のシステムになる。その場合は，電荷を q，起電力を e として，次のような方程式が成立する。

$$L\frac{d^2q}{dt^2} + r_e\frac{dq}{dt} + \left(\frac{1}{C_e}\right)q = e$$

この電気系における共振周波数は，次のように表される。

$$\omega_0 = \frac{1}{\sqrt{LC_e}}$$

5　同様に，音響系において，M をイナータンス，r_A を抵抗，C_A をキャパシタンス，X を媒質の体積変化，p を音圧として，

$$M\frac{d^2X}{dt^2} + r_A\frac{dX}{dt} + \left(\frac{1}{C_A}\right)X = p$$

この系における共振周波数は，次のように表される。

$$\omega_0 = \frac{1}{\sqrt{MC_A}}$$

解説と正解

　電気機械音響類似と言って，以下の3種類の各システムが類似していることで共通の検討が可能となります。下記の表を参照下さい。

＜機械系＞m を質量，x を変位，r_M を摩擦抵抗係数，C_M をコンプライアンス $\left(=\frac{1}{k}\right)$，$f_M$ を外力として，

$$m\frac{d^2x}{dt^2} + r_M\frac{dx}{dt} + \left(\frac{1}{C_M}\right)x = f_M$$

＜電気系＞L をインダクタンス，r_e を電気抵抗，C_e を電気容量，i を電流，e を起電力として，

$$L\frac{di}{dt} + r_e i + \left(\frac{1}{C_e}\right) \doteqdot \int i dt = e$$

＜音響系＞M をイナータンス，C_A をキャパシタンス，X を媒質の体積変化，p を音圧として，

$$M\frac{d^2X}{dt^2} + r_A\frac{dX}{dt} + \left(\frac{1}{C_A}\right)X = p$$

電気系		機械系		音響系	
起電力	e	力	f_M	音圧	p
電荷	q	変位	x	体積変位	X
電流	i	速度	$u=\dfrac{dx}{dt}$	体積速度	$U=\dfrac{dX}{dt}$
抵抗	r_e	抵抗	r_M	抵抗	r_A
リアクタンス	x_e	リアクタンス	x_M	リアクタンス	x_A
容量	C_e	コンプライアンス	$C_M=\dfrac{1}{k}$	キャパシタンス	C_A
インダクタンス	L	質量	m	イナータンス	M
インピーダンス	Z_e	インピーダンス	Z_M	インピーダンス	Z_A

複素インピーダンス Z_M は次のように，括弧内の $\dfrac{k}{\omega}$ の係数がマイナスです．

$$Z_M = r_M + j\left(\omega m - \dfrac{k}{\omega}\right)$$

その他の記述はすべて正しいものとなっています． 正解　1

②. 騒音振動の基礎

【問題 17】 ばね定数 k, 抵抗係数 r からなる質量 m の自由振動系において, 誤っているものを選べ。

1 抵抗係数 r がゼロの時, 固有角振動数は $\sqrt{\dfrac{k}{m}}$ である。

2 質量 m が減衰振動をする場合と減衰のない動きをする場合との境目は, $r \lessgtr 2\sqrt{mk}$ である。

3 減衰比 ζ は, 一般に次のように定義される。

$$\zeta = \dfrac{r}{2\sqrt{mk}}$$

4 減衰振動における固有角振動数 ω^* は次のように表される。

$$\omega^* = \dfrac{\omega}{\sqrt{1-\zeta^2}}$$

5 質量 m が減衰振動をする条件は, $\zeta < 1$ である。

解説と正解

3:設問の通りです。$2\sqrt{mk}$ を臨界抵抗係数と言うこともあります。減衰比は臨界抵抗係数 $2\sqrt{mk}$ に対する実抵抗係数 r の比を言うことになります。

4:減衰振動における固有角振動数 ω^* は設問の形ではなくて, 次のようになります。

$$\omega^* = \omega\sqrt{1-\zeta^2}$$

抵抗がない条件, すなわち $\zeta = 0$ では単振動の ω に等しくならなければなりません。

5:抵抗が大きくなると ζ は大きくなります。抵抗が小さいときは, 振動しながら減衰してゆきますが, 抵抗が大きい場合には振動もせずに動いてしまいます。

正解 4

【問題 18】 機械系の一自由度減衰振動の基礎方程式は, 外力のない場合に次のように書かれる。

$$m\dfrac{d^2x}{dt^2} + r\dfrac{dx}{dt} + kx = 0$$

ここに, x は変位, m は質量, r は抵抗係数, k はばね定数である。
ここで,

$$\omega^2 = \frac{k}{m} \qquad 2\zeta\omega = \frac{r}{m}$$

と置くと，次のような形になる。

$$\frac{d^2x}{dt^2} + 2\zeta\omega\frac{dx}{dt} + \omega^2 x = 0$$

この方程式の特性方程式が次のようになるので，

$$\lambda^2 + 2\zeta\omega\lambda + \omega^2 = 0$$

これが重根を持つ時が減衰振動の有無の境界となる。その条件を示すものは次のどれになるか。

1　$\zeta = 0$　　2　$\zeta = 0.5$　　3　$\zeta = 1$
4　$\zeta = \sqrt{2}$　　5　$\zeta = 2$

解説と正解

　少し長い問題になっています。微分方程式を解く場合の一つの方法として特性方程式を使うものがありますが，それに関する問題です。
　特性方程式の

$$\lambda^2 + 2\zeta\omega\lambda + \omega^2 = 0$$

が重根を持つ条件は判別式がゼロとなることです。二次方程式の

$$ax^2 + bx + c = 0$$

の判別式は，$D = b^2 - 4ac$ ですので，これを思い出して計算してみますと，

$$D = (2\zeta\omega)^2 - 4 \times 1 \times \omega^2 = 4\omega^2(\zeta^2 - 1)$$

ここで，$\zeta > 0$，$\omega \neq 0$ ですので，結局，$D = 0$ となるには，

$$\zeta = 1$$

正解　3

③. デシベル

3－1　レベル　重要!

　騒音や振動の大きさや強さを表す物理量には，音圧，振動加速度，音の強さなどがあります。これらは，それぞれ単独で意味を持つ物理量ですが，実際の測定，評価に当たっては，それらを基準値との比の対数で表すことになります。これらの表し方を「**レベル**」と言い，その単位として「**デシベル**」を用います。デシベルは，ベルは電話の発明者のベル (A. Bell) にちなんだ単位ですが，実用上その 10 分の 1 のデシベルをよく用います。従って，基準値のデシベルは，1 の対数なので 0 dB となります。

　対数を取る理由は，通常の物理量の単位で表した場合に，大変桁数の多い数字になることを避けたいこともありますが，人間の感覚の強さが刺激量に比例せず，刺激量の対数に比例すると考えられていることもあります。心理学では，この傾向を「**ウェーバー・フェヒナーの法則**」と言います。より具体的な説明をしますと，物理量の 10 と 20 の感覚量の差は，物理量 100 と 110 の差ではなく，物理量 100 と 200 の差に近いということです。

　音響や振動の分野では，レベルは，基本的にエネルギーの比の常用対数 (10 を底とする対数) を取って表されますので，エネルギー比例の量であれば単純に比の対数ですが，その量の 2 乗がエネルギー比例する量の場合は 2 乗してから対数を取ります。従って，デシベル値は，前者で 10 倍，後者で 20 倍することになります。以下，この音響・振動概論においては log で常用対数を表すものとします。

　物理量 W についての基準を W_0 としますと，

(エネルギー比例の量)　　　　レベル $L_W = 10 \log \left(\dfrac{W}{W_0} \right)$

(2 乗がエネルギー比例する量)　　レベル $L_W = 20 \log \left(\dfrac{W}{W_0} \right)$

　レベルは，対数を取った値ですので，乗除算をする代わりに加減算をすればよいので簡便ですが，いろいろな物理量が同じデシベルという単位になってしまうので，混同や取り違えに注意が必要です。また，デシベル表示された量の合成には，一度もとの物理量に戻して合成した後に，再びデシベル単位に変換

しなければならないことなどの煩雑さがあります。

3−2　音の強さのレベル

音の強さ $I[\text{W/m}^2]$ のレベル L_I は，その基準を $I_0 = 10^{-12}[\text{W/m}^2] = 1[\text{pW/m}^2]$ として，次のように定義されます。この基準の値は，人間の聴覚が感じうる最小の音の強さ（最小可聴値）とされるものです。

$$L_I = 10 \log\left(\frac{I}{I_0}\right)$$

3−3　音圧レベル

音圧 $P[\text{Pa}]$ のレベル L_p は，基準を $P_0 = 20 \times 10^{-6}[\text{Pa}] = 20[\mu\text{Pa}]$ として，定義されます。この基準の値は，人間の聴覚が 1 kHz の周波数の時に，感じうる最小の音圧（最小可聴値）です。P_0 と I_0 の値は，$P_0{}^2 = \rho c I_0$ が空気中で成立するように取られています。

$$L_p = 10 \log\left(\frac{P}{P_0}\right)^2 = 20 \log\left(\frac{P}{P_0}\right)$$

音の強さはエネルギー量なので，単純に比の対数を取ればよいのですが，音圧はその 2 乗がエネルギー比例の量となるので，比の 2 乗の対数を取ります。

3−4　音響パワーレベル

音響パワー，または，音源の音響出力 $W[\text{W}]$ のレベル L_W は，基準音響パワーを $W_0 = 10^{-12}[\text{W}] = 1[\text{pW}]$ として，定義されます。

$$L_W = 10 \log\left(\frac{W}{W_0}\right)$$

3−5　騒音レベル

騒音のレベル L_A は，音圧を基礎としていますが，周波数による人間の音の感覚量をもとに修正（「A 特性による重み付け」といいます）した音圧 P_A によるものです。従って，**A 特性音圧レベル**といいます。A 特性補正値を C_A とすれ

ば，音圧レベル L_P に対して，次のようになります。P165 もご参照下さい。

$L_A = L_P + C_A$

3－6　振動レベルと振動加速度レベル

振動レベルと振動加速度レベルとは異なるものですので，ご注意下さい。振動レベルは，人間の感覚を補正した振動加速度のレベルであるのに対して，振動加速度レベルは物理量を基礎としたものです。これらは，騒音レベルと音圧レベルの関係と同じです。（これも P166 を参照下さい。）

まず，振動加速度レベル L_a は，基準の振動加速度を $A_0 = 10^{-5} [\text{m/s}^2]$ として，

$L_a = 10 \log \left(\dfrac{A}{A_0}\right)^2 = 20 \log \left(\dfrac{A}{A_0}\right)$

次に，振動感覚補正 C_V（鉛直），C_H（水平）を加味した振動加速度レベル L_V（鉛直），L_H（水平）が，それぞれ次のように表されます。

$L_V = L_a + C_V, \quad L_H = L_a + C_H$

マスター！　重要問題と解説　（レベル）

【問題　19】 音圧レベル 80 dB の平面波がある。この平面波の音の強さと音圧の関係を示す次の組合せのうち，適当なものを1つ選べ。

	音の強さ[W/m²]	音圧[Pa]
1	10^{-6}	1×10^{-2}
2	10^{-6}	1×10^{-1}
3	10^{-6}	2×10^{-1}
4	10^{-4}	1×10^{-1}
5	10^{-4}	2×10^{-1}

解説と正解

音圧 P[Pa] と音の強さ I[W/m²] との間の，$I = \dfrac{P^2}{\rho c}$ という関係を用い，常温の空気の場合の，$\rho c \fallingdotseq 400$[Pa・s/m] によって，

$$\frac{20^2[\mu Pa]^2}{400[Pa \cdot sm]} = 1[pW/m^2]$$

即ち，音圧レベルと音の強さのレベルとの基準値は特定の関係にあって，これらの量は，（常温の空気の場合においては）同じ数値で表されます。従って，音圧レベル 80 dB は音の強さのレベル 80 dB です。

音圧レベルは，$P_0 = 20 \times 10^{-6}$ なので，
$P = P_0 \times 10^{L_P/20} = 20 \times 10^{-6} \times 10^{80/20} = 2 \times 10^{-1}$

音の強さのレベルは，$I_0 = 1 \times 10^{-12}$ なので，
$I = I_0 \times 10^{L_I/10} = 1 \times 10^{-12} \times 10^{80/10} = 10^{-4}$

正解　5

【問題　20】 我が国の騒音及び振動の分野において用いられるレベル（デシベル値）表示には特定の基準値が定められている。各種レベルとその基準値についての次の組合せのうち，不適当なものを1つ選べ。

1　音圧レベル　　　　　　　20 μPa
2　音響パワーレベル　　　　1 pW
3　音の強さのレベル　　　　1 pW/m^2
4　等価騒音レベル　　　　　20 μPa
5　振動レベル　　　　　　　1 μm/s^2

解説と正解

5 の 1 μm/s^2 は，10^{-5} m/s^2 の間違いです。

音響に関する量は，通常レベル表示されて用いられます。レベルとは，用語の定義によると，ある量を基準の量で除し，対数に係数を乗じた量としています。対数には，常用対数と自然対数とがあり，係数には，1，10，および，20 が用いられます。対数に常用対数を用い，係数に 10 または 20 を用いた場合には単位はデシベル[dB]，係数に 1 を用いた場合には単位はベル[B]となります。ISO 1683（Preferred reference quantities for acoustic levels）には，下表の 9 個の基準の量が示されています。

騒音レベル，時間率騒音レベル，等価騒音レベル，単発騒音暴露レベルなど音圧レベルから導かれる量の基準値は，20 μPa です。

③. デシベル

量の名称	dBの時の係数	英語名称	基準の量
音圧レベル(空気中)	20	Sound pressure level	$20\,\mu Pa$
音圧レベル(空気中以外)	20	Sound pressure level	$1\,\mu Pa$
音の強さのレベル	10	Sound Intensity level	$1\,pW/m^2$
(振動)加速度レベル	20	Vibratory acceleration level	$10^{-5}m/s^2$
(振動)速度レベル	20	Vibratory velocity level	$1\,nm/s$
(振動)力のレベル	20	Vibratory force level	$1\,\mu N$
(音響)パワーレベル	10	Acoustic Power level	$1\,pW$
(音響)エネルギー密度レベル	10	Acoustic energy density level	$1\,pJ/m^3$
(音響)エネルギーレベル	10	Acoustic energy level	$1\,pJ$

正解　5

【問題　21】　次の各記述の中で，誤っているものを1つ選べ。
1　音源のパワーレベルは，音源を囲む閉曲線上での音の強さのレベルから推定できる。
2　音響パワーレベルとは，ある音響出力と基準の音響出力($1\,pW = 10^{-12}W$)との比の常用対数の10倍である。
3　音圧レベルは，音圧の実効値をデシベル尺度で表したものである。
4　騒音レベルは，特定の周波数の音では音圧レベルと同じ値となる。
5　音の大きさのレベル（loudness level）の単位は，dBである。

解説と正解

音の大きさのレベルの単位はdBではなくて，phonです。お間違えのないようにして下さい。

正解　5

【問題　22】　次の各記述の中で，誤っているものを1つ選べ。
1　音の強さのレベルは，平面進行波の場合は音圧レベルと同じ値となる。
2　騒音レベルの単位は，dBである。
3　音の大きさのレベルは，人間の単一周波数の音，いわゆる純音に対する音の大きさ感を，その音と同じ大きさに聞こえる1kHzの音の音圧レベル

を用いて表すものである。
4　音の大きさのレベルは，騒音レベルと同じものである。
5　騒音レベルは，人間の感覚の周波数特性を模擬した特性（A特性）で重みを付けた音圧レベルであり，複数の周波数成分からなる音，いわゆる複合音に対しても適用される。

解説と正解

3と5に詳しく述べられているように，音の大きさのレベルと騒音レベルは異なるものです。　　　　　　　　　　　　　　　　　　　　　正解　4

マスター！　重要問題と解説　（音の強さのレベル）

【問題　23】　音の強さ I と，音圧実効値 P との関係を示す次の組合せの中から，適当なものを1つ選べ。

	I [W/m²]	P [Pa]
1	10^{-4}	7×10^{-1}
2	10^{-5}	6×10^{-2}
3	10^{-6}	5×10^{-2}
4	10^{-7}	4×10^{-3}
5	10^{-8}	3×10^{-3}

解説と正解

音の強さ I [W/m²]，音圧の実効値 P [Pa]，空気の密度 ρ [kg/m³]，音速 c [m/s] を，それぞれ用いれば，平面進行波では，$I = P^2/\rho c$ の関係が成立します。ここで，ρc は媒質の密度と音速の積で表される固有音響インピーダンスで，常温の大気中では $\rho c \fallingdotseq 400$ [Pa·s/m] となります。

従って，

P [Pa]	$I = \dfrac{P^2}{\rho c} \fallingdotseq \dfrac{P^2}{400}$ [W/m²]
7×10^{-1}	$0.0012 \fallingdotseq 10^{-3}$
6×10^{-2}	$0.000009 \fallingdotseq 10^{-5}$

5×10^{-2}　　$0.000006\fallingdotseq 6\times10^{-6}$
4×10^{-3}　　4×10^{-8}
3×10^{-3}　　2.25×10^{-8}

正解　2

マスター！重要問題と解説　（音圧レベル）

【問題　24】 3個の小型機械，A，B，Cがある。Aだけ運転したときの音圧レベルは 57 dB であったが，AとB，及び，BとCをそれぞれ同時に運転すると，いずれも音圧レベルは 60 dB であった。では，Cだけ運転したらどのくらいの音圧レベルになると考えられるか。次の数値のうち，適当なものを1つ選べ。

1　54 dB　　2　57 dB　　3　62 dB　　4　66 dB　　5　60 dB

解説と正解

音圧レベルのエネルギーの和の問題です。同じ音圧レベルの騒音源が2個あった時 ($X_1=X_2=X$) は，音圧レベルはパワーとして2倍になりますが，デシベルはその常用対数の10倍なので，3 dB だけ増加します。

$$L_{X_1+X_2}=10\log(X_1+X_2)=10\log(X\times 2)$$
$$=10\log X+10\log 2\fallingdotseq 10\log X+3$$

逆に，3だけ増加したということは，音圧レベルは同じですから，AとBは同じレベル，同様に，BとCも同じレベルと考えられます。

正解　2

マスター！重要問題と解説　（音響パワーレベル）

【問題　25】 音響パワーレベルが 70 dB の音源が2個，63 dB の音源が10個ある。全体の音響パワーレベルは何 dB か，次の数値の中からもっとも近いものを1つ選べ。

1　73 dB　　2　76 dB　　3　79 dB　　4　83 dB　　5　93 dB

解説と正解

音響パワーレベル L_{W1}, L_{W2}, … の N 個の音源のパワー和 L は，

$$L = 10 \log \sum_{i=1}^{N} 10^{L_{Wi}/10}$$

となりますが，一般に，概算で計算可能な場合が多く，
$L_{W1}=L_{W2}=L_W$ の場合，すなわち，同じものが2つある場合，

$$L = L_W + 3$$

となります。これは，$10 \log 2 ≒ 3$ だからです。
$L_{W1}=L_{W2}=\cdots=L_W$ で $N=10$ の場合，$10 \log 10 = 10$ ですから，$L=L_W+10$
なお，パワー平均値 L_M は，

$$L_M = 10 \log \left(\frac{\sum_{i=1}^{N} 10^{L_{Wi}/10}}{N} \right) = L - 10 \log N \text{ となります。}$$

この問題では，70dB の音源2個の合計は，

$$70 + 3 = 73 [\text{dB}]$$

63dB の音源10個で，

$$63 + 10 = 73 [\text{dB}]$$

よって，最終の合計としては，73[dB] が2個あることになりますので，

$$73 + 3 = 76 [\text{dB}]$$

正解　2

マスター！　重要問題と解説　(騒音レベル)

【問題　26】次の3個の騒音レベルのパワー平均レベルを求めたい。
　　52 dB，64 dB，70 dB
次の中から適切なものを1つ選べ。
1　60 dB　　2　62 dB　　3　64 dB　　4　66 dB　　5　68 dB

解説と正解

各騒音レベルを，パワーに変換し，その平均を求めて騒音レベルに換算します。従って，つぎのような計算になります。求める平均の騒音レベルを L とすると，

$$L = 10 \log \left(\frac{10^{52/10} + 10^{64/10} + 10^{70/10}}{3} \right)$$

$$=10\log\left\{10^{52/10}\left(\frac{1+10^{12/10}+10^{18/10}}{3}\right)\right\}$$

$$=52+10\log\left(\frac{1+10^{1.2}+10^{1.8}}{3}\right)$$

$$=52+10\log\left(\frac{1+16+63}{3}\right)$$

$$=52+10\log\left(\frac{80}{3}\right)$$

$$=52+10\{\log(8)+\log(10)-\log(3)\}$$

$$=52+10\times(0.9+1-0.5)$$

$$=66$$

正解 4

【問題 27】 2つの騒音源があって，それぞれが単独で稼動したときの騒音レベルが $80\,\mathrm{dB}$ であった。これらを同時に運転させるときの騒音レベルはどれだけか。次の中から適切なものを1つ選べ。ただし，暗騒音はないものとする。

1　$81\,\mathrm{dB}$　　2　$83\,\mathrm{dB}$　　3　$85\,\mathrm{dB}$　　4　$87\,\mathrm{dB}$　　5　$89\,\mathrm{dB}$

解説と正解

音の強さ $I\,[\mathrm{W/m^2}]$ のものが2つあるときの音の強さは $2I$ ですが，これを騒音レベルに換算すると，$3\,\mathrm{dB}$ が加えられます。音の強さ I の騒音レベルを L_1 とすると，基準を I_0 として，

$$L_1=10\log\left(\frac{I}{I_0}\right)$$

$2I$ の騒音レベル L_2 は，

$$L_2=10\log\left(\frac{2I}{I_0}\right)$$

$$=10\log\left(\frac{I}{I_0}\right)+10\log(2)$$

$$=L_1+3$$

従って，本問では，$80+3=83\,[\mathrm{dB}]$ で，同様に考えますと，3台運転の場合は，

$$L_2=10\log\left(\frac{3I}{I_0}\right)$$

$$=L_1+5$$

正解 2

【問題　28】　ある機械から出る音を一定の距離だけ離れた点で測定した。騒音レベルは **64 dB** であった。暗騒音レベルは **60 dB** である。このとき，同じ機械を 5 台運転すると同じ測定点で何 **dB** になるか。適当なものを次の中から 1 つ選べ。

1　66 dB　　　2　69 dB　　　3　72 dB　　　4　76 dB　　　5　78 dB

解説と正解

1 台の機械のみの音の強さを $I\,[\mathrm{W/m^2}]$，暗騒音のそれを $I_0\,[\mathrm{W/m^2}]$ としますと，測定された 64 dB は I と I_0 の両方のものですので，基準のレベルを A_0 として，

$$64 = 10\log\left(\frac{I + I_0}{A_0}\right) \quad \cdots\cdots ①$$

また，暗騒音は I_0 だけの寄与ですから，

$$60 = 10\log\left(\frac{I_0}{A_0}\right) \quad \cdots\cdots ②$$

求める騒音レベル $X\,[\mathrm{dB}]$ は，5 台の機械と暗騒音の合計ですから，

$$X = 10\log\left(\frac{I \times 5 + I_0}{A_0}\right) \quad \cdots\cdots ③$$

結局，問題は，①と②から③を求めるということに整理されます。A_0 を無視しても結果は一緒です。①および②より，

$$I + I_0 = A_0 10^{64/10} \quad \text{および} \quad I_0 = A_0 10^{60/10}$$

よって，X は，

$$\begin{aligned}
X &= 10\log\{(10^{64/10} - 10^{60/10}) \times 5 + 10^{60/10}\} \\
&= 10\log\{(10^{6.4} - 10^{6}) \times 5 + 10^{6}\} \\
&= 10\log\{5 \cdot 10^{6.4} - 4 \cdot 10^{6}\} \\
&= 60 + 10\log(5 \cdot 10^{0.4} - 4)
\end{aligned}$$

ここで，$10^{0.4} = 2.5$ を用いて，

$$X = 60 + 10\log(8.5)$$

数表を使いますと，$\log(8.5) = 0.93$ ですが，$\log 8 = 0.9$ を覚えておけば，

$$\therefore\ X \fallingdotseq 69$$

となります。次の表は，覚えておかれた方がよいでしょう。$10^{0.3} \fallingdotseq 2$，$10^{0.5} \fallingdotseq 3$，$10^{0.7} = 10^{1-0.3} \fallingdotseq \dfrac{10}{2} = 5$ などは覚えておられることと思いますが，その他も関連さ

3. デシベル

せて覚えておかれるとよろしいと思います。$10^{0.5}$ は 10 の平方根ですので，3.16 を思い出して下さい。

$10^{0.1} ≒ 1.25$	$10^{0.4} ≒ 2.5$	$10^{0.7} ≒ 5$
$10^{0.2} ≒ 1.6$	$10^{0.5} ≒ 3$	$10^{0.8} ≒ 6.3$
$10^{0.3} ≒ 2$	$10^{0.6} ≒ 4$	$10^{0.9} ≒ 8$

＜別解＞

暗騒音の補正には表を用いて行うのが便利です。

暗騒音の影響に対する指示の補正（単位：dB）

対象の音がある時とない時の指示の差	3	4	5	6	7	8	9
補正値	-3	-2			-1		

対象の音がある時とない時の指示の差は，$64-60=4$

これが 4 の時，表より補正値は -2　$64-2=62$

62 dB が暗騒音のない一台のみの音であるので，それを 5 台運転する時の騒音レベルを L_5 とすると，

$$L_5 = 10 \log\left(\frac{nI}{I_0}\right) = 10 \log\left(\frac{I}{I_0}\right) + 10 \log(5) = 62 + 7 = 69$$

dB の和に対する補正

$L_2 - L_1$	0	1	2	3	4	5	6	7	8	9
補正値	3		2			1				

これに暗騒音 60 dB を加えますが，69 dB との差が 9 dB ですので，表より補正値の 1 を使って，

$69 + 1 = 70$ dB

が 5 台運転時の結果です。69 dB に近い 2 を選びます。　　正解　2

【問題 29】 下記に示す各種の騒音の騒音レベルや音圧レベルなどの概略値として，数値的に不適当なものを 1 つ選べ。
1　ジェット旅客機が通る際の地上における A 特性音響パワーレベル【150 dB】
2　鉄橋の真下で聞く鉄道騒音の騒音レベル【100 dB】
3　街頭における騒々しい音の騒音レベルの中央値【75 dB】
4　通常の会話における耳元の音圧レベル【65 dB】

5　深夜における静かな住宅地の騒音レベル【10 dB】

解説と正解

代表的な音の騒音レベルなどについての知識を聞いています。ジェット機の飛行直下のA特性音圧レベルとしての騒音レベルL_{PA}はおよそ110 dBですが，A特性パワーレベルL_{WA}はそれよりも次の式の分だけ大きくなります。

$$L_{WA} = L_{PA} + 10 \log (4\pi r^2)$$

ここに，rは音源からの距離です。

閑静な住宅地の深夜における騒音レベルは，30 dB 程度です。10 dB という水準は現実にはなかなかありません。

正解　5

【問題　30】　等価騒音レベルL_{eq}は次式で表すことができる。

$$L_{eq} = 10 \log \left(\frac{1}{100} \Sigma f_i \cdot 10^{L_i/10} \right) [\text{dB}]$$

ここで，L_iは，各レベル区分を代表する騒音レベル，f_iはそれぞれのレベル区分の頻度100分率である。ある騒音を測定して下表の値を得た。この騒音の等価騒音レベルはいくらか。適当なものを次の数値の中から1つ選べ。なお，$10^{0.5}=3.16$として計算してもよい。

表

L_i	dB	50	55	60	65	70	75	80
f_i	%	7	23	27	19	12	7	5

1　55 dB　　2　60 dB　　3　65 dB　　4　70 dB　　5　75 dB

解説と正解

等価騒音レベルL_{eq}の計算法の知識を問うものですが，表の値を式に代入すると次のようになります。

$$L_{eq} = 10 \log \left\{ \frac{1}{100} \times (7 \times 10^{50/10} + 23 \times 10^{55/10} + 27 \times 10^{60/10} \right.$$

$$\left. + 19 \times 10^{65/10} + 12 \times 10^{70/10} + 7 \times 10^{75/10} + 5 \times 10^{80/10}) \right\}$$

$$= 30 + 10 \log (7 \times 10^{50/10-5} + 23 \times 10^{55/10-5} + 27 \times 10^{60/10-5}$$

③. デシベル

$$+19\times10^{65/10-5}+12\times10^{70/10-5}+7\times10^{75/10-5}+5\times10^{80/10-5})$$
$$=30+10\log(7+23\times10^{0.5}+27\times10^1+19\times10^{1.5}$$
$$+12\times10^2+7\times10^{2.5}+5\times10^3)$$
$$=30+10\log(7+23\times3.16+27\times10+19\times31.6$$
$$+12\times100+7\times316+5\times1000)$$
$$=30+10\log(9296.668) ≒ 30+40=70$$

<別解>

機械的に積算を計算する方法としては，次表を使って，

0～1	2～4	5～9	10～15
3	2	1	0

$10\log 7=8$　　$50+8=58$

$10\log 23=14$　$55+14=69$（58 と 69 を加える際，差 11 より加算 0 ⇒ 69+0=69）

$10\log 27=14$　$60+14=74$（69）（69 と 74 を加える際，差 5 のため 74+1=75）

$10\log 19=13$　$65+13=78$（75）（75 と 78 を加える際，差 3 のため 78+2=80）

$10\log 12=11$　$70+11=81$（80）（以下，同様に）

$10\log 7=8$　　$75+8=83$（84）

$10\log 5=7$　　$80+7=87$（87）

　　　　　　　　　　　　（90）

$90-10\log 100=70$（100 はパーセントの意味）

正解　4

マスター！ 重要問題と解説 (振動レベルと振動加速度レベル)

【問題 31】 回転数の若干異なる 2 台の機械 A，B が同時に運転されたときに，それらの機械の振動によるうなりが観測され，うなりの振動レベルの変動幅が 10 dB であった。A と B の振幅の違いは何 dB か，次の中から適切なものを 1 つ選べ。

1　3　　　2　6　　　3　9　　　4　12　　　5　15

解説と正解

2 台の機械の振動加速度をそれぞれ a，b（$a>b$）とします。うなりを生ずるとき，合成振動の最大振幅 $a+b$ は，最小振幅は $a-b$ であって，その変動幅の

デシベル L が 10 dB ですから，

$$L = 20 \log\left(\frac{a+b}{a-b}\right) = 10$$

よって，

$$10^{10/20} = \frac{a+b}{a-b}$$

ここで，$10^{10/20} \fallingdotseq 3$ ですから，

$$\frac{a+b}{a-b} = 3$$

これを解いて，

$$a = 2b$$

(振幅は倍半分ですが，振動数はここには書かれていませんがわずかに異なることによりうなりが生じています．) 2倍の違いをデシベルに換算しますと，

$$20 \log 2 = 6$$

|正解　2|

【問題　32】 上下おのおの 0.1 mm の間を，6 Hz で正弦振動している地面の振動レベルは，ほぼ何 dB か，適当な数値を，次の中から 1 つ選べ．

1　68 dB　　2　72 dB　　3　76 dB　　4　80 dB　　5　84 dB

解説と正解

正弦振動の (周波数 f) の変位振幅 X と加速度振幅 A との間には，次の関係があります．

$$A = 4\pi^2 f^2 X$$

X は，この場合，0.1 mm $= 10^{-4}$ m (片振幅) で，実効値では，$\frac{1}{\sqrt{2}} \times 10^{-4}$ m です．A 特性振動レベル L_{VA} は加速度レベル実効値と基準値 (10^{-5} m/s^2) との比の常用対数の 20 倍で，

$$L_{VA} = 20 \log\left(\frac{4\pi^2 6^2 \cdot 10^{-4}}{10^{-5} \cdot \sqrt{2}}\right) = 80.0 \text{ dB}$$

振動レベル L_V は，4〜8 Hz の間は，(周波数補正回路の周波数特性による) 周波数補正量が 0 ですから，この場合，$L_V = L_{VA}$ で 80 dB となります．

|正解　4|

③. デシベル

【問題 33】 次に示す振動レベル L[dB]と鉛直正弦振動の周波数 f[Hz], 加速度実効値 a[cm/s^2]との組合せのうち, 適切なものを1つ選べ。

	L	f	a
1	40	2	1
2	50	5	2
3	60	10	4
4	70	20	8
5	80	50	16

解説と正解

振動レベル L は, 振動加速度レベル L_a に振動感覚補正 ΔL を加えたもので,

鉛直振動の場合, $\Delta L = 10 \log \dfrac{f}{4}$ $(f < 4\,\mathrm{Hz})$ ……①

$\Delta L = 0$ $(8\,\mathrm{Hz} \geq f \geq 4\,\mathrm{Hz})$ ……②

$\Delta L = -20 \log \dfrac{f}{8}$ $(f > 8\,\mathrm{Hz})$ ……③

従って, $f = 2,\ 5,\ 10,\ 20,\ 50$ に対して,

$\Delta L = -3,\ 0,\ -2,\ -8,\ -16\,\mathrm{dB}$

となり,

$L_a = L - \Delta L = 43,\ 50,\ 62,\ 78,\ 96\,\mathrm{dB}$

という値が得られます。

更に, $L_a = 20 \log \left(\dfrac{A}{A_0}\right)$ および $A_0 = 10\,[\mathrm{\mu m/s^2}] = 10^{-5}\,[\mathrm{m/s^2}]$ から,

$A = 0.14,\ 0.32,\ 1.26,\ 7.94,\ 63.1\,[\mathrm{cm/s^2}]$

となります。

この問題では, $A_0 = 10^{-5}$ の他に, ①〜③の振動感覚補正の関係を覚えていないと解答ができません。式の形でなくてグラフで関係を覚えていただいても結構ですが, いずれにしても覚えていただきたいと思います。

正解 4

4. 評価量と感覚量

4−1 音の諸量と聴覚

音や振動には客観的な評価に耐える量（評価量または物理量）と各個人の主観による量（感覚量）とがあります。前者は正確な測定が可能ですが，後者は対応する物理量の工夫が必要となります。

具体的には，音の強さ[W/m²]やそのレベル[dB]は物理量であるのに対して，音の大きさ[sone（ソン）]やそのレベル[phon（フォン）]は感覚的な量です。

音の大きさのレベル（ラウドネスレベル）は，周波数1kHzの純音の音圧レベルの数値をphonで表す方法で，周波数が変わると音圧レベルが等しくても音の大きさは違って聞こえますので，それを補正する**等ラウドネス曲線**が測定されています。

これに対して，音の大きさ（ラウドネス）は，周波数1kHz，音圧レベル40dBの音を基準に，人間の感覚としての音の大きさの二倍感によって数値にしたものです。二つの音 S_1，S_2[sone]が同時にあった時の大きさは，マスキングなどの影響がなければ，S_1+S_2[sone]となります。

おおよそ，音の大きさ S[sone]と音の大きさのレベル L_N[phon]とは次の関係があります。

$$L_N ≒ 40 + 10 \log_2 S ≒ 40 + 33.2 \log S$$

音のうるささ，あるいは，音のやかましさ（ノイジネス）という尺度もありますが，これはうるささ感を基にしたものであって尺度としては音の大きさと同様です。単位は[noy（ノイ）]を用います。中心周波数1kHz，音圧レベル40dBの1/3オクターブバンドノイズのうるささを1 noyとして，人間の感覚の二倍感によって数値にしたものです。

音のうるささのレベル（知覚騒音レベル）も PNL（Perceived Noise Level）と書かれて，音のうるささ N_t との関係が下記のように定義されます。単位は[PNdB（ピーエヌデシベル）]です。

$$PNL = 40 + 33.2 \log N_t$$

4. 評価量と感覚量

オクターブ

　オクターブは，一般に一対二の振動数の二音，あるいは，それらの間の音をいいますが，音響学では，より厳密に次のように定義します。f_1, f_2 ($f_2>f_1$)の二つの振動数の音程，あるいは，その周波数帯域幅をオクターブ単位として表したものをいいます。例えば，$f_2=2^{1/3}f_1$のとき，1/3オクターブといいます。すなわち，1オクターブを三分したものですので，1.00，1.26，1.59 の比に相当する幅を 1/3 オクターブバンドということになります。

聴覚

　音の基本的な属性として，大きさ，高さ，音色があります。これらを「音の三要素」と言います。周波数を横軸に，縦軸を音圧レベルにとった聴感曲線の図はよく知られており，可聴域の 20 Hz～20 kHz の範囲の Robinson & Dadson の等感度曲線群の図が多用されています。両耳で聴いた最小可聴値が一番下の曲線で，0 dB は基準音圧の 20 µPa です。この曲線群は横軸周波数に対して平行にはなっておらず，同じ音の大きさのレベル(phon)と同じ音圧レベルになっていないことが分かります。

A 特性音圧レベル

　等ラウドネス曲線に基づく A 特性周波数補正値 C_{Ai}[dB]が定められていますので，これをもとに周波数分析されたバンド音圧レベル L_{Pi}[dB]から補正後のバンド音圧レベルのパワー和 L_A[dB]を求めます。

$$L_A = 10 \log \sum 10^{(L_{Pi}+C_{Ai})/10} [\text{dB}]$$

会話妨害レベル(SIL：Speech Interference Level)

　会話を妨害する程度を評価するための指標で，中心周波数 500，1000，2000 Hz の 1 オクターブバンド音圧レベル L_{P500}, L_{P1000}, L_{P2000} の相加平均。

$$\text{SIL} = \frac{L_{P500}+L_{P1000}+L_{P2000}}{3} [\text{dB}]$$

4-2　振動の影響

　地面などの振動を感じる人間の感覚は，実際には振動の加速度を感じるものと考えられています。しかし，音の場合と同様，周波数によってその感じ方は異なります。加えて，振動の場合は，鉛直方向か水平方向かでも感じ方が異なります。

そこで，振動の場合には，振動等感度曲線が用いられます。

振動レベル

音のA特性などと同様に，人間の振動感覚による周波数特性の補正を行った振動加速度レベル。周波数分析されたバンド振動加速度レベル L_{ai} に対して，鉛直，および，水平方向の振動感覚補正値[dB] C_{Vi}，および，C_{Hi} を用いて，

$L_V = 10 \log \sum 10^{(L_{ai} + C_{Vi})/10} [\text{dB}]$

$L_H = 10 \log \sum 10^{(L_{ai} + C_{Hi})/10} [\text{dB}]$

マスター！ 重要問題と解説 （音の諸量と聴覚）

【問題 34】 騒音に関する次の記述のうち，正しいものを1つ選べ。

1　電源の変圧器は鉄心内部の磁束の大きさの変化によって騒音を発するが，その騒音の主たる周波数は関東で50 Hz，関西で60 Hzである。

2　上空を飛ぶジェット機の発する騒音は，空気吸収によって間近で聞く場合に比べて地上で聞くと低音域が少なくなって聞こえる。

3　老人性難聴は，加齢性難聴とも言うが，その周波数に関する特性は，一般の騒音性難聴の場合とほぼ同様である。

4　ラウドネスとは，音の強さのことであって，周波数1 kHz，音圧レベル40 dBの音を基準に，人間の感覚の音の大きさの2倍感に基づいて，人間の感覚量を数値化したものである。

5　ノイジネスとは音のうるささのことで，騒音としての音のうるささを人間の聴覚の2倍のうるささ感覚に基づいて表すものである。

解説と正解

1：日本の供給電力は中部地方のある境界を境に，その東側が50 Hz，西側が60 Hzとなっています。従って，東西で変圧器の周波数が異なるということは確かです。ただし，発生騒音の周波数は，関東で100 Hz，関西で120 Hzと，電源周波数の2倍となります。その理由は，磁束の大きさの変化は，振幅の山側でも谷側でもともに疎密波の密の部分を作り出しますので，音の周波数は電源の周波数の2倍になるのです。

2：音の減衰は高周波数，つまり高音域ほど起きやすい傾向にあります。地上で聞くと高音域が少なくなって聞こえます。マスキング現象においても，低音

4. 評価量と感覚量

域の音が高音域の音をマスクすることのほうが，その逆より起こりやすいです。

3：老人性難聴とは，年令の進行とともに聴力低下が進むことを言い，騒音性難聴は，騒音に暴露されることによって起こるものを言います。老人性難聴の特徴は高周波数域で起こり始めることにありますが，騒音性難聴は 4 kHz 付近から起こり始めますので，両者の傾向は異なっています。

4：ラウドネスとは，「音の強さ」ではなくて「音の大きさ」のことです。その他の記述はその通りです。従って，音の大きさと音の大きさのレベルとの間には，本来は理論的に数式によって表されるような対応関係はありません。

5：その通りです。ノイジネスの単位はノイ(noy)です。中心周波数 1 kHz，音圧レベル 40 dB の 1/3 オクターブバンドノイズのうるささを 1 noy と定義します。任意のスペクトルをもつ音のうるささ N_t[noy]は，各帯域の音圧レベルからそのうるささ N_i[noy]をもとめ，その中の最大のうるささ N_m[noy]と他の帯域のうるささの F 倍の総和によって次式のように求められます。

$$N_t = N_m + F \sum_{i \neq m} N_i$$

ここで，係数 F は，バンド音圧レベルのバンド幅が 1 oct(オクターブ)の場合は 0.3，1/3 oct の場合は 0.15 を使います。

正解 5

【問題 35】 音の諸量に関する下記の記述のうち，誤っているものを 1 つ選べ。
1 音圧レベル[dB]は，物理量である。
2 音の大きさ[sone]は，音についての感覚量である。
3 騒音レベル[dB]は，物理量に感覚量を補正した量である。
4 音響パワーレベル[dB]は物理量である。
5 音のやかましさ[phon]は，音の感覚量である。

解説と正解

5 の記述の，[phon]は[noy]の誤りです。他の記述はすべて正しいものです。

正解 5

【問題 36】 次に示す量記号または単位は，航空機騒音の評価に関するものである。適当でないものを次の中から 1 つ選べ。
1 EPNL　2 WECPNL　3 LL　4 NNI　5 dB(A)

解説と正解

航空機騒音の評価の一つとして，やかましさにより求めた PNL があります。これに継続時間を特異音補正をしたものが EPNL (Effective Perceive Noise Level) で航空機の騒音証明の目的に使われています。PNL を直読できるように A 特性の周波数補正回路を騒音計に組み込んだ指示値を dB(A) の単位で表します。

また，飛行する航空機の PNL のパワー平均値と飛行回数の効果を加算したものが，NNI (Noise and Number Index) です。EPNL のパワー平均値に航空機騒音の総暴露の時間平均値を加えたものが ECPNL (Equivalent Continuous Perceived Noise Level) といい，さらに時間帯別の重みづけを加算したものが，WECPNL (Weighted Equivalent Continuous Perceived Noise Level) と言われるものです。

一方，LL (Loudness Level) は音の大きさのレベルを表す感覚量です。

正解　3

【問題　37】騒音に関する量の量記号とその用語の次の組合せのうち，誤っているものを 1 つ選べ。

1　L_{AE}　　騒音エネルギーレベル
2　L_W　　音響パワーレベル
3　L_X　　時間率騒音レベル
4　$L_{Aeq,T}$　等価騒音レベル
5　L_P　　音圧レベル

解説と正解

それぞれの用語の対応する英語を書いてみます。

1　L_{AE}　　Sound exposure level
2　L_W　　Sound power level
3　L_X　　Percentile level
4　$L_{Aeq,T}$　Equivalent continuous A-weighted sound pressure level
5　L_P　　Sound pressure level
他に，L_A　A-weighted sound pressure level

4. 評価量と感覚量

L_{AE} は，単発騒音暴露レベルと言われます。

正解　1

【問題　38】 聴覚に関する次の記述のうち，適切なものを1つ選べ。
1　3 kHz の音の最小可聴音圧は，1 kHz の音の最小可聴音圧よりも大きい。
2　sone は音の大きさの単位であり，1 sone は周波数 1 kHz で音圧レベル 0 dB の音の大きさである。
3　健聴者の両耳聴による最小可聴音圧は，ほぼ 2 μPa である。
4　音色は音の基本的な属性ではない。
5　1 kHz，音圧レベル 80 dB の音の大きさのレベルは 80 phon である。

解説と正解

sone の基準は 1 kHz，40 dB の音圧レベルの音とされています。

最小可聴値は周波数によって異なります。1 kHz では，10^{-12} W/m² よりも約 4 dB 大きい値であり，3～4 kHz で最も小さくなりますので，1 は誤りです。

5 は，周波数 1 kHz の純音に対して，音の大きさのレベルと音圧レベルを数値的に一致させるので正しい表現です。

正解　5

【問題　39】 聴覚に関する次の記述のうち，誤っているものを1つ選べ。
1　phon は音の大きさのレベルの単位で，周波数域毎の大きさから求められる。
2　人間の可聴周波数は，ほぼ 20 Hz から 20 kHz であり，同じ音圧レベルであれば，周波数が違っても音の大きさの感覚は同じになる。
3　約 4 kHz を中心として聴力低下が生じることが，騒音性難聴の特徴である。
4　2 台の同じ機械が同時に発生する騒音は，1 台の場合の 2 倍の大きさには聞こえないものである。
5　聴覚におけるマスキングとは，ある音の最小可聴値が他の音の存在によって上昇する現象である。

解説と正解

1 の phon の値は，周波数成分毎の phon を求めてから総合した phon を求め

る計算方法が使われます。

2の,「音の大きさの感覚」は,人間の感覚量を数値化したものです。ですから,音の大きさと音圧レベルは数式的な対応を示すような関係にはありません。

3でいう騒音性難聴とは,音階のC^5(4,096 Hz)付近の周波数から生じますのでC^5dipとも言われます。

4の文章は正しい記述となっています。これは人間が(動物もそうでしょうが)音の大きさを感覚的に受け取るメカニズムが比例的にではなく,対数的に効いているからです。

5の記述は,ある音の大きさが他の音の存在によって減少するマスキング現象を別の表現にしている文章となっています。正しい記述です。　正解　2

【問題　40】　聴覚に関する記述のうち,不適当なものを次の中から1つ選べ。
1　老人性難聴では高い周波数ほど聞き取りにくい傾向にある。
2　音圧レベルが70 dBのとき,1 kHzの純音は4 kHzの純音より大きく聞こえる。
3　音圧レベルが70 dBのとき,1 kHzの純音の大きさのレベルは70 phonである。
4　可聴周波数範囲は,ほぼ20 Hz～20 kHzである。
5　可聴音圧レベル範囲は,ほぼ0～120 dBである。

解説と正解

phonは,ホンとは別のものですので誤解のないようにして下さい。

任意周波数における,1 kHzのX[dB]と等しい音の大きさに聞こえる音圧レベルを結んだ曲線が等感度曲線です。人間の可聴周波数範囲は,ほぼ20 Hz～20 kHz,可聴音圧レベル範囲は,1 kHz付近でほぼ0～120 dBです。4 kHz近くの周波数では耳道の長さに対応する共振が生じて,耳の感度が最もよくなります。一般に老人になるに従って,高い周波数から耳の感度が劣化します。
　正解　2

【問題　41】　音の明瞭度に関する次の記述のうち,不適切なものを1つ選べ。
1　明瞭度低下は,騒音による音声のマスキングによる。
2　音声の大きい方が明瞭度がよくなるとは限らない。

4. 評価量と感覚量

3　残響時間の長い方が明瞭度は悪くなる。
4　電話の聴取は騒音レベルが 60 dB ぐらいから困難になる。
5　一般に音節明瞭度よりも，文章了解度が大きい。

解説と正解

　明瞭度は，単音や無意味な音節を聞いたときに正しく聞き取った割合で表されます。音声の伝送，建築音響，聴覚障害，騒音の評価などに用いられ，それぞれの標準音節表などが用いられます。

　明瞭度の低下の原因としては，雑音や歪みの混入などがあります。これに対して，意味のある文章を用いた文章了解度は，その文脈や同じ意味の語を使用する冗長性などから，明瞭度よりは，よい結果を生じます。

　通常は，50 dB を超える騒音があると，音節明瞭度が 80％ を割り，学校の教室での授業などはやりにくくなります。一般に，授業が差し支えなく行われるためには，音節明瞭度が 80％ 以上必要と言われますので，外部騒音レベルは 50 dB 以下であることが望ましいとされます。

　電話の場合は，受話器を耳に当てることによって，55 dB でも支障はなく，65～70 dB 程度でやや聞き取りにくくなる程度です。

正解　4

【問題　42】聴覚に関する次の記述のうち，誤っているものを 1 つ選べ。
1　人間の鼓膜は，厚さ約 1 mm，直径約 1 cm の浅いじょうご状の薄い膜である。
2　難聴には，大きく 2 区分がある。一時難聴とは，大きな騒音に曝された後の一時的な聴力の低下をいい，また，永久難聴とは，騒音に暴露された後，2～3 週間経ても回復しない難聴をいう。
3　変電所などの電源の変圧器から大きな音が聞こえることがあるが，この騒音は変圧器の鉄芯内部の磁束の大きさの変化によって生じる。従って，電源の周波数の 2 倍の周波数となる。そのため，関東では 100 Hz，関西では 120 Hz となる。
4　高い空を飛んでいるジェット機の音は，空気によって低音域が吸収されて聞こえる。
5　送電線に風が当たって出るヒューヒューという音は，送電線の後方に渦が生じて発生する音である。

解説と正解

1の，人間の鼓膜は，振動膜としての特性は非常に優秀です。1kHz の最小可聴値の鼓膜の変位の振幅は，1×10^{-9}cm とされており，なんと水素分子の直径の約 1/10 に当たります。

2の，一時難聴（TTS, terminal threshold shift）とは，数秒から数日で回復するものです。これに対して，永久難聴（PTS, permanent threshold shift）とは，騒音暴露後，2～3週間経ても回復しない難聴を言います。

4では，一般に高周波のエネルギーは吸収されやすく，ジェット機の音も，周波数の高い高音域が吸収されて聞こえます。

正解　4

【問題　43】A 特性の重み付けは，A 特性周波数補正回路を通すことによって，電気的に容易に得られるが，既に周波数分析されてしまったバンド音圧レベルからは，バンド音圧レベルに A 特性周波数補正値を加えることによって得られる。以下に示す補正値の中で，誤りのあるものを1つ選べ。

周波数 [Hz]	補正値 [dB]
8,000	-1
4,000	$+1$
2,000	(ア) $+1$
1,000	0
500	(イ) -3
250	-9
125	(ウ) -16
63	(エ) -20
31.5	(オ) -39

1　(ア)　　2　(イ)　　3　(ウ)　　4　(エ)　　5　(オ)

解説と正解

この値は，面倒でも覚えていただきたいと思います。この数値を使って計算する場面が出てきます。

なお，500，250，125，63Hz の各周波数の補正値は，2^2，3^2，4^2，5^2 の，それぞれ，-4，-9，-16，-25 について，4から25に1を動かしたと，覚えられ

4. 評価量と感覚量   173

たらどうでしょう。正解は，-3，-9，-16，-26 です。　　正解　4

マスター！　重要問題と解説　（振動の影響）

【問題　44】　振動の影響に関する次の記述のうち，不適切なものを1つ選べ。
1　振動公害に現れる地面の振動加速度は$1\,G$（$\fallingdotseq 9.8\,m/s^2$）より遥かに小さい。
2　振動公害として規制をしているレベルでは一般に生理的影響はない。
3　家屋の中での振動についての感じ方と，地面の振動レベルとの間には，相関がある。
4　作業能率に影響を及ぼす全身振動の値は，振動レベルで$90\,dB$程度以上である。
5　建物に影響を与えると思われる振動の感じ方と相関のある地面の振動レベルの値は約$70\,dB$以上である。

解説と正解

　振動規制法では，地表における振動レベルで規制をしています。振動レベルの基本は振動加速度で，周波数特性は，ISO 2631の鉛直方向の評価曲線を使っています。振動レベルの基準は，$10^{-5}\,m/s^2$ を採用しているため，一般に公害振動と言われて規制の対象となっているのは，$55\sim80\,dB$位のものです。$1\,G$は約$10\,m/s^2$ですから，$120\,dB$に相当しています。ISO 2631の評価では，8時間暴露で$90\,dB$以上は作業能率に影響ありとしています。
　環境行政では，建物内の振動は個々の差が大きいので，地表で測定することにしていますが，一応建物内の振動と地表振動とは相関があると考えられています。
　また，調査によると物的な被害感は地表振動$70\,dB$以上で，相関がよいとされています。また，人間への生理影響として，一番敏感に現れる睡眠影響で見ると，振動加速度レベル$60\,dB$では影響がないとなっており，$64\,dB$以上で覚醒への影響が認められています。平均的な家屋の振動増幅を$5\,dB$と考えて，地上振動の規制基準の最低値$55\,dB$が決まっています。従って，一般に対象とされる公害振動では生理的影響があると考えられます。　　正解　2

5. 測定器および測定方法

　騒音と振動の測定には，それぞれ，騒音計と振動レベル計が用いられますが，それらの基本的変換器として，物理量である音圧と振動加速度のそれぞれを電気信号に変換する心臓部の機構として，マイクロホン（音響—電気変換器）と振動ピックアップ（振動—電気変換器）があります。その他の部分の構成はほとんど同様です。

　これらの変換器は，基本的に二階微分方程式で記述される変換系から成っています。

5-1 騒音の測定

　マイクロホンがその中心機構ですが，その感度 $G\left(=\dfrac{V}{P}\right)$ は一般に基準感度 G_0（例えば，1[V/Pa]）に対してデシベル表示されます。つまり，感度レベルを L_G としますと，

$$L_G = 20 \log\left(\dfrac{G}{G_0}\right) [\mathrm{dB}]$$

ダイナミック・マイクロホン

　振動板に取り付けたコイルが永久磁石の磁束を切ることによる電圧を出力するマイクロホン。

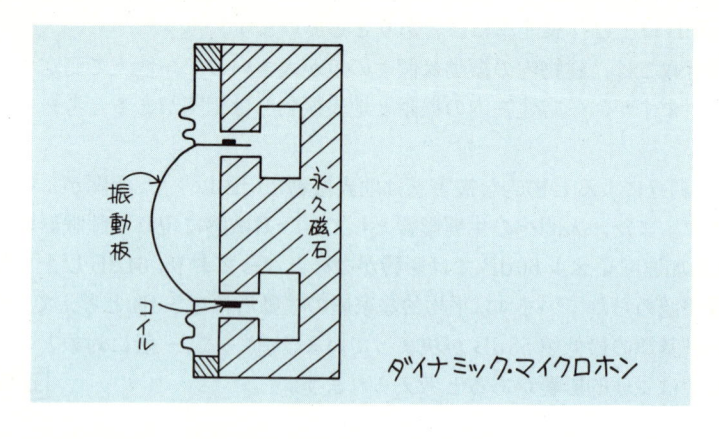

5. 測定器および測定方法

コンデンサ・マイクロホン

振動板と固定板の間の静電容量が振動板の変位によって変化することを利用したマイクロホン。

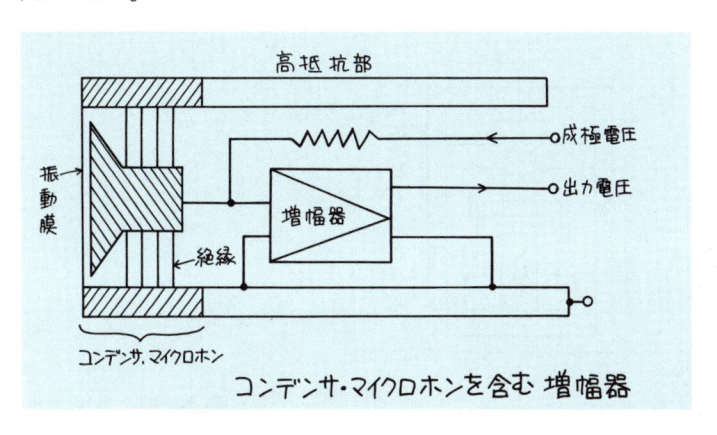

5-2　振動の測定

一方向にのみ動きうる単一共振系であるサイズモ系を基礎としています。

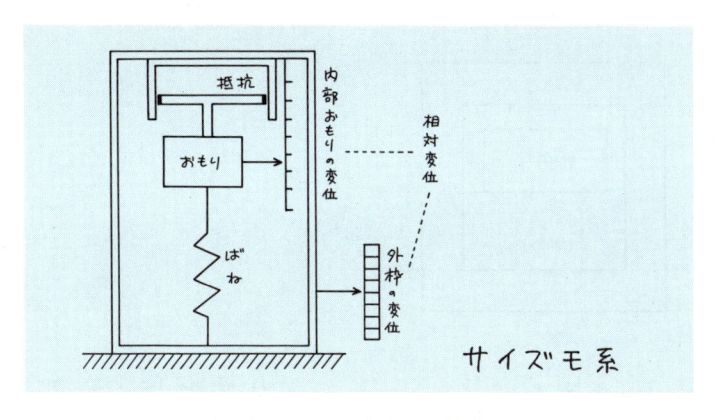

内部のおもりの変位 U[m] と外枠の変位 U_0[m] の比は角周波数 ω，共振角周波数 ω_0 と減衰比 ζ をもとに，次のように表されます。

$$\left|\frac{U}{U_0}\right|=\sqrt{\frac{1+\left(\frac{2\zeta\omega}{\omega_0}\right)^2}{\left\{1-\left(\frac{\omega}{\omega_0}\right)^2\right\}^2+\left(\frac{2\zeta\omega}{\omega_0}\right)^2}}$$

動電形ピックアップ

　固定された永久磁石の磁界の中，おもりにコイルを取り付けることで，おもりと外枠との相対速度に比例した電圧を取り出します。

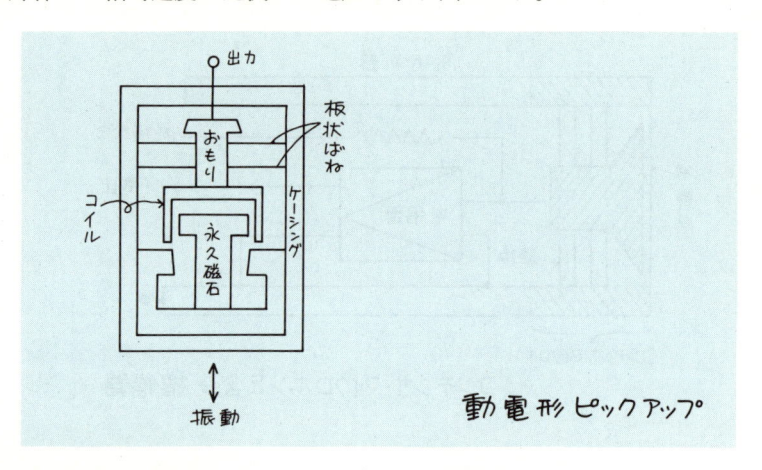

（図：動電形ピックアップ　出力／板状ばね／おもり／ケーシング／コイル／永久磁石／振動）

圧電形ピックアップ

　外枠とおもりの間にジルコン酸塩などの圧電素子をはさむ構造で，圧電素子がサイズモ系のバネとして働くものです。

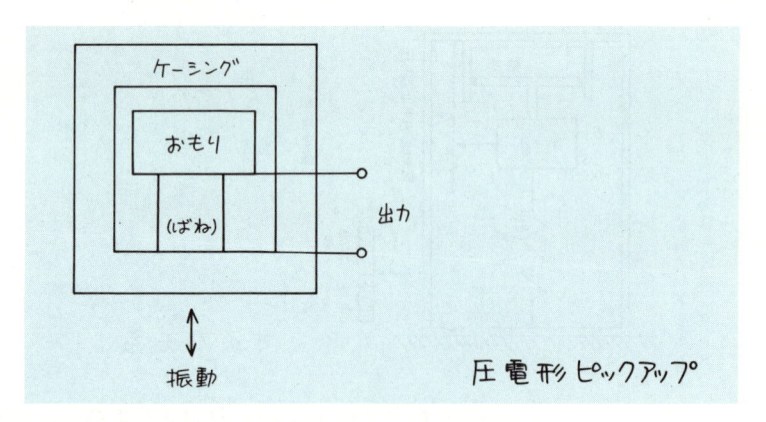

（図：圧電形ピックアップ　ケーシング／おもり／（ばね）／出力／振動）

マスター！重要問題と解説（騒音の測定）

【問題　45】マイクロホンに関する記述のうち，適当でないものを次の中から1つ選べ。

5. 測定器および測定方法

1 コンデンサ・マイクロホンは，構造が単純で安定性がよく，しかも音圧感度が高いので，標準マイクロホンや計測用マイクロホンとして用いられる。
2 エレクトレット・マイクロホンは，偏極電圧の不要なコンデンサ・マイクロホンである。
3 ダイナミック・マイクロホンは，コンデンサ・マイクロホンに比べて自己雑音が小さいが，磁界の影響を受けやすい。
4 圧力形マイクロホンの感度は，音波の入射方向に無関係である。
5 マイクロホンの形状によって，マイクロホンの残響室における拡散音場感度は変化する。

解説と正解

現在騒音計に使用されているマイクロホンは，コンデンサ・マイクロホン，エレクトレット・マイクロホン，ダイナミック・マイクロホン，および圧電形マイクロホン（ジルコンチタン酸塩）の4種類に限られつつあります。限られた種類のコンデンサ・マイクロホンは，標準マイクロホンとして利用され，騒音基準器は，いわゆる1インチ形コンデンサ・マイクロホンです（JIS規格「標準コンデンサ・マイクロホン」のⅠ形マイクロホン）。

最近，高分子材料を偏極させて使用したコンデンサ・マイクロホン，エレクトレット・マイクロホンの特性が向上し，安定性も確かめられつつあり，高安定高電圧の要求される偏極電圧不要のマイクロホンとして広く利用されだしています。

圧力計マイクロホンは周波数によって指向特性をもっており，精密騒音計で$8,000～12,500\,Hz$で$+1～-10\,dB$，普通騒音計で$4,000～8,000\,Hz$で$+15～-15\,dB$です。自由音場や拡散音場では，マイクロホンの感度がマイクロホンの形状や音波の方向に依存（回折効果や指向性）します。　　　正解　4

【問題 46】 音圧感度レベルが$-40\,dB$であるようなマイクロホンについて，ある音圧を測定した。電気出力が$1\,mV$であったならば，マイクロホンの振動膜面上の音圧レベルはどれだけか。次の数値の中から適切なものを1つ選べ。ただし，音圧感度レベルの基準値は$1\,V/Pa$とする。

1　70 dB　　2　74 dB　　3　78 dB　　4　82 dB　　5　86 dB

解説と正解

マイクロホンの感度（あるいは，音圧感度）G は，音圧 P[Pa] のときに V[V] の電圧を出力するときには，

$$G = \frac{V}{P} \text{[V/Pa]}$$

で示されますが，通常はレベルという概念によって，基準感度 G_0（通常は，1[V/Pa]）に対する比でデシベル表示されます。（音圧）感度レベルを L_G として，

$$L_G = 20 \log\left(\frac{G}{G_0}\right) \text{[dB]} \quad \cdots\cdots ①$$

従って，音圧レベル L_P のときの出力電圧 V[V] は次のように求められます。

$$V = GP$$
$$= G_0 P_0 10^{(L_G + L_P)/20} \quad \cdots\cdots ②$$

この式に，$G_0 = 1$[V/Pa]，$P_0 = 20\,\mu$Pa を代入して整理すると，出力電圧 V，感度 G のとき，

$$L_P = 20 \log\left(\frac{V}{G}\right) + 94 \text{[dB]} \quad \cdots\cdots ③$$

本問では，$L_G = -40$[dB] なので，①式より，

$$G = 0.01 \text{[V]}$$

これと，$V = 1\,\text{mV} = 0.001\,\text{V}$ を③式に代入して，

$$L_P = 20 \log\left(\frac{0.001}{0.01}\right) + 94$$
$$= 74 \text{[dB]}$$

この問題では，②式や③式を覚えておくというよりも，②式のもととなっている，次の概念を知っていただければ結構であると思います。

$$L_P = 20 \log\left(\frac{P}{P_0}\right) \text{[dB]} \quad \text{あるいは，} \quad P = P_0 10^{L_P/20}$$

$$L_G = 20 \log\left(\frac{G}{G_0}\right) \text{[dB]} \quad \text{あるいは，} \quad G = G_0 10^{L_P/20}$$

$$V = GP$$

正解　2

【問題　47】 単位周波数当たりのエネルギーがほぼ均一な騒音がある。この騒音をオクターブバンド分析した場合，隣り合う周波数帯域のバンドレベルに関する次の記述のうち，適切なものを1つ選べ。

1 高い周波数帯域のバンドレベルは 6 dB 大きい。
2 高い周波数帯域のバンドレベルは 6 dB 小さい。
3 高い周波数帯域のバンドレベルは 3 dB 大きい。
4 高い周波数帯域のバンドレベルは 3 dB 小さい。
5 両帯域のバンドレベルは等しい。

解説と正解

　単位周波数当たりのエネルギーが一様な信号の代表として，白色雑音があります。FFT 分析器など定周波数幅のフィルタで白色雑音を分析する（多数回平均する）と，周波数に無関係な一定のエネルギーをもつ信号であることを示します。

　定比形のフィルタ特性を持つオクターブバンド分析器は，周波数が高くなるほどバンド幅が大きくなります。オクターブバンド（1 オクターブバンド）分析器の場合，隣り合うバンドの間では，帯域幅が 2 倍になるので，白色雑音のような信号の分析結果は，隣の高い周波数帯域のバンドレベルが，3 dB の勾配をもつ直線（または階段）で表されます。

　一方，ピンクノイズ（桃色雑音ともいう）は，周波数軸を対数とすると，平坦な周波数特性で表される信号です。当然，FFT 分析器で分析すると，オクターブ当たり -3dB の勾配の直線で表される分析結果が得られます。なお，最近の FFT 分析器には，オクターブバンド分析の機能をもつものもあります。また，オクターブ分析には，1 オクターブバンド幅の分析の他に，1/3 オクターブバンド幅や 1/2 または 1/6 オクターブバンド幅の分析にも用いられます。

正解　3

【問題　48】　オクターブバンド，1/3 オクターブバンド分析器（JIS C 1513）に関する次の記述のうち，不適当なものはどれか。1 つ選べ。

1　帯域通過フィルタ（バンドパスフィルタ）には，その通過帯域幅によって定比形と定幅形とがある。
2　定比形の帯域通過フィルタにおいて，呼び帯域幅の下限の遮断周波数 f_1 及び上限の遮断周波数 f_2 と中心周波数 f_m との関係は，
　　$f_m = \sqrt{f_1 \cdot f_2}$　である。

3 定比形の帯域通過フィルタでは，下限遮断周波数 f_1 及び上限遮断周波数 f_2 について，$\dfrac{f_2}{f_1}=$ 一定 である．これに対して，定幅形の帯域通過フィルタでは，$f_2-f_1=$ 一定である．

4 オクターブバンドフィルタの中心周波数 f_m の $\dfrac{1}{\sqrt[4]{2}}$ 以上，$\sqrt[4]{2}$ 以下にある周波数範囲における減衰量 $\varDelta$ は，$-0.5\,\mathrm{dB}\leqq\varDelta\leqq 1\,\mathrm{dB}$ とする．

5 1/3 オクターブバンドフィルタの中心周波数 f_m の $\dfrac{1}{\sqrt[6]{2}}$ 以上，$\sqrt[6]{2}$ 以下にある周波数範囲における減衰量 $\varDelta$ は，$-0.5\,\mathrm{dB}\leqq\varDelta\leqq 1\,\mathrm{dB}$ とする．

解説と正解

1については，定比形では，このような物理量の平均値は基本的に幾何平均（相乗平均）となることはお分かりと思います．なお，定幅形では，当然，相加平均，

$$f_m=\dfrac{f_1+f_2}{2}$$

となります．

5について，JIS で定められている 1/3 オクターブバンドフィルタの特性での，減衰帯域の減衰両特性は，

$$\dfrac{f_m}{\sqrt[6]{2}}\sim\sqrt[6]{2}f_m\ \text{で}，-0.5\,\mathrm{dB}\leqq\varDelta\leqq 6\,\mathrm{dB}$$

それより狭い周波数帯域の

$$\dfrac{f_m}{\sqrt[12]{2}}\sim\sqrt[12]{2}f_m\ \text{で}，-0.5\,\mathrm{dB}\leqq\varDelta\leqq 1\,\mathrm{dB}$$

と定められ，これを通過帯域の減衰量と称しています．　　　　　正解　5

【問題 49】 騒音の分析を1オクターブバンドごとのレベルで表す場合が多い．中心周波数は，ISO 規格（ISO R 266）に規定されている．中心周波数が 500 Hz の1オクターブバンドの遮断周波数の組合せで，正しいものを次の中から1つ選べ．

1　400 Hz，800 Hz　　2　380 Hz，760 Hz　　3　365 Hz，730 Hz
4　355 Hz，710 Hz　　5　350 Hz，700 Hz

解説と正解

騒音などの音響測定に，オクターブバンドフィルタなどの通過帯域幅の比が一定のフィルタバンドが広く利用されています。中心周波数については，ISO規格（ISO R 266）が，フィルタの性能については，IEC 規格（IEC Pub 225）があります。

$1/n$ オクターブバンドフィルタでは，フィルタの中心周波数を f_m，下限遮断周波数を f_1，上限遮断周波数を f_2 とすれば，周波数の間に，

$$f_m = \sqrt{f_1 \cdot f_2}$$
$$f_2 = 2^{1/(2n)} f_m, \quad f_m = 2^{1/(2n)} f_1$$

の関係があります。1オクターブバンドの場合，

$$f_1 = \frac{1}{\sqrt{2}} \cdot f_m = 0.707 f_m$$
$$f_2 = 2 f_1$$
$$f_1 = 0.707 \times 500 = 353.5 ≒ 354 \text{ Hz}$$
$$f_2 = 2 \times f_1 = 353.5 \times 2 = 707 \text{ Hz} ≒ 710 \text{ Hz}$$

数値を丸めてそれぞれ 355 Hz，710 Hz としています。　　　正解　4

【問題 50】 音響測定装置に関する次の記述のうちから，不適当なものを1つ選べ。

1　騒音レベルの測定装置は，聴覚の基本特性である等ラウドネス特性に起源する周波数の重み特性，A特性を持つ。
2　ピンクノイズ発生器は，ホワイトノイズ発生器と -3 dB/オクターブの減衰特性を持つフィルタで構成される。
3　残響室法吸音率測定法による吸音材料の吸音率の測定には，残響時間の測定装置を用いる。
4　JIS A 1418「建築物の現場における床衝撃音レベルの測定方法」に規定される床衝撃音レベルの測定では，重量床衝撃音発生器や軽量床衝撃音発生器の他に，振動レベル計を用いる。
5　JIS C 1512「騒音レベル，振動レベル記録用レベルレコーダ」は，騒音計の早い動特性（FAST）及び遅い動特性（SLOW）並びに振動レベル計の動特性を持つ。

解説と正解

JIS A 1418「建築物の現場における床衝撃音レベルの測定方法」の規定では，「床衝撃音レベルとは，軽量と重量の2種類の床衝撃音発生器によって発生した床衝撃音の受音室における音圧レベルをいう」としてあります。また，JISの測定装置の構成図からも理解できる通り，振動レベル計でなく指示騒音計が必要です。

正解　4

【問題　51】　JIS C 1502 で規定している普通騒音計の性能を表す用語として適当でないものを次の用語の中から1つ選べ。
1　音圧感度　　2　器差　　3　標準入射角のレスポンス
4　指向特性　　5　動特性

解説と正解

普通騒音計（JIS C 1502）の規格のうち，定格では，周波数範囲（31.5～8kHz），温度範囲（5～35℃），湿度範囲（45～85％）が構造としてマイクロホン（音圧計），周波数補正回路（AおよびC特性），指示機構（有効目盛範囲15dB以上），レベルレンジ切換器（10dB間隔），校正装置および交流出力信号の具備を規定しています。

また，性能としては，器差（1.5dB以内），標準入射角のレスポンス，指向特性，レベルレンジ切換器の切換誤差（0.5dB以内），マイクロホンの雑音，自己雑音（最低測定レベルより6dB以下），過負荷特性（10dB），目盛誤差（0.5dB以下），動特性，複合音特性などが規定されています。

マイクロホンの特性は，総合された騒音計の特性の一部に過ぎません。

正解　1

【問題　52】　騒音レベル測定方法（JIS Z 8731）に騒音の定義に関する規定がある。次の記述のうち，この規定の内容と異なるものを1つ選べ。
1　環境騒音とは，観測しようとする場所における総合された騒音。
2　特定騒音とは，騒音源（単体又は群）を特定した場合，環境騒音の中で特にその音源の寄与による騒音。
3　暗騒音とは，総ての特定騒音を除いた場合の環境騒音。

4 変動騒音とは，レベルが不規則かつ連続的にかなりの範囲にわたって変化する騒音。
5 分離衝撃騒音とは，個々の事象が独立に分離できる衝撃騒音。

解説と正解

環境騒音の基本規格である JIS Z 8731「騒音レベル測定方法」には，騒音の定義がなされています。これらの定義は，ISO 2204 に準拠しています。なお，ISO 2204 では衝撃音の継続時間を「ほぼ 1 秒以下」としています。　正解　3

【問題　53】　次に記述する騒音の測定方法に関する規定のうち，適切でないものはどれか。1 つ選べ。
1 「騒音に係る環境基準について」（平成 10 年環境庁告示）では，測定方法は，日本工業規格 Z 8731 に定める騒音レベル測定方法による。
2 「騒音に係る環境基準について」では，工場騒音，建設作業騒音等は，聴感補正回路（周波数補正回路）は A 特性とし，動特性は速（FAST）として測定する。
3 「航空機騒音に係る環境基準について」（昭和 48 年環境庁告示）では，航空機の測定は原則として連続 7 日間行い，暗騒音より 10 デシベル以上大きい航空機騒音のピークレベルおよび航空機の機数を記録して行う。
4 「新幹線鉄道騒音に係る環境基準について」（昭和 50 年環境庁告示）では，新幹線鉄道騒音の測定は，新幹線の上り及び下りの列車を合わせて，原則として連続して通過する 20 本の列車について，当該通過列車ごとのピークレベルを読みとって行う。
5 「航空機騒音に係る環境基準について」及び「新幹線鉄道騒音に係る環境基準について」では，騒音は，聴感補正回路（周波数補正回路）を A 特性とし，動特性は緩（SLOW）として測定する。

解説と正解

2 の環境基準（P 29 を参照下さい。）は，航空機騒音，鉄道騒音，および，建設作業騒音には適用しないものとされています。
1 の，環境基準では，地域の種類 AA，A，B，C について，それぞれ騒音の

基準値として昼間（6〜22時）と夜間（22〜6時）の基準が決められています。地域の指定は都道府県知事が行います。

正解　2

【問題　54】 JIS Z 8731 に規定される騒音レベルの測定方法の中で用いられる用語について述べた中から，不適当なものを 1 つ選べ。

1　等価騒音レベル $L_{Aeq,T}$ とは，騒音レベルが時間とともに変化する場合に，測定時間 T 以内でこれと等しい平均 2 乗音圧を与える連続定常音の騒音レベルをいう。
2　騒音レベル L_A とは，A 特性によって重みを付けられた音圧の実効値の 2 乗を基準音圧の 2 乗で除した値の常用対数の 10 倍をいう。
3　単発騒音暴露レベル L_{AE} とは，単発的に発生する騒音の 1 回の発生ごとの A 特性で重み付けられたエネルギーと等しいエネルギーをもつ継続時間 1 秒の定常音の騒音レベルをいう。
4　時間率騒音レベル L_x とは，騒音レベルがあるレベル以上である時間が実測時間の x パーセントを占める場合に，そのレベルを x パーセント時間率騒音レベルという。
5　50 パーセント時間率騒音レベル L_{50} を中央値，10 パーセント時間率騒音レベル L_{10} を 90 パーセントレンジの上端値，90 パーセント時間率騒音レベル L_{90} を 90 パーセントレンジの下端値などという。

解説と正解

10 パーセント時間率騒音レベル L_{10} は 80 パーセントレンジの上端値，90 パーセント時間率騒音レベル L_{90} は 80 パーセントレンジの下端値です。x パーセントレンジとは，中央の幅を言いますので，その両側に $\frac{100-x}{2}$ だけ外れている範囲があることになります。

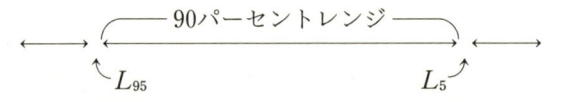

正解　5

【問題　55】 JIS Z 8731 に規定される騒音レベルの測定方法について，不適

5. 測定器および測定方法

当なものを1つ選べ。
1 定常騒音とみなされる騒音を測定する場合には，騒音計の指示値あるいはレベルレコーダーによる記録値の平均値を読み取ることとする。
2 変動騒音を測定する場合は，等価騒音レベルまたは時間率騒音レベルを求める。
3 特定の間欠騒音を対象とする場合には，騒音レベルの最大値を読み取る方法と単発騒音暴露レベルから等価騒音レベルを求める方法に大別される。間欠騒音を含む環境騒音については，特に定めがある場合を除き，時間率騒音レベルを求める。
4 特定騒音を測定する場合には，対象の音があるときとないときの騒音計の指示値の差が10dB以上あるときは，暗騒音の影響を無視してよい。
5 衝撃騒音の測定では，特定の分離衝撃騒音を対象とするときは，騒音の発生ごとに騒音計の速い動特性（FAST）による指示値の最大値を読み取る。衝撃音を含む環境騒音の場合には，特に定めのある場合を除き，等価騒音レベルを求める。

解説と正解

3の記述の後半にある，「間欠騒音を含む環境騒音」については，「特に定めがある場合を除き，等価騒音レベルを求める」こととなっています。

正解　3

【問題　56】 JIS Z 8731（騒音レベル測定方法）に測定点の選定に関する規定がある。次の記述のうち，この規定と異なっているものを1つ選べ。
1 街頭で騒音を測定する場合，車道と歩道の区別があるところでは車道側の歩道端で，区別がないところでは道路端で地上1.2～1.5mの高さとする。
2 一般の環境騒音を測定する場合，測定点は，建物などの反射から1～2m離れ，地上1.2～1.5mの高さとする。
3 建物に対する外部騒音の影響を調べる場合，測定点は建物の外壁などから1～2m離れ，建物の問題となる階の床レベルから1.2～1.5mの高さとする。
4 建物の内部における騒音レベルを測定する場合，測定点は壁などの反射

面から 1 m 以上離れた位置で，床上 1.2〜1.5 m の高さとする。
5　工場，事務所などの作業環境における騒音を測定する場合，作業者の位置が特定できない場合は，作業者の動線上の代表的な幾つかの位置で，床上 1.2〜1.5 m の高さとする。

解説と正解

JIS では，一般の環境騒音を測定する場合，測定点は，建物などの反射物から 3.5 m 以上離れ，地上 1.2〜1.5 m の高さとすることになっています。
その他の記述は，その通りです。

正解　2

【問題 57】 音響パワーレベル測定に関する次の記述の中から，内容の不適切なものを 1 つ選べ。
1　無響室とは，室内の音の反射がないように全壁，床，および，天井を吸音構造にした音響実験室のことをいう。
2　半無響室とは，無響室の床を反射面にした音響実験室のことである。
3　残響室は，室の壁，床，および，天井の音の反射をよくして，1 点に音源を置いても室内各点で音圧レベルがほぼ等しくなる室をいう。
4　基準音源とは，測定範囲において，十分でかつ安定した音響出力と平坦な周波数特性および全指向性を持つ大型音源をいい，精密測定法によってそのパワーレベルが測定されているものである。
5　建物内の壁に音が反射することによって，音圧が上昇することを防ぐために壁面に吸音材を貼る対策があるが，この吸音特性を測定するために，建物内の残響時間を測定して平均吸音率を求める方法がある。

解説と正解

1：無響室において，パワーレベルを測定する際には，音源の中心を原点として，半径 r [m] の球面上の 20 点の測定点が規定されています。この半径 r は，被試験音源の最大寸法の 2 倍以上，最小でも 1 m 以上とされます。各点のオクターブまたは 1/3 オクターブバンド音圧レベル L_{Pi} を測定して，次式により平均音圧レベル L_P を求めます。N を測定点総数として，

$$L_P = 10\log\left(\frac{1}{N}\Sigma 10^{L_{Pi}/10}\right) [\text{dB}]$$

各バンドのパワーレベル L_W は，次の式で求めます。

$$L_W = L_P + 10\log\left(\frac{S}{S_0}\right) + C \,[\text{dB}]$$

ここで，S は半径 r の測定球面の面積 $[\text{m}^2]$ で，$S=4\pi r^2$，$S_0=1[\text{m}^2]$，C は温度および大気圧の影響に対する補正値です。

2：一般には，床をコンクリートにすることが多い。測定点は，半径 $r[\text{m}]$ の球面上の10点をとります。平均音圧レベルやパワーレベルの求め方は，無響室と同様ですが，半自由音場のため，$S=2\pi r^2$ とします。

3：パワーレベルの測定は，残響室内の3点以上のオクターブまたは1/3オクターブバンド音圧レベルの平均値 $L_P[\text{dB}]$ と，室内の残響時間 $T[\text{s}]$ を求めて，次式から求めます。

$$L_W = L_P - 10\log\left(\frac{T}{T_0}\right) + 10\log\left(\frac{V}{V_0}\right) - 14 \,[\text{dB}]$$

ここに，$T_0=1[\text{s}]$，V は室容積 $[\text{m}^3]$，$V_0=1[\text{m}^3]$ です。

4：基準音源とは，設問に書かれているような特性を持つ「小型音源」であって，大型ではありません。基準音源を用いるパワーレベルの測定は，ISOの残響室を用いる精密法に含まれる方法で，残響時間の測定が省略されるという利点があります。この方法は，置換法とも呼ばれ，まず，基準音源を残響室内に置いて，その平均音圧レベル L_{Pr} とパワーレベル L_{Wr} を測定します。次に，その位置に被試験音源を置き換えてその平均音圧レベル L_P を測定し，パワーレベル L_W を次式により求めます。

$$L_W = L_{Wr} + (L_P - L_{Pr}) \,[\text{dB}]$$

5：残響時間は，音を止めてから音圧レベルが60dB減衰するのに要する時間であり，オクターブバンドごとに測定します。具体的には，時間に対して音圧レベル $[\text{dB}]$ を連続的に測定して記録計に記入し，音を止めてからの平均的傾きから計算する。時間 $t[\text{s}]$ の間に平均的に $L[\text{dB}]$ だけの減衰があったとすると，残響時間 T は，

$$T = 60\frac{t}{L} [\text{s}]$$

正解　4

マスター！ 重要問題と解説 （振動の測定）

【問題 58】 振動レベル計で振幅が 0 から突然一定振幅になる振動を測定した。振動が生じてから 0.6 秒後の指示値は 6 秒後の指示値に比べて約何 dB になるか。適当なものを次の数値の中から 1 つ選べ。ただし，器差は 0 とする。

1. $-6\,dB$ 2. $-4\,dB$ 3. $-2\,dB$ 4. $0\,dB$ 5. $+2\,dB$

解説と正解

振動レベル計の JIS（C 1510）では，動特性を規定しています。その内容は，この JIS の解説で述べられている時定数 0.6 秒に対応するものです。6 秒経過後の指示値は定常状態に達した値，すなわち，最終値と見なせますので，この最終値に対し，時定数相当の時間（0.6 秒）経過後の指示値は，63%（一次遅れ系の過渡現象）になると考えられますから，次式の計算を行います。

$$20\log 0.63 \fallingdotseq 20\log\left(\frac{64}{100}\right) = 20\log\left(\frac{2^6}{100}\right) = 20(6\times 0.3 - 2) = -4\,[dB]$$

なお，一次遅れ系であれば，1 秒経過後の指示値は最終値に対して，$-1.8\,dB$ になりますが，上記 JIS では，$-1(^{+0.5}_{-1})\,[dB]$ と定めています。これは，計量器検定検査規則第 1505 条でも同様に定められています。

正解 2

【問題 59】 最大値が等しい 2 種類の振動波形 a，b がある。a の波高率は 3，b の波高率は $\sqrt{2}$ である。a，b それぞれを振動レベル計で測定したら，b は a に対して何 dB になるか。適当なものを次の数値の中から 1 つ選べ。

1. $-6.5\,dB$ 2. $-5.5\,dB$ 3. $-4.5\,dB$
4. $-3.5\,dB$ 5. $-2.5\,dB$

解説と正解

振動レベル計は振動の実効値を指示する測定器で，指示値が等しくても最大値が等しいとは限りませんし，逆にこの問いのように最大値が等しい場合でも波高率が違えば当然指示値は異なります。実効値は，波高率（最大値/実効値）に逆比例します。従って，波高率が小さい場合より，大きい場合の方が指示が小

さくなります。その度合いは次式のようになります。

$$20 \log\left(\frac{\sqrt{2}}{3}\right) = 20 \log 2^{1/2} - 20 \log 3$$
$$= 10 \log 2 - 20 \log 3 = 3 - 9.5 = -6.5 \text{ dB}$$

なお,デシベルの計算問題は頻出しますので,ご準備下さい。また,次の値はよく使いますので,覚えておいて下さい。

$\log 2 \fallingdotseq 0.301 \fallingdotseq 0.3$
$\log 3 \fallingdotseq 0.477 \fallingdotseq 0.48$ (あるいは,$\fallingdotseq 0.5$)

正解　1

【問題　60】　3台の機械 A,B,C がある。B と C,C と A,A と B の組合せで運転した時の振動レベルが,それぞれ L_{BC},L_{CA},L_{AB} であるとして,

$L_{BC} > L_{CA} > L_{AB}$

であることが判明した。それらを単独で運転する場合の振動レベル L_A,L_B,L_C の相対大小関係は次のどれになるか。暗振動は無視できるものとする。

1　$L_A > L_B > L_C$　　2　$L_A > L_C > L_B$　　3　$L_C > L_B > L_A$
4　$L_B > L_A > L_C$　　5　$L_C > L_A > L_B$

解説と正解

素直に考えれば,Cが1番目と2番目に,Aが2番目と3番目に顔を出していますので,Cが最大,Bが最小と考えられます。基本的にこれでよいのです。

しかし,ここでは振動レベルの式に基づいて計算してみましょう。

まず L_{BC},L_{CA} は L_A,L_B,および,L_C から次のように合成されます。

$L_{BC} = 10 \log (10^{L_B/10} + 10^{L_C/10})$
$L_{CA} = 10 \log (10^{L_C/10} + 10^{L_A/10})$

いま,$L_{BC} > L_{CA}$ が分かっていますので,

$\log (10^{L_B/10} + 10^{L_C/10}) > \log(10^{L_C/10} + 10^{L_A/10})$

$\log A > \log B$ であれば,$A > B$ であることを用いて,

$10^{L_B/10} + 10^{L_C/10} > 10^{L_C/10} + 10^{L_A/10}$
∴　$10^{L_B/10} > 10^{L_A/10}$

また,$a^x > a^y (a>1)$ のとき,$x > y$ であることを使って,$L_B > L_A$,まったく同様に,$L_C > L_B$ となります。

正解　3

【問題 61】 振動レベル計の動特性に関する次の記述の中で，下線を施した箇所のうち，不適当なものを1つ選べ。

　短時間振動に関する人間の感覚は，時間が短くなるに従い，ピーク値が一定であっても，(1)小さく感じるという実験結果に基づき，周波数(2)31.5 Hz で，継続時間(3)1秒の正弦波入力を加えたときの最大指示値が，定常入力による指示値に対して(4)$-1(^{+0.5}_{-1})$ dB となるようにしている。この特性は時定数が約(5)1秒の一次遅れ系の特性に相当する。

解説と正解

　本問は振動レベルの計の動特性に関するもので，計量器検定検査規則第 1505 条にも JIS C 1510 と同じ規定があります。いま，継続時間 t 秒の正弦波入力を加えたときの最大値が，定常入力による指示値に対して -1 [dB] となる場合に，時定数 T とは次式の関係になります。

$$-1[\text{dB}] = 10\log(1 - e^{-t/T})$$

$t=1$ [s] として計算すると，$T=0.63$ [s] となります。上記 JIS の解説では，まるめて 0.6 [s] としています。なお，デシベルの計算式が 10 倍になっているのは，実効値算出のために加速度信号を 2 乗してから積分回路に入力していることによります。0.6 [s] という値は，覚えておかれるとよいでしょう。

正解　5

【問題 62】 振動レベル計で測定可能な最低測定レベルに相当する振動を測定したとき，最悪の場合，約何 dB の誤差を生じるか。適当なものを次の数値の中から 1 つ選べ。ただし，器差は 0 とする。
　　1　1.2 dB　　2　1.0 dB　　3　0.8 dB　　4　0.6 dB　　5　0.4 dB

解説と正解

　JIS C 1510「振動レベル計」の 5. 4. 2 の特性把握の規定により，自己雑音は最低測定レベルにより，さらに 6 [dB] 以上低くなければなりません。従って，題意により最悪の場合とは，最低測定レベル a [dB] より 6 [dB] 低い自己雑音がある場合ですから，a [dB] と自己雑音の合成されたデシベルを次式によって算出します。

⑤. 測定器および測定方法　　　　　　　　　　191

$$20 \log \sqrt{\{(10^{a/20})^2 + (10^{(a-6)/20})^2\}} = 10 \log 10^{a/10}(1 + 10^{-6/10})$$
$$= a + 10 \log(1 + 10^{-3/5}) \fallingdotseq a + 0.97 \,[\text{dB}]$$

すなわち，最低測定レベルに相当する振動と，それより 6 [dB] 低い自己雑音がある場合は，+0.97[dB]の誤差を生じることになります。なお，計量器検定検査規則第862条では「5[dB]以上低い」と定められています。　正解　2

【問題　63】　振動レベル記録用レベルレコーダの JIS においては，周波数 31.5 Hz の定常制限波入力信号を切断後，記録値が 10 dB 減少するまでの時間によって立ち下がり特性を規定している。この時間を振動計の時定数から求めるとすればおおよそいくらになるか。次の中から適切なものを1つ選べ。

1　0.5 s　　　2　1.0 s　　　3　1.5 s　　　4　2.0 s　　　5　2.5 s

解説と正解

振動レベル記録用レベルレコーダでは，振動感覚補正を加えた振動加速度実効値をデシベル尺度で記録します。実効値を得るには，入力信号を2乗して時間平均を取り，更に平方根を求めるのが原則ですが，時間平均としては，1次遅れ回路を用いて，移動加重平均をとるのが普通で，その時定数は，振動レベル計の動特性にマッチするように，0.6秒に設定されています。

立ち下がり特性は，定常入力信号切断時の過渡特性に相当するので，時間 t 後のレベル低下を $\varDelta L$ とすれば，

$$\varDelta L = 10 \log \{\exp(-t/\tau)\} = -4.34 \frac{t}{\tau} \quad (\tau は時定数)$$

となり，

　　　$\varDelta L = -10 [\text{dB}]$，$\tau = 0.6 [\text{s}]$

とすると，$t \fallingdotseq 1.5 [\text{s}]$ が得られます。　正解　3

【問題　64】　次の文章は JIS（C 1510 振動レベル計）の性能の規定に関する記述である。（　）内を埋めるのに適当な値を次の中から1つ選べ。
　自己雑音は，振動ピックアップと等価なインピーダンスを入力端子に接続したとき，鉛直および水平振動に対する振動感覚補正特性について測定できる最低レベルに対し，（　　）以下とする。

1 −20 dB　　2 −15 dB　　3 −10 dB　　4 −5 dB　　5 0 dB

解説と正解

　振動レベル計の特性および使用法の理解の程度を試す問題です。−5 [dB] が正しい答です。これは，低い程良いが，技術上の問題があってこのように規定されています。振動レベル計は実効値指示形であるので，最低測定レベルを仮に a [dB] とし，それより −5 [dB] の自己雑音が存在する場合の指示値 a' は，前々問に示すように

$$a' ≒ a + 1.2 \text{[dB]}$$

となって，+1.2 [dB] の誤差を生じます。換言すれば，最低測定レベルにおける自己雑音による指示誤差を +1.2 [dB] 以下に抑えようというのがこの規定です。

正解　4

【問題 65】 振動レベル計が過負荷とならずに測定できる振動の波高率はどの程度であるか。JIS (C 1510) の過負荷特性に合う適当な値を次の数値の中から1つ選べ。

 1 1　　2 1.111　　3 1.414　　4 3　　5 10

解説と正解

　これも，振動レベル計の特性および使用法の理解の程度を試している問題です。JIS (C 1510 振動レベル計) によれば過負荷特性は，増幅器入力端子から指示計器の指示が最大目盛になる正弦波を加え，その入力を更に 15 dB 増加したときの出力が 10 dB 以上であればよいのです。振動レベル計は実効値指示形ですから，振動波形の波高率が余り大きいと，増幅器が飽和して誤差が大きくなります。

　しかし，増幅器のダイナミックレンジには技術的な制約があって，あまり過大入力に対して余裕を持たせると逆に前問の自己雑音に対して余裕がなくなります。実際には杭打ちの場合のような大きな波高率の振動も測定したいこともあるので，波高率 3 (≒10 dB) 程度までということにして JIS の規定のようになっています。

正解　4

5. 測定器および測定方法

【問題 66】 ある地点で，振動レベル計によって暗振動を測定したところ，70 dB であった。この地点で設置されている機械を運転すると振動レベル計の指示値が 74 dB となった。この機械の振動レベルを JIS Z 8735「振動レベル測定方法」によって推定し，次の中から適切なものに近い値を 1 つ選べ。

1　70 dB　　2　72 dB　　3　74 dB　　4　76 dB　　5　78 dB

解説と正解

下記の補正表を用いますと，指示値の差は 4 dB で，そのときの補正値は -2 ですから，

　　機械の振動レベル＝74＋(-2)＝72 [dB]

暗振動に対する指示値の補正幅 [dB]

対象の振動があるときとないときとの指示値の差	3	4	5	6	7	8	9
補正値	-3	-2	-2	-1	-1	-1	-1

この表は，覚えられた方が速いと思いますが，別途計算は可能です。機械単独の振動レベルを L_M，暗振動のそれを L_B，両方の合計を L_{M+B} と書くと，

$$L_M = 10 \log(10^{L_{M+B}/10} - 10^{L_B/10})$$
$$= 10 \log(10^{74/10} - 10^{70/10})$$
$$= 10 \log\{10^7(10^{0.4} - 1)\}$$
$$= 70 + 10 \log(2.5 - 1)$$
$$= 72$$

正解　2

【問題 67】 道路端で道路交通振動を測定した。5 秒毎に 100 回測定して，L_X の値として，中央値 60 dB，上端値 64 dB を得た。次の表は測定値を整理したものであるが，（　）のところが欠落していた。それぞれのところにあるべき数値として適切な組合せを次の中から 1 つ選べ。

読み dB	50	51	52	53	54	55	56	57	58	59	60	61	62	63	64	65	66	67
個数	1	2	3	4	5	5	6	7	8	(　)	9	10	9	(　)	5	5	3	1

	60dB	64dB
1	8 ……	6
2	8 ……	7
3	9 ……	8
4	9 ……	7
5	9 ……	6

解説と正解

　大幅不規則に変動する振動を計測して数値を出す場合に，振動規制法では「5秒間隔，100個又はこれに準ずる間隔，個数の測定値の80％の上端の数値とする」となっています。80％上端値とは瞬時値を低いレベルから並べて，累積度数曲線を作った際の，上位から10％の値をいいます。いわゆる L_{10} 値です。

　この設問に対して（　）内に選択肢にある6〜9の数字を入れても，その付近のみの累積曲線を見る限り，正解を出すことは難しいと思います。しかし，測定値が100個という数を満たすためには，数字の組合せの和が16でなければなりません。これは，理論的というよりも，パズルのような解答の出し方ですが，時には，臨機応変に答える必要がありそうです。　　　　　　　正解　4

【問題　68】 振動レベル計を用いて，振動計測をする場合に関する次の記述の中で，振動規制法に照らして不適当なものを1つ選べ。

1　振動レベル計と組み合わせてレベルレコーダを使用する場合は，最初に校正レベルを設定することが必要である。
2　一般に水平振動に対する設置共振の振動数は鉛直振動の場合よりも低くなるので，水平振動は測定しない。
3　道路交通振動を測定する場合には，大幅不規則なレベル変動となるので，80％レンジ上端値が測定できるようにする。
4　振動ピックアップの設置は地面が柔軟になるようにして，設置共振の影響をなくするように配慮する。
5　対策を考慮した振動計測では，振動規制法における測定場所，測定法，測定値などについての制限は受けない。

5. 測定器および測定方法

解説と正解

　法規制に照らして測定をする場合は，指定された場所で，地面の鉛直方向の振動レベルをできるだけ正しい値が得られるように，設置方法も考えて測定しなければなりません。そのためには，レベルが正しく読みとれるように校正値を定めるのが計測の原則です。

　また，法的には，鉛直方向の振動測定を規定していますが，これは，多くの場合鉛直方向の方が水平振動より大きく，鉛直方向の規制でほぼ振動公害の大部分が抑えられるというのが理由です。特に，設置共振が測定周波数領域内に現れないように，地面に対して強固な設置をすることが必要です。

　道路交通振動の場合には，不規則にして大幅に変化する振動であるのが一般的ですから，規制値として示されている 80％レンジの上端値が測定されなければなりません。対策を考える場合には，場所や測定方法，測定値など，特に法的に規定されているものではありませんので，振動解析に必要な情報を得られるように測定すればよいことになります。

正解　4

【問題　69】　JIS に規定する振動レベル計およびそれを使って振動を測定する時の注意事項などに関する記述のうち，適当でないものを次の中から1つ選べ。

1　振動レベル計では，振動加速度に振動感覚補正を行いその実効値を dB で表す振動レベルが測定できる。
2　振動レベル計には振動加速度が測定できるよう平坦な特性も備えており，その相対レスポンスと許容偏差は規格で規定されている。
3　振動ピックアップには圧電素子を用いた加速度ピックアップが多く用いられ，この形式のものは構造によっては風による雑音を発生することがあるので，低レベルの測定には注意を要する。
4　指示計の動特性は，非常に早い特性を用いているので，衝撃性の振動の測定の場合でも指示計の指示値はほぼ正しい値を表している。
5　振動ピックアップは高感度型であり，設置時のショックが大きい場合は一時的に増幅部が異常状態になり，指示計の指針が大きく振れ，正常状態に回復するまでに時間がかかることがままある。

解説と正解

　振動レベル計は人間の振動感覚特性を取り入れた測定器で，振動加速度の実効値に振動感覚補正を行い，かつ指示計の動特性も人間の振動感覚を模擬しています。選択肢の1と2はこの通りのことです。3および5も，常識でしょう。
　指示計の動特性は，周波数 31.5 Hz，継続時間1秒間の正弦波入力を加えたときの最大指示は，その周波数で振幅が等しい定常入力による指示に対して

$$-10(^{+0.5}_{-1.0})\,\text{dB}$$

とすることになっています。これを整流回路の平滑時定数で表すと，0.6秒に相当する特性になるように JIS (C 1510) で規定しています。従って，4の記述は不適当です。　　　　　　　　　　　　　　　　　　　　　**正解　4**

【問題　70】　サイズモ系を利用した振動ピックアップを用いて振動加速度を測定する場合，感度の周波数特性はサイズモ系の共振周波数 f_0，減衰比 ζ によって決まることが知られている。特に，$\zeta=1.0$ とすれば，$f=f_0$ の周波数における感度は $f \ll f_0$ における感度に比べ，何 dB 変化するか。正しいものを次の中から1つ選べ。

1　$-6\,\text{dB}$　　2　$-3\,\text{dB}$　　3　$0\,\text{dB}$　　4　$+3\,\text{dB}$　　5　$+6\,\text{dB}$

解説と正解

　サイズモ系を利用した振動ピックアップの感度特性についての問題です。
　加速度形振動ピックアップの感度（絶対値）を K とすれば，

$$K=\frac{K_0}{\sqrt{\left\{1-\left(\frac{f}{f_0}\right)^2\right\}^2+(2\zeta)^2\left(\frac{f}{f_0}\right)^2}} \quad \cdots\cdots ①$$

となります。ここで，f_0 は共振周波数，ζ は減衰比，K_0 は低周波域 ($f \ll f_0$) の感度です。
　従って，$\zeta=1.0$ とすれば，$f=f_0$ において，感度 $K=K_0/2$ となり，感度レベルの変化は，

$$20\log\left(\frac{K}{K_0}\right)=20\times\log\frac{1}{2}=-20\log 2=-6\,[\text{dB}]$$

　①式は，すこし複雑な式ですが，覚えておいていただきたいと思います。こ

の式は，$\mu=\dfrac{f}{f_0}$ と置きますと，次のようにもう少しだけ簡単になります。

$$K=\dfrac{K_0}{\sqrt{(1-\mu^2)^2+(2\zeta\mu)^2}}$$

正解　1

【問題　71】騒音や振動を測定する時に，その性質によっては2つの量の組合せの測定量が，ほぼ等しくなる場合がある。次に示す組合せのうちで，いかなる場合においても2つの測定量が等しくなる時が有り得ないものを，次の中から1つ選べ。
1　騒音レベルと音圧レベル
2　振動レベルと振動加速度レベル
3　界壁の透過損失と空間音圧レベル差
4　床衝撃音レベルと振動レベル
5　オーバーオール音圧レベルとオクターブバンドレベル

解説と正解

1：騒音レベルと音圧レベル測定する騒音が，1,000 Hz であるとき等しくなります。

2：振動レベルと振動加速度レベル測定する振動が 4〜8 Hz までのみのとき等しくなります。

3：界壁の透過損失と室間音圧レベル差の界壁の透過損失 TL については，界壁の面積 S [m^2] に入射する音のパワーと透過するパワーの比である，透過率を τ とすると

$$TL=10\log\left(\dfrac{1}{\tau}\right) \text{[dB]}$$

となります。それに対して室間音圧レベル差は，単に界壁を共有する両室の音圧レベルの差 $\varDelta L_p$ [dB] であり，エネルギーの差ではありません。TL と $\varDelta L_p$ は，一般に次の関係式があります。

$$TL=\varDelta L_p-10\log\left(\dfrac{A}{S}\right) \text{[dB]}$$

この式から，$A=S$ のときに，$TL=\varDelta L_p$ となることが分かります。

4：床衝撃音レベルは音圧のレベルであり，振動レベルは振動のレベルで全く異質の現象の測定量ですので，等しくなり得ません。

5：オーバーオール音圧レベルとオクターブバンドレベルは，全帯域の成分であるオーバーオール音圧を，オクターブバンドフィルタを通した音圧レベルであり，測定する騒音が単一オクターブバンドのみから成っているときに等しくなります。

正解　4

【問題　72】　騒音レベル，および，振動レベルを記録するレベルレコーダ（JIS C 1512）に関する次の記述のうちから，不適当なものを1つ選べ。

1　使用周波数範囲は，1〜8,000 Hz を含む
2　記録誤差は，0.5 dB 以下とする。
3　自己雑音による誤差は，レベルレコーダの感度を最大にしたときでも 1 dB 以下とする。
4　実効値記録特性については，波高率 3 となる正弦波の繰り返し断続信号による記録値の誤差は，1 dB 以下とする。
5　記録値の安定性は，電源投入時から 1 時間後の記録値の変化は，±1 dB 以内とする。

解説と正解

記録値の安定性については，電源の投入時点から 1 分後と 10 分後の記録値の変化は，±0.5 [dB] 以内と定められています。

正解　5

6. 音と振動の伝搬

6-1　音の伝搬

音場

　音場とは音波の存在している媒質の領域をいい，自由音場や半自由音場などがあります。「おんば」あるいは「おんじょう」と読みます。

　自由音場とは，等方性媒質中で周囲の境界等による反射などの無視できる音場で自由空間や壁付近を除く無響室などは自由音場とみなされます。半自由音場とは地表面上の半空間などをいいます。

距離減衰

　平面波の強さは，媒体による減衰を無視すれば，伝搬によって変化しませんが，点音源などによる球面波では音源からの距離によって音の強さは小さくなります。

　音響パワーが W [W] の小音源から一様に全方向に放射されている球面波の場合，r [m] だけ離れた点の音の強さ I [W/m²] は，その点における球面面積 S によって

$$I = \frac{W}{S}$$

と書けるので，自由音場ではそのレベル L_I は，音響パワーレベル L_W によって次のように表わされます。

$$L_I = 10 \log \left(\frac{I}{I_0} \right) = 10 \log \left(\frac{\frac{W}{S}}{\frac{W_0}{S_0}} \right)$$

$$= 10 \log \left(\frac{W}{W_0} \right) - 10 \log \left(\frac{S}{S_0} \right)$$

$$= L_W - 10 \log (4\pi r^2) \text{ [dB]}$$

ここで，$S = 4\pi r^2$，および次の基準を使っています。

　　$S_0 = 1$：基準面積 [m²]

　　$L_W = 10 \log \left(\frac{W}{W_0} \right)$

また，$10 \log (4\pi) = 11$ なので

$$L_I = L_W - 20\log(r) - 11 \, [\text{dB}]$$

半自由音場では，$S = 2\pi r^2$ なので，

$$L_I = L_W - 20\log(r) - 8 \, [\text{dB}]$$

次に，同じ条件下で音源から $r_1 \, [\text{m}]$ と $r_2 \, [\text{m}]$ の距離にある 2 点の音の強さ I_1, $I_2 \, [\text{W/m}^2]$ の間には，それぞれの面積 S_1, S_2 によって，

$$I_1 S_1 = I_2 S_2$$

のようなエネルギー保存則が成立しますので，レベル差としては，

$$L_{I1} - L_{I2} = 10\log\left(\frac{I_1}{I_2}\right) = 10\log\left(\frac{S_2}{S_1}\right) \, [\text{dB}]$$

点音源であれば，

$$L_{I1} - L_{I2} = 20\log\left(\frac{r_2}{r_1}\right) \, [\text{dB}]$$

減衰定数

媒質による減衰が無視できない場合は，減衰定数 m によって，距離 $r \, [\text{m}]$ での I_1 から I_2 への音の強さの減衰は，

$$\frac{I_2}{I_1} = e^{-mr}$$

となります。レベル差としては，

$$L_{I2} - L_{I1} = 10\log\left(\frac{I_2}{I_1}\right) = -4.343 mr \, [\text{dB}]$$

室内音場

面積 $S \, [\text{m}^2]$ の壁に，音の強さ $I \, [\text{W/m}^2]$ の音が入射した時，半空間に渡って平均したこの壁に当たる音響パワー W は次のようになります。

$$W = \frac{IS}{4}$$

壁に吸収されるエネルギー W_A は，壁の吸音率を α として，

$$W_A = \frac{\alpha IS}{4} = \frac{IA}{4}$$

ここで，$A = \alpha S$ は室の吸音力（等価吸音面積）$[\text{m}^2]$ と言われます。

また，室内の体積当りの音響エネルギー，即ち，音響エネルギー密度を $U \, [\text{J/m}^3]$ としますと，音速を $c \, [\text{m/s}]$ として，

$$I = Uc$$

となります。

6. 音と振動の伝搬

従って，音響出力 $W\,[\mathrm{W}]$ の音源が室内にある時に，音響エネルギー密度が従う微分方程式は，$W_A = \dfrac{cA}{4}U$ なので，

$$V\frac{dU}{dt} = W - W_A$$

によって，

$$V\frac{dU}{dt} = W - \frac{cA}{4}U$$

となります。

残響時間

室内の音源を，ある時刻に停止したあとの挙動について考えてみます。音響エネルギー密度が従う微分方程式において $t=0$ で $W=0$ として，

$$V\frac{dU}{dt} = -\frac{cA}{4}U$$

を解いて，

$$U = U_0 e^{-\frac{cA}{4V}t}$$

U_0 は音源を止めた時の音響エネルギー密度です。この結果は，音響エネルギー密度が時間とともに指数関数的に減少することを意味します。

残響時間 T を，音響エネルギー密度が $\dfrac{1}{10^6}$ になるまでの時間と定義します。従って，

$$\frac{U}{U_0} = e^{-\frac{cA}{4V}t} = 10^{-6}$$

$$\therefore\quad T = 24(\ln 10)\frac{V}{cA} = 55.3\frac{V}{cA}$$

気温が 20°C のとき，α の平均を $\bar{\alpha}$ と書いて

$$T \fallingdotseq \frac{0.161\,V}{\bar{\alpha}S}\quad (\text{Sabine の残響式})$$

これを改良したものとして，次のものがあります。

$$T = \frac{0.161\,V}{-S\ln(1-\bar{\alpha})}\quad (\text{Eyring の残響式})$$

$$T = \frac{0.161\,V}{-S\ln(1-\bar{\alpha}) + 4mV}\quad (\text{Knudsen の残響式})$$

ここで，m は減衰定数です。

6−2　遮音

壁の遮音性能を示すものとして，壁面の入射エネルギーと透過エネルギーの比をデシベル表示した透過損失 TL[dB]があります。

$$TL = 10\log\left(\frac{I_i}{I_t}\right)$$
$$= -10\log \tau$$

ここに，I_i：入射音の強さ，I_t：透過音の強さ，$\tau = I_t/I_i$：透過率です。

すると，面積 S[m²]の壁を通して音が伝わる時，入射前，透過後の音圧レベルをそれぞれ，L_1，L_2，受音室の吸音力を A[m²]とすれば，

$$L_2 = L_1 - TL + \log\left(\frac{S}{A}\right)$$

遮音材料の質量法則は次のように導かれます。面密度 m[kg/m²]を有する一重壁の透過損失は，入射波の角周波数 ω[rad/s]，入射波の入射角 θ，空気の特性インピーダンス ρc[Pa・s/m]のとき，

$$TL = 10\log\left\{1 + \left(\frac{\omega m \cos\theta}{2\rho c}\right)^2\right\} \text{[dB]}$$

となります。垂直入射の透過損失を TL_0 とすると，

$$TL_0 = 10\log\left\{1 + \left(\frac{\omega m}{2\rho c}\right)^2\right\} \text{[dB]}$$

$\frac{\omega m}{2\rho c} \gg 1$ の場合には，

$$TL_0 = 20\log\left(\frac{\omega m}{2\rho c}\right) \text{[dB]}$$

$\omega = 2\pi f$ によって，

$$TL_0 = 20\log\left(\frac{\pi f m}{\rho c}\right)$$
$$= 20\log(fm) + 20\log\left(\frac{\pi}{\rho c}\right)$$
$$\fallingdotseq 20\log(fm) - 42.5 \text{[dB]}$$

6−3　防振

地表面や床面に設置された機械からの振動は，防振ゴムなどによってその機械を弾性支持すれば，減少させることができます。

6. 音と振動の伝搬

質量 m [kg] の機械がばね定数 k [N/m] のばねと機械抵抗 V [Ns/m] のダンパーによって支持されているとすると，機械の起振力 F_0 [N] に対する床への加振力 F [N] の比は振動伝達率と呼ばれ一般に τ などと書かれます。その振動伝達率 τ は，地表面や床面が十分大きいとしてサイズモ系と同様の式で表されます。即ち，

$$\tau = \frac{F}{F_0} = \sqrt{\frac{1+\left(\frac{2\zeta\omega}{\omega_0}\right)^2}{\left\{1-\left(\frac{\omega}{\omega_0}\right)^2\right\}^2 + \left(\frac{2\zeta\omega}{\omega_0}\right)^2}}$$

抵抗による減衰が無視できる場合（$\zeta = 0$）には

$$\tau = \frac{1}{\left|1-\left(\frac{\omega}{\omega_0}\right)^2\right|}$$

となり，さらに，$\omega \gg \omega_0$ の条件下では，次のように近似できます。

$$\tau = \left(\frac{\omega_0}{\omega}\right)^2$$

また，ばねの静的変位を U_0 [m] としますと，共振する周波数 f_0 は次のようになります。

$$f_0 = \frac{1}{2\pi}\sqrt{\frac{k}{m}} = \frac{1}{2\pi}\sqrt{\frac{g}{U_0}} \fallingdotseq \frac{0.5}{\sqrt{U_0}}$$

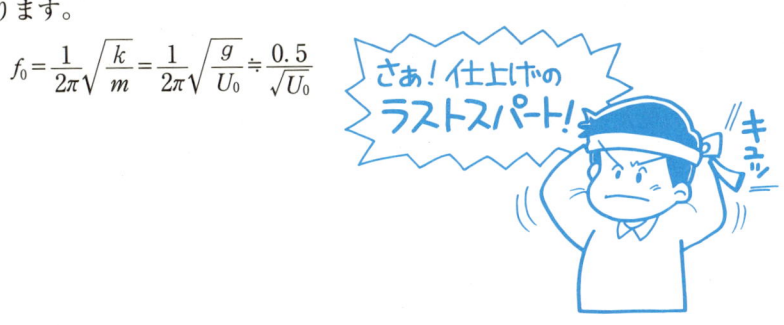

マスター！ 重要問題と解説 （音の伝搬）

【問題 73】 音の伝搬に関する記述のうち，適当でないものを次の中から1つ選べ。

1　自由空間にある点音源から放射される音の音圧は，距離の2乗に反比例する。

2　自由空間にある十分長い線音源から放射される音の強さは距離に反比例する。

3　自由空間にある十分大きい面音源の近傍では，平面進行波とみなすこと

ができる。
4　自由空間にある矩形の面音源の最大寸法より離れると，音の強さは距離の2乗に反比例すると見なせる。
5　自由空間に十分大きな平面があるとき，ある点の音の強さは，鏡像の原理を利用して求めても良い。

解説と正解

点音源から放射された音の強さは，距離 r の2乗に反比例し，線音源から放射された音の強さは，距離に反比例し，面音源から放射された音の強さは，媒質による減衰が無視できれば変わりません。

ここで，一般には音圧の2乗が音の強さに比例しますので，音圧は距離に反比例し，音の強さが距離の2乗に反比例します。従って，1の表現は誤りとなります。

矩形（長方形のことです）音源の場合には，矩形の長辺を b，短辺を a とすれば，$b>a$ ですから，近似的に $\frac{a}{\pi}$ より小さい領域では面音源，$\frac{a}{\pi}<r<\frac{b}{\pi}$ の領域では線音源，$\frac{b}{\pi}$ より大きい領域では点音源と見なすことができますので，矩形音源の最大寸法より離れたところでは，音の強さは距離の2乗に反比例するものと見なせます。

音波は，波動としては光と同様の性質を持っていますので，波長に比べて十分大きな寸法の物体については，光の一般的な性質である鏡像の原理を適用することができます。

正解　1

【問題　74】　音波に関する記述のうち，適当でないものを次の中から1つ選べ。
1　音波の伝搬速度は温度によって変化し，常温ではほぼ340m/sである。
2　500Hzの音波の波長は，ほぼ0.7mである。
3　500Hzの音波の周期は，伝搬速度が変わっても2msである。
4　低周波の音は高周波の音より伝搬速度が大きいので，遠方まで到達する。
5　音波の吸収減衰は，高周波の音ほど大きい。

6. 音と振動の伝搬

解説と正解

空気中の音波の伝搬速度 c[m/s] と温度 θ[℃] との関係は $c=331.5+0.61\theta$ で表されます。いま，常温を $\theta=15$℃ とすると，
$$c=331.5+9.15=340.65\,\mathrm{m/s}$$
となります。c と波長 λ[m]，周期 t[s]，周波数 f[Hz] との関係は，
$$\lambda=\frac{c}{f},\ t=\frac{1}{f}$$
です。
$f=500\,\mathrm{Hz}$ の波長は
$$\lambda=\frac{340}{500}=0.68\,[\mathrm{m}]$$
周期は，
$$t=\frac{1}{500}=0.002\,[\mathrm{s}]=2\,[\mathrm{ms}(ミリ秒)]$$
となります。

また，音の伝達距離は伝搬速度に関係なく，媒質中の減衰係数によります。空気中では吸収で減衰されますが，高周波の音ほど吸収減衰が大きいため，遠方まで到達できません。しかし，それは伝搬速度のためではありません。

正解　4

【問題　75】直線上を等速度で移動する音源が発する周期性騒音を静止点で測定したところ，最大約 20% の周波数偏移が観測された。音源の移動速度はほぼいくらか，適当なものを次の数値の中から 1 つ選べ。

1　70km/時　　2　90km/時　　3　110km/時
4　130km/時　　5　150km/時

解説と正解

ドップラー効果の応用です。音源が観測者に向かって v なる速度で動いているとき，放射された音の周波数は，音速を c として，
$$f'=f\cdot\frac{1}{1\pm\dfrac{v}{c}}\quad(近づくとき-，遠ざかるとき+)$$

の割合で伸縮します．まず，接近し，次に遠ざかった場合，最大の周波数偏移が約20%であったので，周波数偏移10%，即ち音速のほぼ10%の速度で音源が移動しています．音速340 m/s は1224 km/時 なので，

$$\frac{1+\frac{v}{c}}{1-\frac{v}{c}}=\frac{120}{100}$$

を解いて，$\frac{v}{c}=0.09$

∴ $v=0.09\times1224=110$ [km/時]

正解　3

【問題　76】 高音域の平面波が空気中を1,000 m 伝搬する間に90 dB 減衰したとする．この時の1 m 当たりの空気中の音の減衰率はおよそいくらか．適当なものを次の中から1つ選べ．

1　0.0003　　2　0.01　　3　0.02　　4　0.09　　5　0.1

解説と正解

平面波が伝搬しているとき，空気中の吸音減衰が無視されれば，音は減衰しませんが，吸音減衰率を m とすると次式で表されます．

$$I=I_0 e^{-m(r-r_0)}$$

ここでは，I は距離 r [m]，I_0 は距離 r_0 [m] での音の強さ，m は1 m あたりの空気中の音の減衰率を表しています．dB で表示すると，

$$L_{I_1}=L_{I_0}-m(r-r_0)\times10\log(e)=L_{I_0}-m(r-r_0)\times4.343\text{ [dB]}$$

となります．題意より，

$$L_{I_0}-L_{I_1}=m\times1,000\times4.343=90$$

∴ $m=\frac{90}{1000\times4.343}\fallingdotseq0.021$

正解　3

【問題　77】 自由音場において，点音源から1 m の距離での音圧の実効値が2 Pa であった．その音源のパワーレベルはほぼいくらか．次の数値の中から適当なものを1つ選べ．

1　91 dB　　2　96 dB　　3　101 dB　　4　106 dB　　5　111 dB

解説と正解

音響出力 W なる点音源が自由音場にあるとき,点音源から r だけ離れた点の音圧 P と W との関係は,その点の音の強さを I とすれば,

$$W = 4\pi r^2 I = \frac{4\pi r^2 P^2}{\rho c}$$

ここで,波長 $\lambda \ll 2\pi r$ とすれば,音圧レベルと音の強さのレベルは同じ数値で表されます。即ち,

$$L_W = 10 \log\left(\frac{W}{W_0}\right) = 10 \log\left(\frac{4\pi r^2 I}{I_0}\right) = 10 \log\left(\frac{4\pi r^2 P^2}{P^2_0}\right)$$

$$= 10 \log 4\pi r^2 + 20 \log\left(\frac{P}{P_0}\right)$$

なお,$W_0 = 10^{-12}$[W],$I_0 = 10^{-12}$[W/m],$P_0 = 2 \times 10^{-5}$[Pa]

2Pa のレベルは,$20 \log\left(\frac{P}{P_0}\right) = 20 \log\left(\frac{2}{2 \times 10^{-5}}\right) = 20 \log 10^5 = 100$[dB]

従って,

$$L_W = 10 \log 4\pi + 100 \fallingdotseq 6 + 5 + 100 = 111 \text{[dB]}$$

ここで,$\log \pi \fallingdotseq 0.5$,$\log 4 \fallingdotseq 0.6$ を用いています。

正解　5

【問題　78】 スピーカーが自由音場に置かれていて,密閉箱に取り付けたスピーカーの正面の,距離 1 m の位置における音の強さのレベルが 92 dB であった。スピーカーの電気的入力を 1 W とすれば,その変換効率はいくらか,適当なものを次の数値の中から 1 つ選べ。ただし,スピーカーは無指向性音源であるとする。

1　0.1％　　2　0.2％　　3　0.5％　　4　1.0％　　5　2.0％

解説と正解

自由音場におかれた場合,音源から r だけ離れた音の強さのレベルは,音響出力レベルを L_W とすると,

$$L = L_W - 20 \log r - 11$$

いま,$L = 92$,$r = 1$ なので,$92 = L_W - 11$

よって,$L_W = 103$

音響出力レベルを W とすると,基準 W_0 が 10^{-12} なので,

$$L_W = 10\log\left(\frac{W}{10^{-12}}\right) = 103$$

よって，

$10\log W = -20 + 3$

$\log W = -2 + 0.3 = \log\left(\dfrac{2}{100}\right)$

$W = 2 \times 10^{-2}\,[\text{W}]$

電気入力は，1Wですから，スピーカーの変換効率 η は，

$\eta = (音響出力/電気入力) \times 100\%$

$\quad = 2\%$

正解　5

【問題　79】　各種の音源が各種の音場にある時，音源のパワーレベル PWL と音源からの距離が $r\,[\text{m}]$ である点の音圧レベル L との関係を整理した次の表の中から誤っているものを1つ選べ。ただし，媒質による音の減衰は考慮しないものとする。

	音場	音源	関係式
1	自由音場	点音源	$L = \text{PWL} + 10\log\left(\dfrac{1}{4\pi r^2}\right)$
2	自由音場	線音源	$L = \text{PWL} + 10\log\left(\dfrac{1}{4\pi r}\right)$
3	自由音場	面音源	$L = \text{PWL} + 10\log\left(\dfrac{1}{\pi r}\right)$
4	半自由音場	点音源	$L = \text{PWL} + 10\log\left(\dfrac{1}{2\pi r^2}\right)$
5	半自由音場	線音源	$L = \text{PWL} + 10\log\left(\dfrac{1}{2\pi r}\right)$

解説と正解

基本式は，指向係数を Q として，次のようになります。n は，面音源で0，線音源で1，点音源で2です。Q は自由音場で1，半自由音場では2です。

$$L = \text{PWL} + 10\log\left(\frac{Q}{4\pi r^n}\right)$$

面音源からは，媒質による減衰がなければ，距離による減衰はありません。面音源では r の0乗，すなわち，r の項のない式でなければなりません。従っ

て，自由音場における面音源では，
$L = \text{PWL}$

正解　3

【問題　80】　半自由音場と見なせる部屋の床上に小型音源がある。この音源から1mの距離で測定した音圧の実効値が2[Pa]であった。この音源の音響パワーレベルはいくらか。次の数値の中から適切なものを1つ選べ。

1　100 dB　　2　104 dB　　3　108 dB　　4　112 dB　　5　116 dB

解説と正解

半自由音場で床上の小型音源なので，波面は半球面波とみなせます。従って，次の式が成立します。

$L_P = L_W - 10 \log(2\pi r^2)$　……①

ただし，L_W は音響パワーレベル [dB]，L_P は音圧レベル [dB]，r は音源からの距離 [m] です。一般には，音の強さのレベル L_I との関係として，

$L_I = L_W - 10 \log(2\pi r^2)$

とされますが，音圧レベル L_P と音の強さのレベル L_I が数値的に等しいとして，①式が用いられます。

2[Pa] は，$L_P = 20 \log\left(\dfrac{2\,\text{Pa}}{20\,\mu\text{Pa}}\right) = 100\,[\text{dB}]$ に相当しますので，$r = 1\,[\text{m}]$ とすると，$10 \log(2\pi) \fallingdotseq 8$ ですから，

$L_W = 100 + 8 = 108\,[\text{dB}]$

正解　3

【問題　81】　ある点音源が自由空間にある。この音源から10 m離れた点の音圧レベルが80 dBであるとき，200 m離れた点の音圧レベルは何 dB か。ただし，空気中の音波の減衰係数は1 m当たり0.01とする。適当なものを次の数値の中から1つ選べ。

1　38 dB　　2　46 dB　　3　50 dB　　4　52 dB　　5　69 dB

解説と正解

距離減衰の分と吸収減衰の分とを順次考慮します。

1) 点音源の距離減衰による結果

$$L_1 - L_2 = 20 \log\left(\frac{r_2}{r_1}\right)$$

$$L_2 = L_1 - 20\log\left(\frac{r_2}{r_1}\right) = 80 - 20\log\left(\frac{200}{10}\right)$$

$$= 80 - 20\log(20) = 80 - 20\log(10) - 20\log(2) \fallingdotseq 80 - 20 - 6 = 54\,[\text{dB}]$$

2) 吸収減衰分の考慮

$$L_2' = L_2 - 4.343 \times 0.01(r_2 - r_1) = 54 - 4.343 \times 0.01 \times (200 - 10) \fallingdotseq 46\,[\text{dB}]$$

正解　2

【問題　82】　自由音場において，点音源から$1\,\text{m}$の距離での音圧が，$5\,\text{N/m}^2$であった。その点音源から$5\,\text{m}$の距離では音圧レベルはどれだけか。次の数値の中から適切なものを1つ選べ。

1　82 dB　　2　85 dB　　3　88 dB　　4　91 dB　　5　94 dB

解説と正解

自由音場においては，点音源から出る音のエネルギーは距離の2乗に反比例し，音圧は距離に反比例します。これは，基本的事項としてご理解を願います。

そのため，$1\,\text{m}$の距離での音圧が$5\,\text{N/m}^2$であれば，$5\,\text{m}$の距離では音圧Pは$1\,\text{N/m}^2$となります。一方，音圧レベルの方は，$L = 20\log\left(\dfrac{P}{P_0}\right)$と定義されますので，

$$P_0 = 20\,[\mu\text{Pa}] = 2 \times 10^{-5}\,[\text{N/m}^2]$$

ですから，

$$L = 20\log\left(\frac{1}{2 \times 10^{-5}}\right) = 94\,[\text{dB}]$$

正解　5

【問題　83】　自由音場において，ある音の進行方向の粒子速度を測定したところ，そのピーク値が$3.6 \times 10^{-3}\,[\text{m/s}]$であった。この時の波高率（ピーク値／実効値）が4であったとして，音圧レベルを求めたい。次の中から適当なものを1つ選べ。ただし，空気の固有音響抵抗ρcを$400\,[\text{Pa}\cdot\text{s/m}]$とする。

1　70 dB　　2　75 dB　　3　80 dB　　4　85 dB　　5　90 dB

解説と正解

粒子速度の実効値 V は，ピーク (V_m)/波高率 (K) で求めて，

$$V = \frac{V_m}{K}$$

$$= \frac{3.6 \times 10^{-3}}{4}$$

$$= 9 \times 10^{-4}$$

また，音圧 p と粒子速度 v には，

$$v = \frac{p}{\rho c}$$

の関係があってそれらの実効値の間にも同様の関係があるので，空気の場合の値を用いて，

$$P = V \times 400$$

$$= 9 \times 10^{-4} \times 400$$

$$= 3.6 \times 10^{-1}$$

その音圧レベル L_P は，$P_0 = 20 \times 10^{-6}$ を用いて，

$$L_P = 20 \log\left(\frac{P}{P_0}\right)$$

$$= 20 \log\left(\frac{3.6 \times 10^{-1}}{20 \times 10^{-6}}\right)$$

$$= 85.1$$

正解 4

【問題 84】 適当に吸音された室内の音場に関する次の記述のうちから，不適当なものを1つ選べ。

1 吸音力の小さい室で音源から遠い場所では直接音の影響がほとんど無視できる。
2 室の吸音処理を変えずに室表面積を2倍にすると，反射音レベルは，6 dB 減少する。
3 音源の音響出力を2倍にすると，直接音レベルは，3 dB 増加する。
4 音源からの距離が大きくなると，周壁からの反射音が優勢で，壁からある距離の範囲では，ほぼ一様な音圧レベル分布となる。
5 小型の音源の近くでは，直接音が優勢で，音圧レベルは，ほぼ逆二乗則に従って減衰する。

解説と正解

　一般の室内の音場では，音源からの直接音と周壁などからの反射音よりなります。室内に小型音源がある場合，音源の近くでは，自由音場に点音源がある音場と考えられます。音源からある距離以上離れると，音の強さは一定となり，拡散音場の状態と考えられます。

　通常，音響パワーレベル L_W の音源から r [m] 離れた場所の音圧レベル L_P との間には，次式が成り立ちます。

$$L_P = L_W + 10 \log \left(\frac{Q}{4\pi r^2} + \frac{4}{R} \right) [\text{dB}]$$

ここで，Q は音源の位置や指向性で定まる定数で，自由音場（全空間に放射する場合）では，$Q=1$ です。床上（半無限剛壁上とみなせる場合，すなわち，半自由音場）にあるときには放射密度は2倍になるので，$Q=2$ となります。室の稜線上では空間を1/4に仕切るので，$Q=4$，室の隅では，$Q=8$ となります。

$R = \dfrac{\alpha S}{1-\alpha}$ [m²] は室定数で，S [m²] は壁の面積，α は壁の平均吸音率です。

　室の吸音処理と容積を変えずに，室表面積を2倍，すなわち室定数を2倍にした場合，拡散音場とみなせる範囲では反射音のレベルは3 [dB] 減少します。室の容積を変えた場合，室の体積は，$\sqrt{2^3}$ 増加し，室内の音圧レベルは4.5 [dB] 減少します。

正解　2

【問題　85】　音響出力 50 [mW] の小型音源が自由空間内にあって，主軸の方向に音源から 7 m の位置で音圧レベルを測定したところ，85 dB が観測された。この音源の指向係数はどのくらいか。次の中から適切なものを1つ選べ。

1　1　　　2　2　　　3　3　　　4　4　　　5　5

解説と正解

　指向係数は，音源がある向き θ に対して放射している音の強さが $I(\theta)$ であるとき，その音源が全方向に一様に放射している場合の（全方向の平均の）音の強さ $I_m = <I(\theta)>_\theta$ に対する比 $Q = \dfrac{I(\theta)}{I_m}$ で定義されます。ここで，$<f(\theta)>_\theta$

は θ についての $f(\theta)$ の平均を取ることを意味します。

主軸方向の音の強さ I [W/m^2] は，球面波において音の強さのレベルと音圧レベルとは等しくなるので，音圧レベルの基準 $I_0=10^{-12}$ [W/m^2] を用いて，

$$I = I_0 \times 10^{85/10} = 10^{-12} \times 10^{85/10} = 3.16 \times 10^{-4}$$

音響出力 $W=50$ [mW] なので，

$$I_m = \frac{W}{4\pi r^2} = \frac{50 \times 10^{-3}}{4\pi \times 7^2} = 8.1 \times 10^{-5}$$

$$\therefore \quad Q = \frac{I}{I_m} = \frac{3.16 \times 10^{-4}}{8.1 \times 10^{-5}} = 3.90 \fallingdotseq 4$$

正解　4

【問題　86】 音響出力の音源が室内にあるとき，室の体積を V [m^3]，音響パワーを W [W]，音速を c [m/s]，室の吸音力を A [m^2] とすると，音響エネルギー密度 U [J/m^3] が従う微分方程式は，次式で示される。

$$V\frac{dU}{dt} = W - \frac{cAU}{4} \text{ [W]}$$

この式を，初期条件 $U(0)=U_0$ で解いた結果は，次のどれになるか。適当なものを1つ選べ。

1　　$U = U_0 \exp\left(-\frac{cA}{4V}t\right)$

2　　$U = \left(U_0 + \frac{4W}{cA}\right)\exp\left(-\frac{cA}{4V}t\right) - \frac{4W}{cA}$

3　　$U = \left(U_0 - \frac{4W}{cA}\right)\exp\left(-\frac{cA}{4V}t\right) + \frac{4W}{cA}$

4　　$U = U_0 \exp\left(-\frac{cA}{4V}t\right) + \frac{4W}{cA}$

5　　$U = \left(U_0 - \frac{4W}{cA}\right)\exp\left(-\frac{cA}{4V}t\right)$

解説と正解

線形一階微分方程式の問題です。第1編11章では直接は解説しておりませんが，簡単に解くには，次のように置いて $U(t)$ を消去し $X(t)$ の方程式にすれば，解き易くなります。

$$\frac{dU(t)}{dt} + aU(t) = b$$

$$U(t) = X(t)\exp(-at)$$

式を解かなくても $t=0$ で $U=U_0$ になりませんので 4 と 5 は外せます。また，$t\to\infty$ で U が有限の正の値になることで 3 のみを選べます。　|正解　3|

マスター！　重要問題と解説　（遮音）

【問題　87】 室間平均音圧レベル差 D に関する次の記述のうち，適切でないものはどれか，1 つ選べ。

1. 音源室の吸音力が大きいほど，D は大となる。
2. 受音室の吸音力が大きいほど，D は大となる。
3. 界壁の透過損失が大きいほど，D は大となる。
4. 界壁の面積が小さいほど，D は大となる。
5. 界壁取付部の気密性を高めるほど，D は大となる。

解説と正解

2室間の平均音圧レベル差 D [dB] は次式で表されます。

$$D = 10\log\left(\frac{1}{\tau}\right) + 10\log\left(\frac{A}{S}\right) = TL + 10\log\left(\frac{A}{S}\right)$$

上式から，音源室の吸音力は D の大きさには無関係となります。　|正解　1|

【問題　88】 音響に関する次の記述のうち，誤っているものを 1 つ選べ。

1. 音響エネルギー密度 U [J/m³] が従う微分方程式は，音響出力の音源が室内にあるとき，次式で示される。ここに，V は室の体積 [m³]，W は音響パワー [W]，c は音速 [m/s]，A は室の吸音力 [m²] である。

$$V\frac{dU}{dt} = W - \frac{cAU}{4} \text{ [W]}$$

2. 室の吸音力（等価吸音面積）A [m²]，壁の吸音率 α，壁の面積 S [m²] とすると，

　　$A = \alpha S$

室内の壁が複数に分かれているときの総吸音力は，

　　$A = \sum_i \alpha_i S_i$

3. 残響時間とは，音源を停止したあと，音響エネルギー密度が $1/10^6$ になる

時間をいう。残響時間を T とすると，

$$\frac{U}{U_0}=10^{-6}=\exp\left(-\frac{cAT}{4V}\right)$$

であるので，

$$T=24(\log_e 10)\frac{V}{cA}=55.3\frac{V}{cA}$$

4　残響時間 T には，次のようにいくつかの計算式がある。α_m で吸音率 α の平均を表わすと，

$$T\fallingdotseq 0.161\frac{V}{\alpha_m S} \quad \text{(Sabine の残響式)}$$

$$T\fallingdotseq -0.161\frac{V}{S\log_e(1-\alpha_m)} \quad \text{(Eyring の残響式)}$$

$$T\fallingdotseq -0.161\frac{V}{S\log_e(1-\alpha_m)-4mV} \quad \text{(Knudsen の残響式)}$$

5　透過率 τ，透過損失 TL [dB]，面積 S [m^2] であるような壁を介して 2 つの室がある。一方の室内に音源があって，その室の音響エネルギー密度が U_1 [J/m^3] であるときに，他方の室のエネルギー密度 U_2 [J/m^3] は，その室の吸音力を A [m^2] として，次のように表される。

$$U_2=\frac{\tau U_1 S}{A} \text{ [J/m}^3\text{]}$$

$$L_2=L_1+TL+10\log\left(\frac{S}{A}\right) \text{[dB]}$$

解説と正解

5 の文章に現れる L_2 の計算式において，符号が誤っています。正しくは，

$$L_2=L_1-TL+10\log\left(\frac{S}{A}\right) \text{[dB]}$$

です。透過損失が大きいほど隣室での音圧レベルは小さくなければなりません。その他の設問の記述は，それぞれ詳しい記述になっていますので，学習しておいて下さい。

正解　5

【問題　89】　壁の透過損失が壁の単位面積当たりの質量と周波数の対数に比例するとする。面密度が 30 kg/m^2 の壁の透過損失が 500 Hz で 30 dB のと

き，この壁の厚さを $\frac{1}{3}$ にすれば $4\,kHz$ での透過損失は何 dB か。適当なものを次の数値の中から1つ選べ。

1　31 dB　　2　33 dB　　3　36 dB　　4　39 dB　　5　42 dB

解説と正解

遮音材料の質量法則についての基礎計算です。壁の透過損失 TL が壁の単位面積当たりの質量 m と周波数 f の対数に比例するという原理が与えられていますので，これに基づいて計算することにしましょう。比例定数を k として，

$$TL = k \log(mf)$$

添え字について，変更前を1，変更後を2とすることとしますと，

$$m_1 = 30\,[kg/m^2],\ f_1 = 500\,[Hz],\ m_2 = 10\,[kg/m^2],\ f_2 = 4{,}000\,[Hz]$$

ですから，壁を薄くした後の透過損失を x として，

$$30\,[dB] = k \log(30 \times 500)$$

$$x\,[dB] = k \log(10 \times 4{,}000)$$

これを解いて，$x \fallingdotseq 33\,[dB]$

正解　2

【問題　90】　遮音材料に関する次の記述のうち，不適当なものを1つ選べ。

1　遮音性能は透過損失 $TL = 10 \log \frac{1}{\tau}$ で表される。

2　板材料のまげ剛性を無視すれば，質量則が成立して，面密度×周波数によって遮音性能が定まる。

3　コインシデンス効果は板材料中を伝搬するまげ波と入射音波との相互作用によるもので，遮音性能を低下させる。

4　コインシデンスの起こる限界周波数は，板材料の面密度が小さく，まげ剛性が大きいほど大きくなる。

5　均質な板材料の場合において，限界周波数×板厚は材質によって定まる定数である。

6. 音と振動の伝搬

解説と正解

コインシデンスの起こる限界周波数 f_c は，次式で表されます。

$$f_c = \frac{c^2}{2\pi}\sqrt{\frac{m}{B}}\,[\text{Hz}]$$

ここで，c は音速 [m/s]，B は板のまげ剛性 [Nm]，m は板の面密度 [kg/m³] です。従って，板材料の面密度が小さく，まげ剛性の大きいほど，限界周波数は小さくなります。

正解　4

マスター！ 重要問題と解説 （防振）

【問題 91】 防振支持がされている台があって，その質量が 4t である。この台の上に質量 3t の機械を設置したとき 6mm の沈下が起こった。この系の固有周波数はどれだけか。次の数値の中から近いものを1つ選べ。

1　1Hz　　2　2Hz　　3　3Hz　　4　4Hz　　5　5Hz

解説と正解

ばねは機械の重力によって沈みますが，その際の変位を U_0[m] とすると，重力の加速度を g[m/s²] とし，自重と台の重さの合計を m[kg] として，

$$kU_0 = mg$$

このばねの固有周波数 f_0 は，$g = 9.8$[m/s²] を用いて，

$$f_0 = \frac{1}{2\pi}\sqrt{\frac{k}{m}} = \frac{1}{2\pi}\sqrt{\frac{g}{U_0}} \fallingdotseq \frac{0.5}{\sqrt{U_0}}$$

いま，本問では，3t の機械による沈下が 6mm なら，台を含めた重量 7t については，

$$6 \times \frac{7}{3} = 14\,[\text{mm}]$$

の沈下に相当するはずです。この系の固有周波数，いわゆる，共振周波数 f_0 は，

$$f_0 = \frac{0.5}{\sqrt{\frac{14}{1000}}} = 4.2\,[\text{Hz}]$$

正解　4

【問題 92】 防振のために損失のないコイルばねで支持された回転機械につ

いて、ばねの静的なたわみを 4 mm としたとき、回転速度 3,000 rpm で運転された機械の鉛直方向加振力の伝達率はおよそどのくらいか。次の数値の中から適切なものを 1 つ選べ。ただし、回転速度に相当する振動数の成分が他を圧して影響が大であるとする。

1　1/3　　2　1/7　　3　1/15　　4　1/25　　5　1/39

解説と正解

損失が無視できる場合の加振力の伝達率 $\dfrac{F}{F_0}$ は、

$$\frac{F}{F_0} = \frac{1}{\left|1-\left(\dfrac{f}{f_0}\right)^2\right|}$$

となります。また、共振周波数 f_0 は、ばねの静的変位が U_0 であれば、

$$f_0 = \frac{0.5}{\sqrt{U_0}}$$

で求められます。

従って、本問では、$U_0 = 0.004$ [m] なので、

$$f_0 = \frac{0.5}{\sqrt{0.004}} = 7.9 \text{ [Hz]}$$

rpm は 1 分間の回転数ですので、回転速度 3,000 rpm を 1 秒あたりの回転数（周波数）に換えて、

$$\frac{3000}{60} = 50 \text{ [rps]} = 50 \text{ [Hz]}$$

これより、伝達率 $\dfrac{F}{F_0}$ は、

$$\frac{F}{F_0} = \frac{1}{\left|1-\left(\dfrac{50}{7.9}\right)^2\right|} = \frac{1}{39}$$

正解　5

第3編

計量関係法規

計量関係法規の出題傾向と対策

　最近の計量関係法規に関する出題傾向から対策を考えてみますと，おおよそ次のようになると思います。

　計量法は総則から始まって罰則に至るまで10章から成り立っていますが，それぞれから万遍なく出題され，各章ごとの出題数はほぼ毎年同じ程度になっています。とくに，第1章の総則における法の目的と用語の定義に関する問題は，頻出しています。法の目的の条文は暗記しておくことが望ましいと思います。

　また，平成4年5月に公布された新計量法で新たに導入された制度（SI単位系，計量標準トレーサビリテイ制度や指定製造事業者制など）や，大幅に改正された制度（商品量目規制や法定計量単位の範囲など）から，毎年出題がなされていますので，これらの関係項目を十分重点的に学習されることが必要です。

　さらに体系的に整理して学習していただきたいものとして，次の各事項があります。できれば，ご自分で表など作成して理解されるとよろしいでしょう。本書にも用意してありますが，一般に他の人の作ったものを参照するだけでは理解の深さが十分にはなりにくいと思いますので，是非ご自分で作られることをお勧めします。

1）各項目と行政の各レベルの権限や届出先との関係（経済産業大臣に届けるのか，あるいは，都道府県知事や特定市町村の長なのか。各行政の長は計量関係で違反をしている者をどのような方法でやめさせることができるのか。など）
2）検査，校正，定期検定，型式の承認，基準器検査，計量証明検査など，似通った制度が多く出てきますので，それらの違いを理解して下さい。

　法律の学習の仕方につきましては，これから学ぼうとされる法律がどういう体系になっているのかをまず知ることが大事です。法律の条文の目次や，テキストの目次で，全体の構成を把握して下さい。そして，それで把握された枠組みの中に，今後学習される内容を入れていっていただければよいと思います。

　また，「法律では具体的事例をどう扱うのか」という観点で学習されると分かり易いと思います。法律というのは，各方面に矛盾がないように配慮されて作られたどちらかというと回りくどい文章ですから，法律の条文を頭から読んでいってもなかなか頭には入りません。本編は問題演習とその解説の形で構成されていますので，具体的な問題を考えていただき，その場合だったら法律では

計量関係法規の出題傾向と対策 221

どのように扱われるのか，と思って関係するテキストの部分や法律の条文を読んで法律の立場を追求していかれることがよろしいと思います。

　いろいろな法律では，一般に，その第1条に「法の目的」が記述され，また，第2条で「用語の定義」がなされます。従って，このように法律の冒頭で述べられている精神が重要となります。計量法についても，第1条及び第2条で，十分にその「意」のあるところを汲み取って下さい。

　実際の国家試験問題は，五者択一式になっていて，本書でもその形に統一しております。学習に当たっては，正解の選択肢も重要ですが，**他の4つの選択肢もなぜそうなるのか，そういうこともあるのかということを学習下さい**。あなたが今後受けられる試験では，どの選択肢が出題されるか分かりません。その内容は自分は知っていることなのか，その時に迷わず答えられるか，という立場で全選択肢を吟味されるようお勧めします。とくに法律の学習にはこの方法が大いに有効です。

　余談ですが，誤っている文章を作るには頭を使う必要があります。従って，「誤っているものを1つ選べ」という出題の方が，「正しいものを1つ選べ」という問題よりも作成が容易です。その場合は，確実に間違っているものを1つ探せばよいので，問題を解く際に少しは気が楽だと思って下さい。

　そして，「法○条○項に基づく○○令○条」などという記載について，法律の条文をお持ちの方はご参照下さい。計量法の重要な条文については，用意されることが望ましいと思いますが，市販のテキストにも記載されていますのでそれを参照されても結構です。また，「○○令」や「○○規則」は手に入らなければ入手されなくてもよろしいと思います。もし，どうしても手に入れたいと思われます方は，インターネットで政府の法令データ提供システムをお使いになればよろしいと思います。次に URL を示します。施行規則なども手に入ります。

　http://law.e-gov.go.jp/cgi-bin/idxsearch.cgi/

1. 総則

1-1 計量法の目的に関する問題

【問題 1】 計量法第1条の条文の記述のうち(ア)～(カ)に入れる語句の組合せとして正しいものはどれか。

「この法律は【 (ア) 】の【 (イ) 】を定め，【 (ウ) 】な【 (ア) 】の実施を【 (エ) 】し，もって【 (オ) 】の発展及び【 (カ) 】の向上に寄与することを目的とする。」

	(ア)	(イ)	(ウ)	(エ)	(オ)	(カ)
1.	計測	単位	公正	担保	文化	経済
2.	計量	基準	公正	担保	文化	経済
3.	測定	方法	適正	確保	文化	経済
4.	測定	単位	公正	確保	経済	文化
5.	計量	基準	適正	確保	経済	文化

解説と正解

　計量は，学術分野，産業分野をはじめ広く国民生活の基盤となるもので，計量法はその骨格をなします。法1条では，計量について統一的で合理的な運営を図ることにより経済・社会活動一般における便益と安全を確保し，最終的に経済の発展と文化の向上に役立たせることを目的とすると，うたっています。なお，条文に明示されていませんが，環境問題への寄与なども計量法の目的に含まれると考えるべきです。**法律は一般に，その第1条および第2条の条文は覚えるくらいにその言葉を確認，理解しておく必要があります。**　　正解　5

【問題 2】 計量法に関する次の記述のうち，正しいものはどれか。
1. 計量法は，特定計量器以外のものを取引又は証明における計量に用いることを禁止している。
2. 計量法上，検定の対象となっている特定計量器は特定標準器による校正を受けなければ使用してはならない。
3. 計量法上，計量器の製造，修理，販売等の事業を行う者は，定期的に経

1. 総則

済産業大臣，又は都道府県知事に業務の報告を行う義務がある。
4．「特定計量器」とは取引又は証明における計量に使用され，又は主として一般消費者の生活に用して供される計量器のうち，適正な計量の実施を確保するためにその構造又は機能についての基準を定める必要があるものとして政令で定められたものをいう。
5．計量法は長さ，質量，時間，電流などを挙げてこれを「物象の状態の量」とし，これらの物象の状態の量を計ることを「計量」としている。

解説と正解

1は，使用の制限に関する法16条1項に関係します。適正な計量の実施の確保のため，**①計量器でないもの，②計量器であっても特定計量器の場合は検定等に合格していないもの，③検定の有効期間を経過しているもの**は使用を禁止していますが，特定計量器以外の計量器の使用を禁止してはいません。また，時計，長さ計(巻尺，直尺)，ます，照射線量計などは近年の工業技術の進歩により精度が保証されているとして，特定計量器には含められてはいませんが，取引・証明に使用することが認められています。

2では，検定では法71条3項によって，基準器検査に合格した計量器(基準器)を用いればよいことから，この記述は誤りです。標準器による校正を行うトレーサビリティ制度(法137条(特定標準器による校正等の義務))は検定制度に直接関連はありません。

3は，計量関係事業者が報告を求められたり，立入検査を受ける場合は，法律の施行に必要な限度において実施されるものであって，必ずしも定期的に義務づけられてはいません（法147条（報告の徴収））。

4は，文章中の機能は器差の誤りです。計量法においては機能や性能は構造に含まれるという立場をとっています。**計量法は，随所で「構造」と「器差」を二つの対語として覚えておかないと間違えやすい**と思います。この概念は，過去の試験においても頻出しています。

正解 5

【問題 3】 計量法本来の役割にかなっている事項として，次のうち必ずしも適当でないものはどれか。
1．計量器の正確な供給を意図している。
2．計量標準の確定を行っている。

3．計量器産業の生産の合理化を推進している。
4．精度の低い計量を防止する。
5．自主的な計量管理を推奨している。

解説と正解

計量器生産の合理化は（推進された方がされないよりはましでしょうけれども）計量法において必ずしも法律の立場からは意図されていません。

その他の文章は，それぞれ計量法の意図を正しく表しています。よくご理解していただくようお願いします。

正解　3

【問題　4】　計量法に関する次の記述のうち誤っているものを1つ選べ。
1．計量法は計量の基準を定め，適正な計量の実施を確保し，もって経済の発展及び文化の向上に寄与することを目的としている。
2．「計量単位」とは計量の基準となるものをいう。
3．「計量器」とは計量をするための器具，機械又は装置をいう。
4．計量法は，国内で用いることのできる計量単位について定め，用途を問わず，その使用を強制している。
5．「証明」とは公に又は業務上他人に，一定の事実が真実である旨を表明することをいう。

解説と正解

計量法の基本的な用語に関する問題です。このあとの学習の基礎となりますので，それぞれの定義の意味をしっかりと味わっておいて下さい。

4の文章における，「用途を問わず」は誤りです。取引又は証明の場合に限ってその使用を義務づけています。

その他の文章は正しいものになっていますので，その内容をよく読んでおいて下さい。

正解　4

【問題　5】　計量に関する用語の定義について下記のイ～ホの記述のうち，誤りを含む記述を全て取り出した組合せとして，正しいものを1つ選べ。
イ．「計量」とは，長さ，質量，時間等の計量法に掲げる物象の状態の量を量

1. 総則

ることをいう。
ロ．「取引」とは，有償であると無償であるとを問わず，物又は役務の給付を目的とする業務上の行為をいう。
ハ．「計量器」とは，計量をするための器具，機械又は装置であって，検定等によりその器差が経済産業省令で定める検定公差を超えないものをいう。
ニ．「計量単位」とは計量の基準となるものをいう。
ホ．「標準物質」とは，全ての物象の状態の量を計量するための計量器の誤差の測定に用いるものをいう。

1．イ，ホ　　　2．ハ，ホ　　　3．イ，ハ，ホ
4．ロ，ハ，ニ　　5．ハ，ニ

解説と正解

このような出題形式では，正しい記述や誤った文章を1つ見付けるだけでは済まないものとなっています。それだけに正確な理解が必要となります。

ロ：この法律において「取引」とは，有償であると無償であるとを問わず，物又は役務の給付を目的とする業務上の行為をいう（法2条2項前段）こととされています。

ハ：計量器とは計量するための器具，機械又は装置をいい，「器差が基準内であること」は要件には入りません。計量器のうち，計量法上の規制（器差適合など）を課すことが必要な計量器を「特定計量器」として政令で指定することとしています（法2条4項）。

ホ：「標準物質」とは，いわゆる標準物質をすべて指すのではなく，政令で定める物象の状態の量に関するものだけです。（法2条6項）

以上，イ，ロ，ニは正しく，誤りであるハ，ホのみを含む2が正解です。

正解　2

1－2　用語及び取引又は証明に関する問題

【問題　6】　計量に関する次の記述のうち，誤っているものを1つ選べ。
1．「物象の状態の量」とは，法第2条第1項第1号に規定された長さ等の72量と第2号に基づく政令に示された繊度，比重等の17量をいう。
2．「計量」とは，物象の状態の量を計ることをいう。
3．「計量単位」とは，物象の状態の量を計る時に基準となるものをいう。
4．「証明」とは，公に又は業務上他人に一定の事実が真実である旨を表明することをいう。
5．「みなし証明」とは，取引には関係がないが，スポーツなどの計量で重要なものを「証明」に相当するものとして扱うことをいう。

解説と正解

1から4までは，基本的に法律の条文にあるものです。1，2及び3：法2条1項。4は，同条2項です。

5の「証明とみなす」とは，通常の証明には当たらないが，人命などに危険のあるものを限定的に証明とみなすことをいいます。例えば，鉄道車両の運行に関する圧力や高圧ガス製造に関する圧力などです。

正解　5

【問題　7】　次のうち計量法でいう取引又は証明上の計量（物象の状態の量の表示を含む）に該当しないものはどれか。
1．あるスーパーがりんごを1キログラム300円で売るとき。
2．品質管理を目的として製造工場内で濃度計を用いて工程内の原料の濃度を測るとき。
3．食品加工会社が販売先に送る密封していない製品の容量を表示するとき。
4．工場が排水中のトリクロロエチレンの濃度を測って県に報告するとき。
5．医師が患者の血圧を測ってカルテに記入するとき。

解説と正解

取引又は証明の法律上の概念は法2条2項に定められています。法が定義し

①. 総則

ている「取引又は証明」は，極めて重要なもので，法8条（非法定計量単位の使用禁止），40条（事業の届出），46条，57条，16条（使用の制限），10条（正確な計量），107条（計量証明の事業の登録），19条（定期検査），148条（立入検査，質問及び収去），15条（勧告等）の主文で使用されています。2の文にある工場内における検査は第3者を相手とするものでないので，法における証明にはなりません。

正解　2

【問題　8】 取引及び証明に関する次の記述のうち，正しいものを1つ選べ。
1．「取引」とは，有償で，物又は役務の給付を目的とする業務上の行為を指し，無償の給付は取引には含まれない。
2．国際単位系（SI）以外の計量単位は，平成11年9月30日以降，取引又は証明に用いることができなくなった。
3．計量法では，商店の店頭で一山売りなど，計量によらない売買を固く禁止している。
4．「非法定計量単位」による目盛を付けた計量器は，輸出すべき計量器等を除き，取引又は証明に用いるものか否かを問わず販売することはできない。
5．計量器の「修理」には「改造」をすべて含む。

解説と正解

1では，物又は役務の給付は，有償無償を問わずに取引とされます。
2：本来SI単位系でないものもSIに量のないものや用途限定などで使用可能なものがあります。
3：法11条では，「量を法定計量単位により示してその商品を販売するように努めなければならない」と規定していますが，「遵守規定」であって「固く禁止している」わけではありません。
4：法9条に規定してあります。輸出すべき計量器等の「等」には，一部のヤードポンド法と内燃機関の工率での仏馬力があります。
5：法2条5項で「計量器の修理には，経済産業省令で定める改造以外の改造を含むものとする」とあって「すべて」は言い過ぎです。

正解　4

2. 計量単位

2—1 計量単位に関する問題

【問題 9】 次の法定計量単位が示す物象の状態の量は，組合せとしてどれが正しいか。選択肢の中から適切なものを一つ選べ。

[法定計量単位]
　①カンデラ　　②モル　　③ニュートン　　④パスカル　　⑤デシベル

[物象の状態の量]

	①	②	③	④	⑤
1.	光度	物質量	力	圧力	音圧レベル
2.	照度	質量	エネルギー	重力	通話量
3.	光度	物質量	エネルギー	圧力	通話量
4.	光度	物質量	力	重力	通話量
5.	照度	質量	力	圧力	音圧レベル

解説と正解

物象の状態の量という言葉は分かりにくいですが，単に「量」と思って下さい。①のカンデラは光度，ルクスが照度です。デシベルも見慣れないかも知れませんが，覚えておいて下さい。　　　　　　　　　　　　　　正解　1

【問題 10】 計量単位に関する記述のうち，誤っているものはどれか。
1. 同じ名前の計量単位が異なる物象の状態の量を表す単位として使用されることはない。
2. 気象分野の圧力の計量に用いられる「ヘクトパスカル」は従来用いられてきた「ミリバール」と同じ数値で使用される計量単位である。
3. 周波数の計量単位「サイクル」や濃度の単位の「規定（N）」などは，国際単位系（SI）以外の計量単位として一定の猶予期間後，取引又は証明に用いることができる計量単位から除外された。
4. 貨物輸入に係る取引には非法定計量単位を用いることが認められている。

②. 計量単位

5．輸出すべき計量器，その他の政令で定める計量器を除き，法定計量単位の定めのある物象の状態量について非法定計量単位による目盛又は表記を付した計量器は販売し，又は販売の目的で陳列してはならない。

解説と正解

1：メートルなどの7個のSIの「基本単位」以外の単位では同じ計量単位が異なる物象の状態量を表す単位として使用されるものが幾つかあります（法3条別表第1参照）。例えば，ワット（電力，音響パワー，工率），オーム（抵抗，インピーダンス），など。2：その通りです。天気予報で，従来「ミリバール」でしたが，ある時から「ヘクトパスカル」に変わったことをご存知の方も多いと思います。ただし，ミリバールは法律的には今も使用可能で，日本気象協会がSI単位化の動きに合わせたというのが変更の理由だそうです。従って，これはSI単位優先のためであって，計量法改正そのものとは独立に変更されています。3：法附則3条。4：法8条3項。5：法1条，法8条。　**正解　1**

【問題　11】 計量単位に関する次の記述のうち，誤っているものを1つ選べ。

1．濃度の計量単位「規定」は国際単位系(SI)以外の計量単位で，一定の猶予期間後に取引又は証明に用いることができる計量単位から除外された。
2．長さ，質量，時間，電流などの「物象の状態の量」の中には固有の計量単位をもたないものがある。
3．長さの計量単位「メートル」の定義は，一定時間に光の進む距離を基準に定められている。
4．国際単位系（SI）に係る計量単位の定義は，国際度量衡会議の決議に従い政令で定められており，当該計量単位以外は非法定計量単位である。
5．航空機の運航等航空に関する取引又は証明については当分の間，ヤードポンド法による計量単位は法定計量単位とみなされ，使用が認められる。

解説と正解

1：計量法附則3条。2：固有の計量単位をもたないものは，他の単位を組み合わせて表現されます。3：「メートル」の定義は，真空中を一定時間に光の進む距離を基準に定められています。4：「法定計量単位」とは，法3条に

規定するSIの65量，法4条に規定する非SIの12量及び前記の整数乗倍を示すもの，及び特殊用途の13量（法5条）です。計量法は法定計量単位には原則としてSI系単位を用いることとしていますが，「SI単位のない7物象の状態量（7量）」と「SI単位のある5物象の状態量（17量）」に対しては慣行の非SIが法定計量単位とされています。

正解　4

【問題　12】　計量単位に関する次の記述のうち正しいものを1つ選べ。
1．トンという単位について，小文字のtは質量の単位であり，大文字のTは体積を表す単位である。
2．1平方メートルの1/100の面積の表し方として1デシ平方メートルと1平方デシメートルはどちらも正しい。
3．貨物を輸入する際の計量にヤード・ポンド法による計量単位を用いることは計量法では認められていない。
4．計量単位の記号については計量法で定められたもの以外のものを使用することは禁止されている。
5．「メートル」，「カンデラ」，「ジュール」，「ヘルツ」，「オーム」，「ケルビン」は，いずれも人名に由来する固有の名称を持つ計量単位である。

解説と正解

1の文の，T（トン）は，船舶の体積だけに用途を限定する非SI法定計量単位として，「ノット」などの13量とともに，取引又は証明への使用が認められています（法5条2項）。

2の「もとになる計量単位に10の整数乗を乗じたものを表示計量単位」が政令（計量単位令4条）で規定されています。「デシ（d）」は，単位に乗ぜられる倍数が10^{-1}であるとされています（法5条1項）。1デシ平方メートルという表現は誤りであり，よく使われている平方センチメートルのように，1平方デシメートルとしなければなりません。

3の非法定計量単位の使用の禁止は「輸出すべき貨物，貨物の輸入に係るもの，国内に住所又は居所を有しない者等」における取引又は証明については適用しないこととされています（法8条3項）。

4：「記号」は法定計量単位及び「繊度等の計量単位」について，計量単位の記号による表記を行う場合の標準となるべきものを省令（計量単位規則）で

②. 計量単位

定めています(法7条)。記号に関しては，これ以外のものの使用を特に禁止しているものではありません。ただし，「特定商品の販売に際し特定物象量を法定計量単位により表記する場合」との条件が付くと，それ以外のものの使用は禁止されています（特定商品の販売に係る計量に関する規定1条）。

5：SIには，安定した標準で定義された基本単位群とそれからの代数的乗除により数値係数なしに導かれる組立単位があげられますが，一般に多用される場合には，実用上の観点から，固有の名称が与えられています。「メートル」，「カンデラ」は人名に由来するものではありません。

ジュール（1818〜1889）英の物理学者。ジュール熱の提唱。

ヘルツ（1857〜1894）独の物理学者。電気振動から起こる電磁波の存在を確認。

オーム（1787〜1854）独の物理学者。オームの法則の発見。

ケルビン（1824〜1907）英の物理学者。熱力学の第二法則を導く。

正解　1

【問題　13】　計量単位に関する次の記述のうち誤っているものを1つ選べ。

1．質量の計量における「もんめ」，熱量の計量における「カロリー」は国際単位系（SI）以外の計量単位であるが，用途を限定して取引又は証明における使用が認められている。
2．力の計量単位である「ニュートン」の定義は「1キログラムの物体に働くとき，その方向に1メートル毎秒毎秒の加速度を与える力」である。
3．接頭語の「ギガ」が表す乗数は「10の12乗」である。
4．周波数の国際単位系（SI）による計量単位は「ヘルツ」である。
5．計量単位の記号による表記において標準となるべきものは経済産業省令で定められている。

解説と正解

1：対応するSIはありますが，特殊の用途の計量に当っては，むしろ非SIの方が使いやすいなどの理由から定着しているものは「特殊用途の計量単位」として法定計量単位に定められています。真珠の質量の「もんめ (mon)」や宝

石の質量の「カラット（ct）」を含め，9区分の物象の状態の量について13の特殊用途が認められています（法5条2項に基づく計量単位令5条）。
　2：これは定義です。（法3条に基づく計量単位令2条）
　3：315頁の表4-1を参照下さい（法5条1項に基づく計量単位令4条）。
　4：周波数の「サイクル」は非SIとして今後法定計量単位から削除されていきます。周波数のSIは「ヘルツ」であり，これが法定計量単位とされています。
　5：法7条です。

正解　3

【問題　14】　次の中から国際単位系（SI）に属するものを1つ選べ。
　1．アール　　　2．モル　　　3．ピーエッチ
　4．ストークス　5．デシベル

解説と正解

　アールは非SI単位ですが，用途を限定して用いることのできる法定計量単位です。ピーエッチとストークスはSI系に対応する量は他にありますが，法定計量単位として用いることができる量です。デシベルは，相当するSI単位のない量で，法定計量単位として用いることができます。

正解　2

【問題　15】　計量法における非法定計量単位の使用及び非法定計量単位による目盛を付した計量器の使用に関する次の記述のうち，正しいものを1つ選べ。
　1．「水銀柱ミリメートル」は非法定計量単位であるが，暫定期間内に限り，取引又は証明における計量に使用することが認められている。
　2．貨物輸入に係る取引又は証明に非法定計量単位を用いることはできない。
　3．輸出の目的で製造したポンド目盛を付した非自動はかりであっても，キログラム目盛を併記することにより国内で販売することができる。
　4．湿度百分率目盛付の湿度計や比重目盛付の比重計はいずれも非法定計量単位による目盛が付された計量器であるが，これらを販売し，販売の目的で陳列することができる。
　5．非法定計量単位の目盛が付された計量器で，主に一般消費者の生活の用に供される計量器として都道府県知事の認可を受けた計量器は国内で販売することができる。

②. 計量単位

解説と正解

1：「水銀柱ミリメートル」は用途を限定する非SIの法定計量単位で（法5条2項），血圧以外には使用できないことになっています（法8条2項）。「暫定的」ではないのでこの記述は誤りです。

2：輸出すべき貨物や貨物の輸入に係る場合は，非法定計量単位が使用可能（法8条3項）。

3：輸出する目的以外では販売できません。

4：湿度や比重は法定計量単位の定められていない物象の状態の量ですから，非法定計量単位の使用禁止規定の範囲外であり，計量器についても同様の扱いとなります（法9条1項）。

5：非法定計量単位による目盛又は表記をしたものは，販売し，又は販売の目的で陳列してはなりません（法9条1項）。

正解 4

【問題 16】 計量法に関する次の記述のうち，正しいものを1つ選べ。
1．質量を計量して販売するのに適する商品は，その質量をキログラムなどの法定計量単位により明示して販売するよう努めなければならない。
2．「法定計量単位」を基準として取引又は証明における計量をする者は，正確に計量することを義務づけられており，違反したときは罰が与えられる。
3．法定計量単位は，あらゆる物象の量について定められている。
4．質量の単位「キログラム」の定義は，経済産業大臣が保管しているキログラム原器の質量と政令で定められている。
5．計量単位に付して使用する10の整数乗を表す接頭語のうち，10分の1を表す接頭語は「デカ」である。

解説と正解

1は，「キログラムなど」の「など」が誤りと見る人もあると思いますが，質量は「キログラム，グラム，トン」がSI単位として使え，非SI単位でも，用途を限定して「カラット」なども使用可能となっていて正しい記述です。

2は，法10条に関する問題です。1項に「正確にその物象の量の計量をするように努めなければならない」と書かれていますが，1項を遵守しない者に対して，2項で「必要な措置をとることを勧告することができる」ことと，3項

で「勧告を受けた者が従わない場合はその旨を公表することができる」が定められていて，「罰が与えられる」という表現は言い過ぎです。

3は，法定計量単位は法2条1項1号の物象についてのみ規定され，繊度，比重など法2条1項2号に規定されるものは非法定計量単位となっています。

4のキログラム原器は国際原器であって，日本には，その複製原器(日本国キログラム原器)が届けられています。

正解　1

【問題　17】 法定計量単位に関する記述として，正しいものはどれか。
1．濃度の計量単位として％より低い濃度水準を表すものに，ppm，ppb，ppt，ppfがある。
2．質量の計量単位の定義は，国際グラム原器の質量である。
3．光度は単位面積当たりのカンデラで表される。
4．騒音・振動における音圧レベルや振動における振動加速度レベルは一般にベル（B）で表示される。
5．基本SI単位の前に付けられる接頭辞には20種があり，その最大のものはヨタ（Y），最小のものがヨクト（y）である。

解説と正解

1：ppfという単位はありません。ppqがあります。ppmは10^{-6}，ppbは10^{-9}，pptは10^{-12}，ppqは10^{-15}です。

2：質量の原器は，国際キログラム原器です。従って，質量だけは例外的にキロの入ったkgが基本単位になっています。グラム原器では小さすぎるのでしょうね。

3：光度は照らす側ですので，面積に関係なく「どれだけ光るか」で定義されます。「カンデラ」が光度の基本単位です。

4：確かに騒音や振動における多くの量はベル（B）という単位がもとになっていますが，通常はその1/10であるデシベル（dB）で表示されることになっています。

5：設問の通りです。ヨタ（Y）は10^{24}，ヨクト（y）は10^{-24}を示す接頭辞です。その全体は，P315を参照下さい。

正解　5

②. 計量単位

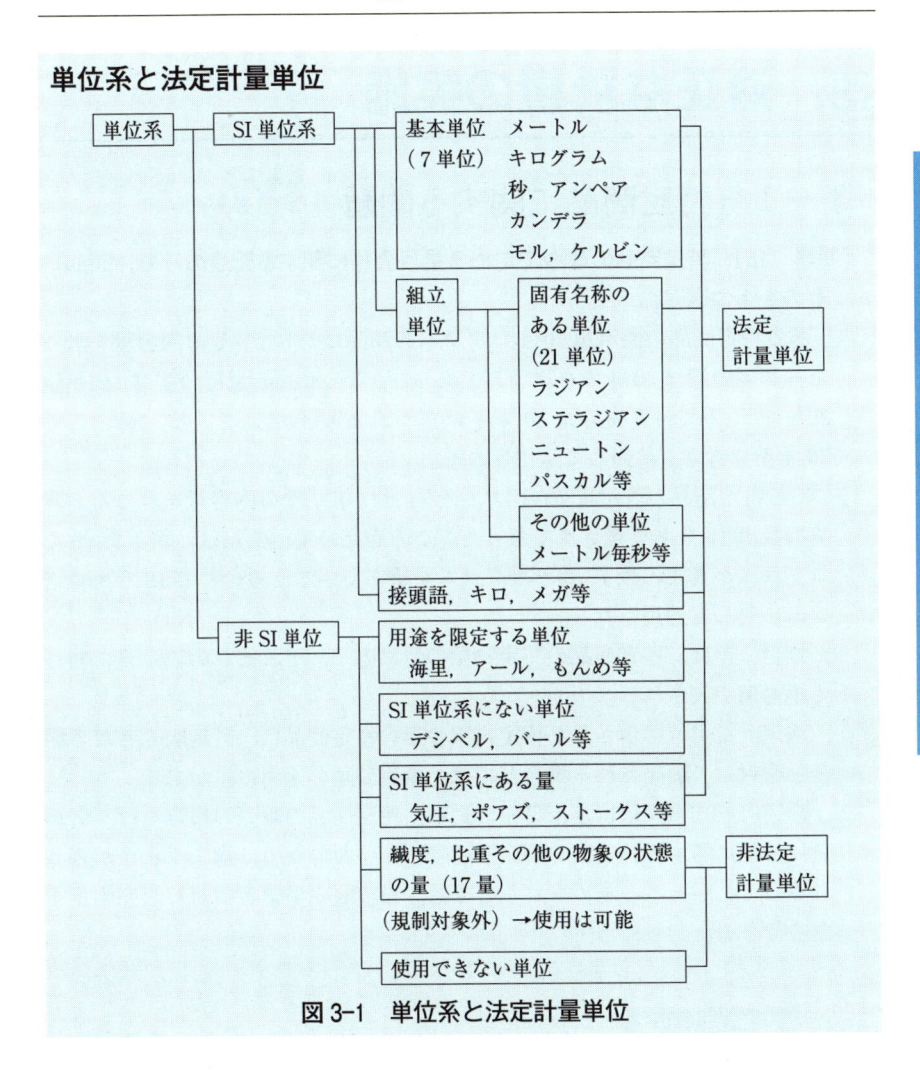

単位系と法定計量単位

```
単位系 ─┬─ SI単位系 ─┬─ 基本単位      メートル
        │            │  (7単位)       キログラム
        │            │                秒,アンペア
        │            │                カンデラ
        │            │                モル,ケルビン
        │            │
        │            └─ 組立単位 ─┬─ 固有名称のある単位         ─┐
        │                         │  (21単位)                    │
        │                         │  ラジアン                    ├─ 法定計量単位
        │                         │  ステラジアン                │
        │                         │  ニュートン                  │
        │                         │  パスカル等                  │
        │                         │                              │
        │                         ├─ その他の単位                │
        │                         │  メートル毎秒等              │
        │                         │                              │
        │                         └─ 接頭語,キロ,メガ等         ─┘
        │
        └─ 非SI単位 ─┬─ 用途を限定する単位         ─┐
                     │  海里,アール,もんめ等       │
                     │                              ├─ 法定計量単位
                     ├─ SI単位系にない単位          │
                     │  デシベル,バール等           ─┘
                     │
                     ├─ SI単位系にある量
                     │  気圧,ポアズ,ストークス等
                     │
                     ├─ 繊度,比重その他の物象の状態 ─┐
                     │  の量(17量)                    ├─ 非法定計量単位
                     │  (規制対象外)→使用は可能      │
                     │                                │
                     └─ 使用できない単位             ─┘
```

図 3-1　単位系と法定計量単位

③. 適正な計量の実施

3-1 特定商品に関する問題

【問題 18】 特定商品の政令で定める量目公差に関する記述のうち，正しいものを1つ選べ。

1．ある特定商品の表示量20キログラムの商品に対して，その内容量を計ったら真実の量は20.4キログラムであった。この商品の量目公差は，表示量20キログラムが真実の量20.4キログラムより不足しているため，この20.4キログラムに対して適用される。
2．ある特定商品の表示量20キログラムに対して，その内容量を計ったら真実の量は19.6キログラムであった。この商品の量目公差は，表示量20キログラムが真実の量19.6キログラムを超えているため，この19.6キログラムに対して適用される。
3．量目公差は，特定商品の特定物象の量に応じ，それぞれの表示量に対して絶対値で表される。
4．法定計量単位で示された特定物象の量の特定商品は，計量販売される場合と密封して販売される場合とでは，量目公差の適用に差がある。
5．都道府県知事又は特定市町村の長は，特定商品の販売の事業を行う者が量目公差に関する計量法の規定を遵守していないため，購入する者が害されるおそれがあると認められるときは，当該販売事業者に対し販売中止を命令できる。

解説と正解

　量目公差は表示量が真実の量を超える場合（すなわち販売量が不足）について適用されます。甚だしい過量計量は好ましくないので「勧告」，「公表」の適用があり得ます（法10条（正確な計量））。また量目公差は計る量に応じて絶対値又は一定比率のものとなっており，商品の計量単位に応じて体積基準と重量基準の2種類のものが設定されています。

　都道府県知事又は特定市町村の長は，規定順守の「勧告」，「公表」，「命令」ができますが，販売中止命令は出せません。

正解　2

3. 適正な計量の実施

【問題 19】 特定商品に関する次の記述のうち誤っているものを1つ選べ。

1. 特定商品のうち政令で定める一定の商品の販売の事業を行うものは，その特定物象量に関し密封するときは量目公差を超えないように計量し，表記する者の氏名又は名称及び住所を表記しなければならない。
2. 特定商品の販売の事業を行う者は，特定商品をその特定物象量を法定計量単位により示して販売するときは量目公差を超えないようにその特定物象量の計量をしなければならない。
3. 特定商品のうち政令で定める一定の商品の輸入の事業を行う者は，その特定物象量に関し密封されたその特定商品を輸入して販売するときはあらかじめ量目公差の1.2倍を超えないようにその特定物象量を計量しなければならない。
4. 特定商品の販売の事業を行う者は密封をされた特定商品の容器若しくは包装又はこれらに付した封紙が破棄された場合，あらためて密封された特定商品としてその特定物象量に関し法定計量単位により示して販売するときは，量目公差を超えないようにその商品の特定物象量を計量し表記しなければならない。
5. 特定商品に関して量目公差を超えないように計量する義務は，特定商品を計量するために政令で定める一定の物象の状態に関する量（特定物象量）について課せられている。

解説と正解

量目公差は特定商品ごとではなく，量目管理や商品特性を考慮した商品群に分けられ，これに応じたものが2種類設定されています。また量目公差は「表示量が真実の量を越える場合（正味量が少ない場合）」に対して適用されますが，輸入した商品についてもその適用は同様です。したがって設問3の「輸入商品は量目公差の1.2倍以内に正確計量をする」という記述は規定（法14条1項）に適合しません。

正解 3

【問題 20】 商品の計量に関する次の記述のうち，誤っているものを1つ選べ。

1. 量目公差の違反に対しては，商品を購入する者の利用が害されるおそれがあるときは，都道府県知事又は特定市町村の長は必要な処置の勧告がで

きる。
2．計量法では特定商品を販売する者に対して政令で定める一定の誤差（量目公差）を超えないように計量する義務を課している。
3．特定商品を量目公差を超えないよう計量する義務は特定商品ごとに政令で定める一定の物象の状態の量（特定物象量）について課せられている。
4．量目公差量は，政令で不足量のほか過量についても定められている。
5．特定商品のうち政令で定める一定の商品を，その特定物象の量に関し密封をするときは，量目公差を超えないようにその特定物象の量の計量をして，これをその容器又は包装に表記しなければならない。

解説と正解

　適正な計量の実施を確保するという法目的に照らし，物象の状態の量に対して取引又は証明の場面での「正確計量義務」が法10条（正確な計量）において規定されています。これを基礎に，さらに具体的に設定されているものが「商品量目制度」です。量目公差は表示量が真実の量を超える場合（すなわち不足量）について適用されます。食料品，飲料，文化用品などが「特定商品」として規定されています。具体的には，法12条（特定商品の計量）に基づく特定商品の販売に関する政令3条別表第2において，消費生活関連物質で，消費者の合理的な商品選択が必要な商品に，「量目公差」を守るように販売者に遵守義務を負わせています。

　量目公差は，表示量から真実の量（計量された量）を引いた量の絶対値又は割合が規定以下であることを求めています。真実の量の方が大きい（多い）場合は規制されていません。つまり，片側規制（正味量が少ない場合だけ規制）となっていますが，これは商品量目制度が消費者利益の確保を主たる目的としていますので，量が多すぎることを規制してもそれは販売業者が損をすることですから，そこまで罰則を設けて規制を講じなくてもよいという判断と思われます。

正解　4

【問題　21】次の表は特定商品の販売に係る計量に関する政令3条別表より，商品量目の公差規定を表したものである。空欄を埋めるのに適当なものを1つ選べ。

3. 適正な計量の実施

表示量	誤差
5 g 以上 50 g 以下	4 %
50 g を超え 100 g 以下	【(ア)】
100 g を超え 500 g 以下	2 %
500 g を超え 1 kg 以下	【(イ)】
1 kg を超え 25 kg 以下	1 %

　　(ア)　　(イ)　　　　(ア)　　(イ)　　　　(ア)　　(イ)
1．3 g　　5 g　　2．3 g　　10 g　　3．2 g　　5 g
4．2 g　　10 g　　5．1 g　　10 g

解説と正解

　誤差の規定は各ランクが「連続的に」作られています。（図3-2参照）「5 g 以上 50 g 以下」の誤差率が4％ですので，両ランク共通の50 gが同じ誤差になるために，50 g×4％＝2 gが「50 gを超え100 g以下」の誤差となります。「500 gを超え1 kg以下」の場合も同様です。税金のように少し収入が上がったらいきなり高い税率で取られるというようなことがないのですね。いや，実は税金もそのような不合理なことがないように，工夫されているようです。

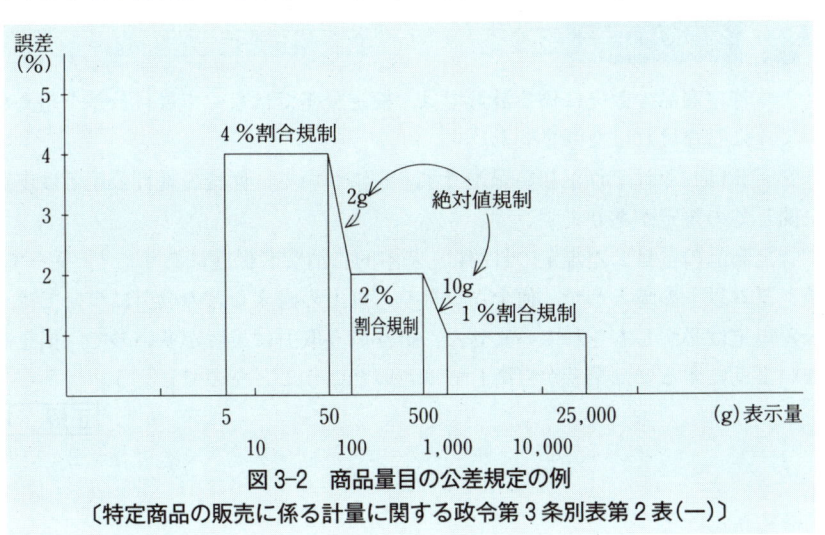

図3-2　商品量目の公差規定の例
〔特定商品の販売に係る計量に関する政令第3条別表第2表(一)〕

正解　4

【問題 22】 量目公差規定のある商品の販売に係る計量に関する次の記述のうち,誤っているものはどれか。

1. 特定商品の販売事業を行う者は,特定商品の特定物象量を,法定計量単位により示して販売する時,検定公差を超えないようにその特定物象量の計量をしなければならない。
2. 特定商品の物象の状態の量の計量においては,正確にその量の計量をするように努めなければならない。
3. 特定商品の販売の事業を行う者は,その特定商品をその特定物象量に関し密封する時は,定められた公差を超えないようにし,かつ,その容器又は包装に経済産業省令に定める方法によりその量を表記しなければならない。
4. 特定商品の輸入販売の事業を行う者は,その特定物象量に関し密封されたその商品を輸入販売する時は,その容器又は包装に定められた公差を超えないように計量されたその特定物象量を,経済産業省令に定めるところにより表記しなければならない。
5. 計量法において,特定商品の量目公差は体積,質量,および,面積に関して定められたものがある。

解説と正解

1:特定商品の販売に係る計量では,検定公差ではなくて量目公差を超えないようにしなければなりません。

2〜5は,それぞれ正しい記述です。5について,面積の量目公差とは皮革に関しての規定があります。

特定商品の量目公差規定の目的は,基本的に消費者保護にあります。従って,数グラム以下の購入とか,何十キログラム以上の購入などの取引については,公差規定は必ずしもされていません。そういう取引は業者が多いので,損をしないようにするには業者が自衛して下さいということなのでしょう。

正解 1

3−2　特定計量器に関する問題

【問題　23】　政令で規定する使用方法等によらなければ取引又は証明における法定計量単位による計量に使用してはならない特定計量器のうち，該当しないものを1つ選べ。
1．皮革面積計
2．温水メーター
3．濃度計（酒精度浮ひょうを除く）
4．積算熱量計
5．ガスメーター

解説と正解

計量器は特定の方法に従って使用，又は特定のもの若しくは一定範囲内の計量に使用しなければ正確な計量のできないような政令指定器種は政令で定める方法により使用しなければなりません（法18条（使用方法の制限））。具体的には下表の5種を規定しています（法18条に基づく施行令9条の別表第2）。

規定する使用方法	政令で定める指定器種
1．計量器の取り付け姿勢	水道メーター，温水メーター及び積算熱量計
2．被計量物の粘度，温度等	燃料油メーター
3．使用最大圧力以内	ガスメーター
4．使用負担範囲内	最大需要電力計，電力量計及び無効電力量計
5．所定の方法による調整	濃度計（酒精度浮ひょうを除く）

正解　1

【問題　24】　次の各計量器のうち，特定計量器を1つ選べ。
1．ます
2．照射線量計
3．時計
4．無効電力量計
5．直尺

解説と正解

特定計量器に関する理解度を問う問題です。法2条4項に，特定計量器が規定されています。ます，照射線量計，時計，直尺などは，当然計量器ではあり

ますが，特定計量器を列挙した法令（施行令2条）に挙げられておらず，実質的には近年製造技術が進んだために，計量技術を管理すべきものとしての特定計量器には入れられていないものです。4の無効電力量計は，施行令2条1項13号に記載されています。

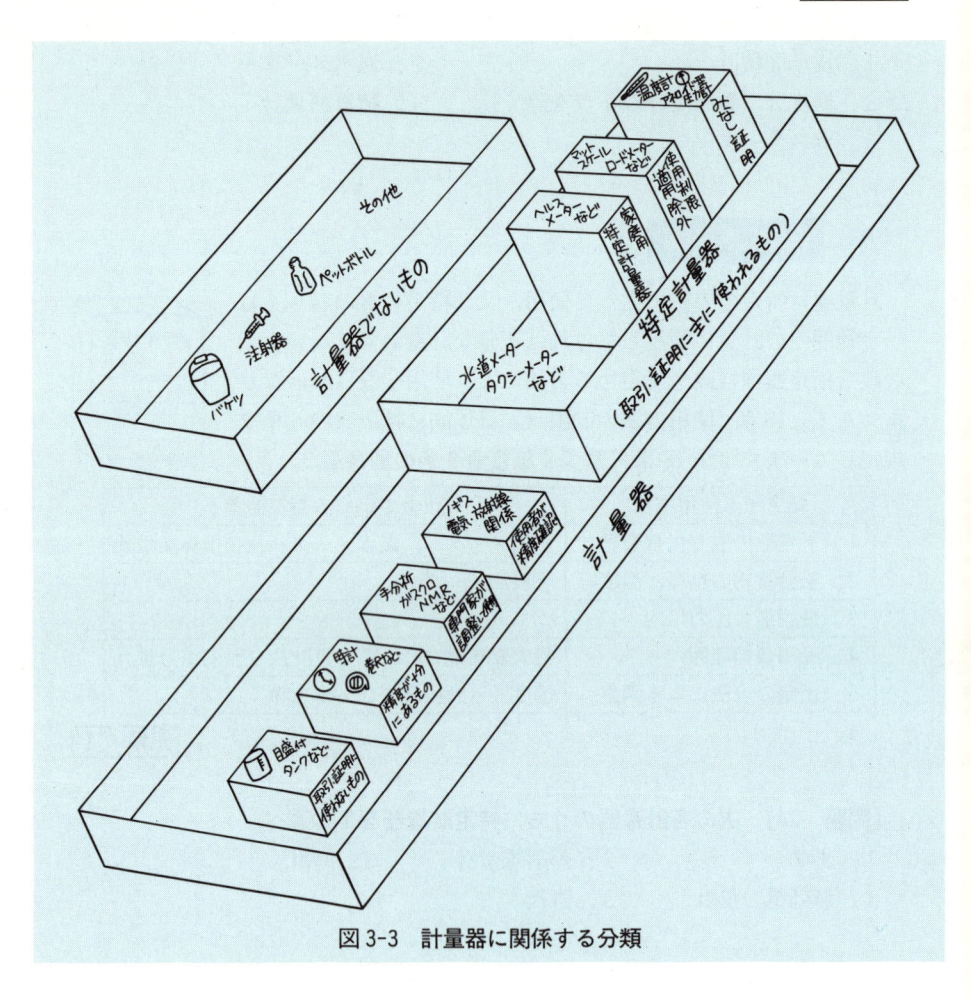

正解　4

図3-3　計量器に関係する分類

3−3 特殊容器に関する問題

【問題 25】 特殊容器に関する次の記述のうち誤っているものを1つ選べ。
1. 外国製造事業者は，特殊容器の製造事業者の指定を受けることができない。
2. 取引又は証明における法定計量単位による計量に使用できる特殊容器は経済産業省令で定める型式に属するものでなければならず，製造事業者が任意に型式を決めることはできない。
3. 特殊容器は透明又は半透明でなければならない。
4. 計量器を使用せず特殊容器で取引ができる物象の状態の量は体積のみである。
5. 特殊容器製造事業者の指定は，工場又は事業場ごとに行われる。

解説と正解

1：法58条によって外国の事業者も受けられることになっています。

2：特殊容器とは経済産業大臣が指定した者（指定製造者）が製造した①一定型式の「透明又は半透明の容器」であって，②その旨の表示を付したものに，③政令で定める一定商品を，④所定の高さまで満たして，⑤体積を法定計量単位により示して販売する場合には，計量取引するときは計量器を使わなければならないという「使用の制限」（法16条）の規定は適用されません（法17条1項）。ただし，④の所定の高さまで満たしていない場合は特殊容器の容量表示によらないことを明確にした上でなければ，その商品を販売してはならないとも規定しています（同条2項）。

3：特殊容器は液体商品の詰め込み高さを外部から規定しているので「透明又は半透明」は必須です（法17条1項）。

4：法17条1項で明白です。

5：法58条により正しい表現です。

正解　1

【問題 26】 特殊容器に関する次の記述のうち正しいものを1つ選べ。
1. 特殊容器の指定製造者は，その工場又は事業場に計量士を置かなければならない。
2. 特殊容器で取引ができる商品には，飲用に供されない商品も含まれてい

3．特殊容器は，透明又は半透明であれば，ガラス製でなくてもよい。
4．特殊容器に政令で定める商品を経済産業省令で定める高さまで満たして販売する際には，その重量を表示しなければならない。
5．外国において製造された特殊容器を輸入した者は，都道府県知事に届け出ることにより，取引又は証明に使用することができる特殊容器としてこれを販売することができる。

解説と正解

1：環境計量士を置く義務は規定されていません。
2：令8条のリストには「液状の農薬」も含まれているので，飲用でないものもあることになります。
3：施行規則27条に「ガラス製」と規定されています。
4：法17条1項によって「重量」は「体積」の誤りです。
5：特殊容器の指定は経済産業大臣が行うもので，「都道府県知事」とあるのは誤りです。

正解　2

【問題　27】　特殊容器に関する次の記述のうち正しいものを1つ選べ。
1．特殊容器は，検定を受け，これに合格したものであれば，取引及び証明における法定計量単位による計量に使用することができる。
2．特殊容器の製造の事業の指定を受けた者は，製造した特殊容器が経済産業省令で定める型式に属し，かつ，その器差が経済産業省令で定める寸法公差を超えないときは，これに表示を付すことができる。
3．指定を取り消された製造者は，その取り消しの日から6ケ月を経過しないと再び指定を受けることはできない。
4．外国において日本に輸出する特殊容器の製造の事業を行う者も経済産業大臣が行う特殊容器の製造の事業を行う者の指定を受けることができる。
5．特殊容器は透明なものでなければならない。

解説と正解

1：特殊容器には検定制度はありません。法17条1項に定める場合だけ取引

③. 適正な計量の実施

及び証明における計量に使用できます。

2：「寸法公差」という用語はありません。「容量公差」が使われています。

3：法60条1項2号で，「6ケ月」は「1年」の誤りであることが分かります。

4：法58条で「外国において本邦に輸出される特殊容器の製造の事業を行う者（外国製造者）の申請により，経済産業大臣がその工場又は事業所ごとに行う」とされています。

5：外から液面が分かるような半透明のものでもよいので，「透明なものでなければならない」は言い過ぎです。

正解　4

【問題　28】　特殊容器に関する次の記述のうち誤っているものを1つ選べ。
1．特殊容器で取引ができる商品には，「ウィスキー」や「ブランデー」，「しょうちゅう」などの酒類商品も含まれている。
2．特殊容器で取引を行うことが認められた商品を特殊容器により販売するときは経済産業省令で定める高さまで満たしていない場合にはその商品を販売してはならない。
3．特殊容器製造事業者の指定は特殊容器の製造の事業を行う者の申請によりその工場又は事業所ごとに経済産業大臣が行うことになっていたが，平成12年4月からは都道府県知事の自治事務（委任）として規定された。
4．特殊容器の製造の事業に係る指定の基準の1つは，特殊容器の製造の方法及び特殊容器の検査の方法がそれぞれ経済産業省令で定める基準に適合することである。
5．特殊容器は，透明であれば，プラスティック製であってもよい。

解説と正解

1：令8条のリストには，次のような18商品が記載されています。①牛乳（脱脂乳を除く），加工乳及び乳飲料，②乳酸菌飲料，③ウスターソース類，④しょうゆ，⑤食酢，⑥飲料水，⑦発泡性の清涼飲料，⑧果実飲料，⑨牛乳又は乳製品から作られた酸性飲料，⑩ビール，⑪清酒，⑫しょうちゅう，⑬ウィスキ

一，⑭ブランデー，⑮果実酒，⑯みりん，⑰合成清酒，⑱液状の農薬。

　2：法17条2項に記載されています。

　3：法58条の指定について，法59条には指定の申請に必要な項目が記載されています。平成11年7月公布の法改正によって都道府県知事の自治事務(委任)とされています。(法168条の8，施行令41条1項)

　4：法60条2項にあります。特殊容器の①製造の方法と②検査の方法について基準に合致することが必要です。この①と②は対にして覚えておいて下さい。

　5：プラスチック製容器については，外力による変形や，温度変化による体積誤差が大きいことから現状では認められていません。

　法律の学習というものは，それまでやられたことのない方にとっては，なかなかとっつきにくいものと思います。

　確かに，分野が違うと常識も結構違うものですね。昔著者の部下の一人で物理学科卒の秀才が新入社員の頃，化学屋の世界では当たり前のマグネット・スターラー・チップ(磁石による回転攪拌子)が「何も触っていないのに回りだした」と言ってめずらしがっていました。私は，「磁石などは，むしろ化学屋より物理屋さんの方が得意な分野なのに」と思ったものです。

正解　5

図3-4 特殊容器

3−4 定期検査に関する問題

【問題 29】 定期検査に関する次の記述のうち,誤っているものを1つ選べ。
1．定期検査の対象となる特定計量器は質量計と皮革面積計である。
2．定期検査の周期は対象となる特定計量器について一律2年である。
3．定期検査を受ける特定計量器に申請時についていた検定証印が付されていないときは不合格である。
4．定期検査の対象である特定計量器の合格条件の1つは器差が使用公差を超えないことである。
5．適正計量管理事業所の指定を受けた者は特定計量器ごとに政令で定める期間に1回経済産業省令で規定する計量士に当該事業所において使用する特定計量器が定期検査の合格条件に適合するかどうかを検査させなければならない。

解説と正解

1：施行令第10条にその通り定められています。
2：法21条（定期検査の実施期間等）1項に関する政令（施行令11条）で質量計は「2年」，皮革面積計は「1年」と規定してあって一律2年ではありません。
3：および4：法23条参照：合格の条件は①検定証印等が付されている②性能が技術上の基準に適合③器差が使用公差を超えない，の3条件です。
5：適正管理事業所の検査義務に関する法19条2項より正しい。 正解 2

【問題 30】 定期検査に関する次の記述のうち誤っているものを1つ選べ。
1．定期検査の対象となる特定計量器は非自動はかり，分銅及びおもりに限定されている。
2．都道府県知事又は特定市町村の長が定期検査を行おうとするとき，その区域，対象となる特定計量器，実施の期日及び場所などをその期日の1ヶ月前までに公示するものとする。
3．都道府県知事又は特定市町村の長は，指定定期検査機関に定期検査の業務の全部を行わせることができる。
4．定期検査に合格しなかった特定計量器に検定証印等が付されているとき

は，その検定証印等を除去しなければならない。
5．特定計量器の種類に応じて定められた計量士がその特定計量器の検査を行い表示を付したときは，これを使用する者がその事業所の所在地を管轄する都道府県知事又は特定市町村の長に定期検査の実施期日までにその旨を届け出たときは定期検査を受ける必要はない。

解説と正解

1：対象となる特定計量器は，①質量計（非自動はかり，分銅及びおもり）と，②皮革面積計になっています（法19条に基づく施行令10条）ので，誤りです。
2：定期検査の実施に関する公示についての法21条2項より正しい。
3：指定定期検査機関に関する法20条2項より正しい。
4：法24条3項（定期検査証印等）に設問と同文が書かれています。
5：法25条（定期検査に代わる計量士による検査）に規定されている代検査のことです。

正解　1

【問題　31】　一般の特定計量器が定期検査を受ける際において，合格条件に含まれないものはどれか。
1．その性能が経済産業省令で定める技術上の基準に適合すること
2．その誤差が経済産業省令で定める使用公差を超えないこと
3．検定証印が付されていること
4．基準適合証印が付されていること
5．比較検査証印が付されていること

解説と正解

定期検査の合格条件は，法第23条第1項第1～3号に示されていて，その第1号は「検定証印等が付されていること」となっています。この「検定証印等」とは，検定証印およびそれと同等の証印ということになりますが，比較検査証印は国税庁等がアルコール濃度の計量に用いる「酒精度浮ひょう」に限り対象となるものですから，本問の「一般の特定計量器」には対応しません。従って，5は一般の特定計量器の定期検査の合格条件には含まれないことになり

③. 適正な計量の実施

ます。
　1および2が，それぞれ第2号および第3号になります。

正解　5

3−5　指定定期検査機関に関する問題

【問題 32】 指定定期検査機関の指定の要件に関する次の記述のうち誤っているものを1つ選べ。
1．指定を取り消された日から2年を経過しないものは，指定定期検査機関の指定を受けることができない。
2．法人にあっては，その役員又は構成員の構成が，定期検査の公正な実施に支障を及ぼすおそれがない法人であること。
3．検査業務を適確かつ円滑に行うに必要な経理的基礎を有する法人であること。
4．経済産業省令で定める器具，機械又は装置を用いて定期検査を行う。
5．定期検査の業務以外の業務を行っていないこと。

解説と正解

1から4については，法28条に規定されています。
2の文章でいう「法人」は，以前は民法34条で規定されている法人だけでしたが，平成11年に公布された改正計量法の法28条ですべての法人に緩められました。それまでは，「民法34条の規定により設立された法人であって，」という決まりがありましたが，いわゆる規制緩和の流れに沿って改正されました。民法34条は公益法人を規定しています。
5に関しては，指定定期検査機関は行政庁の指定を受け，公的な「定期検査」として定期検査業務の全部又は一部を実施することになります。そのため指定の基準として「検査業務以外の業務を行っている場合にはその業務を行うことによって定期検査が不公正になるおそれがないものであること」（同条4号）という規定を置いていて，指定を受ける法人が他の業務も行っている場合も構わないこととしています。従って，定期検査業務が円滑公正に執行できる条件があればよいことになっています。

正解 5

【問題 33】 指定定期検査機関に関する次の記述のうち誤っているものを1つ選べ。
1．経済産業大臣は自ら指定する指定定期検査機関に定期検査を行わせることができる。

③. 適正な計量の実施

2．指定定期検査機関は，定期検査を実施するに当たり，経済産業省令に定める器具，機械，または，装置を用い，かつ，経済産業省令に定める条件に適合する知識経験を有する者に定期検査を実施させなければならない。
3．従来は，民法34条の法人だけが指定定期検査機関になることができたが，最近の法改正で一般の法人が申請できるようになった。
4．指定定期検査機関は，検査義務に関する規程について都道府県知事又は特定市町村の長の認可を受けなければならない。
5．経済産業省令で定める条件に適合する知識経験を有する者が定期検査を実施し，その数が経済産業省令で定める数以上であること。

解説と正解

1：指定の主体は定期検査主体（都道府県知事又は特定市町村の長）で，経済産業大臣は誤りです。

法20条（指定定期検査機関）1項に，「都道府県知事又は特定市町村の長は，その指定する者に定期検査を行わせることができる。」とあります。同条2項には，「指定定期検査機関にその定期検査の業務の全部又は一部を行わせることとしたときは，当該検査業務の全部又は一部を行わないものとする」ともあり，この条文の主旨もよく試験で問われています。

2：法28条1号および2号の規定にある通りです。

3：指定定期検査機関の指定申請，および，指定基準として民法34条の規定により設立された公益法人であることとされていましたが，民間活力の有効利用と規制緩和の流れに従って一般の法人でも申請できるようになりました。(前問の2と同様です)

4：法30条1項に定められている業務規程です。

5：法28条に書かれています。

正解　1

④. 正確な特定計量器の供給

4－1　計量器の製造に関する問題

【問題　34】　特定計量器の製造の事業に関する次の記述のうち誤っているものを1つ選べ。

1．届出製造事業者又は届出修理事業者は特定計量器の修理をした際は，経済産業省令で定める基準に従って当該特定計量器の検査を行わなければならない。
2．特定計量器に該当するものであっても，自己が取引又は証明以外の用途にのみ使用する物であればその届出は必要ない。
3．特定計量器の製造の事業の届出をした者は，その届出をした特定計量器についての修理の事業を行うときは修理の事業を行う旨の届出をする必要はない。
4．特定計量器の製造の事業を行おうとする者は，事業の区分に従い，都道府県知事に届け出なければならない。
5．特定計量器の製造の事業を行おうとする者が届け出る事項は氏名・住所，事業の区分，工場の名称及び所在地，検査のための器具等の名称，性能，数などである。

解説と正解

1：法47条です。2：法40条にその旨が記載されています。3：法46条1項の本文にあります。4：事業を行おうとするときの届出先は経済産業大臣とされています。届出の経由窓口として，電気計器以外の場合は都道府県知事が規定されています（法第40条（事業の届出））。5：法40条1項1～4号に列挙されています。

正解　4

【問題　35】　特定計量器の製造に関する次の記述のうち，誤っているものを1つ選べ。

1．届出製造事業者は届け出た事業の区分に変更があったときは届出書記載事項の変更届を経済産業大臣に提出しなければならない。

④. 正確な特定計量器の供給

2．届出製造事業者が当該事業の区分に係る特定計量器の修理の事業を行う場合はその届出を要しない。
3．特定計量器の製造の事業の届出を行った者は，計量法によりその製造した特定計量器の検査を義務づけられている。
4．製造事業の届出には有効期間の定めはない。
5．特定計量器の修理の届出をした者が，有効期間のある特定計量器であって一定期間の経過後修理が必要なものを経済産業省令で定めた基準により修理したときは，これに修理した年を表示することができる。

解説と正解

1：製造事業の区分は，省令（施行規則5条）により41区分に定められ，区分ごとに経済産業大臣に届け出ることとされています（法40条1項）ので，変更ではなくて新たな届出を必要とします。2：届出製造業者が当該事業区分の計量器を修理するときはその届出は要しません（法46条1項）。3：法43条に検査義務規定があります。4：設問のとおりですが，平成4年5月の法改正前の製造事業登録制においては10年という期間を定めていました。5：法50条1項に書かれています。　　　　　　　　　　　　　　　　　　　正解　1

【問題　36】特定計量器製造に関する次の記述のうち，正しいものを1つ選べ。

1．届出製造事業者は，特定計量器を製造した際には，経済産業省令で定める基準に従って検査を行わなければならないが，これを改造した場合には検査の義務はない。
2．届出製造事業者は法人名を変更する場合に，その地位を継承することはできないため，新たに届出製造事業者になるための届出を行う必要がある。
3．届出製造事業者は，政令で定める特定計量器の検査のための器具や機械を自ら有しなければならない。
4．届出製造事業者が，事業を廃止する場合は，その旨を都道府県知事または特定市町村の長に届け出なければならない。
5．特定計量器の製造を行おうとする者が製造を届ける際に，年間製造予定台数まで届ける必要はない。

> **解説と正解**

　1：改造は法2条5項で製造又は修理のいずれかに含まれるので，法43, 47条によって，検査義務を有します。2：届出製造事業者の法人名は変更届だけでよく，新たな事業届出の必要はありません。3：製造事業の届出に係わる検査設備は，政令ではなくて省令（法40条1項ただし書き）で定められています。内閣の出す政令と各省の出す省令とは違うことになっていますので，お気をつけ下さい。4：製造事業廃止の届出先は，法45条により経済産業大臣です。5：法40条にあります。

正解　5

4−2 計量器の修理に関する問題

【問題 37】 計量器の修理に関する次の記述のうち，正しいものはどれか。

1．届出製造事業者は特定計量器を製造したときは経済産業省令で定める基準に従って当該特定計量器の検査を行わなければならないが，これを改造したときは検査の義務はない。
2．修理事業を届け出るには修理する計量器の種類に応じた計量士が置かれていなければならない。
3．届出修理事業者が届け出に係る特定計量器について簡易修理をした場合でその修理をした特定計量器の性能が技術上の基準に適合し，かつその器差が使用公差を超えないときは付されている検定証印などを除去しなくともよい。
4．修理の事業を行おうとする者は，全計量器を一区分として工場又は事業場の所在地を管轄する都道府県ごとにその知事に届け出なければならない。
5．修理事業者は自己が修理する計量器の形式について経済産業大臣の承認を受けることができる。

解説と正解

1：「改造」には製造，修理の何れかが含まれますが，これを行ったときは当然に検査を必要とします。
2：事業の届出に関する規定が法46条にありますが，計量士を届出る必要はありません。
3：法49条に規定があります。
4：やはり，法46条ですが，全計量器を一区分にする必要はありません。
5：法76条（製造事業者に係る型式の承認）。計量器の型式承認を受けることができるのは，製造事業者と輸入事業者だけです。

正解 3

【問題 38】 計量器の修理の事業に関する次の記述のうち，正しいものはどれか。

1．届出製造事業者は届出に係る特定計量器の修理の事業を行おうとするときは修理をしようとする事業所の所在地を管轄する都道府県知事に提出しなければならない。

2．型式承認の表示が付されている特定計量器は改造又は修理をしてもその表示の除去を要しない。
3．修理事業者はその届出をした特定計量器の修理を行ったときは，それに付されている検定証印を必ず除去しなければならない。
4．届出製造事業者は自己の届出に係る特定計量器の修理の事業を行おうとするときは特定計量器の修理の事業の届出を必要としない。
5．届出修理事業者は車両等装置用計量器について軽微な修理をしたときは，付されている装置検査証印を除去しなければならない。

解説と正解

1：製造事業者は修理に係る設備や技術も当然備えていると考えられますので，改めての届出は必要ありません（法46条1項）。

2：法49条（検定証印等の除去）2項。型式の承認を受けている特定計量器を改造修理した場合はその表示を除去しなければなりません。

3：修理を行ったときは，検定証印等が付されているものはこれを除去することを原則としています（法49条1項）。その例外として届出製造・修理事業者及び適正計量管理事業所が行う省令で定める「一定範囲の修理」の場合は，性能や器差が所定の基準に適合していれば，除去しなくてもよいことになっています（同条1項）。

4：法46条第1項のただし書きの通りです。

5：省令で定める範囲の「軽微な修理」ならば誰が行ってもよく，証印の除去は必要ありません（法46条1項）。

正解　4

図3-5　修理済表示

④. 正確な特定計量器の供給

4－3　計量器の販売に関する問題

【問題 39】 計量器の販売の事業に関する次の記述のうち，誤っているものを1つ選べ。

1．販売事業者は届出に係る事業を廃止したときは延滞なく，その旨を都道府県知事に届けなければならない。
2．経済産業大臣は販売の事業の届出が必要な特定計量器について販売の事業を行う者が遵守すべき事項を定めることができる。
3．販売事業者は届出に係る特定計量器の修理の事業を行おうとするときは，修理の事業の届出を必要としない。
4．輸出のためにガラス製体温計及び抵抗体温計の販売の事業を行おうとする者は販売の事業の届出を必要としない。
5．都道府県知事は販売事業者が経済産業省令で定める事項で遵守しないため，特定計量器に係る適正な計量の実施の確保に支障を生じていると認めるときは，当該販売事業者に対しこれを遵守すべきことを勧告することができる。

解説と正解

1：法51条における法45条（廃止の届出）に規定された「準用」に当たります。
2：遵守すべき事項は，法52条に基づく施行規則19条に「知識の習得と購入者への必要な説明」とされています。
3：販売事業者が修理事業をする際には届出が要ります。製造事業・修理事業の届出者が一定範囲の販売を行うことは可としています。また，製造事業者が修理を行う場合にも新たに修理事業者の届出を必要としていません。
4：法51条カッコ書きに，届出の義務は「輸出のための販売を除く」としてあります。
5：法52条2項に規定があります。

正解　3

【問題 40】 計量器の販売の事業に関する次の記述のうち，誤っているものを1つ選べ。

1．販売の事業の届出が必要な特定計量器の事業区分は，質量計のみである。

2．経済産業大臣は政令で定める特定計量器の販売にあたりその販売事業を行う者（以下「販売事業者」という）が遵守すべき事項を定めることができる。
3．届出製造事業者は，届出に係る特定計量器であって，そのものが修理したものの販売の事業の届出は必要としない。
4．すべての特定計量器の輸出のための販売については販売の事業の届出の必要はない。
5．アネロイド型血圧計の製造の届出をした者はアネロイド型血圧計であれば自己が製造したものでなくても販売の事業の届出をしないでこれを販売することができる。

解説と正解

1：販売事業の届出の対象は，非自動はかり（家庭用特定計量器を除くもの），および，分銅・おもり（略称，質量計）です（法51条（事業の届出）に基づく施行令13条，施行規則16条）。体温計（ガラス製体温計および抵抗体温計）および血圧計（アネロイド型）は，販売事業の届出は不要ですが，法57条，令15条において検定証印の付されたものだけが販売又は譲渡されるよう「譲渡等の制限」がなされています。

2：法52条（遵守事項）に基づく施行規則19条にあります。

3：法51条1項に，「届出製造事業者又は届出修理事業者は，届出に係る特定計量器であって,その者が修理したものの販売の事業の届出は必要としない」と規定されています。

4：やはり，法51条カッコ書きの通りです。

5：届出製造事業者は修理については自己の届出に係る特定計量器一般を修理することができますが，販売については「自己が製造又は修理したものを販売する場合」に限って届出の必要がないものと規定されています（法51条）。

正解　5

4－4　家庭用特定計量器等に関する問題

【問題　41】　家庭用特定計量器に関する次の記述のうち，誤っているものを1つ選べ。

1．家庭用特定計量器に係る届出製造業者は輸出のため当該特定計量器を製造する場合において，あらかじめ都道府県知事に届け出たときは，経済産業省令で定める表示を当該特定計量器に付さなくともよい。
2．家庭用特定計量器の販売の事業を行おうとする者は事業の区分に従い，販売しようとする営業者の所在地を管轄する都道府県知事に届出をしなければならない。
3．家庭用特定計量器の届出製造事業者は，当該計量器を製造するときは経済産業省令で定める技術上の基準に適合するようにしなければならない。
4．家庭用特定計量器は，政令で「非自動はかり」のうち①ヘルスメーター（ひょう量 20 kg を超え，200 kg 以下）②ベビースケール（ひょう量 20 kg 以下）③キッチンスケール（ひょう量 3 kg 以下）に限定している。
5．家庭などで用いられるガラス製体温計は，家庭用特定計量器に該当しない。

解説と正解

1：法 53 条各項ただし書きに書かれています。
2：家庭用特定計量器は取引又は証明の業務用に使われる可能性は小さく，個々の計量器にはマークが付されていることなどから，販売事業の届出をすべき器種の対象から外されていますので，届出は不要です（法 51 条（事業の届出）に基づく施行令 13 条）。
3：法 53 条（製造等における基準適合義務）1 項の条文です。
4：これらは施行令 14 条で定められており，多くは取引又は証明には用いられないので，一般家庭では検定という精度確認の制度はありませんが，消費生活における役割も大きいので，経済産業省令で定める表示又は検定証印等が付してないものは販売又は販売目的で陳列することは許されません。
5：法 57 条で規定されている譲渡等の制限は，施行令 15 条でその対象として，ガラス製体温計，抵抗体温計，アネロイド型血圧計が定められています。

正解　2

第3編　計量関係法規

【問題　42】　次の法律条文における【　】内に入る言葉は下に示す組合せのうちどれか。1つ選べ。

体温計その他政令で定める特定計量器の製造，修理又は【 (ア) 】の事業を行う者は，検定証印等が付されているものでなければ，当該特定計量器を【 (イ) 】し，貸し渡し，又は修理を委託した者に引き渡してはならない。ただし，輸出のため当該特定計量器を【 (イ) 】し，貸し渡し，又は引き渡す場合において，あらかじめ，【 (ウ) 】に届け出たときは，この限りでない。

	(ア)	(イ)	(ウ)
1.	輸出	販売	経済産業大臣
2.	輸入	譲渡	特定市町村の長
3.	輸入	譲渡	都道府県知事
4.	輸入	販売	経済産業大臣
5.	輸出	販売	都道府県知事

解説と正解

法57条の条文です。体温計等は一般家庭で広く使用されており，人の生命や健康維持に大きな関係を持つので，不良品の流通を防ぐ必要があります。従って，通常の計器のように取引又は証明に使用する場合でなくても，「購入段階前に全品を検定することが必要」とされています。

正解　3

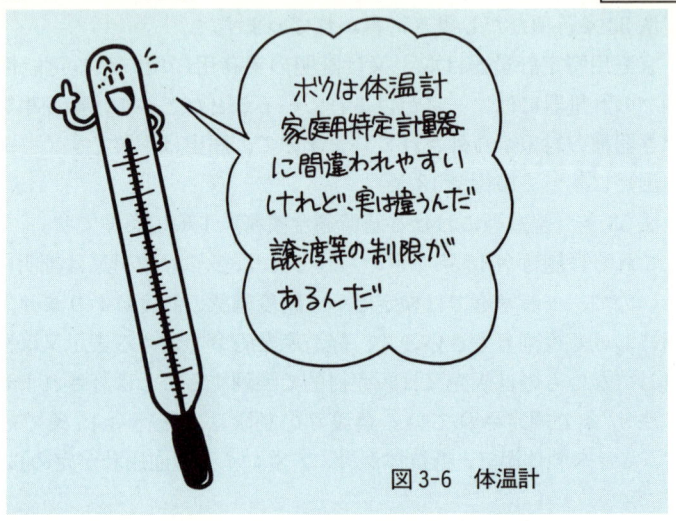

図3-6　体温計

5. 検定制度等

5－1 検定制度に関する問題

【問題 43】 計量器の検定に関する次の記述のうち誤っているものはどれか。

1．質量計であって取引又は証明以外に使用されるものは検定を受けなくてもよい。
2．型式承認の対象となる計量器であっても型式の承認を受けないで検定を申請することができる。
3．変成器付電気計器試験の合格条件は変成器の構造及び誤差が経済産業省令で定める基準に適合し，かつ電気計器が当該変成器とともに使用される場合の誤差が経済産業省令で定める公差を超えないことである。
4．検定に合格するためには，その器差が経済産業省令で定める使用公差を超えないものでなければならない。
5．検定における器差の検査は，基準器検査に合格した計量器（経済産業省令で定める特定計量器の器差については，経済産業省令で定める標準物質）を用いて行う。

解説と正解

1：使用の制限について定める16条によって正しい表現です。

2：法76条（製造事業者に係る型式の承認）及び法78条（指定検定機関の試験）に書かれています。

3：変成器付計器検査の合格条件を定める法74条1項によって正しい記述です。

4：法71条（合格条件）1項を参照下さい。器差が政令で定めてある「検定公差」を超えないことが条件となっています。検定公差とは，該当計量器が検定合格となるための「器差」の許容最大値のことです。設問中の使用公差とは，使用段階にある計量器について許容される誤差のことですが，概ね検定公差の1.5～2.0倍とされています。定期検査では，「使用公差」を問題にしますので，ご注意下さい。（法23条1項3号）

5：法71条3項の記述にあります。

正解　4

【問題　44】　検定等に関する次の記述のうち，誤っているものを1つ選べ．
1．検定についての有効期間が定められている特定計量器の検定証印の有効期間は短いもので1年，長いもので7年である．
2．検定に合格しなかった特定計量器に検定証印等が付されているときは，その検定証印等を除去する．
3．特定計量器の検定の合格条件は，その構造が経済産業省令で定める技術上の基準に適合し，かつその器差が経済産業省令で定める検定公差を超えないことである．
4．タクシーメーターの装置検査については，経済産業省令で定める技術上の基準に適合したときは合格とし，装置検査証印を付す．
5．定期検査の対象となる特定計量器の検査証印にはその検定を行った年月が表示される．

解説と正解

　1：特定計量器のうち一定の期間を経過すると構造や器差が変化すると検定の合格条件を満たさなくなるものは一定の有効期間後，取引又は証明に使用するには再検査が必要です．検定証印には期限満了の年月を表示します（法72条2項）．規制対象は9種類区分20器種となっていて，器種ごとに2年から10年の有効期限が定められています．例えば，水道メーター・温水メーター（8年），ガスメーター・電力量計（特殊なものを除き10年），騒音計（5年），振動レベル計（6年），ガラス電極式水素イオン濃度検出器（2年），同指示計（6年）などのようになっています．
　2：検定証印等の除去を定める法72条4項の条文によって正しい内容です．
　3：法71条1項そのものであり，この条文の『技術の基準』と『器差』という二つの概念は非常に重要ですので，対にしてよく覚えておいて下さい．時には『構造』と『器差』など，形を変えていろいろな局面で頻出しています．
　4：装置検査証印を定める法75条2項によって正しい記述になっています．
　5：検定証印について定めている法72条3項により正しい文章です．

正解　1

5. 検定制度等

【問題 45】 検定制度に関する次の記述のうち，正しいものを1つ選べ。
1．特定計量器の検定は，個々の計量器ごとに行うのではなく，経済産業省令に基づきロットごとに行う。
2．検定に合格した特定計量器には，検定証印を付すとともに，器差を記載した成績表が交付される。
3．検定に合格したすべての特定計量器の検定証印には，その検定を行った年月を表示する。
4．検定に関する手数料は納付しなくてもよいことになっている。
5．特定計量器の中には，検定を受けなくてもよい特定計量器もある。

解説と正解

1：法71条に規定する検定の方法はロットごとではなく，個々の計量器について合格条件に適合するかどうかを検査します。「技術上の基準」は計器ごとにはなりませんが，「器差」は個々の計器に対応します。

2：法72条によって検定証印を付しますが，成績表の定めはありません。

3：すべての特定計量器ではなく，定期検査や計量証明検査の対象器種では検定年月を付します（法72条3項）が，その他の経年変化の恐れのある器種については，機種を特定して一定期間以内に再検定をさせるため，有効期間の満了年月を付す（法72条2項）ことになっています。

4：法158条3号によって実費を勘案した検定手数料の納付が定められています。

5：法16条1項本文カッコ書によって，政令で定める特定計量器は使用の制限規定が適用されません。従って，その特定計量器は検定を受ける必要がありません。マットスケール，ロードメーター，自重計，燃料油メーター（一定粘度の油の計量），ガスメーター（特殊用途），排水・排ガスに係る積算体積計，流量計などがあります。

正解 5

【問題 46】 基準適合証印が付されていない特定計量器の検定などに関する次の記述のうち正しいものを1つ選べ。
1．法定計量単位による計量に使用される振動レベル計は検定を受けなければならない。
2．法定計量単位による計量に使用される特定計量器はすべて検定を受けな

ければならない。
3．法定計量単位による計量に使用される化学用体積計は検定を受けなければならない。
4．法定計量単位による計量に使用される排ガス流速計あるいは排水流速計は検定を受けなければならない。
5．法定計量単位による計量に使用される巻尺は検定を受けなければならない。

解説と正解

1：振動レベル計は検定対象の特定計量器に当たるので，経済産業大臣又は指定検定機関の行う検定を受けなければなりません。

2：特定計量器であっても，検定を行わないものや計量法又は他法令に基づいた検査を受けたもの（法16条1項に基づく令5条）は該当しません。

3：化学用体積計は現状では，「検定等」の対象にはなっていません。

4：排ガス流速計や排水流速計，あるいは，排ガス流量計や排水流量計は特定計量器です（令5条）が，計量器の性質や実態等から「検定対象」とされていません。前問の5と同様です。

5：長さ計（巻尺，直尺）は特定計量器でありません（令2条）。技術の進歩のために検定等の制度の必要がないとされているものです。他に，時計，ます（升），照射線量計などがあります。　　　　　　　　　　　　　正解　1

【問題　47】　特定計量器の検定等に関する次の文章において，誤っているものを選べ。
1．検定に合格しなかった特定計量器に基準適合証印が付されているときは，その基準適合証印を除去する。
2．非自動はかりの検定証印には，その検定を行った年月を表示する。
3．ガラス電極式水素イオン濃度検出器に付される検定証印には，有効期間が付されることになっている。
4．型式の承認に関する有効期間は，全ての特定計量器で一律に5年となっている。
5．車両等装置用計量器（タクシーメーター）に付される装置検査証印の有効期間は1年である。

5. 検定制度等

解説と正解

1：検定証印等が付いていて，検定に合格しなかった特定計量器の検定証印等は除去することになっています。基準適合証印は，検定証印と同等の効力を有し，「検定証印等」に含まれるものですので，正しい記述です。（法72条4項）

2：法72条3項の規定の通りで正しい文章です。

3：設問の通りです。（法72条2項で委任する施行令18条別表3）

4：以前は5年の有効期間が定められていましたが，現在では一律に10年となっています。技術の進歩に合わせた規制の緩和に当たるものでしょう。（法83条1項で委任する施行令23条）

5：これも設問の通りです。タクシーメーターのように，一種の積算計は精度の維持が難しいので，相対的に短い有効期間となっています。（法75条3項で委任する施行令21条）

正解　4

特定計量器であっても検定を受ける必要のないものもあるんだ。

5－2　型式承認に関する問題

型式承認は，あらかじめ特定計量器の型式について綿密な試験を行って，その構造が一定の基準に適合すれば，それをもって，個々の特定計量器の検定が制度として簡略に運用できるように定められた制度です。特定計量器の個別計器についての試験は数も多くて煩雑になりますし，耐久性試験や破壊試験については全数検定が原理的にも不可能ですので，この「型式の承認」という制度が考えられたわけです。

個別の特定計量器を対象とする「検定制度」などとの関係にもよく注意して学習していただけるとよいと思います。

【問題　48】計量器の「型式承認」に関する次の事項のうち正しいものを1つ選べ。
1．型式の承認の基準は承認の申請に係る特定計量器の構造が経済産業省令で定める技術上の基準に適合し，かつその器差が経済産業省令で定める検定公差を超えないことである。
2．承認に係る型式に属する特定計量器は，その構造が経済産業省令で定める技術上の基準に適合するとみなされ，検定を受けることなく取引又は証明における法定計量単位による計量に使用できる。
3．承認製造事業者がその承認に係る型式の承認に属する特定計量器を輸出する場合，あらかじめ都道府県知事に届け出たときは当該特定計量器を製造技術基準に適合させることを要しない。
4．承認製造事業者は承認に係る型式に属する特定計量器を製造したときは経済産業省令で定めるところにより，これに表示を付すると共に当該特定計量器に型式の承認を受けた年月を表示しなければならない。
5．届出製造業者は特定計量器のすべての型式について経済産業大臣，日本電気計器検定所又は指定検定機関の承認を受けることができる。

解説と正解

1：型式承認基準は「構造」要件の適合のみとなっています。「型式承認」は，個別の計器についての規定ではないからです。（法77条2項）。
2：法71条（合格条件）に規定される検定の合格条件について，型式承認さ

れた特定計量器の構造検査は適用除外されて運用を簡略化できるようになっていますが，器差は検定の必要があります。また，法16条1項の使用制限の適用除外にもならないので，検定は受けなければなりません。ただし，この型式の承認を受けた特定計量器を，指定製造事業者が製造し，定められた基準適合義務（法95条）の検査を行って，定められた表示（法96条1項の基準適合証印）が付されているときは検定を受けることを要しません（法16条1項2号ロ）。

3：法80条（承認製造事業者に係る基準適合義務）のただし書き前半にあります。

4：法50条（有効期間のある特定計量器の係る修理），72条（検定証印）2項，84条（表示）2項などを参照下さい。型式承認の表示に「その表示を付した年」を表示しなければならないと限定されていますが，承認を受けた年月を表示しなければならない旨の規定はありません。

5：型式の承認は，経済産業大臣と日本電気計器検定所だけです（法76条1項）が，指定検定機関は，当該計量器の検定を行っている場合に限り承認を代わって行うことができます。しかし，すべての型式についての承認はできません。（指定検定機関の試験に係る法78条）

正解　3

【問題　49】　型式の承認に関する次の記述のうち，誤っているものを1つ選べ。
1．型式承認の有効期間は，すべての特定計量器について10年である。
2．承認外国製造事業者は，その承認に係る型式に属する特定計量器を本邦に輸出するときは当該特定計量器が製造技術基準に適合するようにしなければならない。
3．型式承認を受けている特定計量器は型式承認の有効期間が経過した後は取引又は証明に使用することはできない。
4．届出製造事業者は製造する特定計量器の型式について，政令で定める区分に従い，経済産業大臣又は日本電気計器検定所の承認を受けることができる。
5．検定対象の特定計量器については原則として型式承認が導入される。

解説と正解

1：法83条（承認の有効期間等），施行令23条にあります。平成10年3月

の政令で改訂されました。それ以前は，5年だったので混同しないようにして下さい。従来のテキストなどには，5年と書いてあるかと思いますが，10年が正しいのでご注意下さい。

2：外国製造事業者の係る形式の承認等に関する法89条2項の規定です。

3：型式承認期間の設定は，①製造しない型式の整理を図る。②更新を高水準のものへの移行の契機とするなどから設けられたものです。製造事業者には簡便な更新手続きを用意していますが，仮に有効期間を経過したとしても製造品に新たにその表示ができないだけであり，失効前に法に従ってそれぞれに付された表示は有効のものとして取り扱われます。

4：法76条（製造事業者に係る形式の承認）1項の記述です。

5：計量法では検定対象のすべての特定計量器をこの型式承認の対象とすることとしており，公的検定の免除となります。「指定製造事業者制度」と密接な関連を有する制度となっています。

正解　3

【問題　50】　型式の承認に関する次の記述のうち誤っているものを1つ選べ。

1．承認製造事業者がその承認に係る型式の承認に属する特定計量器を試験的に製造する場合には，当該特定計量器を製造技術基準に適合させることを要しない。
2．特定計量器の輸入の事業を行う者は，その輸入する特定計量器について型式承認を受けることができる。
3．承認を取り消され，その取り消しの日から1年を経過しないものは承認を受けることができない。
4．型式承認を受けた特定計量器を製造するときは，その特定計量器の製造技術基準に適合するようにしなければならない。
5．型式の承認を受けることができる者は，届出製造業者又は外国製造業者に限られている。

解説と正解

1：法80条（承認製造事業者に係る基準適合義務）のただし書きの後半部分に記述されています。試験的なものですから，製造するだけならば普通に考えても基準適合は免除されるはずだと思われます。

5. 検定制度等

2：法81条（輸入事業者に係る形式の承認等）にあります。
3：承認の基準に関する法77条1項の規定です。
4：法80条（承認製造事業者に係る基準適合義務）に述べられています。
5：型式承認を受けることができるのは①届出製造事業者（法76条（製造事業者に係る型式の承認）），②外国製造事業者（法89条），③輸入事業者（法81条（輸入製造事業者に係る型式の承認））の三者です。　　　正解　5

【問題 51】 特定計量器が型式承認検査に合格した場合，その特定計量器に付される表示として正しくないものはどれか。
1．「型式承認第1号」
2．「型承第1号」
3．「型式承認第1号 20」
4．「型承第1号 20」
5．「型式承認第1号 20.6」

解説と正解

　型式承認の表示には4通りのものがあります。有効期間のある器種の中で，修理義務のある器種には3あるいは4のスタイルがあって，末尾に表示された「年」が書かれます。ここでは，年だけを示すことになっていますので，5のように数字が2つ並ぶことはありません。有効期間が過ぎても，その型式承認表示は有効なものとして扱われますので，「月」までの表示は不必要と考えて下さい。有効期間が過ぎた場合には，新たに型式承認表示をすることができないということなのです。
　また，それ以外の器種においては，「年」も表示されませんので，1あるいは2の形となります。　　　正解　5

5—3　基準器に関する問題

【問題　52】　基準器に関する次の記述のうち，正しいものはどれか。
1．基準器検査に合格した計量器には，基準器検査証印を付すとともに，基準器検査証印に有効期間の満了の年月を添えなければならない。
2．基準器検査は政令の定める区分に従い経済産業大臣，都道府県知事，日本電気計器検定所，又は，特定市町村の長が行う。
3．基準器検査を受けることができる者は，都道府県，特定市町村又は日本電気計器検定所に限られている。
4．基準器は計量法上の計量器に含まれる。
5．基準器が政令で定める種類に属し，その器差が政令で定める基準器公差を超えないときは基準器検査において合格とされる。

解説と正解

1：法105条1項に，基準器検査成績書に有効期間の満了の年月を記すことは規定されていますが，基準器検査証印に有効期間の満了の年月を添えることは規定されていません。基準器検査証印には年月は記されません。

2：法102条（基準器検査）1項に規定されていますが，特定市町村の長は含まれませんので誤りです。

3：基準器検査を受けることができる者は，法に定める検定又は検査を行う者ですので，法102条2項に基づく基準器検査規則2条によって計量器の検査ごとに示されていますが，指定検定機関，届出製造業者，計量士も受検が可能です。

4：法2条4項の「計量器」の定義には当然含まれます。

5：基準器検査の合格条件を規定する法103条1項にありますが，器差が政令で定める基準器公差を超えないときに加えて，構造も経済産業省令で定める基準を満たすことが必要です。

正解　4

【問題　53】　基準器に関する次の記述のうち，誤っているものはどれか。
1．基準器検査では器差が経済産業省令で定める基準に適合するかどうかは経済産業省令で定める方法により，その計量器について計量器校正をして定める。

5. 検定制度等

2．基準器検査証印には有効期限があり，計量器の種類ごとに6ヶ月から10年と定められている。
3．基準器検査を用いる計量器の検査，基準器検査を行う計量器の種類，基準器検査を受けることができる者は経済産業省令で定められる。
4．電流計，電力量計及び照度計の基準器検査は，日本電気計器検定所が行う。
5．検査に合格した基準器は経済産業大臣に登録しなければならない。

解説と正解

1：法103条3項の規定にあります。
2：基準器検査証印は法104条2項に定められています。
3：法102条2項の規定です。
4：法102条1項に基づく施行令25条2，3号に示されています。
5：この設問は，基準器に関する法律上の概念を明確に認識しているかどうかを問うものです。基準器について公的な登録を規定した法律はありません。

正解　5

【問題　54】　基準器に関する次の記述のうち，誤っているものはどれか。
1．基準器検査証印には有効期間が定められている。
2．基準器検査は政令の定める区分に従い経済産業大臣，都道府県知事又は日本電気計器検定所が行う。
3．基準器検査では，特定計量器以外に特殊容器や巻尺，フラスコなども対象となる。
4．基準器検査は都道府県知事又は日本電気計器検定所が行う。
5．基準器検査に合格したときは，その計量器に基準器検査証印が付されるとともに基準器検査成績書が交付される。

解説と正解

1：法104条2項に有効期間を定めるとされています。
2：法102条（基準器検査）に規定されています。
3：基準器検査は，特定計量器だけでなく一般の計量器も対象になることに

注意して下さい。基準器検査規則2条で特殊容器が，同規則4条で巻尺，フラスコなども対象とすることに規定されています。

　4：基準器検査は政令で定める区分に従い，経済産業大臣，都道府県知事又は日本電気計器検定所が行うとしていますので，経済産業大臣を欠いている記述は誤りとなります（法102条1項）。なお，政令と省令は異なります。内閣府令も政令とは異なりますのでご注意下さい。また，このような個所で経済産業大臣とある場合，その検査の実施主体は産業技術総合研究所となります。

　5：基準器検査証印は法104条1項に，基準器検査成績書は法105条1項に述べられています。

　なお，たびたび申し上げますが，学習に当たっては，正解の選択肢も重要ですが，他の4つの選択肢も学習下さい。あなたが今度受けられる試験で，他の選択肢が出題されるかも知れません。その内容は自分は知っていることなのか，その時に迷わず答えられるか，という立場でチェックされるようお勧めします。勉強の効率が大幅に上がることうけ合いです。　　　正解　4

（左の人物）基準器検査をするのは，経済産業大臣と都道府県知事とそして，日本電気計器検定所だよ。

（右の人物）経済産業大臣が基準器検査をするという時，実際に検査を実施するのは産業技術総合研究所なんだね

都道府県知事がするというのも実際には，その下の部局でするんだね

5－4　指定製造事業者および指定検定機関に関する問題

【問題 55】 指定製造事業者に関する次の記述のうち，誤っているものを1つ選べ。

1．指定製造事業者の指定は同一の事業者のときは工場又は事業場が複数あっても事業者単位で行われる。
2．指定製造事業者の指定の申請をしたときは申請者は都道府県知事又は日本電気計器検定所が行う検査を受けなければならない。
3．指定製造業者の指定の申請を行うことができる者は，届出製造事業者又は外国製造事業者である。
4．指定製造業者がその指定に係る工場又は事業場においてその承認に係る型式に属する特定計量器を製造したときは，経済産業省で定めるところによりこれに基準適合証印を付することができる。
5．指定製造事業者の指定は事業区分に従い，工場又は事業場ごとに行われる。

解説と正解

　指定製造事業者とは，優れた品質管理能力を有する届出製造事業者が型式承認に係る型式に属する指定計量器を検定検査規則の基準等に基づく自主検査を行った場合には一定の表示（基準適合証印）を付す資格を経済産業大臣から指定された事業者です。1及び5は内容が互いに反対ですので，どちらが正しいか考えて下さい。指定は届出製造事業者又は外国製造事業者の申請に基づき，①経済産業省令で定める事業の区分に従い，②その工場又は事業場ごとに行われます（法90条）。
　2：法91条2項によって正しいです。3：やはり，法90条（指定）です。4：法96条（表示）1項の記述です。

正解　1

【問題 56】 指定製造事業者に関する次の記述のうち，誤っているものを1つ選べ。

1．指定製造事業者の指定は経済産業大臣が行う。
2．指定製造事業者は，その製造する特定計量器について検査を行い，その検査記録を作成しこれを保存する義務がある。

3．指定製造事業者は，その製造する特定計量器を経済産業省令に基づき，全数検査をしなければならない。
4．届出製造事業者は指定製造事業者の指定の申請に係る工場又は事業場における品質管理の方法について当該計量器の検定を行う指定検定機関の行う調査を受けることができる。
5．指定製造事業者の申請を行う届出製造事業者が提出する事項は，氏名・住所，事業の区分，工場の所在地，届出年月日に関する4事項である。

解説と正解

1：法92条2項，2：法95条2項，3：法95条2項に関する省令7条によってそれぞれ正しい。4：法91条（届出製造事業者に係る指定の申請）2項を参照下さい。

5：指定製造事業者制度は，申請により検定証印と同等の法的効果を与える「基準適合証印」を付す権能を届出製造事業者に与えるものです。申請後も一定の品質管理水準が維持されるよう「品質管理の方法に係る事項」もあわせて記載した申請書を経済産業大臣に提出しなければなりません。5には，これが書かれていません。

正解　5

【問題　57】指定製造事業者が付すことのできる基準適合証印は，検定証印と同等の効力を持つ証印であるが，その表示は次のどれが正しいか。

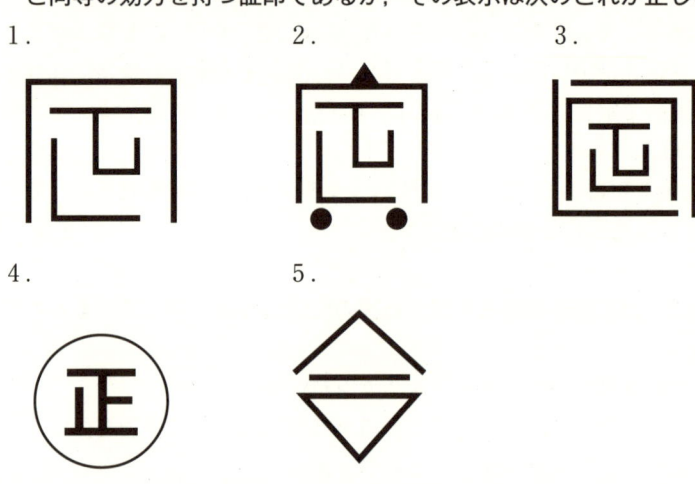

解説と正解

マークの違いを確認しておきましょう。3が正解ですね。1は検定証印，2は装置検査証印，4は計量証明検査済証印，5は基準器検査証印です。

正解　3

【問題　58】　指定検定機関に関する次の記述のうち正しいものを1つ選べ。
1．都道府県知事が検定を行う特定計量器についての指定検定機関の指定は都道府県知事が行う。
2．特定計量器の型式承認の申請の際，指定検定機関の行う試験を受け，当該試験に合格したことを証する書面を添付したときは試験用の特定計量器，構造図その他の書面を提出する必要はない。
3．指定検定機関は検査業務に関する指定を定め，その所在地を管轄する都道府県知事の許可を得なければならない。
4．経済産業大臣は指定検定機関が指定の基準に適合しなくなったと認めるときは，直ちにその指定を取り消さなければならない。
5．指定検定機関は型式の承認，定期検査，変成器付電気計器検査，装置検査を行うことができる。

解説と正解

指定検定機関の役割や責務についての問題です。
　1：指定は特定計量器の区分ごと「検定，変成器付電気計量器検査，装置検査並びに型式承認の試験及び品質管理の方法に関する調査」を行おうとするものが経済産業大臣に申請することにより行われます（法106条（指定検定機関））。
　2：法76条（製造事業者に係る型式の承認）3項にあります。
　3：検査業務に関する規程（業務規定）は経済産業大臣の認可となっています（法第106条における法30条（業務規定）の準用）。
　4：経済産業大臣の適合命令（法106条における法37条（適合命令）の準用）に違反した場合に指定の取り消しが行われます。（法38条（指定の取り消し等）の準用）。
　5：指定検定機関の業務範囲は「検定，変成器付電気計器検査，装置検査，

型式承認の試験,指定製造事業者制度における品質管理の方法の調査」です(法106条(指定検定機関))。　　　　　　　　　　　　　　　　　正解　2

【問題　59】　指定製造事業者制度に関して述べられた次の記述において,正しいものはどれか。
1．指定製造事業者は,その指定に係る工場又は事業場において,承認に係る型式に属する特定計量器を製造した際には,検定証印を付すことができる。
2．経済産業大臣は,指定製造事業者が不正の手段によってその指定を受けたときは,その指定を取り消すことができる。
3．指定製造事業者は,申請に係る事項のうち,品質管理の方法に関する事項(経済産業省令に定めるものに限る)について変更があったときは,遅滞なくその旨を都道府県知事に届け出なければならない。
4．指定製造事業者の指定は政令で定める期間ごとに更新を受けなければ,その期間の経過により効力を失う。
5．指定製造事業者は,その指定を受けた工場又は事業場において,製造する特定計量器について検査を行い,その検査記録を作成し,経済産業大臣に定期的に報告しなければならない。

解説と正解

1：指定製造事業者が付すことのできる証印は,検定証印ではなくて,検定証印と同等の効用を持ちますが,基準適合証印です。(法96条1項)
2：設問の通りです。(法99条4項)
3：指定製造事業者が,品質管理の方法に関して届け出る先は,都道府県知事ではなくて経済産業大臣です。(法94条1項)
4：指定製造事業者の指定に係る有効期間の定めはなく,更新制度も設けられていませんので,設問は誤りです。
5：指定製造事業者の検査記録は作成し保存しなければならない(法95条2項)と定められていますが,定期的な報告義務までは規定されていません。

正解　2

6. 計量証明の事業

6－1　計量証明事業に関する問題

【問題　60】　計量証明検査に関する次の記述のうち，誤っているものを１つ選べ。

1．適性計量管理事業所の指定を受けた計量証明事業者はその指定に係る事業所において使用する特定計量器については，当該特定計量器の種類に応じて経済産業省令で定める計量士が経済産業省令で定めるところにより，検査を定期的に行う場合には都道府県知事の行う計量証明検査を受けることを必要としない。
2．質量に係る計量証明事業者は，計量証明に使用する非自動はかりについて計量証明の事業の登録を受けた日から１年ごとにその登録した都道府県知事が行う計量証明検査を受けなければならない。
3．都道府県知事は指定計量証明検査機関にその計量証明検査の業務の全部又は一部を行わせることにしたときは，当該検査業務の全部又は一部は行わないものとする。
4．計量証明検査に合格した特定計量器には経済産業省令で定めるところにより計量証明検査済証印を付し，当該証印にはその計量証明を行った年月を表示するものとする。
5．計量証明検査に合格しなかった特定計量器に検査証印等が付されているときは，その検定証印等を除去する。

解説と正解

計量証明検査の基礎知識を問う問題です。計量証明の登録を受けた事業者は計量証明に使用する特定計量器ごとに異なる一定の期間ごとにその登録をした都道府県知事が行う検査を受けなければなりません。

　１：法116条２項。
　２：非自動はかりの「計量証明検査を受けるべき期間」（法 116 条（計量証明検査）１項に基づく令29条別表第５）は「２年」と規定しています。
　３：法 117 条（指定計量証明検査機関）２項。

4：法119条（計量証明検査済証印等）1項及び2項。
5：法119条3項を参照下さい。

正解　2

【問題　61】 計量証明検査に関する次の記述のうち，正しいものを1つ選べ。
1．計量証明の事業者登録を受ける際に，提出すべき書類の中に記す氏名は，事業者氏名（法人の場合はその代表者氏名）と事業の区分に応じて経済産業省令で定める計量士の氏名の2件である。
2．計量士が，都道府県知事に，計量証明検査に代わる検査に合格したことを届出したときは，計量証明検査を受けることは要らない。
3．計量証明検査に合格した特定計量器に付す計量証明検査済証印には，その計量証明検査を行った年月を標示するものとする。
4．計量証明検査の合格条件は，使用する特定計量器の器差が検定公差を超えないことである。
5．計量証明検査に合格した特定計量器に付する計量証明検査済証印には，有効期間満了の年月が表示される。

解説と正解

1：これらの他に，「事業の区分に応じて経済産業省令で定める条件に適合する知識経験を有する者の氏名」が必要です。
2：法120条1項によって，計量証明検査免除の手続きを行うのは計量士ではなくて，その特定計量器の使用者たる計量証明事業者です。
3：法119条2項に記載があります。
4：法118条1項3号によって，「検定公差」ではなくて，「使用公差」の誤りです。
5：法119条2項によれば，「計量証明検査を行った年月」の誤りです。

正解　3

【問題　62】 計量証明事業に関する次の記述のうち，誤っているものを1つ選べ。
1．面積に係る計量証明事業者は，3年ごとに，都道府県知事の行う計量証明検査を受けなければならない。
2．計量証明検査に合格した特定計量器に対しては計量証明検査済証印を付

⑥. 計量証明の事業

し，不合格の場合に検定証印等が付されているときはこれを除去しなければならない。
3．都道府県知事は，計量証明事業者がその使用する特定計量器，器具，機械又は装置が，基準に適合しなくなったと認めるときは，その計量証明事業者に対し，これらの規定に適合するために必要な措置を講じることを命ずることができる。
4．指定計量証明検査機関に，計量証明検査の事業の全部を行わせることにした都道府県知事は，計量証明検査の業務を一切行わない。
5．都道府県知事は，計量証明の適正な実施を確保する上で必要があると認めるときは，計量証明事業者に対し事業規程の変更を命ずることができる。

解説と正解

1：面積に係る計量証明事業者が使用する皮革面積計の計量証明検査の周期は1年となっています。（施行令別表第5）
2：法119条1および3項によります。
3：法111条の条文です。
4：指定定期検査機関が行う定期検査について定める法117条2項により，正しい記述です。
5：法110条2項の条文です。

正解　1

【問題　63】　計量証明の事業に関する次の記述のうち，正しいものを1つ選べ。
1．計量証明の登録を受けようとする者は，あらかじめ経済産業省令で定める事項を記載した事業規定を作成し，登録の申請書に添付しなければならない。
2．計量証明の事業の登録の有効期間は10年である。
3．地方公共団体が計量証明の事業を行おうとするときは，その旨を経済産業大臣に届け出なければならない。
4．計量証明事業者がその登録をした都道府県知事の管轄域以外に事業所を移転したときはその登録は効力を失う。
5．計量証明事業の登録を行うためには，適正計量管理事業所の指定を受ける必要がある。

解説と正解

1：事業規程（「規定」ではないので注意して下さい。）は登録を受けた後，遅滞なく届け出ればよいことになっています。（法110条（事業規程）1項）。

2：改正前（平成5年10月31日以前）の計量法では有効期間が定められていましたが，改正により撤廃されました。これも「規制の緩和」に当たると思われます。事業が廃止されるか，登録した知事の管轄外に事業場が移転したとき，その効力を失います。（法112条）

3：法107条ただし書きによって，そもそも登録の必要はありません。この点もよく出題されますので認識しておいて下さい。

4：法112条（登録の失効）を参照下さい。

5：計量証明事業の登録要件として，適正計量管理事業所の指定の有無は定められてはいません。

正解　4

【問題　64】　計量法で規制される計量証明の事業に関し，次のうち正しいものを1つ選べ。
1．計量証明の事業の区分には物質量の計量証明も含まれている。
2．土地の売買を目的として面積を計量し証明する事業をする場合には，計量証明の登録は不要である。
3．環境計量証明の事業の区分には濃度，音圧レベルはあるが，振動加速度レベルの計量証明の事業の区分はない。
4．計量証明の事業を行おうとする者は経済産業省令で定める事業の区分に従い事業所ごとにその所在地を管轄する都道府県知事に届け出なければならない。
5．既に質量に係る計量証明事業の登録を受けた者があらたに濃度の計量証明事業を行うときは，濃度に係る事業の登録を受ける必要はない。

解説と正解

1：法107条に基づく施行規則38条によれば物質量（mol）は対象外です。

2：法107条1号によれば，面積の計量証明事業の登録対象は，貨物の面積に関する事業に限られており，土地の面積については対象外ですので，登録は不要です。

6. 計量証明の事業

3：法107条に基づく施行規則38条によって，環境計量証明の事業区分に振動加速度レベルの区分は存在します。従って，濃度，音圧レベルを合わせて3区分となります。

4：法107条により「届出」ではなく，「都道府県知事の登録を受ける」べきです。

5：法107条によって，区分が変われば事業の登録はそれぞれの区分の応じて受ける必要がありますので，新たに登録を受けることが必要です。

正解　2

【問題　65】 計量証明事業に関する次の記述のうち誤っているものを1つ選べ。

1．計量証明の事業を行おうとする者は事業の区分に従い，その事業所ごとに所在地を管轄する都道府県知事の登録を受けなければならない。
2．都道府県知事は計量証明事業者が届出に係る事業規程を実施していないと認めるときは登録を取り消し，又は1年以内の期間を定めてその事業の停止を命ずることができる。
3．対外的に用いられず自社の中だけで使用される計量行為は，計量証明の事業には当たらない。
4．適正計量管理事業所の指定を受けた計量証明事業者は，特定計量器ごとに政令で定める期間に1回，経済産業省令で定める計量士に，当該事業所において使用する特定計量器が計量証明検査の合格条件に適合するかどうかを検査させなければならない。
5．計量証明の事業の区分は長さ，質量，面積，体積，熱量，音圧レベル及び振動加速度レベルの7区分に分類されている。

解説と正解

1：法107条及び同条に基づく施行規則38条です。
2：法113条4号です。
3：証明の定義について定めている法2条2項によって正しいと考えられます。
4：法116条2項にあります。
5：計量証明事業の区分には，「一般計量証明事業」の5区分（長さ，質量，

面積，体積，熱量）と，「環境計量証明事業」の3区分（濃度，音圧レベル，振動加速度レベル）の計8区分に分類されていますが，設問では「濃度」が欠けている上に，平成14年から「特定計量証明事業」という事業も追加されています。特定計量証明事業とは，極微量の有機塩素系化合物の計量を行う事業です。対象は，ダイオキシン類，クロルデン，DDT，ヘプタクロルとされています。

正解　5

【問題　66】　計量証明事業に関する次の記述のうち誤っているものはどれか。
1．計量証明事業者は登録を受けた日から政令で定める期間ごとに計量証明に使用する計量器の検査を受けなければならない。
2．環境計量証明事業として登録が必要な物象の状態の量は，大気，水又は土壌中の物質の濃度，音圧レベル，振動加速度レベルである。
3．計量証明の事業の登録を受けた者は事業規程を作成し，遅滞なく都道府県知事に届け出なければならない。
4．運送，寄託又は販売の目的たる貨物の積卸し又は入出庫に際して行う計量証明事業の区分は，長さ，質量又は面積の3区分である。
5．計量証明の事業を行うときは経済産業省令で定める計量士又は一定の条件に適合する知識経験を有する者が計量管理（計量器の整備，計量の正確の保持，計量方法の改善等）を行う必要がある。

解説と正解

　1～3はそれぞれ次の条文によって，正しい記述になっています。（1：法116条1項。2：法107条2号とそれに係る施行令28条。3：法110条1項。）
　4：前問に出てきたように，一般計量証明事業区分には，長さ，質量，面積，体積，熱量の5区分があります（法107条1号）。
　5：登録要件は，計量証明に使用する特定計量器などの具備の「物的条件」と，計量士など一定の資格のある者が計量管理を行うという「人的条件」とが定められています（法109条（登録の基準）2号）。

正解　4

【問題　67】　次のうち計量証明事業登録を必要とするのはどれか。1つ選べ。
1．船積貨物の積み込み又は陸揚げを行うに際してするその貨物の質量の計

6. 計量証明の事業

量証明事業を行おうとするとき。
2. 県立の公害研究所が騒音レベルに関する計量証明事業を行おうとするとき。
3. 私立大学の付属分析センターが濃度の計量証明の事業をしようとするとき。
4. 経済産業省の機関が計量証明の事業を行おうとするとき。
5. 特定市町村が計量証明の事業を行おうとするとき。

解説と正解

法107条（計量証明の事業の登録）の趣旨を問う問題です。計量証明事業は営利・非営利を問わず，行おうとする者は適用除外を除いてすべて登録を受けなければなりません。しかし，その例外規定がありますので，それが問われています。

1は，同条のカッコ書き（船積貨物の積み込み又は陸揚げを行うに際してするその貨物の質量又は体積の計量証明事業を除く）によって登録は不要です。

2，4，5は「国又は地方公共団体が当該計量証明事業を行う場合」に該当しますので，やはり法107条によって登録は不要です。

3の私立大学は，国や地方公共団体には当たらず，除外規定はありませんので，計量証明事業の登録が必要です。

正解　3

（平成14年からできた認定制度だよ！）

（ダイオキシン類，クロルデン，DDT，ヘプタクロルが対象となる極微量の有機塩素化合物の計量証明事業だよ）

7. 適正な計量管理

7-1 計量士に関する問題

【問題 68】 次のうち計量士の職務として行うことのできるものを1つ選べ。
1．車両等装置用計量器の装置検査
2．特定標準器等を用いて行う計量器の校正
3．基準器検査に代わる検査
4．特定計量器に係る修理後の検定に代わる検査
5．計量証明検査に代わる検査

解説と正解

計量士は計量器の検査や計量管理を適確に推進するに当たり，主体的な役割を果たします。具体的には「定期検査に代わる計量士による検査」(法25条)「計量証明検査に代わる計量士による検査」(法120条1項)，「計量証明事業に係る計量管理」(法109条2項)，「適正計量管理事業所に係る検査」(法19条2項，法116条2項，法128条2号) が規定されています。　　　正解　5

【問題 69】 計量士の登録に関する次の記述のうち誤っているものを1つ選べ。
1．環境計量士に係る国家試験に合格し，かつ環境計量講習を修了した者は，環境計量士として登録することができる。
2．計量士国家試験に合格したもので計量士として登録を受けるために必要な経験年数は3年以上である。
3．経済産業大臣は計量士の登録を取り消し，又は計量士の名称の使用の停止を命じたときは，理由を付してその旨を取り消し，又は停止処分を受けた者及びその者の住所又は勤務地を管轄する都道府県知事に通知しなければならない。
4．計量教習所の課程を修了し，計量に関する実務に5年以上従事した者であって計量行政審議会の認定を受けた者は，一般計量士の登録を受けるこ

7. 適正な計量管理

とができる。
5．計量教習所の課程及び環境計量特別教習を修了し，かつ環境計量に関する実務に 2 年以上従事した者であって，計量行政審議会の認定を受けた者は，環境計量士の登録を受けることができる。

解説と正解

2：計量士の登録要件は，①国家試験に合格し，又は②計量教習所の課程を修了したうえで，かつ，計量士の区分に応じて経済産業省令で定める実務の経験その他の条件に適合することと規定され（法122条2項），実務経験年数は①の場合（国家試験），環境計量士の各区分と一般計量士の区分とともに「1年以上」としています。（法122条2項に基づく施行規則51条1項）。②の場合では環境計量士は「2年以上」，一般計量士は「5年以上」となっています（同規則51条2項）。3：法126条，施行規則59条。　　　　　　　　　　　正解　2

【問題　70】　計量士に関する次の記述のうち，正しいものはどれか。
1．計量士の登録は，計量士として業務を行う地域の都道府県知事が行う。
2．計量士の登録をしていない者であっても，法律で定める一定の年限以上に渡って計量士の補助の実務を行っている者は計量士の名称を用いることができる。
3．計量法に基づく命令の規定に違反して計量士の登録を取消され，その取消しの日より一年を経過しない者は計量士として登録を受けることができない。
4．計量士の登録は，更新制となっており，3年ごとに更新する必要がある。
5．都道府県知事が行う検定は，計量士が行う検査に代えることができる。

解説と正解

1：計量士の登録は，都道府県知事ではなくて，経済産業大臣が行うことになっています。（法122条）
2：計量士でない者，つまり，計量士として登録していない者は，計量士の名称を用いてはならないとされています。（法124条）
3：設問の通りです。（法122条3項1号）

4：計量士の登録は，更新制にはなっておらず，登録に取消しによる失効がない限り，計量士の登録は有効です。

5：計量士は，計量器の検査，および，その他の計量管理を行うこととされており，検定を行うことはできません。全ての検査ではありませんが，計量士は定期検査など一部の検査を行うことができることとなっています。

正解　3

計量士の仕事は，
・定期検査に代わる検査
・計量証明検査に代わる検査
　　　　と
・計量証明事業に関わる計量管理
・適正計量管理事務所に係る計量管理
　　　なんだ。

なので，
基準器検査を受ける資格もあるんだ。

7−2　適正計量管理事業所に関する問題

【問題 71】 適正計量管理事業所に関する次の記述のうち，誤っているものを1つ選べ。

1．適正計量管理事業所の指定の申請をした者は，遅滞なく，当該事業所における計量管理の方法において当該都道府県知事又は特定市町村の長が行う検査を受けなければならない。
2．計量法の規定に違反し，罰金以上の刑に処せられ執行が終わった日から1年以上を経過しない者は適正計量管理事業所の指定を受けることができない。
3．適正計量管理事業所には，経済産業省令で定める標識を掲げることができるとされている。
4．適正計量管理事業所の指定を受けた者は，帳簿を備え，当該事業所において使用する特定計量器について計量士が行った検査の結果を記載し，保存しなければならない。
5．適正計量管理事業所の指定を受けた者が指定の基準を満たさなくなったときは，経済産業大臣は直ちに指定を取り消さなければならない。

解説と正解

1：法127条（適正計量管理事業所の指定）3項に規定があります。この件に関する経済産業大臣の指定権限は，169条（権限の委任）に基づく施行令33条3項に，「国の事業所に係るものは経済産業局長が行うが，その他の事業所に係るものは都道府県知事が行うものとする」旨の「自治事務」が規定されています。

2：法133条に規定されています。しかし，いかにも法律らしい回りくどいものとなっており，条文が極めて読みにくいのでご注意下さい。すなわち，「92条1項の規定（この法律又はこの法律に基づく命令の規定に違反し，罰金以上の刑に処せられ，その執行を終わり，又は執行を受けることがなくなった日から二年を経過しない者は指定を受けることができない）は127条1項（経済産業大臣は，特定計量器を使用する事業所であって，適正な計量管理を行うものについて，適正管理事業所の指定を行う。）の指定に準用する」と書かれ，しかもその後に「この場合において，92条1項に『二年』とあるのは『一年』と読

み替えるものとする。」とありますので，結局，「一年を経過しない者は指定を受けることができない」ということになるのです。

3：法130条（標識）に標識を掲げることができることが書かれており，施行規則78条にそのマーク（図3-7参照）が規定されています。

4：ほぼ，法129条（帳簿の記載）の記載そのものです。

5：指定基準を満たさなくなった適正計量管理事業所は，まず適合命令を発し，この命令に違反したときは法132条による指定の取り消しが認められています（132条）。しかしながら，そのように段階を踏んで取り消すことになりますので，「直ちに取り消し」という表現は誤であると考えられます。

正解　5

【問題　72】適正計量管理事業所に関する次の記述のうち誤っているものを1つ選べ。
1．適正管理事業所の指定を受けると，その事業所で使用する特定計量器について計量士が検査を行うときは，都道府県知事又は特定市町村の長が行う定期検査を受けなくてもよい。
2．適正計量管理事業所の指定の申請をした者は，当該事業所における計量管理の方法について都道府県知事又は特定市町村の長の検査を受けなければならない。
3．適正計量管理事業所を指定する権限は経済産業大臣のみで都道府県知事には指定する権限は委譲されていない。
4．適正計量管理事業所の指定を受けようとする者は申請書に経済産業省令で定める計量管理の方法に関する事項についても記載しなければならない。
5．適正計量管理事業所の指定を受けた者は当該適正計量管理事業所において経済産業省令で定める様式の標識を掲げることができる。

解説と正解

1：法19条（定期検査）2項において，適正管理事業所の指定を受けた事業所は，計量士に所定の検査をさせればよいことになっています。

2：法127条（指定）の規定です。

3：適正計量管理事業所の制度は，特定計量器を使用する工場，事業場，店

舖等が自主的な計量管理を推進するために，経済産業大臣（指定の主体は法169条に基づき経済産業局長，都道府県知事に政令委任）宛てに申請し，その指定を受けるものです。従って，都道府県知事に「自治事務」として委任されています。

4：法127条2項5号に，「計量管理の方法に関する事項」を記載することが記されています。

5：法130条1項にあります。同2項には，「前項の標識又はこれを紛らわしい標識を掲げてはならない」とも規制されています。

正解　3

【問題　73】 適正計量管理事業所に関する次の記述のうち誤っているものを1つ選べ。
1．経済産業大臣は適正計量管理事業所の指定を受けた者が指定の基準に適合しなくなったときは，当該基準に適合するために必要な処置をとるべきことを命ずることができる。
2．適正計量管理事業所の指定の申請にあたっては特定計量器の種類に応じて計量管理を行うために必要な義務を遂行する者を記載することが必要であるが，計量士の氏名を記載することは必ずしも必要とされない。
3．何人も適正計量管理事業所の指定を受けた場合を除き，経済産業省で定める標識又はこれと紛らわしい標識を掲げてはならない。
4．適正計量管理事業所の指定基準の1つは，特定計量器の種類に応じて経済産業省令で定める計量士が当該事業所で使用する特定計量器について経済産業省令で定めるところにより検査を定期的に行うことである。
5．適正計量管理事業所の指定を受けた者は，当該適正計量管理事業所で使用する特定計量器について計量士が検査を行うときは，その事業所の所在地を管轄する都道府県知事又は特定地町村の長が行う定期検査を受けることを要しない。

解説と正解

1：法131条に記載されています。すなわち，「経済産業大臣は，127条1項の指定を受けた者が128条各号に適合しなくなったと認めるときは，その者に対し，これらの規定に適合するために必要な措置を執るべきことを命ずることができる。」

2：申請書に記載すべき事項は，
①申請者の氏名又は名称及び住所，法人の場合はその代表者氏名
②事業所の名称及び所在地
③使用する特定計量器の名称，性能及び数
④使用する特定計量器の検査を行う計量士の氏名，登録番号及び計量士の区分
⑤計量管理の方法
となっています（法127条2項）。

　従って，計量士の氏名の記載は必要です。計量士の価値が現れるところです。本書で勉強されている皆さんに是非頑張って資格取得していただいて，このようなお仕事をしていただきたいと思います。

　3：法130条2項に禁止規定があり，173条9号に罰則（五十万円以下の罰金）が規定されています。

　4：法128条1号に，計量士が定期的に検査を行うことが，適正計量管理事業所を指定するための一つの条件になっていると記されています。

　5：法19条1項2号に，法127条1項（適正計量管理事業所）の指定を受けた者がその指定に係る事業所において使用する特定計量器について，法19条1項の検査義務を免除されることが記されています。

正解　2

図3-7　適正計量管理事務所の標識

8. 標準供給制度

8－1 計量器の校正に関する問題

【問題 74】「計量器の校正等」についての次の記述のうち誤っているものを1つ選べ。

1．登録事業者は登録に係る「計量器の校正等」を行ったときは，経済産業省令で定める標章を付した証明書を交付することができる。
2．経済産業大臣は計量器の標準となる特定の物象の状態の量を現示する標準物質の指定を行い，この指定を受けた標準物質を特定標準物質という。
3．経済産業大臣は特定標準器が計量器の校正に繰り返し用いることが不適当であると認めるときは，そのかわり得るものとして計量器の校正に用いることが適当であると認めるものを併せて指定する。
4．経済産業大臣は登録事業者の登録を行ったときはその旨を公示しなければならない。
5．「特定標準器による校正等」は経済産業大臣，日本電気計器検定所又は経済産業大臣が指定したもの（指定校正機関）が行う。

解説と正解

1：法144条（証明書の交付）1項に係る内容です。
2：法134条1及び3項で，標準物質は特定標準器の場合と異なって消耗品のため，標準となる特定の物象の状態の量を現示する標準物質を製造するための器具，機械，装置等を指定し，この指定された器具等を用いて製造される標準物質を「特定標準物質」と規定しています。従って，2は誤りです。
3：法134条2項によって正しい内容です。4：法159条（公示）1項16号を参照下さい。5：法135条1項の記述通りです。　　　　正解　2

【問題 75】「計量器の校正等」に関する次の記述のうち誤っているものを1つ選べ。

1．「登録事業者」とは，特定標準器による校正等をされた計量器又は標準物質を用いて計量器の校正又は標準物質の値付けを行う者で，経済産業大臣

の登録を受けた者をいう。
2．「標準物質の値付け」とは，その標準物質に付された物象の状態の量の値を，その物象の状態の量と特定標準物質が現示する計量器の標準となる特定の物象の量との差を測定して改めることをいう。
3．「指定校正機関」とは，民法第34条の規定により設立され，経済産業大臣が指定した法人であって，特定標準器等又は特定標準器又は特定標準物質を用いて計量器の校正又は標準物質の値付けを行うものをいう。
4．登録事業者は計量器の校正に係る証明書以外のものに経済産業省令で定める標章又はこれと紛らわしい標章を付してはならない。
5．登録事業者は計量器の校正等を行う手数料について経済産業省令で定める申請書を経済産業大臣に提出し，許可を受けなければならない。

解説と正解

1：法143条（登録）。2：法2条8項。3：法140条（指定の基準）1号及び3号参照下さい。4：法144条。5：登録事業者の行う「校正等」の手数料は計量法には定めはありません。なお，特定標準器による校正等（一次標準の供給）の場合は経済産業大臣が行う時は実費を勘案して経済産業大臣が手数料を定め，日本電気計器検定所又は指定校正機関が行う時の手数料は，経済産業大臣の認可を受けて定められます（法158条2項）。　　　　　　　**正解　5**

【問題　76】「計量器の校正」に関する次の記述のうち，誤っているものを1つ選べ。
1．指定校正機関は登録事業者以外の者から特定標準器による校正等を行うことを求められた場合であっても，正当な理由がある場合を除き特定標準器による校正を行わなければならない。
2．登録事業者は，計量器の校正等の事業を行う場合経済産業省令で定める期間内に特定標準器による校正等をされた計量器又は標準物質を用いて行わなければならない。
3．「登録事業者」とは特定標準器による校正等をされた計量器又は標準物質を用いて計量器の校正又は標準物質の値付けを行う者で経済産業大臣の登録を受けたものをいう。
4．「計量器の校正」とはその計量器の表示する物象の状態の量と特定標準器

8. 標準供給制度

又は特定標準物質が現示する計量器の標準となる特定の物象の状態量との差を測定し改めることをいう。

5．「特定標準器」とは計量器の標準となる特定の物象の状態量を現示する計量器で経済産業大臣が定めるものをいう。

解説と正解

1：法137条。2：法143条1号。3：法143条参照。

4：「計量器の校正」とは計量標準（一次，二次）の示す物象の状態の量と，その計量器の表示する物象の状態の量との差を測定することと定義されています（法2条（定義等））。従って，「測定し改める」という表現は適当ではありません。標準物質の値付けが測定して改めると定義されていることと対照的です。これは，後者の値が極めて変化しやすいことを考慮してのものです。

5：法134条（特定計量標準器などの指定）第2項。　　**正解　4**

【問題 77】「計量器の校正」について登録事業者に関する次の記述のうち誤っているものを1つ選べ。

1．「特定標準物質」とは，計量器の標準となる特定の物象の状態量を現示する標準物質を製造するための器具，機械もしくは装置として経済産業大臣が指定するものを用いて製造される標準物質をいう。
2．「計量器の校正等」の事業を行う者は事業の区分に従い，経済産業大臣に申請してその事業が一定の基準に適合している旨の認定を受けることができる。
3．登録事業者は経済産業省令で定める期間内に「特定標準器による校正」がなされた計量器又は標準物質を用いて「計量器の校正等」を行わなければならない。
4．「特定標準器」とは計量器の標準となる特定の物象の状態量を現示する計量器で経済産業大臣が定めるものをいう。
5．指定校正機関の指定を受けた者や地方自治体は登録事業者になることはできない。

解説と正解

1：法134条3項。2：法143条1項，施行規則90条。3：法143条1項1号，施行規則93条。5：認定を受けることのできる者は次の場合です。
① 「特定標準器による校正」がなされた計量器又は標準物質を用いて校正などを行う者であること。
② 計量器の校正等を的確かつ円滑に行うのに必要な技術的能力を有すること。
③ 校正等を適正に行うのに必要な業務の実施方法が定められていること。
このほかに欠格条項は特に定められていません（法143条（認定））。

正解　5

【問題　78】　特定標準器による校正に関する次の文章において，正しいものはどれか。
1．特定標準器を用いる計量器の校正，あるいは，特定標準物質を用いる標準物質の値付けは都道府県知事，日本電気計器検定所，又は，指定校正機関が行う。
2．経済産業大臣は，計量器の標準となる特定の物象の量を現示する計量器又はこれを現示する標準物質を指定する。
3．指定校正機関の指定基準の中に，「特定標準器による校正の業務を行う計量士が置かれていること」という条項がある。
4．特定標準器による校正等が行われたときは，経済産業省令で定める事項を記載した認定証が交付される。
5．経済産業大臣は，計量器の標準となる特定の物象の状態の量を現示する計量器を指定する場合において，特定標準器を計量器の校正に繰り返し用いることが不適当であると認めるときは，その特定標準器を計量器の校正をされた計量器であって，その特定標準器に代わり得るものとして計量器の校正に用いることが適当であると認めるものを併せて指定するものとする。

解説と正解

1：特定標準器を用いる計量器の校正，あるいは，特定標準物質を用いる標準物質の値付けは，都道府県レベルの仕事ではなくて，国の仕事として位置づ

8. 標準供給制度

けられています。従って，経済産業大臣，日本電気計器検定所，又は，指定校正機関が行います。

2：標準物質については，標準物質を指定するのではなくて，標準物質を製造するための器具，機械，若しくは，装置を指定することになっています。(法134条1項)

3：指定校正機関の指定基準には，計量士を置かなければならない，という規定はありません。

4：特定標準器による校正等が行われたときは，「認定証」ではなくて，「標章を付した校正証明書」が交付されます。微妙な違いかも知れませんが，法律は結構名前を重視します。指定校正機関の校正証明書には，「jCSS」，登録事業者のそれには「JCSS」の標章が付されます。

5：長い文章ですが，このような形で実際の試験に出されていますので，少し我慢して読んでいただきたいと思います。内容は設問の通りです。(法134条2項)このレベルの仕事は民間には委ねられないものとされているようです。

正解　5

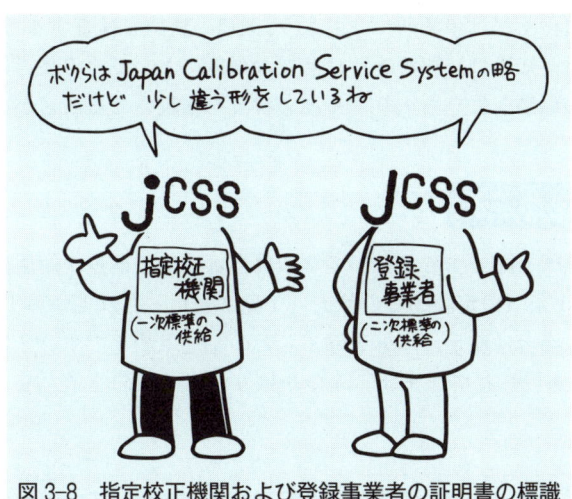

図3-8　指定校正機関および登録事業者の証明書の標識

9. 雑則・罰則

9-1　立入検査に関する問題

【問題　79】 立入検査に関する次の記述のうち，誤っているものはどれか。
1. 都道府県知事は法律の施行に必要な限度内において，その職員に立入検査の対象となる特定計量器を検査させたときにその特定計量器の器差が使用公差の範囲内であっても検定公差を超えている場合は検定証印等を除去することができる。
2. 特定市町村の長は法律の施行に必要な限度において，その職員に取引又は証明における計量をするものの事業所に立ち入り，計量器を検査させることができる。
3. 特定市町村の長は法律の施行に必要な限度において，その職員に輸入業者に立ち入り，計量器を検査させることができる。
4. 経済産業大臣は法律の施行に必要な限度において，その職員に指定校正機関の事務所又は事業所に立ち入り，業務の状態を検査することができる。
5. 都道府県知事は法律の施行に必要な限度においてその職員に指定定期検査機関の事業所に立ち入り，業務の状況を検査させることができる。

解説と正解

1の検定証印を除去することができる場合は「その器差が使用公差を超えること」（法151条（検定証印等の除去）1項2号）とされています。「検定公差を超えている場合は検定証印等を除去」との記述は誤りです。2および3は法148条1項に述べられています。4：やはり法148条の2項。5：法148条3項。

正解　1

【問題　80】 立入検査に関する次の記述のうち，誤っているものはどれか。
1. 立入検査に際して立ち入る職員は，その身分を示す証明書を携帯し，関係者に提示しなければならない。
2. 経済産業大臣はこの法律に必要な限度において，その職員に，指定検定機関又は指定校正機関の事務所又は事業所に立ち入ることができる。

9. 雑則・罰則

3．都道府県知事又は特定市町村の長は，この法律に必要な限度において，その職員に，指定定期検査機関又は指定計量証明検査機関の事務所又は事業所に立ち入ることができる。
4．立入検査を行う職員は，業務の状況若しくは帳簿，書類その他の物件を検査させ，又は関係者に質問をさせることができる。
5．計量法による立入検査は，時と場合によっては犯罪捜査のために行われることもある。

解説と正解

1：法148条4項にこの条文があります。2は法148条2項の，3は同条3項の前半の記述です。

4：法148条1から3項の各条項の後半に共通して述べられている内容です。

5：法148条5項に「犯罪捜査のために認められたものと解釈してはならない」とあります。同条の1から3項のそれぞれに「この法律の施行に必要な限度において」と書かれている主旨は，この法律の目的を外れて立入検査をしてはならないことを意味しています。

正解　5

【問題　81】計量法の施行に必要な限度において行う次の機関等への立入検査のうち，都道府県知事が行うことができないものを1つ選べ。
1．計量器の販売事業者
2．届出製造事業者
3．指定定期検査機関
4．指定計量証明検査機関
5．指定校正機関

解説と正解

5の指定校正機関に対して立入検査ができるのは，法148条2項によって指定主体である経済産業大臣であり，都道府県知事にはその権限はありません。その他の項目に対してはいずれも都道府県知事は立入検査をすることが可能です。（同条1および3項）

正解　5

9－2　罰則およびその他に関する問題

いよいよ計量法規については最後の節になりました。あと一息ですので，頑張って下さい。

【問題　82】　法16条に規定されている，取引又は証明における法定計量単位による計量には使用できない計量器を使用したものに対する罰則に関する次の記述のうち正しいものを1つ選べ。
1．計量調査官に始末書を提出しなければならない。
2．計量法には罰則の規定はないけれども，関係の刑法により罰せられる。
3．都道府県知事又は特定市町村の長による業務停止命令を受ける。
4．3年以下の懲役又は20万円以下の罰金に処せられる。
5．6月以下の懲役若しくは50万円以下の罰金に処せられ，又はこれらが併科される。

解説と正解

計量法ではその実効を担保する為の種々の行政処分や罰則を規定しています。

1：計量調査官は不服申立ての事務に従事するもので，罰則に関わることはしません（法165条）。

2：「使用の制限」はこの法律で非常に重要な位置を占めているため，違反者又は法人に対して計量法に基づく罰則が定められています。

3：都道府県知事による「業務停止命令」は指定定期検査機関，指定計量証明検査機関に対して発せられるものです。

4：計量法には「3年」の懲役はありません。この法律においては，「最高刑が懲役1年，罰金が百万円，あるいは，その併科（両方を科すること）」と覚えておくといいでしょう。この問題において，「3年の懲役」と「20万円の罰金」は（「1年」と「百万円」の関係に比べて）あまりにアンバランスですのでそれからも判断できると思います。

5：法172条1項とその1号から抜粋してまとめますと「法16条1から3項までの規定に違反した者は，6月以下の懲役若しくは50万円以下の罰金に処し，又はこれを併科する。」ということになります。

正解　5

9. 雑則・罰則

【問題 83】 次の条文の【 】内に入る適当な用語を下記の中から1つ選べ。

【(ｱ)】の代表者又は【(ｱ)】若しくは人の代理人,【(ｲ)】その他の従業者が,その【(ｱ)】又は人の業務に関し,第170条又は第172条から第175条までの違反行為をしたときは,行為者を罰するほか,その【(ｱ)】又は人に対して,各本条の【(ｳ)】を科する。

	(ｱ)	(ｲ)	(ｳ)
1.	法人	使用人	罰金刑
2.	法人	構成員	懲役刑
3.	組織	使用人	罰金刑
4.	機関	構成員	罰金刑
5.	組織	構成員	懲役刑

解説と正解

法177条の条文そのものです。この法律では,行為者とその所属する法人等の両方に対して罰が科せられる「両罰規定」が定められています。

正解 1

【問題 84】 次のうち検定,変成器付電気計器検査,装置検査,型式承認のいずれの主体にもなりうるものを1つ選べ。
1. 日本電気計器検定所
2. 指定検定機関
3. 経済産業大臣
4. 特定市町村の長
5. 都道府県知事

解説と正解

検定（法70条),変成器付電気計器検査（法73条),装置検査（法75条),型式承認（法76条）のいずれの主体にもなりうるのは経済産業大臣です。

表3-1のようなものを（できればご自分で作成して）頭に入れておかれることをお勧めします。人の作った表だけでは苦労がないので,一般にはそれほど頭に焼き付きません。自分で,テキストや法令条文をくりながら作りますと結

構頭に残るものです。

正解 3

表3-1 行政機関（指定，登録，認定等の主体）

		経済産業大臣	都道府県知事	特定市町村の長
製造事業者の届出	電気計器	○		
	電気計器以外	○	経由申請	
修理事業者の届出	電気計器	○		
	電気計器以外		○	
販売事業者の届出			○	
指定製造事業者の指定	電気計器	○		
	電気計器以外	○	経由申請	
適正計量管理事業所の指定	国の事業所	○	経由申請	経由申請
	その他の事業所		○(自治事務)	経由申請
計量士の登録		○		
登録事業者の登録		○		
特殊容器指定製造者の指定		○		
指定検査機関		○		
指定校正機関		○		
指定定期検査機関		○		
指定計量証明検査機関			○	
計量証明事業者の登録			○	
特定計量証明認定機関		○		
特定計量証明事業者の認定(＊)		○		
立入検査		○	○	○
計量適正化勧告，不従者の公表			○	○

（＊）特定計量証明認定機関も認定ができます。

【問題 85】 計量行政審議会に関する次の記述のうち，正しいものはどれか．
1．計量行政審議会の会長には経済産業省の事務次官が就任することになっている．
2．経済産業大臣が計量行政審議会に諮問しなければならない事項は，計量法で定められている．
3．計量行政審議会は計量に関する重要な事項について内閣総理大臣の諮問に応じて答申し，又は内閣総理大臣に建議する．
4．審議会の組織及び運営に関し必要な事項は，政令で定める．
5．計量行政審議会は会長及び40人以内の委員をもって構成される．

⑨. 雑則・罰則

解説と正解

1：計量行政審議会の会長は学識経験者の中から経済産業大臣が任命します。

2：法156条（計量行政審議会）に規定されています。

3：計量行政委員会は計量に関する重要な事項について経済産業大臣の諮問に応じて答申し，又は経済産業大臣に建議します。

4：法156条4項には「経済産業省令」で定めるとされています。「政令」と「省令」は似ていますが，前者は内閣が発する政治上の命令であり，後者は各省大臣がその担当する事務について出す命令を言います。

5：計量行政審議会は会長及び19人以内の委員をもって構成され，任期は2年です。

正解　2

【問題　86】　計量法に関係する次の記述のうち誤っているものを1つ選べ。
1．指定検定機関が，検定において合格又は不合格の判定をしたときには，その試験を行うことを求めた者に対し，その理由を通知する必要がある。
2．経済産業大臣は，定期検査，検定，装置検査，基準器検査，計量証明等に必要な用具であって，経済産業省令で定めるものを都道府県知事又は特定市町村の長に無償で貸し付けなければならない。
3．経済産業大臣は，その職員であって経済産業省令で定める資格を有するもののうちから，計量調査官を任命し，不服申し立てに関する事務に従事させるものとする。
4．この法律又はこの法律に基づく命令の規定による処分に関する審査請求又は異議申立に対する裁決又は決定は，その処分に係る者に対し，相当な期間をおいて予告をした上，公開による意見の聴取をしたあとにしなければならない。
5．この法律又はこの法律に基づく命令の規定による指定検定期間の処分又は不作為についての審査請求は，経済産業大臣に対してするものとする。

解説と正解

1：法161条（不合格判定理由通知）に「指定検定機関は，（形式承認において）不合格の判定をしたときには，その試験を行うことを求めた者に対し，その

理由を通知しなければならない。」とありますが、「検定」とはされていません。

　2：法167条（検定用具等の貸付け）の規定です。計量管理制度が円滑に運営されるように国が援助することを定めていると解釈できます。

　3：法165条(計量調査官)。関係する施行規則115条に，その資格として次の二つが定められています。

①経済産業省計量行政室の室長又は職員

②不服申し立てに関する事務に従事するために必要な知識を有すること（これは当たり前と言えますが）。

　4：法164条（不服申立ての手続きにおける意見の聴取）1項です。

　5：法163条（審査庁）1項。

正解　1

【要注意!!】

　前にも述べましたように，計量法には「検査」に似た名前が沢山出てきてたいへんまぎらわしく見えますので，表3-2のようなものをご覧になってそれらの違いを確認しておいて下さい。

　まず，「型式の承認」（法76～89条）は，個別の特定計量器ではなくて，特定計量器の型式（構造）を承認しておいて，個々の特定計量器の検査を簡略化するためのものです。

　「検定」（法16条1項2号イ，法70～72条）は，特定計量器全般を対象にしておりますが，「定期検査」（法19～39条）は，特に精度水準を維持するためにフォローの必要な特定計量器を対象にしていて，非自動はかり，分銅，おもり，皮革面積計に限定しています。

　また，「基準器検査」（法102～105条)は検定，定期検査，その他の検査に用いる特定計量器を対象としていて，つまり，他の計量器の精度を検査するための計量器を検査します。これに対して，似ているようですが，「計量証明検査」（法107～121条)は，計量証明事業に用いる特定計量器が対象となりますので，他の計量器の検査には用いない計量器が対象となって，基準器検査とは異なるわけです。

表3-2 検査等の一覧表

項目	対象	検査主体 経産大臣	都道府県知事	特定市町村の長	日本電気計器検定所	指定機関	有効期間	代検査	メモ
型式の承認	特定計量器	○					10年	—	全数検査を不要とするため、型式を承認
検定	特定計量器		○		○		物により 2〜10年	—	「構造」と「器差」を検定。型式承認表示あれば「構造」は検定不要
定期検査	①非自動秤、分銅、おもり ②皮革面積計			○			検査周期が ①2年 ②1年	一般計量士	①検定証印 ②省令の技術基準 ③器差≦使用公差
計量証明検査	計量証明事業者の特定計量器		○				物により 1〜5年	対象区分計量士	①検定証印 ②省令の技術基準 ③器差≦使用公差
校正、標準物質の値付け	特定標準器による校正、標準物質の値付け				○		1年		特定標準器、特定標準物質による
基準器検査	検定、定期検査その他の計量器の検査に用いる計量器		○		○		物により 6ヶ月〜10年		
装置検査	車両装着のタクシーメーター検査のみ		○				1年		
比較検査	国税庁等が行うアルコール濃度計量に用いる「酒精度ひょう」のみ								当分、暫定的に行う

装置検査の指定検査機関は、指定検査機関です。その他の指定機関は、名前の通り、順に、指定検定機関、指定定期検査機関、指定計量証明検査機関、指定校正機関となります。

第4編

計量管理概論

計量管理概論の出題傾向と対策

　本章の目的は，計量に関する様々な活動を行うための，科学的な基礎を学んでいただくことです。

　計量管理概論は，本来は多方面の分野のそれぞれに頁数をさいた解説が必要なものの集まりです。ところが現実は，それを一冊の本の一つの章程度で説明しなければならないために，個々の分野においては限られた少ない紙面で解説せざるを得なくなっています。従って，いきおい分かりにくい書物になりがちです。また，化学の分野の方は，ご自分が数学に弱いと思っておられる方が少なくないようにお見受けいたします。

　本書ではそのような方々のためにできるだけ配慮をして，分かりやすくすることを旨として作成しています。一般に難しいとされる統計や分散分析などの分野についてもできるだけ分かり易く解説するようにしております。

　それでも数式の出てくるところはありますが，数学の論文を読もうというのではありません。ポイントのところだけを利用できるようになりさえすればよいのです。毎年の出題問題で要求されるレベルくらいを利用できれば十分なのですから，数式などの形にはこだわらずその分野の「本旨」を理解されるつもりで，あまり恐がらずに学び進んで下さい。

　計量管理についての出題は，ここ数年ほとんど出題傾向は変わっておらず，分野ごとにほぼ同一の内容で出題されています。基本的には計量管理の専門的な知識や理解力が問われる問題となっています。

　毎年出題されているものとしては，
1）計量の一般的な目的
2）標準化（トレーサビリティ）の知識
3）計測器の管理の仕方
4）誤差に関する統計的知識
5）分散分析の計算
6）コンピューターに関する一般的知識

　その他，よく出題されるものに，
1）SI単位について

2）自動制御の伝達関数に関する知識
3）$\bar{x}-R$ 管理図や抜取検査など，製品の計測管理の目的・方法
4）回帰分析，相関分析など

　以上が，分野としての頻出項目ですが，全分野に渡ってそれぞれに具体的な問題に挑戦され，特に，ご自分の弱点と思われるところを，できるだけ多く自力で解いてみられることをお奨めします。計算問題は解説を眺めるだけでなく，ご自分で手を動かして計算をされることを是非やってください。

　解説のあとに解答も付していますが，答え合わせのためだけの解答とは思わずに，解説と対照されてどういう考えやどういう手順でその答えに到るのかについてよくご検討下さい。

　計量法規の第3編でも申し上げましたが，計量管理概論でも，学習に当たっては正解の選択肢以外の4つの選択肢も是非吟味して下さい。計算結果の数値を選ぶ場合などは全く意味はありませんが，記述型の選択肢の場合に特に有効です。今度受けられる試験では，どの選択肢が出題されるか分かりません。その内容は自分は知っていることなのか，その時に迷わず答えられるか，という立場で全選択肢について再度自問されるようお勧めします。

1. 計量管理

1-1 計量管理に関する問題

　計量管理と計測管理とは，いずれも「計測の活動を取り仕切ること」と考えてよく，ほぼ同じ意味で用いられています。

　計量管理は，工程，品質，公害，安全，研究などの様々な管理と密接に関係していて，それぞれの目的によってある程度やり方は異なるものの，共通技術としての方法や手段の内容をよく理解して，各方面の要請に的確に答える形で対処できることが極めて重要です。

　とくに，最近の製造工場などの計量管理は，ただ「測定して製品の合格不合格を判定する」といった点的で静的な立場に留まらず，計測したデータを十二分に活用して品質改善はもとより，工程自身の本質的な改善を含む広い範囲の「改革」にまで応用することが多くなっており，それだけ計量管理の方法論を深める必要性も増しています。

　この分野も，いわゆる「実学」ですので，当然のことながら，経済的側面が重視されます。従って，計量によって改善される経済的効果と，計量のための費用増とをバランスさせること，即ち合計費用を最小にする必要があります。いくらでもコストを掛けて計測の精度を上げればよいというものではありません。

　いずれにしても，それぞれの目的に対して十分に合致した形で，計画や実施がなされなければなりません。

【問題　1】　計測管理について述べた次の各々の記述のうち不適切なものを1つ選べ。
1．計測管理と計量管理という二つの語は，一般的にほぼ同内容の意味で用いられる。
2．計測を有効にするためには，データをどのように取ったらよいかを考える計測の計画が必要である。
3．計測の結果から合理的判断を下すには，計測の目的に合致した解析や評価をすることが重要である。
4．あらゆる分野の計測管理において，最も重要なことは計測器を管理する

1. 計量管理

ことである。
5．計測の本来の目的に沿って合理的な計測をするためには計測の対象とする量を何にするかが必要である。

解説と正解

　計測管理の実施においては，管理の対象の把握，計測する量の決定，データを取る方法の検討，取られたデータの解析や評価方法などを検討して，目的にあった計測の計画を立てることが重要となります。

　計測管理では計測に使われる計測器の管理方法，工程のばらつきを計測によって把握しそれを制御する方法，最終製品が定められた規格の中に入っているか否かの検査の方法など計測にかかわる事柄が広く検討されて実施されるのであって，計測器の管理だけに重点を置いては正しい計測管理とは言えません。総合的に検討がなされなければなりません。

　肢4の表現は計測器の管理に重点を置いていますが，計測管理では正しい測定値を得るための計測システム全体を管理することが重要です。　　正解　4

【問題　2】　計測管理に関する次の各々の記述のうち最も不適切なものを1つ選べ。
1．計測の対象の性質を表す量を何にするかということが，計測の本来の目的に沿った合理的な計測をするために重要なことがらである。
2．計測管理で最も重要なことは製品の出荷検査に用いられる計測器の保守・管理を確実に行うことである。
3．計測管理の実施によって校正周期の変更などの計測の改善を行った結果，計測器の管理に必要な費用は現状に比べ，改善後では場合によっては増加することもある。
4．データの取り方を工夫して目的にあった計測法を計画することが，計測管理を有効なものとするために大変重要である。
5．計測管理は，製品の品質維持だけでなく，時には品質改善に有効であることもある。

解説と正解

　肢1，3，4，および5は計測管理に関する目的やその効果について示したものでそれぞれが正しい記述です。それぞれの記述の意味をよく嚙みしめてご理解下さい。

　肢2は前問の解答の主旨と基本的に共通です。計測器の保守・管理を行うことは計測管理の一部であって，本来それだけで計測管理が満足されるものではありません。

正解　2

【問題　3】　計量計画に関する次の文章の(ア)～(エ)に入る用語として正しい組合せを1つ選べ。

　計測の計画において最も重要であることは，実施しようとしている計測目的に合うように測定項目を選び，【 (ア) 】及び【 (イ) 】を決定することである。

　更にその計測の実施においては，計測結果に大きな影響を与える計測器の【 (ウ) 】方法の確立に加えて計測器の【 (エ) 】の適切な選定が非常に重要である。

	(ア)	(イ)	(ウ)	(エ)
1.	サンプリング方法	回帰	廃棄	使用方法
2.	抜取方法	回帰	保守管理	設計方法
3.	検査方法	デザイン	設計	使用方法
4.	計測方法	計測器	保守管理	校正方法
5.	検査方法	計測器	設計	廃棄方法

解説と正解

　計測管理の基本は計測の目的を確認し，これにそって計測を計画，実施し，結果を活用することです。

①計測の計画においては，個々の計測項目について，環境条件，測定条件を考慮しながら，測定方法，測定機器を選択，決定します。

②計測の実施段階では，計測器の管理と計測器の校正が大切です。計測器の管理では精度管理と保守，保全，修理等の体制の確立が，さらに計測器の校正では標準の選定，校正の方法・間隔，トレーサビリティの確保などが重要となります。

③結果の活用においては，測定を行った後のデータの記録・保持はデータベースを形成する上でもたいへん重要です。

正解 4

【問題 4】 計量管理に関する次のイ～ニについて正しいか誤っているかを述べた下記の記述のうち最も適切なものを一つ選べ。
イ 製品の開発や設計の段階における計量管理では，製品の機能から要求される計測技術の開発や計測方法の選定が重要である。
ロ 製品の製造工程での計量管理では，計測器の保守点検だけではなく，計測担当者の教育訓練も必要である。
ハ 製品の製造工程での計量管理で，製品の仕様に決められている特性をすべて測定しなければならない。
ニ 製品の開発研究段階での計量管理において，製品の仕様に決められた計測項目を測定するだけでは十分であるという保証はない。

	イ	ロ	ハ	ニ
1.	正	正	正	正
2.	正	正	誤	正
3.	誤	正	誤	正
4.	誤	正	誤	誤
5.	正	誤	正	誤

解説と正解

イおよびロの記述は正しいですね。

ハの記述において，製品の製造工程での計量管理で，製品の仕様に決められている特性は，必ずしも製造時点での計測項目として決められているとは限りませんので，「すべて測定しなければならない」というのは言い過ぎです。基本的に目的に合わせた測定が必要なので，それぞれの場合の目的にきっちり合っているかどうかを確実に見なければならないものです。

ニの記述は開発段階となっていますが，計測の対象を考える上で立場として正しい記述になっています。

正解 2

1−2 工程管理に関する問題

工程管理には，当然のことながら，計測が重要な役割を演じています。その意義を以下の設問の各記述から読みとって下さい。勿論，適切な文章も，不適切な文章もありますので，注意して内容をよく考えてみて下さい。

【問題 5】 工程管理における次の各記述の中で，不適切なものを1つ選べ。
1．工程管理は，品質のばらつきによる損失と工程の管理コストの合計を最小値にするように管理されることが望ましい。
2．製品開発においては，場合によって，実際に製造する場合とは製品の品質計測として別な指標を選ぶこともある。
3．メーカーでは，コストが最大の重要事項であるので，品質の目標値からのずれよりも製造コストを最小化する管理が望ましい。
4．製造工場では，工程の状態を絶えず監視する $\bar{x}-R$ 管理図で管理限界を超えても直ちに工程の乱れを改善する処置をとることがよいとは限らない。
5．工程制御の目的で取り付けられている測定器がばらつけば，その工程で製造されている製品のばらつきに影響することがありうる。

解説と正解

製造工程では，コストは製品のばらつきによる損失を含めたトータルの費用を最小にすることが重要ですので，一つの管理指標が変化してもそれだけで直ちに処置をすることが最善とは限りません。　　　　　　　　　　　正解 3

【問題 6】 計測を伴う工程管理における次の記述の中で，不適切なものを1つ選べ。
1．公害計測において，計測器の指示値が目的成分の濃度の値でなく電流や電圧などであっても公害計測に使用することは可能である。
2．標準物質を自ら調製して，濃度測定用の標準物質として使用する場合もあるが，その場合，調製した濃度の誤差は計測結果の誤差にも反映する。
3．微量成分の計測に当たっては，測定感度の高い計測をする必要のあることが多いので，測定条件やその環境をできるだけ安定に保つ必要がある。
4．製造工程においては，様々な要因が製品品質に影響するので，仕様で定められた特性はすべて計測する必要がある。

1. 計量管理

5. 前処理操作を行ってから測定する場合に，その前処理操作の誤差も無視できないのであらかじめ求めておくことが重要である。

解説と正解

仕様で定められた特性はすべて計測する必要は必ずしもありません。例えば，仕様特性を与える条件に相当するものだけでもいいはずです。

正解　4

【問題　7】 ある製造工程において，製品を1時間当たり n 個サンプリングしてチェックし，品質管理をしている。この工程で，品質管理コスト $f(n)$ が，$f(n) = \alpha n$ $(\alpha > 0)$ で与えられ，品質のばらつきによる損失 $g(n)$ が，$g(n) = \dfrac{\beta}{n}$ $(\beta > 0)$ で与えられるという。n を増やせば損失は少なくなるが，管理コストが増大する。管理のあり方としては，$L(n) = f(n) + g(n)$ を小さくする n によって工程を管理すべきである。n の最も望ましい値は次のうちどれか。

1. $\sqrt{\dfrac{\alpha}{\beta}}$　　2. $\sqrt{\dfrac{\beta}{\alpha}}$　　3. $\sqrt{\alpha\beta}$　　4. $\alpha + \beta$　　5. $\alpha\beta$

解説と正解

この問題は，結局次の式が最小になるための n を求める問題です。

微分法を知っている方は，その方法でも解けますが，ここでは相加平均と相乗平均の関係を使って解いてみます。a，b が正数であれば，次の公式が成り立ちます。

$$\frac{a+b}{2} \geq \sqrt{ab} \quad (\text{等号は } a = b \text{ の時})$$

これを利用しますと，

$$L(n) = \alpha n + \frac{\beta}{n} \geq 2\sqrt{(\alpha n)\left(\frac{\beta}{n}\right)} = 2\sqrt{\alpha\beta}$$

等号は，$\alpha n = \dfrac{\beta}{n}$ の時ですから，その時の最適な n は，

$$n = \sqrt{\frac{\beta}{\alpha}}$$

正解　2

②. 量と単位, およびトレーサビリティ

2−1　SI単位に関する問題

SI単位化も平成4年の計量法改正の大きな柱の一つです。これによって, 国際的な単位統一に歩調を合わせようとしたものです。法令とも関連しますので, 対照しながら学習下さい。

【問題　8】　国際単位系（SI）における量とその記号の組合せのうち, 誤っているものを一つ選べ。
1. 圧力　　　　　　　　kg/(m・s^2)　　2. 電流密度　A/m^2
3. 加速度　　　　　　　m/s^2　　　　　4. 光度　　　lx
5. 物質量の体積濃度　　mol/m^3

解説と正解

圧力はPa（パスカル）がよく用いられますが, それは面積当たりの力ですね。力は, ニュートンの法則 $f = ma$ （f は力, m は質量, a は加速度）を思い浮かべますと, 単位が [kg・m/s^2] となることはお分かりでしょうか。これを面積で割ればよいのです。

光度は光る側（照る側）ですのでcd（カンデラ）です。lxはルクスで, 照度（照らされる側）になります。カンデラはキャンドル（ろうそく）と同じ語源ですので, cdが照らす側だと覚えましょう。

正解　4

【問題　9】　次に示すものの中で, SI単位系における接頭辞には含まれないものはどれか。
1. a　　2. b　　3. c　　4. d　　5. E

解説と正解

SI単位は基本単位, あるいは, 固有の名称のある単位に接頭辞（接頭語）を付けて, 数字の位取りを調整します。m（メートル）に対して1,000 mを1

2. 量と単位，およびトレーサビリティ

km とするような形です。

設問の，a は多くは用いられませんが，アトと読んで 10^{-18} を示すものです。c はおなじみのセンチ（10^{-2}）ですね。d はデシ（10^{-1}），E は大文字で，エクサ（10^{18}）です。b という接頭辞はありません。

基本 SI 単位に冠する接頭辞をまとめて表 4-1 に示します。中心となる単位から，プラスマイナス 3 桁の接頭辞については，次のように覚えると便利です。とくに，デシとデカの区別が紛らわしい人にはよいと思います。

キロキロと	ヘクト出かけた		メートルが	弟子に噛まれて	センチミリミリ	
(k)	(h)	(da)	〈m〉	(d)	(c)	(m)

正解　2

表 4-1　基本 SI 単位に冠する接頭辞

倍　　数		接頭辞	
		名　称	記号
10^{24}	1,000,000,000,000,000,000,000,000	ヨ　タ	Y
10^{21}	1,000,000,000,000,000,000,000	ゼ　タ	Z
10^{18}	1,000,000,000,000,000,000	エ ク サ	E
10^{15}	1,000,000,000,000,000	ペ　タ	P
10^{12}	1,000,000,000,000	テ　ラ	T
10^{9}	1,000,000,000	ギ　ガ	G
10^{6}	1,000,000	メ　ガ	M
10^{3}	1,000	キ　ロ	k
10^{2}	100	ヘ ク ト	h
10^{1}	10	デ　カ	da
10^{-1}	0.1	デ　シ	d
10^{-2}	0.01	セ ン チ	c
10^{-3}	0.001	ミ　リ	m
10^{-6}	0.000 001	マイクロ	μ
10^{-9}	0.000 000 001	ナ　ノ	n
10^{-12}	0.000 000 000 001	ピ　コ	p
10^{-15}	0.000 000 000 000 001	フェムト	f
10^{-18}	0.000 000 000 000 000 001	ア　ト	a
10^{-21}	0.000 000 000 000 000 000 001	ゼ プ ト	z
10^{-24}	0.000 000 000 000 000 000 000 001	ヨ ク ト	y

【問題 10】 7種のSI基本単位について，誤っている記述を一つ選べ。
1．大文字の用いられる基本単位は2種類である。
2．接頭辞の付されている基本単位は1種類である。
3．3文字よりなる基本単位は1種類である。
4．2文字よりなる基本単位は1種類である。
5．大文字・小文字を含めて同一文字で始まる基本単位は2組4種類である。

解説と正解

肢1の大文字の用いられる基本単位は，AとKの2種類ですね。人名に基づくものなので大文字になっています。

肢2の接頭辞の付されている基本単位は，kgの1種類だけですね。

肢3の3文字よりなる基本単位は，molの1種類だけです。

肢4の2文字よりなる基本単位は，kgとcdの2種類なので，設問は誤りです。

肢5の同一の文字で始まる基本単位は，mで始まるmとmol，kで始まるKとkgの2組4種類です。

正解 4

【問題 11】 各種の単位の次の記述のうち，SI単位系で許されないものはどれか。1つを選べ。
1．$mol \cdot cm^{-3}$
2．$kg \cdot mol^{-1}$
3．$kg/(m^2 \cdot s)$
4．$kg \cdot m$
5．$N/m^2/s$

解説と正解

単位については，「単位〜当たりどれだけか」というものの場合に単位で割り算することになります。その場合は，例えば，次のような表記になります。

$kg \cdot mol^{-1}$，あるいは，kg/mol

ただし，二重に単位当たりの量を示すときに，$kg/mol/cm^3$ などとしてはいけません。この場合は，$kg/(mol \cdot cm^3)$，あるいは，$kg \cdot mol^{-1} cm^{-3}$ のよう

に書かなければなりません。5が誤りですね。

正解　5

【問題　12】　次の文章は，国際（SI）単位系について述べたものであるが，正しいものはどれか。
1．国際単位系は，SI単位系とも言われ，世界共通の協定に基づくものである。
2．国際単位系では，基本単位として，m，g，s，A，K，mol，cdの7種の単位記号が定められている。
3．国際単位系には，補助単位として，ラジアン，ステラジアンがある。
4．国際単位系は，メートル法の矛盾や使い勝手の悪さのために，メートル法とは全く独立に，抜本的に作り変えられた単位系である。
5．体積のリットル（L），重さのトン（t），信号量のベル（B）なども国際単位系の単位である。

解説と正解

1：国際単位系は，世界各国の協定に基づいて使われています。
2：基本単位は，質量だけは例外的に接頭辞をつけたkgが基本単位になっています。
3：角度のラジアン，立体角のステラジアンは，以前は補助単位でしたが，現在では，基本単位の組立てによって決められています。
4：国際単位系はメートル法を改善してできたもので，全く独立ではありません。
5：体積のリットル（L），重さのトン（t），信号量のベル（B），他にも，濃度の％，ppm，pHなどは，国際単位系にはない単位ですが，便宜のために併用してよいことになっています。

正解　1

2−2 尺度に関する問題

計量を行うための尺度の分類を学びます。それぞれの用語の意味を考えて下さい。基礎知識として日常生活の上で役に立つこともあると思います。

【問題 13】 各種の尺度について記述してある下記の文章のうち，誤っているものを1つ選べ。

1．比例尺度とは，物理法則や化学法則に基づいた量であり，その量がゼロであるということに，物理的，あるいは，化学的な「無」を意味するものである。
2．間隔尺度とは，距離尺度ともいわれ，任意の2点を定義して，一方をゼロとして定められた量で，表される量のゼロが物理的，あるいは，化学的な「無」を意味しない場合である。
3．順序尺度とは，序数尺度や順位尺度とも呼ばれ，計測される量の順序のみに意味を持つものである。
4．名義尺度とは，尺度の中ではもっとも単純なもので，事物を区別して，それに数字又は符号を割り当てているものである。
5．対数尺度とは，間隔尺度を対数変換して広い目盛範囲を扱うことができるように考えられた尺度である。

解説と正解

肢5以外は，それぞれ，正しい文章になっているので，それぞれの尺度の特徴の違いについて，よく読み比べておいて下さい。肢5は，「間隔尺度」の部分を「比例尺度」にすれば正しい文章となります。

比例尺度の例は，我々の周囲に非常に多く存在しており，ゼロの意味が明確なものがこれに当たります。間隔尺度は，例えば，セルシウス（摂氏）温度のように0℃は便宜的なゼロであって物理的な「無」に対応してはいません。工業的に使われる量の多くがこれに当たるようです。時刻も，0時は社会的に意味は持つかも知れませんが，物理的には特別な意味を持つわけではありません。

順序尺度の例としては，モース硬さなどであって，この硬さは，滑石を1，ダイヤモンドを10として，この間に8個の物質を定めていますが，被測定物との一対比較で決められる尺度であって，数値の差に精密な物理的意味があるわ

2. 量と単位，およびトレーサビリティ

けではありません。繊維の分野で決められる，ドレープ性（襞のきれいな垂れ方）やピリング性（セーターなどの毛玉の多さ）などという尺度も人間の感覚に頼る尺度ですので，これに当たります。

名義尺度は，単に名前の代わりとして数字を用いたもので，例えば野球選手の背番号のように，数字の大小や順序に特別な意味のないものですので，計測の分野ではほとんど使われません。

もう古い話になりますが，コント55号という，欽ちゃん，二郎さんの二人の漫才コンビがいました。55 という数字は，少なくとも我々は順番とは考えていません。本当は順番であったかどうか私は知りませんが，名義尺度としてよいと思います。

順序尺度で有名なのは，更に更に古くなってご存じの方も大幅に少なくなると思いますが，ドイツに留学した秦佐八郎（はたさはちろう）が606番目の実験で薬効を見付けて606号と命名した，梅毒・マラリヤに効く「サルバルサン」の話があります。

私事の余談で恐縮ですが，以前著者が，立体規則性ポリアクリロニトリルという高分子化合物を触媒によって合成する方法を世界で初めて見い出したことがありました。その実験は，一年前に実験を始めてから582番目に行ったものでしたので，当時の上司であった研究所長が，「サルバルサンに勝った」と大喜びしていたことを思い出します。

正解　5

尺度

2-3　トレーサビリティに関する問題

計測にとって計測結果の信頼性，普遍性を確保することがたいへん重要です。そのために，計測の標準を国家的，世界的に認められたものとして確立することが行われ，**トレーサビリティ**という制度が構築されています。

これが，平成4年に我が国で行われた計量法の大改正の柱の一つです。その意味で，トレーサビリティ制度の主旨を理解していただきたいと思います。

【問題　14】　校正に関する次の記述のうち，最も不適切なものを1つ選べ。
1．トレーサビリティとは，国家計量標準，ひいては国際計量標準への整合をはかることである。
2．校正証明書には，校正の不確かさを記載することなどが，国際的に要求されている。
3．トレーサビリティによる校正体制が確立されれば，計測誤差の大きさは一定となる。
4．トレーサビリティ制度には，ある定められた基準に適合していることを主張することができる認定制度がある。
5．国家標準にトレーサブルであることが，ある種の相互承認によって国外でも役立つのは国家標準の間で統一がとられているからである。

解説と正解

トレーサビリティ体系とは校正の道筋が企業等での計測結果から国家計量標準にまで順番に切れ目なくつながるようにして，個々の計測結果が統一された一般性のあるものにする目的で校正されています。従って，このもとで標準器，標準物質の管理，使い方の教育などの管理を十分行うことによって成し遂げられ，トレーサビリティ体系が確立すれば計測の信頼性，整合性が国全体または国際的に保証されるというものです。トレーサビリティが確立されたからといって企業等での測定誤差が保証されるものではありません。　　**正解　3**

【問題　15】　校正に関する次の記述のうち誤っているものを1つ選べ。
1．トレーサビリティとは校正によって国家標準とつながりがあるということであるから，トレーサブルにするためには一般ユーザーは国家標準から直接校正された標準で自己の機器を校正する必要がある。

2．トレーサブルであることは同じ測定対象（その値には変化がないものとする）について測定した異なる機関の値がある範囲で一致することを確保するための重要な条件の一つである。
3．企業の内部において，企業組織間の中間原料のやり取りや，研究開発における計量では，必ずしもトレーサビリティが確立されていなくてもよい。
4．測定結果がトレーサブルであるという場合，どのように国家標準，あるいは，国際標準へのトレーサビリティが確立されているかを明示できなければならない。
5．計量法におけるトレーサビリティ制度は，国家標準の指定と国家標準にトレーサブルな計測器によって校正できる機関を認定することからなっている。

解説と正解

トレーサビリティとは現場の計量器等の校正，その校正の標準，その標準の校正というように標準を上位に遡って国の計量標準，場合によってはさらには国際的な標準へと辿れることをいいます。つまり，校正の連鎖が国家標準につながっていることであり，必ずしも国家標準によって直接校正されていることを要しません。

正解　1

【問題　16】　校正に関する次の記述のうち不適切なものを1つ選べ。
1．登録事業者は，実用標準となるべきものを校正し，ロゴマーク付きの校正証明書を添付して実用標準をユーザーに供給することができる。
2．品質システムの規格であるISO 9000シリーズ（JIS Z-9000シリーズ）では測定や検査が品質を確保する重要な手段とされ，その測定が国の標準にトレーサブルであることを要求している。
3．登録事業者は，自ら製造した実用標準となるべきものや一定の条件下で製造された外部の依頼者からの計量器を校正することができる。
4．登録事業者は，指定校正機関等が校正した特定標準器，特定標準物質等の提供を受けて，それにより実用標準となるべきものを校正し，実用標準をユーザーに供給することができる。
5．企業が持っている標準器又は計測器が，より高位の測定標準によって，次々と校正され，国家標準，国際標準につながる経路が確立していれば，トレーサビリティがとれていると言える。

解説と正解

肢4:経済産業大臣に認定された登録事業者は,**特定標準器**や**特定標準物質**によって校正された計量器等(**特定二次標準**といいます)を使って,一般ユーザーへの校正サービスをすることができます。実用標準を使うことはできますが,「実用標準の供給」ではありません。

その他の記述は正しいので,その意味をよく読んでトレーサビリティ制度について認識を深めていただくとよいと思います。　　　　　正解　4

【問題　17】　校正に関する次の記述のうち誤っているものを1つ選べ。
1.一般の計測器が国家標準にトレーサブルであるためには,国家標準によって直接校正されることが必要である。
2.計量法における登録事業者が発行する校正証明書は,その計測器が国家標準にトレーサブルであることを証明している。
3.トレーサビリティ体制とは,一般の測定に用いる計量器を必要なときに校正することができるシステムをもっていることである。
4.計測器を使用する現場では,その用途によってトレーサビリティのとれていない状態で使用するケースもありうる。
5.計量標準供給システムによって,経済産業大臣(国立研究所)から指定校正機関又は日本電気計器検定所,登録事業者,ユーザーまでトレーサビリティが確立されているので,登録事業者が校正した実用標準は,ユーザーが計測標準として使用できる。

解説と正解

一般の計測器は,次々に「連鎖的に」校正されていけばいいので,国家標準によって「直接」校正されることは必要ではありません。　　　　　正解　1

【問題　18】　校正に関する次の記述のうち不適切なものを1つ選べ。
1.トレーサビリティを証明するには,対象とする測定器の校正証明書から国家標準に至るまでの全ての校正証明書を用意しなければならない。
2.国家標準とつながっている社内標準器を用いて計測器を校正した器差が分かっているとき,その器差で測定値を補正すれば,その測定値はトレーサビリティがとれていると言ってよい。

②. 量と単位，およびトレーサビリティ

3．登録事業者が校正できる計量標準の種類には，長さ，質量，標準物質などがあり，登録事業者は計量標準の種類ごとに校正し，実用標準の精度標準をユーザーに提供できる。
4．トレーサビリティを証明するための校正証明書に，基準への適合性の判定を入れることは不要である。
5．トレーサビリティを得るということは，測定値が国家標準や国家標準に基づいた値での校正ができることを言う。

解説と正解

トレーサビリティといっても，国家標準に至るまでの全ての校正証明書を用意する必要はありません。計量法における登録事業者が発行する校正証明書からのつながりが分かればいいことは，普通に考えてもご理解いただけると思います。

正解　1

【問題　19】校正に関する記述のうち正しいものを1つ選べ。
1．トレーサビリティを得るためには，現場レベルの測定器であっても，認定された校正事業者の証明書がなければならない。
2．トレーサビリティを得るためには，対象とする測定器等を任意に定められた標準によって校正すればよい。
3．トレーサビリティを証明する際，校正証明書に不確かさを記す必要はない。
4．工場の中などで工業的な量を測定する計測器には，測定の標準が整備されていないものもあり得るので，トレーサブルでないものもある。
5．トレーサビリティの取れた計測器を使用することで，誤差の小さい結果が得られると考えてよい。

解説と正解

工場の中など，直接に取引や証明に関係しない場合は，トレーサブルでない計測器を用いても問題はありません。また，いくらトレーサビリティの取れた計測器を使用しても，ばらつきの要因までを消すことはできず，誤差がなくなることはありません。

正解　4

2−4 標準化に関する問題

標準化とは，JIS の規定によれば，「標準を設定し，これを活用する組織的行為」とされています。この中には，計測のための基準や標準も，単位系の確立も含まれます。人間活動に伴って，各種組織を超えて調整されるものを対象としますので，基本的には組織内外のあらゆるものに存在します。そして，これらの標準化によって，いろいろな組織的な活動が円滑に進みうるものとなるはずです。

【問題 20】 標準化に関する次の記述のうち最も不適切なものを1つ選べ。
1．社内標準化の目的は，業務の統一化，規格化を図ることである。
2．一度きちっとした標準書を作成したら，これを改訂することはよくない。
3．社内で業務を標準化すれば，社内各部門との連絡や相互理解がスムーズに行える。
4．製品の製造方法を標準化すると，品質やコストを改善するためのてがかりとなりうる。
5．社内標準化の実施により，製品品質のばらつきが小さくなることが期待できる。

解説と正解

「標準化」とは個人の経験や技術をある水準に設定して，共有化し，組織的に活用することですから，このために企業の経営方針を具体的に示す標準類（規定，規格など）を設定する必要がありますので，標準化の基本となる基本規定（組織と管理，品質管理規定，公害防止規定など）にもとづいて①製品に関する規定（材料仕様書など），②製造検査に関する規定（標準作業書など），③業務運営に関する規定（計測管理規定，クレーム処理規定など）を作成します。これらは一定期間固定する必要はありますが，環境の変化，技術の進歩，発展等により改訂を行うことはむしろあった方が好ましいと言えます。　正解　2

【問題 21】 標準化に関する次の記述のうち最も不適切なものを1つ選べ。
1．標準化を導入すれば，近い内に製品の品質が向上する。
2．検査における誤りをなくすための一つの方法は，製品検査の標準化を推

進することである。
3．計測器の社内標準化をすれば，計測器の保守・管理は容易になる。
4．標準化のマニュアルを，技術の進歩や事業環境の変化に合わせて，改訂して行くことは望ましいことである。
5．工業標準化法では，工業標準化とは鉱工業品等の種類，形式，形状等を全国的に統一し，又は単純化することと定めている。

解説と正解

標準化の主旨は，業務を規格化して，業務品質を安定化させることにあるので，品質向上に直接的につながるものではありません。徐々に間接的に品質がよくなることはあっても，それを必然と見ることはよくありません。

正解　1

【問題　22】標準化に関する次の記述のうち最も不適切なものを1つ選べ。
1．標準化とは，標準を決定しこれを活用する組織的行為である。
2．作業基準を標準化することにより，作業員の安全率の向上が期待できる。
3．検査における合格・不合格の判定方法を標準化すれば検査の誤りが減る可能性が高まる。
4．標準化のためのコストが標準化による効果を上回る見通しであっても，本来標準化は実施すべきものである。
5．標準化は，通常，規格の作成・発行・実施によってなされる。

解説と正解

明らかに標準化のためのコストが，それを実施する場合の効果より高くなると見込まれる場合は強いて標準化を行わなくてもよいのです。本来の目的を見失わないようにするべきです。ただし，改善の余地がかなり多いと見なされる場合や，実施効果の過小見積がないかどうかなどは十分に確認する必要があります。

正解　4

③. 測定方式と測定誤差の性質

3−1 測定法に関する問題

測定方式には，直接測定と間接測定とがあります。測定法は計算管理の基本となるものですので，それらの違いや，各種の直接測定方式の内容を理解していただきたいと思います。

【問題 23】 測定法に関する次の各々の記述の中で，誤っているものを1つ選べ。
1．測定作業は，基準として与えられた量と対象物の量を比較することが基本となる。
2．基準として与えられた量と対象物の量とを比較する場合，これらを直接比較する方法を直接測定と呼ぶ。
3．基準として与えられた量と対象物の量とを比較する場合，これらを直接比較することができないときに，関係式を用いてその関係から求める方法を間接測定と呼ぶ。
4．基本量の組合せによって求められる量を，それぞれの基本量の測定だけから求めることを絶対測定と言う。
5．基本量の組合せからなる量であっても，基本量に戻さずに測定器によって直接比較を行う測定法を簡易測定と言う。

解説と正解

肢5の測定法は「簡易測定」ではなく，「比較測定」と言います。その他の記述は測定方式の基本的な記述ですので，理解しておいて下さい。　　正解　5

【問題 24】 直接測定には，ほぼ5種類の測定法があるが，下記の測定法の事例の記述の中で，誤っている事例を含むものを1つ選べ。
測定法とその事例
1．零位法：対象物の重さを知るために分銅を組み合わせて既知の量を作り，両者を天秤でつり合わせて，既知量から対象物の重さを知る方法

③. 測定方式と測定誤差の性質

2．偏位法：ばね式はかりで，測定値を測定するときの指針の振れを前もって付けておいた目盛から読みとる。
3．差動法：差動マイクロメーターで，入力変化に対してプラスマイナスが逆の出力になるように二つの検出器を組み合わせて測定する。
4．置換法：一度バランスした天秤の左右を入れ替えて，釣り合いからずれればそのずれた量を求めて重さを測定する。
5．合致法：ブロックゲージを既知の値として，対象物との差をダイヤルゲージで測定する。

解説と正解

肢5の記述は，**補償法**についてのものです。
合致法は，目盛り線などの合致を観測して，基準として用いる量と測定量との間に成立する一定の関係を利用して測定する方法です。例えば，ノギスに付いている副尺（バーニャ）を用いて，副尺の目盛との関係を利用して測定することや光波干渉縞による寸法測定などが含まれます。
直接測定は，基本的に上記の5種類に区分されますが，その組み合わせたものとして，**補償法**があります。
これらのそれぞれの測定法の原理や意味を，事例と組み合わせて理解しておいていただきたいと思います。

正解　5

3－2　測定誤差に関する問題

誤差は，**測定値から真の値を引いた値**と定義されます。真の値は実際には知り得ないものですので，誤差も原理的には直接は得られないものです。しかし，その評価はいろいろな場面で必要となりますので，理論的に，あるいは，統計的に推定しているわけです。

主な用語の説明を次に示します。それぞれの用語の意味を具体的な事例で理解して下さい。

誤差＝測定値－真の値
かたより＝測定値の母平均－真の値
偏差＝測定値－母平均
残差＝測定値－試料平均
公差＝法的に定められた誤差
ばらつき＝測定値の不揃いの程度
正確さ＝かたよりの小さい程度
精密さ＝ばらつきの小さい程度
精度＝正確さと精密さを両方総合した良さ
再現性＝同一の方法で同一の測定物を同一条件で再び測定した場合に測定値が一致する程度

【問題　25】　測定によって得られるデータは，何度も測定すると必ずしも同じ値にはならず，多くは異なった値が得られる。その現象をもっともよく表している式は次のうちどれか。1つを選べ。
1．測定値＝真の値＋誤差
2．測定値＝正確でない値＋かたより
3．測定値＝真の値＋ばらつき
4．測定値＝正確でない値＋誤差
5．測定値＝真の値＋かたより

解説と正解

測定する際の誤差についての基本的な考え方を聞いています。かたよりとば

③. 測定方式と測定誤差の性質

らつきは，性格の異なる二種類の誤差の表れです。いずれも真の値から測定値をずらすことに関係しています。

　誤差の定義は「測定値−真の値」であり，これからすると，測定値は「真の値＋誤差」となります。誤差には，真の値の周辺にランダムにばらつく誤差（ばらつき）と，真の値から一定の傾向をもってある方向にずれる誤差（かたより）とがあります。

　JIS Z-8103 において，精度とは計測器の表す値または測定結果の正確さと精密さを含めた「総合的な良さ」と定義されています。正確さとは「かたよりの小さい程度」，精密さとは「ばらつきの小さい程度」であることに留意下さい。

誤差の種類	誤差の影響	精度の内訳との関係
偶然誤差	ばらつき	精密さ
系統誤差	かたより	正確さ

　改めて，より詳しく表現すると，「測定値＝真の値＋ばらつき誤差＋かたより誤差」となります。

　ただし，JIS にも技術分野による違いが見られるので気を付ける必要があります。分野が違うと，同じ用語が異なる意味で用いられることがあります。次の表を参照して下さい。

分野	計測用語	分析試験関連	統計的品質管理
JIS	Z 8103	Z 8402	Z 8101
ばらつきの程度	精密さ precision	精度 precision	精度 precision
かたよりの程度	正確さ trueness	真度 trueness	正確さ trueness
両者を総合した概念	精度 accuracy	精確さ accuracy	精確さ accuracy

正解　1

【問題　26】計測によって得られるデータがもつ情報に関する次の記述のうち，計測の誤差として評価することが適切ではないものを1つ選べ。
1．バネ式秤で質量を測定しているが，品物を乗せる皿の位置を限定することができない。このときの品物を乗せる位置の違いによる測定値の誤差。
2．ゼロから20 mm までの測定範囲の電気マイクロメーターがある。これを

20 mm の標準を1個使ってゼロ点比例式校正を行った。このとき，5 mm の標準を測定したときの測定器の標準値からの差。
3．製品ロットが5つある。この各ロットの各々からそれぞれ製品5個をサンプリングして短時間の間に続けて測定し，各ロットの平均値を求めたときの平均値。
4．計測を行う環境に温度の変化や湿度の変化がある場合，計測器を使用している温度環境コントロールしないことによる測定値の変化。
5．長さ測定を行うためのマイクロメーターを使用して不特定の測定者が品物の測定をしている場合の測定者による測定値の差。

解説と正解

各ロットの平均値の差は，ロット間の差であって計測の誤差ではありません。ただし，計測器の校正を適切に行っておかないと，ロット間の差なのか計測の誤差によるものなのか分からなくなることがあるので注意を要します。

「短時間の間」と書いてあるのは，一般に短時間では計測器が変化する量は極めて小さいから，測定器側の問題が起こらないための条件を示しています。従って，示されている各ロットの平均値の差は計測の誤差によるものではなく，ロット間の差と考えるべきです。

正解　3

【問題 27】 次の誤差に関する記述のうち最も不適切なものはどれか。1つ選べ。
1．誤差をかたよりとばらつきに分けた場合，計量標準などを用いた校正によってかたよりもばらつきも補正できる。
2．計測器の器差を補正しない場合，器差が時間とともに変化すると長時間の間の測定値のばらつきの原因になる。
3．計測の信頼性を定量的に表すのに，「誤差」の代わりに測定値のばらつきを表す「不確かさ」が使われるようになってきている。
4．計測における「誤差」は「測定値と真の値の差」とされているが，真の値は知ることができないので個々の誤差は正確にはわからない。
5．校正において標準の値の誤差を評価するには，その標準の値付けに用いた計測器による測定の誤差のほか，経時変化や管理の方法による標準の値の変化を考慮する必要がある。

③. 測定方式と測定誤差の性質

解説と正解

　計量標準を用いた校正では個々の計測器のかたよりを推定し，補正することを目的としています。

　計量標準はある範囲で真の値に相当すると考えられる標準値をもっていて，計測器のかたより（器差）が推定できるため，かたよりは修正できるが，同じものを測ってもばらつくというばらつきの部分の修正は基本的にできません。

|正解　1|

【問題　28】　JIS Z 8103「計測用語」に示された用語の定義について，それぞれの用語の説明について正しい組合せになっているのはどれか。
　ア　測定値の母平均から真の値を引いた値
　イ　測定値の大きさがそろっていない程度
　ウ　測定値から母平均を引いた値
　エ　かたよりの小さい程度
　オ　ばらつきの小さい程度

	ア	イ	ウ	エ	オ
1.	残差	正確さ	精密さ	ばらつき	偏差
2.	かたより	ばらつき	偏差	正確さ	精密さ
3.	ばらつき	かたより	正確さ	偏差	精度
4.	正確さ	精密さ	残差	偏差	精度
5.	精密さ	かたより	正確さ	残差	偏差

解説と正解

　かたより，ばらつき，偏差，正確さ，精密さに関する正確な知識を問う問題となっています。それぞれの用語の意味を押さえておきましょう。

　とくに，「かたより」と「ばらつき」，そして，「正確さ」と「精密さ」の違いをよく確認しておきましょう。

|正解　2|

④. 統計および推定・検定

4-1 測定値の代表値に関する問題

データにバラツキはつきものです。値がいろいろ異なったデータについて，それらのデータを代表する数字にはどういうものがあるかを学びます。

【問題 29】 ある実験を続けて8回行い，次のデータを得た。

測定回	1	2	3	4	5	6	7	8
測定値	46	50	52	51	50	48	54	49

これらを代表する値として以下の5種を求めたとき，他と値の異なるものを1つ選べ。

1．中央値
2．中点値
3．相加平均（算術平均）
4．3点ずつの移動平均6個の総平均
5．最頻値

解説と正解

各種の代表値の求め方を理解しておく必要があります。

1) **中央値**（メジアン）は，大きさの順に並べた数字の中央に位置するものですが，データ数が偶数の場合は中央の二つの平均値です。ここでは，
$$\frac{50+50}{2}=50$$

2) **中点値**（ミッドレンジ）とは，データ全体の中の最大値と最小値の平均なので，
$$\frac{46+54}{2}=50$$

3) **相加平均**（算術平均）は，
$$\frac{46+50+52+51+50+48+54+49}{8}=50$$

4) 3点ずつの**移動平均**は，全部で6個ありえて，順番に，

$$\frac{46+50+52}{3}=50-\frac{2}{3}, \quad \frac{50+52+51}{3}=50+\frac{3}{3}, \quad \frac{52+51+50}{3}=50+\frac{3}{3}$$

$$\frac{51+50+48}{3}=50-\frac{1}{3}, \quad \frac{50+48+54}{3}=50+\frac{2}{3}, \quad \frac{48+54+49}{3}=50+\frac{1}{3}$$

従ってこれらの平均は,

$$50+\left(-\frac{2}{3}+\frac{3}{3}+\frac{3}{3}-\frac{1}{3}+\frac{2}{3}+\frac{1}{3}\right)\div 6=50+\frac{1}{3}=50.33$$

5) **最頻値**(モード)は,**最多値**とも言われ,最も多く現れている数値を言います。それぞれの数字の頻度は,

46…1回　50…2回　52…1回
48…1回　51…1回　54…1回
49…1回

最も多いのは2回現れている50です。

以上より,他と値の異なるものは,移動平均の総平均となります。

正解　4

図4-1　ばらつきの大小

4−2　統計データに関する問題

統計では，平均値や分散が重要な指標となります。これらの計算は，何度も練習しておいてください。統計の分野においては，これらの計算ができることと，その意味が分かることの両方が必要です。

【問題　30】　次の文章は計測データを統計的に扱うときの前提となることを述べた一連の文章である。誤りを含む記述はどれか。
1．サンプルの測定結果は，母集団から公平に選ばれたものであれば，比較的少数であっても母集団の性質を反映しており，サンプルのばらつきや平均値の傾向は母集団と似たものとなるはずである。
2．サンプルが公平に選ばれているかどうかを確認するために，統計的な計算を行う前に測定データの様子を見ることは重要である。そのための方法としてヒストグラム，散布図，時系列グラフ等のグラフ化などがある。
3．製品のロットのようにその性質を知ろうとする，あるいは処置をとろうとする対象全体を母集団という。
4．一般に母集団全体の調査は困難であるから少数のサンプルを抜き出して測定し，推論することになる。すなわち測定データは対象とする母集団からのサンプルの測定結果である。
5．統計的な計算では平均値や分散，標準偏差などが計算されることが多い。これらの計算は，データの分布が正規分布でなければ意味がなく，またデータに何らかの傾向性が見られた場合には適用できない。

解説と正解

統計的な計算においては，データを特徴づけるパラメータとして平均値や分散，また分散の正の平方根としての標準偏差などを数値として求めます。平均値に差があるとか，ばらつきに差があるかというような統計的判断をする**検定**では，データが正規分布するなど，データの分散に関する仮定が必要ですが，平均値，分散そのものを求めるには，分布の仮定の必要はありません。一般のデータが正規分布である保証はありませんし，データに何らかの傾向性が見られる場合は，それはそれで貴重な情報データです。

正解　5

【問題　31】　5回の測定による測定値が，1，2，3，4，5であるときの，

④. 統計および推定・検定

平方和（偏差平方和），分散，標準偏差，範囲（レンジ），変動係数について，次の中より適当なものを1つ選べ。ただし，有効数字は適当である。

	平方和	分散	標準偏差	範囲	変動係数
1.	20	2.0	1.58	4	0.527
2.	10	2.5	1.58	4	0.527
3.	10	2.5	1.41	4	0.527
4.	20	2.5	1.41	5	0.527
5.	10	2.0	1.58	5	0.263

解説と正解

これらの計算は，統計の基礎ですので，確実に計算できるようにして下さい。

まず，**平均値** $\bar{x}$ は，$\bar{x} = \dfrac{\sum x_i}{n}$ ですから，

$$\bar{x} = \frac{1+2+3+4+5}{5} = 3$$

平方和（偏差平方和） S の定義は，$\sum(測定値 - 算術平均)^2 = \sum(x_i - \bar{x})^2$ ですので，

$$S = \sum(x_i - \bar{x})^2 = \sum(x_i^2 - 2x_i\bar{x} + \bar{x}^2)$$
$$= \sum x_i^2 - 2\bar{x}\sum x_i + \sum \bar{x}^2$$

ここで，平均値の意味から，$\sum x_i = n\bar{x}$。また，一定の数値 $\bar{x}^2$ を $i=1$ から n まで加えるということは，n 倍することと同じですから，

$$S = \sum x_i^2 - 2n\bar{x}^2 + n\bar{x}^2$$
$$= \sum x_i^2 - n\bar{x}^2$$

従って，この問題では，

$$S = (1^2 + 2^2 + 3^2 + 4^2 + 5^2) - 5 \times 3^2 = 55 - 45 = 10$$

分散 V は，平方和/自由度ですから，通常は自由度を $n-1$ として，

$$V = \frac{S}{n-1} = \frac{10}{5-1} = 2.5$$

標準偏差 $\sigma = \sqrt{V} = \sqrt{2.5} = 1.58$

範囲 R は，最大値と最小値の差ですから，

$$R = x_{max} - x_{min} = 5 - 1 = 4$$

変動係数 CV は，標準偏差／平均値で求めます。

$$CV = \frac{\sigma}{\bar{x}} = \frac{1.58}{3} = 0.527$$

正解　2

4−3 統計分布に関する問題

各種の統計分布について，使い方の特徴や性質について，それぞれの違いも含めて学習して下さい。

【問題 32】 統計的な分布の1つである正規分布（平均 μ，分散 σ^2）についての次の記述のうち，最も不適切なものを1つ選べ。

1．正規分布では，$\mu \pm 3\sigma$ の範囲に，約 99.7％ のデータが含まれる。
2．データが正規分布しているかを判断するときは，度数分布図を書いて対称性を判断する。また，正規確率紙にプロットしてその直線性を見ることもよい。
3．統計的な分布には連続分布と離散分布があるが，正規分布は離散分布に属する。
4．母集団が正規分布に従わない場合においても，それよりサンプルを多数取り出して平均するとき，その平均値は正規分布に近づく。
5．正規分布は，記号で $N(\mu, \sigma^2)$ と書かれ，特に $N(0, 1)$ は標準正規分布と呼ばれる。

解説と正解

$N(\mu, \sigma^2)$ の**正規分布**は，

$$f(x) = \frac{1}{\sqrt{2\pi}\sigma} \cdot \exp\{-(x-\mu)^2/2\sigma^2\} \quad (-\infty < x < \infty)$$

という連続関数ですので連続分布に含まれます。x が正規分布に従うときに，$u = (x-\mu)/\sigma$ と変換すると，u は $N(0, 1^2)$ に従う**標準正規分布**となります。

正規分布では，$\pm 1\sigma$ の範囲に約 68％（0.6826）が含まれ，$\pm 2\sigma$ に約 95％（0.9544），$\pm 3\sigma$ には約 99.7％（0.9974）が含まれることになっています。すなわち，3σ には，1000 に 3 しか外れないという意味で，「千三つ」と言われることもありますが，この言葉は本来は「千回に三回しか本当のことを言わない嘘つき」という意味ですので，偶然（？）似たような表現になっています。

度数分布図は，データがどのような分布をしているか表した図です。図を見て，分布の対称性や，ばらつきの大きさも定量的に捉えられます。また，正規確率紙は，横軸に測定値，縦軸に累積相対度数の関係をプロットすると，この関係の直線性によって正規分布に従うかどうかを確認できるものです。

平均値が μ で，分散が σ^2 である任意の分布関係に従う互いに独立な確率変

4. 統計および推定・検定

数 X_i があるとき，X_i の平均値 $\sum X_i/n$ は，n が十分に大きくなれば近似的に正規分布 $N(\mu, \sigma^2)$ に従うようになります。従って，もとの X_i が正規分布していない場合でも，平均値は正規分布に近づきますので，ここのところは，気を付けないと間違う心配があります。注意して下さい！！！

正解 3

【問題 33】 統計分布についての記述について，誤りを含む文章を1つ選べ。
1．ワイブル分布は，故障解析に使われる。
2．F 分布は，左右対称な分布をしており，二組の母集団の相違を調べるために用いられる。
3．χ^2 分布は，標準偏差が分かっている場合に，母分散と標本分散の違いの検定に用いられる。
4．t 分布は，左右対称な分布であり，平均値の信頼区間の推定に使われる。
5．ポアソン分布は，離散値の分布であり，例えば欠点数の抜き取り検査の設計に使われる。

解説と正解

F 分布は，二組の母集団の相違を調べるために用いられることは確かですが，左右対称な分布はしていません。

正解 2

【問題 34】 ポアソン分布の確率分布に関する次の式のうち，正しいものを一つ選べ。
1．$P(x)=\mu^x \exp(-\mu)/x!$
2．$P(x)=\mu^{-x} \exp(\mu)/(x-1)!$
3．$P(x)=\mu^{-x} \exp(-\mu)/x!$
4．$P(x)=\mu^x \exp(\mu)/x!$
5．$P(x)=\mu^x \exp(-\mu)/(x-1)!$

解説と正解

ポアソン分布はとくに発生する頻度の少ない事象について成り立つもので，肢1で表されます。ここで，$x!$ は1から x までの整数を全部掛けるという意味です。

正解 1

4－4　平均と分散に関する問題

「2つの母集団があって，それらの母平均と母分散が分かっているとき，それぞれから取り出したものの和や差の平均，分散はどうなりますか」という問題を考えることにします。

二つの母集団を A, B として，A は母平均 $\mu(x)$，母分散 $V(x)$，B はそれぞれ $\mu(y)$, $V(y)$ であるとき，A と B から取り出したそれぞれのサンプル x, y から，$x+y$ や $x-y$ を作るとその平均，分散はどうなるか考えてみましょう。

結論は，平均の計算では和や差は保存されますが，分散では和も差も和になってしまいます。x と y が互いに独立という前提のもとで，

$\mu(x+y) = \mu(x) + \mu(y)$
$\mu(x-y) = \mu(x) - \mu(y)$
$V(x+y) = V(x) + V(y)$
$V(x-y) = V(x) + V(y)$

この最後の式が，$V(x) - V(y)$ でないことに注意して下さい。このようになる理由は，分散を求める過程で，$\sum_i (z_i - \bar{z})^2$ のように2乗しているからです。ここに，$\bar{z}$ は z_i の平均を示し，$\sum_i$ は i に関する和を表します。

これらの証明は，例えば $V(x-y)$ について次のようにします。

$$\begin{aligned}
V(x-y) &= \overline{(x-y)^2} - (\overline{x-y})^2 \\
&= \overline{(x-y)^2} - (\bar{x} - \bar{y})^2 \\
&= \overline{x^2 - 2xy + y^2} - (\bar{x}^2 - 2\bar{x}\bar{y} + \bar{y}^2) \\
&= \overline{x^2} - 2\overline{xy} + \overline{y^2} - \bar{x}^2 + 2\bar{x}\bar{y} - \bar{y}^2 \\
&= \overline{x^2} - \bar{x}^2 + \overline{y^2} - \bar{y}^2 \quad (\because \ x \text{ と } y \text{ が互いに独立なら } \overline{xy} = \bar{x}\bar{y}) \\
&= V(x) + V(y)
\end{aligned}$$

同様に，母集団 A, B から取り出したものを，それぞれ a, b 倍する場合は次のようになります。

$\mu(ax+by) = a\mu(x) + b\mu(y)$
$\mu(ax-by) = a\mu(x) - b\mu(y)$
$V(ax+by) = a^2 V(x) + b^2 V(y)$
$V(ax-by) = a^2 V(x) + b^2 V(y)$ 〔b^2 の前が － でないことに注意して下さい〕
$\mu(x+c) = \mu(x) + c$　および　$V(x+c) = V(x)$

④. 統計および推定・検定

であることにもご留意下さい。バラツキは平行移動しても変わりません。

【問題 35】 2つの母集団 A, B を考える。それぞれ A は母平均5，母分散2，B は母平均4，母分散1の分布をしている時，下記の操作を多数回行って得られる値の分布に関する次の記述のうち誤っているものを1つ選べ。ただし，測定の誤差分散は母集団の分散に比べ無視できるものとする。

1．母集団 A, B からそれぞれランダムにサンプルを1個ずつ取り出し，測定した値のデータについて2つのデータの和をとると平均9，分散3の分布となる。
2．母集団 A, B からそれぞれランダムにサンプルを1個ずつ取り出し，測定した値のデータについて2つのデータの差をとると平均1，分散1の分布となる。
3．母集団 A からランダムにサンプルを1個取り出し，測定したデータについてそれを2倍すると平均10，分散8の分布となる。
4．母集団 A からランダムにサンプルを10個取り出し，各サンプルを1回測定した値の平均値をデータとすると，平均5，分散0.2の分布となる。
5．母集団 B からランダムにサンプルを10個取り出し，各サンプルを2回測定した値の総平均値をデータとすると，平均4，分散0.05の分布となる。

解説と正解

冒頭の解説によって，1と2は，2つの母集団 (x, V_x) 及び (y, V_y) からランダムに1個ずつサンプルを取り出し，データの和，及び差を取ると，

$\mu(x+y) = \mu(x) + \mu(y) = 5 + 4 = 9$
$V(x+y) = V(x) + V(y) = 2 + 1 = 3$
$|\mu(x-y)| = |\mu(x) - \mu(y)| = |5 - 4| = 1$
$V(x-y) = V(x) + V(y) = 2 + 1 = 3$

これらによって，1は正しく，2が誤りであることが分かります。3は，

$\mu(2x) = 2\mu(x) = 2 \times 5 = 10$
$V(2x) = 2^2 V(x) = 4 \times 2 = 8$

4と5は分散がどのようになるか，少し見通しが難しいですが，n 個のサンプルの平均値をデータとすると，その分散は $1/n$ になることを使います。

正解 2

ただし，きちんと答えを出したい人のために 4 についての計算をしてみます。

4 で取り出して測定したデータを $x_{A_1}, x_{A_2}, \cdots, x_{A_{10}}$ とし，その平均を x_4 と書きますと，

$$x_4 = \frac{x_{A_1} + x_{A_2} + \cdots + x_{A_{10}}}{10}$$

よって，

$$\begin{aligned}
\mu(x_4) &= \mu\left(\frac{x_{A_1} + x_{A_2} + \cdots + x_{A_{10}}}{10}\right) \\
&= \frac{\mu(x_{A_1}) + \mu(x_{A_2}) + \cdots + \mu(x_{A_{10}})}{10} \\
&= \frac{10\mu(x_A)}{10} \\
&= \mu(x_A) \\
&= 5
\end{aligned}$$

$$\begin{aligned}
V(x_4) &= V\left(\frac{x_{A_1} + x_{A_2} + \cdots + x_{A_{10}}}{10}\right) \\
&= \frac{1}{100} V(x_{A_1} + x_{A_2} + \cdots + x_{A_{10}}) \\
&= \frac{1}{100} \{V(x_{A_1}) + V(x_{A_2}) + \cdots + V(x_{A_{10}})\} \\
&= \frac{10 V(x_A)}{100} \\
&= \frac{10 \times 2}{100} \\
&= 0.2
\end{aligned}$$

5 についても全く同様です。

【問題 36】 正規分布 $N(2, 3)$ に従うと見られる実験データがあるが，さる理由により全ての数値を 5 倍して 3 だけ引くことになった。処理後のデータは，次のどの分布に従うか。

1． $N(2, 75)$ 2． $N(2, 3)$ 3． $N(7, 75)$ 4． $N(7, 3)$ 5． $N(7, 50)$

解説と正解

$\mu(ax+b) = a\mu(x) + b, \quad V(ax+b) = a^2 V(x)$

正解 3

4. 統計および推定・検定

【閑話休題】 偏差値について

受験戦争の中で話題にならないことのない用語として「偏差値」というものがあります。最近ではとくに使われているようですね。

折角，統計量としての標準偏差などを勉強された皆さんに，若干解説しておきたいと思います。意外に，偏差値をどうやって計算するかご存知ない方も多いようです。

偏差値は，平均点をとった人が 50 点になるように，そして，平均より標準偏差の σ だけ高い点を取った人が 60 点になるように（標準偏差が 10 になるように）しています。従って，試験の点数が x であった人の偏差値 y は，次の式で求められます。

$$y = \frac{x - \bar{x}}{\sigma} \times 10 + 50 \quad (\bar{x} \text{ は平均点です})$$

ですから，±1σ の中には約 68% の人が入ることを考えますと，残りの 32% は偏差値が 60 点より成績のよい人と，偏差値が 40 点より低い人（失礼！）に二分されますので，60 点の成績の人は，上位から 16% の位置にいることになります。同様に，70 点の人は平均点 +2σ ですから，上位から

$(100 - 95.4)/2 = 2.3\%$

の位置ということになります。

偏差値 80 点及び 90 点の人は，それぞれ約 700 人及び約 1000 人に一人の大秀才と言うことになります。

4−5 誤差の伝播に関する問題

本来必要な量が直接測定できず,間接的に測定する場合に,測定する誤差と目標の量の誤差との関係を求めることが重要になります。

直接の測定値 x_1, x_2, …, x_n から,

$$y = f(x_1, x_2, …, x_n)$$

を求めるときの,測定値 x_i の誤差と y の誤差との関係はどのようになるでしょうか。上式の全微分をとると,(少し難しい式になりますので,フォローしにくい方は,結果として次頁の上の二つの式だけを覚えて機械的に解いていただいて構いません。途中の演算はとばして,$y = ax_1^{p_1} x_2^{p_2} \cdots x_n^{p_n}$ に対して次頁の4行目と6行目の2つの式だけを覚えていただいても結構です。)

$$dy = \frac{\partial f}{\partial x_1} dx_1 + \frac{\partial f}{\partial x_2} dx_2 + \cdots + \frac{\partial f}{\partial x_n} dx_n$$

この式の両辺の絶対値をとって,$|a+b| \leq |a|+|b|$ の関係を使うと,

$$|dy| \leq \left|\frac{\partial f}{\partial x_1} dx_1\right| + \left|\frac{\partial f}{\partial x_2} dx_2\right| + \cdots + \left|\frac{\partial f}{\partial x_n} dx_n\right|$$

ここで,dy や dx_i を測定誤差と考えて,誤差の最大限度の絶対値である $|dy|$ や $|dx_i|$ を,あらためてそれぞれ Δy や Δx_i と書けば,

$$\Delta y = \left|\frac{\partial f}{\partial x_1}\right| \Delta x_1 + \left|\frac{\partial f}{\partial x_2}\right| \Delta x_2 + \cdots + \left|\frac{\partial f}{\partial x_n}\right| \Delta x_n$$

これが,間接測定する量 y の最大限度です。また,各 x_i の相互作用がない場合は,

$$\mu(dx_i dx_j) = 0 \quad (i \neq j)$$
$$\mu(dx_i^2) = \sigma_i^2 \quad (i = j)$$

であることを考慮すると,y の分散 σ^2 は,

$$\sigma^2 = \left(\frac{\partial f}{\partial x_1}\right)^2 \sigma_1^2 + \left(\frac{\partial f}{\partial x_2}\right)^2 \sigma_2^2 + \cdots + \left(\frac{\partial f}{\partial x_n}\right)^2 \sigma_n^2$$

これらが,測定できる各量の誤差から,目的の量の誤差の最大限度と分散を求める関係です。

一般に,関数 f は,x_i の積や商によって表されることが多いので,その場合は,

$$y = ax_1^{p_1} x_2^{p_2} \cdots x_n^{p_n}$$

両辺の対数をとって,

４. 統計および推定・検定

$$\log y = \log \alpha + \log(x_1^{p_1}) + \log(x_2^{p_2}) + \cdots + \log(x_n^{p_n})$$
$$= \log \alpha + p_1 \log(x_1) + p_2 \log(x_2) + \cdots + p_n \log(x_n)$$

両辺の微分をとれば，

$$\left|\frac{\Delta y}{y}\right| = \left|p_1 \frac{\Delta x_1}{x_1}\right| + \left|p_2 \frac{\Delta x_2}{x_2}\right| + \cdots + \left|p_n \frac{\Delta x_n}{x_n}\right|$$

同様にして

$$\left(\frac{\sigma}{y}\right)^2 = \left(p_1 \frac{\sigma_1}{x_1}\right)^2 + \left(p_2 \frac{\sigma_2}{x_2}\right)^2 + \cdots + \left(p_n \frac{\sigma_n}{x_n}\right)^2$$

これらのように，間接測定の量から目的の量の誤差が合成されることを誤差の伝播と呼びます。「でんぱん」と誤って読まれることもありますが，伝搬と混同されているものと思います。

【問題 37】 円柱の体積 V を求めることは，水に漬けたりすればできるが，その半径 r と高さ h を測定して求めることとする。半径，及び，高さの測定誤差がそれぞれ 2 %，及び 1 %であるとき，体積の誤差の最大限度，及び変動係数はつぎのどれに最も近いか 1 つ選べ。

	誤差の最大限度	変動係数
1.	5 %	0.04
2.	2 %	0.04
3.	3 %	0.08
4.	2 %	0.08
5.	5 %	0.12

解説と正解

$V = \pi r^2 h$ から，

$$\left|\frac{\Delta V}{V}\right| = \left|2\frac{\Delta r}{r}\right| + \left|\frac{\Delta h}{h}\right| = 2 \times 0.02 + 0.01 = 0.05$$

また，標準偏差を平均値で割ったものが変動係数でしたから，半径および高さの標準偏差は誤差で代用して，変動係数の意味から

$$\left(\frac{\sigma_V}{V}\right)^2 = \left(2\frac{\sigma_r}{r}\right)^2 + \left(\frac{\sigma_h}{h}\right)^2 = (2 \times 0.02)^2 + 0.01^2 = 0.0017$$

よって，

$$\frac{\sigma_V}{V} = \sqrt{0.0017} = 0.041$$

正解 1

4－6　正規分布表を用いる問題

【問題　38】　正規分布 $N(\mu, \sigma^2)$ に従う変量 X について，正規分布表を用いて次の各々を求めた時，適切なものを下記より1つ選べ。

$X > \mu + k\sigma$ となる確率 ε

k	0.00	…	0.05	0.06	…
0.0	.5000	…	.4801	.4761	…
0.1	.4602	…	.4404	.4364	…
⋮				↑	
1.0	.1587	…	.1469	.1446	…
⋮			⋮	⋮	
1.9	.0287	…	.0256	.0250	…

←―― $k=0.16$ の時の ε の値

A) X が $\mu+\sigma$ より大きい確率
B) X が $\mu-\sigma$ と $\mu+\sigma$ の間に入る確率
C) X がある一定の値 X_0 より大きい確率が 2.5% となるような X。

	A)	B)	C)
1.	0.318	0.682	$\mu+\sigma$
2.	0.159	0.841	$\mu+\sigma$
3.	0.318	0.841	$\mu+1.96\sigma$
4.	0.318	0.682	$\mu+1.96\sigma$
5.	0.159	0.682	$\mu+1.96\sigma$

解説と正解

正規分布表にも幾つか種類がありますが，次の図のような関係の時，まずは k を与えて ε を求めるものを用います。正規分布表など必要なものは問題に与えられます。

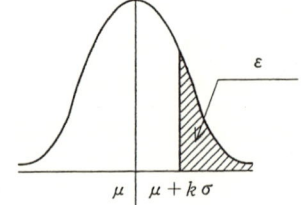

X が $\mu+\sigma$ より大きい場合というのは，$k=1$ のケースであるので，上表より

4. 統計および推定・検定

$\varepsilon = 0.1587$

よって

$P(\{X > \mu + \sigma\}) \fallingdotseq 0.159$

この式の左辺の表現は,「$X > \mu + \sigma$ となる確率」を示しています。

B) は,両側確率を引いたものですから,次の図の③が 0.159 であったことと,

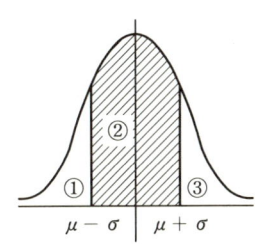

①と③が同じ確率であることを用いて②を求めます。

$P(\{\mu - \sigma < X < \mu + \sigma\}) = ②$
$\phantom{P(\{\mu - \sigma < X < \mu + \sigma\})} = 1 - (① + ③)$
$\phantom{P(\{\mu - \sigma < X < \mu + \sigma\})} = 0.682$

C) については,A) で用いた表において $\varepsilon = 0.025$ となる k を求めると,

$k = 1.96$

よって

$P(\{X > \mu + 1.96\sigma\}) = 0.025$

C) の別解として,ε を与えて k を引き出す正規分布表(下表)を用いると,

$X > \mu + k\sigma$ となる確率が ε となる時の k

ε	0	1	...	2.5	...
0.00	∞	3.090	...	2.810	...
⋮					
0.0	∞	2.326	...	1.960	...

$\varepsilon = 0.025$ となる k

$\varepsilon = 0.025$ となる時,$k = 1.96$ となります。

正解 5

4－7　母平均の範囲推定に関する問題

測定値に基づいて，正規分布に従うと考えてよい母集団の平均値の含まれる確率が $1-\alpha$ になる区間を求めることを考えます。α は一般に**危険率**を表すので，確からしい方を $1-\alpha$ で表すことが多いのです。

母平均の標準偏差が既知か未知かで，扱いが若干異なります。今，サンプルは n 個あって，その平均を $\bar{x}$ とします。

1) 母平均の標準偏差 σ が既知の時，

　母平均を μ とすると，

$$u = \frac{\bar{x} - \mu}{\sigma/\sqrt{n}}$$

は，$N(0, 1^2)$ に従うので，$|u| > u(\alpha)$ である両側確率は α となります。従って，

$$-u(\alpha) \leq \frac{\bar{x} - \mu}{\sigma/\sqrt{n}} \leq u(\alpha)$$

である確率(**信頼率**)は，$1-\alpha$ となります。即ち，信頼率 $1-\alpha$ となる区間は，

$$\bar{x} - u(\alpha)\frac{\sigma}{\sqrt{n}} \leq \mu \leq \bar{x} + u(\alpha)\frac{\sigma}{\sqrt{n}}$$

2) 母平均の標準偏差が不明の時，

　サンプル個数 n とサンプルの分散 V によって，

$$t = \frac{\bar{x} - \mu}{\sqrt{V/n}}$$

を作ると，これは t 分布に従います(P350を参照)。従って，危険率 α で，

$$-t(n-1, \ \alpha) \leq \frac{\bar{x} - \mu}{\sqrt{V/n}} \leq t(n-1, \ \alpha)$$

となります。これより，信頼率 $1-\alpha$ の信頼区間は，

$$\bar{x} - t(n-1, \ \alpha)\sqrt{\frac{V}{n}} \leq \mu \leq \bar{x} + t(n-1, \ \alpha)\sqrt{\frac{V}{n}}$$

【問題　39】　測定値2, 3, 4, 5, 6がある時，その母平均 μ に対する信頼限界を求めたい。母集団の標準偏差 $\sigma = 1.58$ が分っている場合とそうでない場合の，両ケースの解として，適当なものを次のうちより選べ。

　　但し，$u(0.05) = 1.96$，$t(4, 0.05) = 2.776$ が与えられているとする。

　　　　σ 既知　　　　σ 未知
1.　$2.04 \leq \mu \leq 5.38$　　$2.62 \leq \mu \leq 5.96$

4. 統計および推定・検定

2． $2.62 \leq \mu \leq 5.38$　　$2.04 \leq \mu \leq 5.96$
3． $2.62 \leq \mu \leq 5.96$　　$2.04 \leq \mu \leq 5.38$
4． $2.04 \leq \mu \leq 5.96$　　$2.62 \leq \mu \leq 5.38$
5． $2.04 \leq \mu \leq 5.96$　　$2.04 \leq \mu \leq 5.96$

解説と正解

母集団は正規分布に従うと考えます。

1) まず，母集団の標準偏差 $\sigma = 1.58$ が既知の時，正規分布による推定として，

$$\bar{x} = \frac{20}{5} = 4.0$$

危険率が $\alpha = 0.05$ ですので，両側確率 $u(0.05) = 1.96$
よって，

$$4 - 1.96 \times \frac{1.58}{\sqrt{5}} \leq \mu \leq 4 + 1.96 \times \frac{1.58}{\sqrt{5}}$$

∴　$2.62 \leq \mu \leq 5.38$

2) 母集団の標準偏差が不明の時は，サンプルの分散を求めますと，$v = 2.5$ となります。$t(4, 0.05)$ が 2.776 と与えられていますので，信頼区間としては次のようになります。

　　$t(4, 0.05) = 2.776$

従って信頼区間は，

$$4 - 2.776\sqrt{2.5/5} \leq \mu \leq 4 + 2.776\sqrt{2.5/5}$$

∴　$2.04 \leq \mu \leq 5.96$

これらを比べると，当然のことではありますが，標準偏差 σ の既知の方が，信頼区間をより狭くすることができると分ります。　　|正解　2|

母平均の範囲推定

4－8　正規分布表による検定に関する問題

【問題　40】検定に関する次の記述の【　】に適切な語句を入れるために，選択肢から適当なものを1つ選べ。

母集団の分布が正規分布で，その母標準偏差が $\sigma=5$ であることが分っている。母集団から $n=10$ 個のサンプルを取出した平均値が $\bar{x}=10$ の時，母平均 μ_0 が 15 に一致するかどうかを検定する。

$$\begin{cases} 帰無仮説（H_0）：\mu_0=15 \\ 【(ア)】仮説（H_1）：\mu_0 \neq 15 \end{cases}$$

帰無仮説に対する正規分布変数 u_0 を計算すると，

$$u_0 = \frac{\bar{x}-\mu_0}{\sigma/\sqrt{n}} = \frac{10-15}{5/\sqrt{10}} = -3.16$$

一方，【(イ)】5％の【(ウ)】側検定では，【(エ)】側で2.5％であるから，片側確率が0.025となる $\mu+k\sigma$ の k を求めると1.96となる。

$$u_0 = -3.16 < -1.96$$

であるので，帰無仮説に対する変数の存在確率は，2.5％より低く，棄却される。

	(ア)	(イ)	(ウ)	(エ)
1．	対立	危険率	両	片
2．	対立	安全率	両	片
3．	一般	危険率	片	両
4．	一般	安全率	片	両
5．	一般	安全率	両	片

解説と正解

帰無仮説（null hypothesis）は，とりあえず立てる不都合な仮説や実験の失敗を意味するものです。それに対する形で立てるのが**対立仮説**（alternative hypothesis）です。帰無仮説が正しいのに棄却してしまう誤りを**第1種の誤り**（あわて者の誤り）と言い，対立仮説が正しいのに帰無仮説を採択する誤りを，**第2種の誤り**（ぼんやり者の誤り）と言います。

④. 統計および推定・検定

真に正しい仮説 \ 判断	帰無仮説を採択	帰無仮説を棄却
帰無仮説	正しい判断	第1種の誤り
対立仮説	第2種の誤り	正しい判断

正解　1

【問題　41】　平均が2で分散が9の正規確率変数 X が，区間 (4, 5) に入る確率はいくらか，適当なものを1つ選べ。

1．0.056
2．0.066
3．0.076
4．0.086
5．0.096

解説と正解

　正規確率変数とは，正規分布する確率変数のことです。区間 (4, 5) とは，4より大きくて5より小さい数字の集合を示します（$4<x<5$ ということです）。[4, 5] と書けば，4と5を含む数字です（$4 \leq x \leq 5$ です）。次のように変換しますと，z は標準正規分布になります。

$$z = \frac{x-2}{\sqrt{9}}$$

すると，$4<x<5$ が $2/3<z<1$ に変換されますので，$N(0, 1^2)$ の分布において z が $2/3$ から 1 の間に入る確率を求めればよいのです。正規分布表より

　　$z>1$ の確率は　　0.1587　　$P(|z|>1) = 0.1587$
　　$z>2/3$ の確率は　0.2546　　$P(|z|>2/3) = 0.2546$

　従って

　　$P(|2/3 \leq z<1|) = 0.2546 - 0.1587$
　　　　　　　　　　$= 0.096$

正解　5

4－9　その他の分布による検定に関する問題

【問題　42】 t 分布に関する次の記述の【　】を埋めるために適当なものを下記の中より1つ選べ。

母集団の分布を正規分布 $N(\mu, \sigma^2)$ と仮定する時，母集団の【(ア)】σ^2 が未知であって，その推定値としてサンプル・データの【(ア)】V を用いる。この場合に，統計量

$$t = \frac{\bar{x} - \mu}{\sqrt{V/n}}$$

が【(イ)】$n-1$ の t 分布に従うという性質を用いて検定を行うことを，【(ウ)】と言う。ここに，n はサンプル数，$\bar{x}$ はサンプルの平均を示す。

	(ア)	(イ)	(ウ)
1.	分散	余裕度	t 検定
2.	標準偏差	自由度	F 検定
3.	標準偏差	余裕度	F 検定
4.	発散	自由律	χ^2 検定
5.	分散	自由度	t 検定

解説と正解

よく用いられる検定には，次のような種類があります。

表 4-2　検定のいろいろ

検定の種類(1)	統計量	平均値の差の検定	平均値の区間推定	備考
正規分布による検定（u 検定）	$u = \dfrac{\bar{x} - \mu}{\sigma/\sqrt{n}}$	○	○	σ^2 既知の場合
t 分布による検定（t 検定）	$t = \dfrac{\bar{x} - \mu}{\sqrt{V/n}}$	○	○	σ^2 未知の場合
検定の種類(2)		分散比に関する検定	分散に関する検定	等分散の検定
F 分布による検定（F 検定）	$F = V_1/V_2$	○		○
χ^2 分布による検定（χ^2 検定）	$\chi^2 = S/\sigma^2$		○	○

χ^2 は［カイ自乗］と読みます。　　　　　　　　　　　　　　　正解　5

【問題　43】　次の2組の集合の母集団の分散は不明であるが，両者の平均値に違いがあるか検定する時，不適切なものを1つ選べ。ただし，$t(8, 0.05)=2.306$

A組　1，2，3，4，5
B組　3，4，5，6，7

1．危険率5％で検定した時，両集団の平均値に差があるとは言えない。
2．平均値が3と5の時，その差が2もあれば，平均値には差があると言える。
3．両方の組は，たまたま値が2だけスライドした形になっているので，分散は一致するはずである。
4．両方の組の範囲（レンジ）は一致している。
5．両方の組の変動係数は，平均値の小さいA組の方が大きい。

解説と正解

分散が不明なので，**t検定**を行います。サンプル・データの平均は，$\bar{x}_A=3.0$，$\bar{x}_B=5.0$，分散はともに2.5となります。危険率5％の両側検定を行います。

t分布表(本書には載せてありませんが，他の本でお持ちの方はそれをご利用下さい。)から，自由度8（A組5-1=4，B組5-1=4，合計8）の値を引くと，2.306なので

$$t_0 = \frac{5-3}{\sqrt{2.5/5+2.5/5}} = 2.0 < t(8, 0.05) = 2.306$$

従って，危険率5％において，両集団の平均に差があるとは言えないという結果となります。　　　　　　　　　　　　　　　　　　　　　正解　2

5. 実験計画と分散分析

5−1 実験計画に関する問題

実験計画法は，データに作用する因子を系統的に取り上げて，効率よく実験ができるように，また，その因子の効果を適格に把握できるようにする手法です。実験計画法で用いられる各種の用語の意味を理解して下さい。

【問題 44】 実験計画法で用いられる用語に関する次の記述のうち，不適切なものを1つ選べ。

1. 相関分析法とは，測定値全体の分散について，複数の要因効果に関係する分散と，残りの誤差分散に分離して検定や推定を行う手法である。
2. 交絡とは，複数の要因効果が入り交じって分離できないことをいう。
3. 主効果とは，一つの因子の水準違いによる効果の中で，他の因子に左右されない部分をいい，交互作用とは，一つの因子の水準違いによる効果の中で，他の因子に左右される部分をいう。これらを総称して，要因効果ということがある。
4. 因子とは，実験の割付や結果の分析を行う際に，多くのばらつきの原因のうちより，とくに取り上げたばらつきの原因をいう。
5. 因子の水準とは，因子を量的あるいは質的に変化させる場合のその段階を言う。

解説と正解

1の記述は，分散分析法についてのものです。**相関分析法**は，二種の変数の間の直線的な関係の有無を統計的に検討する分析法であって，**分散分析**とは概念が異なります。その他の記述は，それぞれ正しいものとなっています。

正解　1

【問題 45】 実験計画法における因子の種類についての次の記述のうち，不適切なものを1つ選べ。

1. 複数の水準を設定して，その中から最適な水準を選ぶ目的で取り上げた因子を制御因子という。
2. 誤差因子とは，ばらつきの原因になるさまざまな因子をいう。

5. 実験計画と分散分析

3．対象とする系の出力を変化させるために設定する入力因子を信号因子という。
4．実験精度を向上させるために実験の場を層別する因子を標示因子という。
5．実験の目的に合わせて，実験で取り上げる因子を適格に選ばないと実験の結果が因子の作用を正確に反映しないことがあり得る。

解説と正解

1については，すべての実験は基本的に因子による比較を行いますので，**制御因子のない実験はない**とも言えます。

2において，対象とする系の中の多くの外乱や，測定に当たって変動する因子などが含まれます。

4は**ブロック因子**の説明です。ブロック因子の水準は，データに与える再現性は必ずしもない場合が多いです。例えば，ロットや製造機械の番号（系列），あるいは，製造日などがこれに当たります。

標示因子とは，その水準を設定することはできるけれども，最適水準を選ぶ意味はあまりないものを言います。例えば，製品の許容使用範囲などです。

5に述べられていることは，実験の計画には大変重要なことですので認識しておいて下さい。

正解　4

【問題　46】実験計画に関する次の記述のうち，不適切なものを1つ選べ。
1．データへの因子の影響が偶然的なものかどうかを明確にするために，実験の誤差が求められるようにすることが重要である。
2．実験計画は，合理的に実験を割り付け，精度よく経済的に結果を得て解析できるように実験の設計をすることである。
3．データへの影響の大きさの程度を定量的に定め，かつ水準間の差を検討する目的で取り上げる実験条件を因子と呼ぶ。
4．因子を量的あるいは質的に変える場合の，段階を因子の水準という。
5．実験データの解析に用いられる分散分析法を計数値データに適用することは不可能である。

解説と正解

データが計数値データであっても，分散分析は適用できます。従って，5は誤りです。その他の，1～4は，すべて正しい記述です。

正解　5

【問題 47】 実験計画に関する次の記述のうち，不適切なものを1つ選べ。
1．実験の場をなるべく均一な部分ごとに区切ることで，いわゆるブロックを作り，それぞれの中において実験因子の影響を調べることを小分けの原理という。
2．選んだ因子のそれぞれの組合せごとにただ1回ずつ実験するよりも，繰り返し実験を行った方が実験結果の信頼性は一般に高くなる。
3．選んだ因子以外に多数の原因の影響が実験結果に偏って入ることを避けるための工夫としてブロック化の原理がある。
4．測定値全体の分散について，要因効果毎の分散と残りの誤差分散とに分けて検定や推定を行うことを分散分析という。
5．実験の結果を吟味し，制御因子の最適な水準を選んで，その条件で実験を行ったときに得られるであろう結果を予測すれば，最適な対策をとることが可能である。

解説と正解

3の記述は，**ランダム化の原理**とか**ランダマイズの原理**と呼ばれるものです。実験計画法の創始者であるフィッシャーは次の3原理を提唱しています。
1) **反復**によって偶然のバラツキ（誤差）の影響を最小化すること
2) 影響を調べる要因以外の他の要因を可能な限り一定にすることを**局所管理化**と言います。
3) 反復や局所管理化でも消せない影響を除いて，偏りを小さくすることを**無作為化**とか**ランダム化**と言います。実験の順序や空間的な位置を配慮してランダムにする工夫などがそれに当たります。

正解 3

【問題 48】 実験の配置等に関する次の記述のうち不適切なものを1つ選べ。
1．取り上げる因子の数が一つの場合は，単因子実験，あるいは，一因子実験と呼ばれる。
2．実験全体を完全にランダム化して行う実験を，完全無作為化実験という。
3．完全無作為化された実験は，その因子の数によって，二元配置，三元配置，あるいは，多元配置などと呼ばれる。
4．同じ条件の繰り返しも，通常は因子の数の中に含めて考えることが多い。
5．因子の数が多くなり，その水準の数も多くなるような実験の場合には，

直交表実験がよく行われる。

解説と正解

4の記述に関して，繰り返しは，因子の数には含めないで行われます。従って，**繰り返しのある二元配置や繰り返しのない三元配置**などという言い方がなされます。このような配置の具体的な問題を次節以降にいくつか上げていますので勉強して下さい。（ただし，数式の複雑な点は，必ずしもフォローされなくても，考え方や手続きの大きな方法をご理解下されば結構です。）

5については，**主効果**に着目して**交互作用**の推定を一部犠牲にするような工夫によって実験数を少なくすることも可能となります。　　　　　正解　4

【問題　49】　直交表実験に関する次の記述のうち,不適切なものを1つ選べ。
1．因子の数が多く，その水準の組合せの数が多くなる場合には，直交表実験が行われる場合が多い。
2．実験結果の汎用性を確保するためには，因子を減らして要因実験をするよりは，直交法実験を採用することによって，多くの因子を取り上げる実験の方が望ましい。
3．直交表の任意の列では，各数字が同じ回数だけ現れる。
4．直交表 $L_9(3^4)$ は，3水準の因子を9つまで割り付けられる表である。
5．直交表の2列の数字の組合せは，同じ回数だけ現れる。

解説と正解

直交表 $L_9(3^4)$ は，4因子にそれぞれ3水準の条件がある時，本来なら $3\times3\times3\times3=3^4=81$ 回の実験を要するところ，9回で済ませるための表です。

例えば，4因子 A～D の影響を見るために右図のような9回の実験を行います。実験番号1～3の結果を平均しますと，B～D の水準は万遍なく入っていますので，A_1 の水準のデータが出ることになります。以下同様です。

1：A_1　B_1　C_1　D_1
2：A_1　B_2　C_2　D_2
3：A_1　B_3　C_3　D_3
4：A_2　B_1　C_2　D_3
5：A_2　B_2　C_3　D_1
6：A_2　B_3　C_1　D_2
7：A_3　B_1　C_3　D_2
8：A_3　B_2　C_1　D_3
9：A_3　B_3　C_2　D_1

正解　4

5－2　一元配置の分散分析に関する問題(1)

(数式に自信のない方は，この(1)を飛ばしても結構です。)

【問題 50】 右表のような一元配置のデータがある時，分散分析表を作成するため，次の各項の計算を行った。ここで，添字 $i(i=1, \cdots, a)$ は因子 A の水準を，また $j(j=1, \cdots, n)$ は各水準での繰返しを表す。$\sum_i$ は i に関する和を表す。以下の各計算のうち不適切なものを１つ選べ。

水準＼繰返し	A_1	A_2	$\cdots$	A_i	$\cdots$	A_a
1	x_{11}	x_{21}		x_{i1}		x_{a1}
2	x_{12}	x_{22}		x_{i2}		x_{a2}
$\vdots$	$\vdots$	$\vdots$		$\vdots$		$\vdots$
j	x_{1j}	x_{2j}		x_{ij}		x_{aj}
$\vdots$	$\vdots$	$\vdots$		$\vdots$		$\vdots$
n	x_{1n}	x_{2n}		x_{in}		x_{an}
小　計	T_1	T_2	$\cdots$	T_i	$\cdots$	T_a
平　均	$\bar{x}_1$	$\bar{x}_2$	$\cdots$	$\bar{x}_i$	$\cdots$	$\bar{x}_a$

1．全２乗和 $S=\sum_i\sum_j x_{ij}^2$
2．調整項 [自由度 $f_{CF}=1$]

$$CF=\frac{\text{データの総和の２乗}}{\text{データの総数}}$$
$$=(\sum_i\sum_j x_{ij})^2/an$$

3．総変動 [自由度 $f_T=an-1$]

$$S_T=\sum_i\sum_j(x_{ij}-\bar{x})^2=S-CF$$

4．因子 A の効果 [自由度 $f_A=a-1$]

$$S_A=n\sum_i(\bar{x}_i-\bar{x})^2=\frac{\sum_i(\sum_j x_{ij})^2}{n}-CF$$

5．誤差の効果 [自由度 $f_e=a(n-1)$]

$$S_e=S_T-S_A-CF$$

解説と正解

分散分析の基礎である**一元配置**の問題です。S_A や S_T を計算しやすくするために変形します。S_T および S_A の誘導は次の通りです。

$$S_T=\sum_i\sum_j(x_{ij}-\bar{x})^2$$

5. 実験計画と分散分析

$$= \sum_i \sum_j (x_{ij}^2 - 2\bar{x} x_{ij} + \bar{x}^2)$$

$$= \sum_i \sum_j x_{ij}^2 - 2\bar{x} \sum_i \sum_j x_{ij} + an\bar{x}^2 \quad (\sum_i \sum_j \bar{x}^2 = an\bar{x}^2 \text{ に注意})$$

$$= \sum_i \sum_j x_{ij}^2 - 2\left(\frac{\sum_i \sum_j x_{ij}}{an}\right)\sum_i \sum_j x_{ij} + an\left(\frac{\sum_i \sum_j x_{ij}}{an}\right)^2$$

$$= \sum_i \sum_j x_{ij}^2 - \frac{(\sum_i \sum_j x_{ij})^2}{an}$$

$$= S - CF$$

$$S_A = n\sum_i (\bar{x}_i - \bar{x})^2$$

$$= n\sum_i (\bar{x}_i^2 - 2\bar{x}_i\bar{x} + \bar{x}^2)$$

$$= n(\sum_i \bar{x}_i^2 - 2\bar{x}\sum_i \bar{x}_i + a\bar{x}^2)$$

$$= n(\sum_i \bar{x}_i^2 - 2\bar{x} \cdot a\bar{x} + a\bar{x}^2)$$

$$= n(\sum_i \bar{x}_i^2 - a\bar{x}^2)$$

$$= n\left\{\sum_i \left(\frac{\sum_j x_{ij}}{n}\right)^2 - a\left(\frac{\sum_i \sum_j x_{ij}}{an}\right)^2\right\} \quad (\because x_i = \Sigma_i x_{ij}/n \text{ など})$$

$$= \sum_i \frac{(\sum_j x_{ij})^2}{n} - \frac{(\sum_i \sum_j x_{ij})^2}{an}$$

$$= \frac{\sum_i (\sum_j x_{ij})^2}{n} - CF$$

また，**誤差の効果** S_e は，全体の変動 S_T から因子の変動の効果 S_A を引いたものなので，

$$S_e = S_T - S_A$$

となり，設問5の式は誤っています。

次の手続きとして，因子 A および**誤差の不偏分散**を以下のように求めます。

　　因子 A の不偏分散　　　$V_A = S_A/f_A$

　　誤差の不偏分散　　　$V_e = S_e/f_e$

以上の結果を次のような分散分析表にまとめます。

表 4-3　一元配置の分散分析表

要因	自由度	平方和	分散	分散の期待値
A	$a-1$	S_A	V_A	$\sigma_e^2 + n\sigma_A^2$
e	$a(n-1)$	S_e	V_e	σ_e^2
T	$an-1$	S_T		

分散の期待値とは，分散 V_A, V_e より誤差の要因を除いた因子 A の分散を求めるためのもので，ここでは，表のような期待値構造であることを式の形で表した結果，求めるべき因子 A の分散 σ_A^2 を次のように求めます。

$$\sigma_A^2 = (V_A - V_e)/n$$

正解　5

5−3　一元配置の分散分析に関する問題(2)

【問題 51】　表のような一元配置のデータがある。分散分析表を作成し，A因子の水準に誤差をこえる有意な差があるか検定したい。

繰返し ($n=3$) ＼ 水準 ($a=3$)	A_1	A_2	A_3	
1	1.5	2.3	3.1	
2	1.7	2.6	3.2	
3	1.7	2.4	3.4	
小計	4.9	7.3	9.7	総合計 21.9
平均	1.6_3	2.4_3	3.2_3	

A因子の効果の分散成分 σ_A^2 に最も近いものを1つ選べ。

1. 0.33
2. 0.43
3. 0.53
4. 0.63
5. 0.73

解説と正解

順次，ポイントになる値を求めていきます。下付き数字は有効性の薄い桁を示しています。

全2乗和 S（全成分の2乗の和）　　$1.5^2+1.7^2+1.7^2=8.0_3$
$\qquad\qquad\qquad\qquad\qquad\qquad 2.3^2+2.6^2+2.4^2=17.8_1$
$\qquad\qquad\qquad\qquad\qquad\qquad 3.1^2+3.2^2+3.4^2=31.4_1 \qquad S=57.2_5$

修正項 CF（自由度 $f_{CF}=1$）

$$CF=\frac{(\text{データの総和})^2}{\text{データ総数}}=\frac{(21.9)^2}{9}=53.2_9$$

総変動 S_T（自由度 $f_T=an-1=8$）

$\qquad S_T=$ 全2乗和 $S-$ 修正項 $CF=57.2_5-53.2_9=3.9_6$

A因子の効果 S_A（自由度 $f_A=a-1=2$）

$$S_A=\frac{(A\text{因子各水準毎の小計})^2\text{の全水準合計}}{\text{繰返し数}(n)}-\text{修正項}$$

$$= \frac{4.9^2 + 7.3^2 + 9.7^2}{3} - 53.2_9$$

$$= 3.84_0$$

誤差の効果 S_e（自由度 $f_e = a(n-1) = 6$）

$S_e = $ 総変動 $- A$ 因子の効果

$= 3.9_6 - 3.84_0$

$= 0.1_2$

これらによって，分散分析表を作成すると，

表 4-4　分散分析表

要因	自由度	平方和	分散	分散の期待値
A	$a-1=2$	$S_A = 3.84_0$	1.92	$\sigma_e^2 + n\sigma_A^2$
e	$a(n-1)=6$	$S_e = 0.1_2$	0.02	σ_e^2
T	$an-1=8$	$S_T = 3.9_6$		

分散の期待値の構造から $\sigma_e^2 = 0.02$ が分かっているので，$\sigma_e^2 + n\sigma_A^2 = 1.92$ から σ_A^2 を求めると，

$$\sigma_A^2 = \frac{1.92 - 0.02}{3} = 0.63$$

次に A 因子と誤差の分散比 F_0 を求めて F 検定を行います。

$$F_0 = \frac{V_A}{V_e} = \frac{1.92}{0.02} = 96$$

自由度は $f_A = 2$，$f_e = 6$ であるので，危険率 5％ で F 分布表を引くと，

$F(f_A, f_e ; \alpha) = F(2, 6 ; 0.05) = 5.14 < 96 = F_0$

従って，5％ の危険率で A 因子は有意であると言えます。換言すれば，誤差の変動より，A 因子の変化の方が大きく，A 因子は効果があることを示しています。ちなみに，A 因子の各水準の平均値の限界値は，t 分布を用いて求められ，次のようになります。

$$\pm t(f_e ; \alpha)\sqrt{\frac{V_e}{n}} = \pm t(4 ; 0.05)\sqrt{\frac{0.02}{3}} = \pm 0.22_7$$

正解　4

5-4　繰返しのない二元配置に関する問題(1)

（数式に自信のない方は，この(1)のみ飛ばしても結構です。）

【問題　52】 表のような繰返しのない二元配置のデータをもとに，分散分析を行いたい。

因子Bの水準＼因子Aの水準	A_1	A_2	$\cdots$	A_i	$\cdots$	A_a
B_1	x_{11}	x_{21}	$\cdots$	x_{i1}	$\cdots$	x_{a1}
B_2	x_{12}	x_{22}		x_{i2}		x_{a2}
$\vdots$	$\vdots$	$\vdots$		$\vdots$		$\vdots$
B_j	x_{1j}	$\cdots$		x_{ij}		x_{aj}
$\vdots$	$\vdots$			$\vdots$		$\vdots$
B_b	x_{1b}	x_{2b}	$\cdots$	x_{ib}	$\cdots$	x_{ab}

これらのデータから，次の計算を行う時，計算式の一部に誤りがある。それを正しく指摘しているのは，次のどれか1つ選べ。

種　類		自由度	平方和等	分　散
修正項	CF	$f_{CF}=1$	$(\sum_i\sum_j x_{ij})^2/ab$	
総変動	S_T	$f_T=ab-1$	$S-CF$	
因子Aの効果	S_A	$f_A=a-1$	$\sum_i(\sum_j x_{ij})^2/a-CF$	$V_A=S_A/f_A$
因子Bの効果	S_B	$f_B=b-1$	$\sum_j(\sum_i x_{ij})^2/b-CF$	$V_B=S_B/f_B$
誤差の効果	S_e	$f_e=(a-1)(b-1)$	$S_T-S_A-S_B$	$V_e=S_e/f_e$

1．$S_e=S_T-S_A-S_B$ は誤り。正しくは，$S_e=S_T-S_A-S_B-CF$
2．因子A，Bの効果の計算で，aおよびbで割っているのは逆で，正しくは $S_A=\sum_i(\sum_j x_{ij})^2/b-CF$，$S_B=\sum_j(\sum_i x_{ij})^2/a-CF$
3．$f_A=a-1$，$f_B=b-1$ は誤り。正しくは $f_A=a$，$f_B=b$
4．$V_e=S_e/f_e$ は誤り。正しくは，$V_e=(S_e-S_A-S_B)/f_e$
5．$f_e=(a-1)(b-1)$ は誤りで，正しくは $f_e=ab$

解説と正解

因子が2種類ある場合の分散分析の問題です。繰返し実験がないので，因子間の交互作用と誤差の分離ができません。従って，交互作用も誤差の中に含めざるを得ません。

5. 実験計画と分散分析

　前記の各計算式等の中で，因子 A の効果を求めるのに，水準数 a で割っているが b で割るのが正しいやり方です。同様に，因子 B の効果でも a で割らねばなりません。従って正解は 2 になります。

　ここで，$f_T = f_A + f_B + f_e$ が成立していることに留意下さい。

　この場合の分散分析表は，次のように書かれます。

表 4-5　繰返しのない二元配置の分散分析表

要因	自由度	平方和	分散	分散の期待値
A	$a-1$	S_A	V_A	$\sigma_e^2 + b\sigma_A^2$
B	$b-1$	S_B	V_B	$\sigma_e^2 + a\sigma_B^2$
e	$(a-1)(b-1)$	S_e	V_e	σ_e^2
T	$ab-1$	S_T		

正解　2

5-5 繰返しのない二元配置に関する問題(2)

【問題 53】 表のような繰返しのない二元配置のデータをもとに，A，B 両因子の水準に誤差をこえる有意な傾向があるか検討したい。

B の水準 \ A の水準	A_1	A_2	A_3	小計
B_1	1.7	1.9	2.7	6.3
B_2	2.1	2.7	2.9	7.7
B_3	2.3	2.6	2.9	7.8
小 計	6.1	7.2	8.5	21.8

両因子の効果の分散成分 σ_A^2，σ_B^2 に近いものを1つ選べ。

	σ_A^2	σ_B^2
1.	0.20	0.10
2.	0.15	0.07
3.	0.15	0.05
4.	0.10	0.05
5.	0.10	0.03

解説と正解

順次，計算していきます。

全2乗和　$1.7^2+1.9^2+2.7^2=13.7_9$
　　　　　$2.1^2+2.7^2+2.7^2=20.1_1$
　　　　　$2.3^2+2.6^2+2.9^2=20.4_6$　　　$S=54.3_6$

修正項　（自由度 $f_{CF}=1$）

$$CF=\frac{(データの総和)^2}{データ総数}=\frac{(21.8)^2}{9}=52.8_0$$

総変動　（自由度 $f_T=ab-1=8$）

　　$S_T=S-CF=54.3_6-52.8_0=1.5_6$

A 因子の効果　（自由度 $f_A=a-1=2$）

$$S_A=\frac{(A因子の各水準毎の小計)^2の合計}{B因子の水準数}-修正項$$

⑤. 実験計画と分散分析

$$= \frac{6.1^2 + 7.2^2 + 8.5^2}{3} - 52.8_0$$

$$= 0.9_7$$

B 因子の効果　（自由度 $f_B = b - 1 = 2$）

$$S_B = \frac{(B \text{ 因子の各水準の小計})^2 \text{ の合計}}{A \text{ 因子の水準数}} - \text{修正項}$$

$$= \frac{6.3^2 + 7.7^2 + 7.8^2}{3} - 52.8_0$$

$$= 0.4_7$$

誤差の効果　（自由度 $f_e = (a-1)(b-1) = 4$）

$$S_e = S_T - S_A - S_B$$

$$= 1.5_6 - 0.9_7 - 0.4_7$$

$$= 0.1_2$$

分散　$V_A = S_A/f_A = 0.9_7/2 = 0.4_9$

　　　$V_B = S_B/f_B = 0.4_7/2 = 0.2_4$

　　　$V_e = S_e/f_e = 0.1_2/4 = 0.03$

分散分析表を整理すると

因子	自由度	平方和	分散	分散の期待値
A	2	0.9_7	0.4_9	$\sigma_e^2 + b\sigma_A^2$
B	2	0.4_7	0.2_4	$\sigma_e^2 + a\sigma_B^2$
e	4	0.1_2	0.03	σ_e^2
T	8	1.5_6		

∴　$\sigma_A^2 = (V_A - V_e)/b = (0.4_9 - 0.03)/3 = 0.15$

　　$\sigma_B^2 = (V_B - V_e)/a = (0.2_4 - 0.03)/3 = 0.07$

F 検定で，$F_A = F_B = f(2, 4 ; 0.05) = 6.94$

　　$F_{0A} = V_A/V_e = 0.4_9/0.03 = 16.3 > F_A$

　　$F_{0B} = V_B/V_e = 0.24/0.03 = 8.0 > F_B$

F_{0A}, F_{0B} は分散比と呼ばれ F 検定で用いられます。

よって，両因子とも，誤差よりも大きい有意差を持つことが分ります。

正解　2

繰返しのない二元配置

5－6　繰返しのある二元配置に関する問題

【問題 54】 繰返し実験を行う二元配置の分散分析を行う際において，下記に示す計算によって作成する分散分析表の中の誤りはどこにあるか。1から5の中から1つ選べ。

実験は，A, B の2因子にそれぞれ a, b の水準があり，n 回の繰返しを行ったものとする。データは，$x_{ijk}(i=1 \sim a, j=1 \sim b, k=1 \sim n)$ とする。

全2乗和
$$S = \sum_i \sum_j \sum_k x_{ijk}^2$$

調整項 [自由度 $f_{CF}=1$]
$$CF = \frac{(\sum_i \sum_j \sum_k x_{ijk})^2}{abn}$$

総変動 [自由度 $f_T = abn-1$]
$$S_T = S - CF$$

A 因子の効果 [自由度 $f_A = a-1$]
$$S_A = \frac{\sum_i (\sum_j \sum_k x_{ijk})^2}{bn} - CF$$

B 因子の効果 [自由度 $f_B = b-1$]
$$S_B = \frac{\sum_j (\sum_i \sum_k x_{ijk})^2}{an} - CF$$

両因子の交互作用の効果 [自由度 $f_{A \times B} = (a-1)(b-1)$]
$$S_{A \times B} = \frac{\sum_i \sum_j (\sum_k x_{ijk})^2}{n} - CF - S_A - S_B$$

誤差の効果 [自由度 $f_e = ab(n-1)$]
$$S_e = S_T - S_A - S_B - S_{A \times B}$$

表 4-6　分散分析表

	要因	平方和	自由度	分　散	分散比
1	A	S_A	$f_A = a-1$	$V_A = S_A/f_A$	V_A/V_e
2	B	S_B	$f_B = b-1$	$V_B = S_B/f_B$	V_B/V_e
3	$A \times B$	$S_{A \times B}$	$f_{A \times B} = (a-1)(b-1)$	$V_{A \times B} = S_{A \times B}/f_{A \times B}$	$V_{A \times B}/V_e$
4	e	S_e	$f_e = ab(n-1)$	$V_e = S_e/f_e$	V_e/S_T
5	T	S_T	$f_T = abn-1$		

5. 実験計画と分散分析

解説と正解

　繰返しのある二元配置の計算法は上述の通りですが，分散分析表中の分散比について，4の誤差分散を S_T で割ることは誤りです。この欄は，誤差分散に対する各要因の分散の比をもとに，F 検定を行うためのもので誤差の行は空欄となります。

　上述の計算が終ると，通常は各因子の分散の期待値を求めることになります。ここで問題になることは，因子 A や B がそれぞれどういうタイプであるかということです。それによって，分散の期待値を求めるための扱いが変ってきます。

　主効果の母数が一定数であるような因子を**母数因子**といい，その効果を**母数効果**と言います。母数因子でない因子（確率的に影響する因子）を**変量因子**，その効果を**変量効果**と言います。母数の要因効果のみで構成された系を**母数模型**，変量の要因効果のみから成る系を**変量模型**といいます。これらの両方の性質を含む場合は，混合模型と呼ばれます。

　A, B の両因子を場合に分けて，分散の期待値をまとめると次表のようになります。

表 4-7　分散の期待値

要因	A, B とも母数	検定	A 母数，B 変量	検定	A, B とも変量	検定
A	$\sigma_e^2 + bn\sigma_A^2$	←	$\sigma_e^2 + n\sigma_{A\times B}^2 + bn\sigma_A^2$	←	$\sigma_e^2 + n\sigma_{A\times B}^2 + bn\sigma_A^2$	←
B	$\sigma_e^2 + an\sigma_B^2$	←	$\sigma_e^2 + an\sigma_B^2$	←	$\sigma_e^2 + n\sigma_{A\times B}^2 + an\sigma_B^2$	←
$A\times B$	$\sigma_e^2 + n\sigma_{A\times B}^2$	←	$\sigma_e^2 + n\sigma_{A\times B}^2$	←	$\sigma_e^2 + n\sigma_{A\times B}^2$	←
e	σ_e^2		σ_e^2		σ_e^2	

　変量模型であるかないかで，どのようにちがうかをご覧下さい。両因子が母数模型の時は，交互作用 $A\times B$ も母数となり，A, B の主効果の分散の中には交互作用の分散成分 $\sigma_{A\times B}^2$ が現われません。これに対して，変量因子が入ってくると，交互作用の分散成分 $\sigma_{A\times B}^2$ が，A, B の主効果の中にも現われてきます。検定の欄では，矢印の方向に新たに加わった分散成分があることが示されていますので，それらの差をとって組合せ数で割ることで，純粋な分散成分が求められます。

正解　4

6. 回帰分析と相関分析

6-1 回帰分析と相関分析に関する問題

【問題 55】 回帰分析と相関分析に関する次の記述の中で，不適当なものはどれか。下のうちから1つ選べ。

1．回帰分析では原因を表す変数を従属変数，結果を表す変数を独立変数と呼んでいる。
2．2つの変数の直線的な関係を定量的に表すときに回帰分析や相関分析が行われる。
3．因果関係にある2つの変数の間の関係を求めるためには，回帰分析が用いられる。
4．因果関係にないか，あるいは，関係が不明の2つの変数の間の関係の強さを求めるためには，相関分析が行われ，その関係の強さは相関係数の大きさによって表現される。
5．例えば校正式を求めるために，測定量の値を表す標準値と計測器の読み値の間の関係を求めるためには回帰分析が行われる。

解説と正解

2変数間の**回帰分析**と**相関分析**は，混同して用いられることがありますが，もともとは次のように区分されています。
　回帰分析：2変数の因果関係が分かっている場合
　相関分析：2変数が独立に変化すると考えられる場合，あるいは，因果関係が不明の場合

回帰分析では，原因と考えられる変数（独立変数といいます）によって結果と考えられる変数（従属変数といいます）の変化が，どのような関係式で表現され，どの程度説明できるかという寄与率を定量的に求めます。

相関分析では，「2変数の間に関係があるかないか」ということは相関係数 r によって判断されますが，関係があったという結果になったとしても，それが何に起因しているかは，一般にはそのデータだけからは決めきれない場合も多くあります。

正解　1

6. 回帰分析と相関分析

【問題 56】 二つの変数 x, y について n 組のデータ (x_i, y_i) $(i=1\sim n)$ がある。これらの回帰分析，および，相関分析に関する次の記述について，最も不適切なものはどれか。

1．独立変数 x に対する従属変数 y の回帰直線 $y=f(x)$ は，点 (x_i, y_i) からその回帰直線に下ろした垂線の長さの 2 乗の総和が最小になるように求めた直線を表している。
2．データの組数が n なので，回帰分析および相関分析における誤差の自由度はいずれも $(n-2)$ となる。
3．グラフの横軸に x，縦軸に y をとり，点 (x_i, y_i) をプロットすれば x と y の関係をみることができる。
4．回帰分析によって，x に対する y の回帰直線 $y=f(x)$ を求めることができる。
5．回帰直線 $y=f(x)$ から，$x=x_0$ のとき y の値が推定できる。

解説と正解

　回帰分析は 2 つの変数の一方の変数から他方の変数を推定する際に行われます。変数の関係を解明するために，データから**散布図**を書き x と y の関係を視覚的に見ることができます。

　また，変数 x と変数 y の関係が直線的な関係にある場合を**直線回帰**といい，回帰分析として**回帰直線**を求めることができます。回帰直線は点 (x_i, y_i) から回帰線 $y=a+bx$ までの y 方向の距離（直線への垂線の長さではないことに注意して下さい）の 2 乗の和が最小になるようにして求めた回帰線で，これを x に対する y の回帰直線といいます。2 の自由度は分かりにくいと思いますが，全平方和に対する自由度としては，一つの基準が使われますので，$n-1$，そのうち，一次回帰（相関）平方和の自由度がさらに 1 だけ使われて，誤差の自由度（残差平方和の自由度）は $n-2$ となります。　　　正解　1

【問題 57】 二つの変数 x, y について n 組のデータ (x_i, y_i) $(i=1\sim n)$ がある。これらの回帰分析，および，相関分析に関する次の記述について，最も不適切なものはどれか。
1．回帰係数の検定および相関係数の検定には，いずれも t 分析表を利用することができる。

2．2つの変数 x, y が互いに独立な場合に，両者の関係を調べるのに用いられるのが回帰分析である。

3．y の x に対する回帰分析または相関分析の計算をするとき，いずれの場合にも x および y の平方和や，x と y の積和が必要となる。

4．y の x に対する単回帰係数を b，x の y に対する単回帰係数を b'，相関係数を r とすれば，$bb' = r^2$ の関係が成立する。

5．x は独立変数，y は従属変数であるが，y に対する x の回帰直線 $x = g(y)$ を形式的に求めることも可能である。

解説と正解

2つの変数 x, y が互いに独立な場合に，両者の関係を調べるのに用いられるのは，相関分析です。

(x_i, y_i) の組から，回帰式 $y = a + bx$ の係数を求めるためには，偏差の2乗和

$$\sum_i \{y_i - (a + bx_i)\}^2$$

という式を最小にするように a, b を定める方法を用います。**最小自乗法**（あるいは，**最小2乗法**）と言います。その結果，**回帰係数**と呼ばれる b は，

$$b = \frac{S_{xy}}{S_{xx}}$$

となります。
ここで，

$$S_{xx} = \sum_i (x_i - \bar{x})^2$$
$$S_{xy} = \sum_i (x_i - \bar{x})(y_i - \bar{y})$$

すると，回帰式は，

$$y = \frac{S_{xy}}{S_{xx}}(x - \bar{x}) + \bar{y}$$

となりますが，

$$y - \bar{y} = \frac{S_{xy}}{S_{xx}}(x - \bar{x})$$

の形で覚えておくと覚えやすいと思います。

逆に，x を従属変数に考えた回帰式は，次のように書けます。

$$x - \bar{x} = \frac{S_{xy}}{S_{yy}}(y - \bar{y})$$

ここで，S_{yy} は次式となります。

6. 回帰分析と相関分析

$S_{yy} = \sum_i (y_i - \bar{y})^2$

一方，**相関係数** r は，

$$r = \frac{S_{xy}}{\sqrt{S_{xx}S_{yy}}}$$

で定義されますので，x の y に対する回帰係数を，b' と書けば，

$$b = \frac{S_{xy}}{S_{xx}} \qquad b' = \frac{S_{xy}}{S_{yy}}$$

であるので，次の式が成立します。

$bb' = r^2$

x と y の間の検定を行う際には，それぞれが独立に正規分布していることを前提として行います。

相関係数 r の値のイメージを次の図で把握して下さい。≒は「ほぼ等しい」という意味です。

$r \fallingdotseq 1$

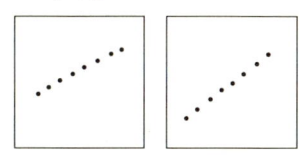

点列の傾きによって，r は変わりません。

$0 < r < 1$　　$-1 < r < 0$

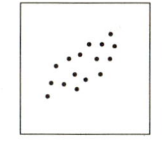

$r \fallingdotseq 0$

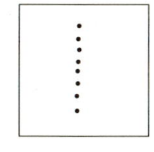

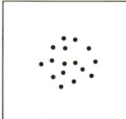

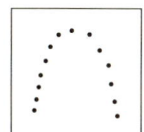

$r \fallingdotseq -1$

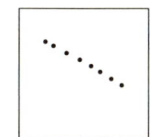

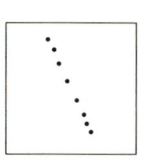

正解　2

7. 校正方法とSN比

7−1 校正に関する問題

【問題 58】 計測器を使用する場合に，より正しい測定値を得ようとして校正が行われる。校正に関する次の各々の記述のうち，最も適切なものを1つ選べ。

1. 誤差と関係が深い測定のSN比によって，校正により求めた校正式の良否は判断できるが，測定条件，機種間の良否は判断できない。
2. 計測機器の校正後の誤差を求めれば，その計測器の測定条件や環境条件などが変化しても誤差は一定値を示すので，これを単純に補正することが可能である。
3. 校正をすることによって，計測器の読み値の中の系統的なかたよりと偶然性による誤差を除くことができる。
4. 校正せずに使用していた計測器を，予定の使用期間が過ぎた後に，新しく同型器を購入して使用することは，「校正しない」という一種の校正方法と考えられる。
5. 計測器の校正後の誤差はその計測器自体の固有の誤差であり，一度それを求めると，校正方法を変えてもそれを求めなおす必要がない。

解説と正解

校正後の誤差を求める尺度にSN比（シグナル・ノイズ比）があります。SN比を求める場合はどんな校正方法をとるかということ，すなわち校正式のタイプを定めなければなりません。**校正式**としては，**ゼロ点比例式，基準点比例式，1次式**などいろいろあります。日常の計測現場で用いられることが多いのは，基準点比例式であるが，一概にどれがよいと言うことはできません。

1の記述について，SN比によって測定条件などの相対比較は可能です。2では，一旦校正してその誤差を求めても条件が変化すると誤差が一定とは限りません。3の文章では，校正によって**系統的なかたより**を補正することはできますが，**偶然性による誤差**をなくすることは原理的にできません。

4の方法は，一見逆接的な方法に見えますが，使用期間ごとに「校正された」

計測器と同等のものを購入することで校正がなされていると見なすことができます。

5については，校正方法を変えた場合には，校正作業に伴う誤差は，校正式自体がもつ誤差ですから，同じ計測器でも校正方法の種類や環境条件が変われば誤差の大きさは変化します。

計測のトータルの誤差は，独立な各誤差要素の分散の和となります。（分散には**加成性**があります。つまり，独立な要素を加算していけば全体の分散になるということです）いま，トータルの誤差分散を σ_T^2，校正作業の誤差分散を σ_C^2，計測器の使用における誤差分散を σ_M^2，標準の指示値の誤差分散を σ_0^2 とすると，

$$\sigma_T^2 = \sigma_C^2 + \sigma_M^2 + \sigma_0^2$$

のように，トータルの分散はそれぞれの要素の分散の和になります。

正解　4

【問題　59】計測機器の校正に伴う誤差に関する次の記述のうち，最も適切なものを1つ選べ。
1．測定量が零であるとき測定器の読みも必ず零になるような測定器においては，一般に零点校正法が使用される。
2．測定前に計測器の零点をあわせることを零点校正といい，常に誤差が最も小さくなる校正方法である。
3．どんな校正をしても計測器自体の機能が変わるわけではないので，測定前に行う校正はほとんど意味を持たない。
4．計測器において，適切な校正をして使用すると，校正しないときに比べて計測の誤差は小さくなる。
5．校正に用いた標準値の誤差は，校正後の計測の誤差に含めなくてもよい。

解説と正解

校正の良否を判断するときに，最も重要なことは誤差の大きさを明らかにすることです。この誤差を合理的に求める方法として校正式の定め方の基礎となっているのがSN比です。計測器の校正に伴う誤差は校正作業に伴う誤差と校正に用いる標準器の誤差が含まれます。SN比はノイズに対する信号の比率ですから，この値が大きいほど，校正後の誤差は小さくなります（肢4）。

零点校正をしても，傾斜（測定量変化に対する測定器の読みの変化の割合。勾配とも言います）も校正されないと正しい測定にはなりません（肢2）。

測定量が零であるとき測定器の読みも零になる場合であれば，校正式としては零点比例式を用いればよいので，1は誤りです。

標準器であっても計量器には誤差はありうるので，校正に用いた標準器の誤差も当然，総合的に計測の誤差に含まれます（肢5）。　　　正解　4

【問題　60】　校正に関する次の記述のうち，最も不適切なものを1つ選べ。
1．計測器の校正では，どのような校正式を使うのがよいかということが最も重要で，校正周期をどうするかはさして重要ではない。
2．0～100アンペアという範囲を有する計測器において，実際の使用範囲は30～40アンペアであるので，この使用範囲を含む20～50アンペアの校正が実施できれば十分である。
3．計測器の校正後の誤差の評価に測定のSN比が使われる。
4．計測器の校正後の誤差には校正作業に伴う誤差と校正に用いる標準器の誤差が含まれる。
5．計測器において，普段行う校正は，使用中に生じた絶対値の修正や傾斜の狂いを修正することが中心である。

解説と正解

校正に用いる標準器の誤差は，上位の計測器による値付け誤差と時間的変化による安定性の誤差が含まれます。時間の経過とともに計測器も変化するので校正周期の設定も大変重要です（肢1）。

2については，実際の使用範囲を含む校正がなされれば十分ですので正しい内容となっています。SN比は，校正作業の結果の誤差の評価法として使われます（肢3）。

校正後の誤差には，校正作業における誤差も校正に用いた標準器の誤差も，含まれます（肢4）。

通常の校正作業は，絶対値の補正と傾斜の補正の二つが行われます。関係式 $y = a + bx$ で言えば，絶対値の部分の a と傾斜の b とが補正されれば原理的に十分ということになります。　　　正解　1

７. 校正方法と SN 比

【問題 61】 n 個の標準試料 $M_i (i=1 \sim n)$ を測定して，それぞれの読み値 $y_i (i=1 \sim n)$ を得た。このデータをもとに，式 $y = \beta M$ を用いる零点比例式校正法において，最小２乗法で β を決定する過程を示すが，１から５の段落の中で，誤っている部分はどれか。

1. 次のような S を最小化することになるので，
$$S = \sum_{i=1}^{n} (y_i - \beta M_i)^2 = \sum_{i=1}^{n} (y_i^2 - 2\beta y_i M_i + \beta^2 M_i^2)$$
$$= \sum_{i=1}^{n} y_i^2 - 2\beta \sum_{i=1}^{n} y_i M_i + \beta^2 \sum_{i=1}^{n} M_i^2$$

2. これを β で偏微分してゼロと置く。
$$\frac{\partial S}{\partial \beta} = -2 \sum_{i=1}^{n} y_i M_i + 2\beta \sum_{i=1}^{n} M_i^2 = 0$$

3. 従って，次式を得る。
$$\beta = \frac{\sum_{i=1}^{n} y_i M_i}{\sum_{i=1}^{n} M_i^2}$$

4. 微分を使わない方法としては，次のような二次式の場合において，
$$y = ax^2 + bx + c$$
$a > 0$ の場合にこの式が表す放物線の最小値は，
$$x = -\frac{b}{2a}$$
の時に得られることを用い，

5. β で表された S の式において，β のある項とない項の係数比として次式を得る。
$$\beta = \frac{\sum_{i=1}^{n} y_i M_i}{\sum_{i=1}^{n} M_i^2}$$

解説と正解

問題文中の 5. の「β のある項とない項の係数比」の表現は誤りですね。「β と β^2 の係数の比」とすべきですね。その他の記述は正しいものとなっています。本問の記述で，校正における最小２乗法の手続きを学習下さい。

正解 5

7－2 SN比に関する問題

【問題 62】 測定のSN比に関する次の記述のうち，誤っているものを1つ選べ。

1．測定のSN比ηを求める際の2乗和の分解では，データの全変動を，測定量による読みの変動を表す回帰項とそれ以外の原因による変動を表す誤差項に分けることになる。
2．測定のSN比ηの逆数は校正後の誤差の大きさを表す誤差分散に比例するので，信号の水準値の情報があれば測定のSN比ηから測定の誤差の大きさを求めることが可能である。
3．測定のSN比ηの逆数は，計測器を校正して使用したときの誤差の大きさを分散で表したものに相当する。
4．測定のSN比ηは，計測器や測定方法の良否を比較するときに用いる方法である。
5．測定のSN比ηを比較する場合，信号因子とした値の単位が共通であっても，計測器の読みの単位が異なっていれば，読み値の単位の変換をしないとそのままでは比較できない。

解説と正解

SN比ηは，信号とノイズのエネルギー（パワー）の比で定義されます。
計測器の感度をβ（計測対象が1だけ変化した時の計測器の読みの変化，即ち，測定対象の値をM，これを測定した際の計器の読みをyとした時，$y=\alpha+\beta M+e$で表されるβ。ここで，αは定数，eは測定誤差を示します），誤差分散をσ^2として，（信号の2乗あるいは分散がパワーとみなされますので，）

$$\eta = \frac{\beta^2}{\sigma^2}$$

で与えられます。通常は，これを**デシベル**（dB）に換算して表現しますので，常用対数をとって10倍します。（「デシ」は1/10という意味なので，同じデータをデシベルで表した数値は，ベルで表したときの数値の10倍となります。）

測定のSN比ηは，測定の良さの程度を表していますので，計測器や計測方法の良否を比較する場合に，βが同じならば読みの誤差分散σ^2が小さいほどSN比ηは大きくなり，より良い測定方法となります。

7. 校正方法と SN 比

計測器の校正にはいろいろな校正方式がありますが，この SN 比を使って評価を行えば，校正方式が決まった後で実際に校正をしてから実験を行うこと無しに校正後の誤差が求められます。

正解 5

【問題 63】 計測の評価で重要なことは，測定誤差の大きさを明らかにすることである。この誤差を合理的に求める方法として測定の SN 比がある。測定の SN 比 η に関する次の記述のうち，誤っているものを1つ選べ。

1. 測定の SN 比 η を求めるためには，あらかじめ校正方法を定め，実際にそのような校正をした後でデータを取る必要がある。
2. 計測誤差を小さくするために，良い水準を選択する目的で取り上げる因子のことを制御因子と呼ぶ。
3. 計測器の感度係数 β が一定のとき，読みの誤差分散 σ^2 が大きいほど測定の SN 比 η は小さい。
4. 誤差のかたより成分は校正により取り除くことができるので，測定の SN 比は測定値のばらつき成分の大きさを表すことになる。
5. 信号因子として使う測定対象は絶対値が不明でも水準の差が分かるものであれば，測定の SN 比 η は求められる。

解説と正解

校正後の SN 比を求めるためには，絶対値の分かった多くの標準を利用して校正後の誤差を求めることが望ましいが，標準の絶対値の分からない場合であっても，その水準間の差が分かっている場合は相対的な誤差を見積もることができます。また，測定器を校正していなくても，いくつかの信号の情報があれば感度と誤差分散は求められます。

4に示されているように，校正では「かたより」は修正できますが，「ばらつき」は補正できませんので，これをよく認識していただきたいと思います。

正解 1

【問題 64】 次の測定データから，SN 比を求めると次のどれになるか。適当なものを1つ選べ。但し，計測対象の量の値 M とそれを計測した時の計測器の指示値 y との間に比例関係 $y=\beta M$ が成り立つものとする。

信号の水準値		$M_1=15$	$M_2=20$	$M_3=30$
測定データ 繰返し回数 $r_0=3$	1回目	$y_{11}=16$	$y_{12}=22$	$y_{13}=27$
	2回目	$y_{21}=17$	$y_{22}=20$	$y_{23}=31$
	3回目	$y_{31}=14$	$y_{32}=17$	$y_{33}=31$
	合　計	$y_1=47$	$y_2=59$	$y_3=89$

1．-4.7 (dB)　　2．-5.7 (dB)
3．-6.7 (dB)　　4．-7.7 (dB)
5．-8.7 (dB)

解説と正解

順次，次のように計算していきます。
全平方和
　　$S_T=$各測定値の2乗の和
　　　$=y_{11}^2+y_{21}^2+y_{31}^2+\cdots\cdots+y_{33}^2$
　　　$=16^2+17^2+14^2+\cdots\cdots+31^2$
　　　$=4,565$

有効除数（聞き慣れない言葉と思いますが，信号の誤差の程度を求めるためのもとのデータと思って下さい。信号因子の一次効果の求め方をよく見て下さい）
　　$r=$繰返し回数×信号水準値の2乗和
　　　$=r_0(M_1^2+M_2^2+M_3^2)$
　　　$=3\times(15^2+20^2+30^2)$
　　　$=4575$

信号因子の一次効果
　　$S_\beta=\dfrac{1}{r}(M_1y_1+M_2y_2+M_3y_3)^2$
　　　$=\dfrac{1}{4575}(15\times47+20\times59+30\times89)^2$
　　　$=4535.1$

誤差変動
　　$S_e=S_T-S_\beta=29.9$

誤差の自由度

7. 校正方法と SN 比

f_e＝(水準数×繰返し回数)$-1=8$

誤差分散

$V_e = S_e/f_e = 29.9/8 = 3.74$

SN 比

$$\eta = \frac{\frac{1}{r}(S_\beta - V_e)}{V_e} = 0.265 \quad 10\log(0.265) = -5.7[\text{dB}]$$

　デシベル値で表す方法は，濃度区分の勉強をされている方は，あまり学習されていないと思います。実は，環境計量士の騒音・振動区分の方は学んでおられ，出題される方は両区分のことをご存知なので，このような出題がなされてしまうのだろうと思います。従って，化学系の方のために，この点を補強しておく必要があると思いますので，簡単な解説を致します。

　一般にエネルギーに比例する物理量があって，その二つの大きさ X_1 と X_2 がある時，これらの比の常用対数の 10 倍をデシベル (dB) で表します。10 倍するのは，ベル (B) の 1/10 の量がデシベル (dB) だからです。もともとデシベルは二つの量の比の対数なのですが，その一方の量を基準にとることによってもう一つの量の絶対量を表すことになるので音響や振動の世界では物理量が変わってもよく用いられるようです。これをデシベルで表すことになりますが，デシベル D の求め方は，簡単に言いますと，エネルギー比の対数から求めるので，エネルギーに比例する量では，

$D = 10\log(X_1/X_2)$

その量の 2 乗がエネルギーに比例する量では，

$D = 10\log(X_1/X_2)^2$
$\quad = 20\log(X_1/X_2)$

　なお，y と M の関係が，比例ではなく，一次式で表される場合は若干の計算が違ってきます。M の平均値 $\overline{M}$ を基準として用いますので，有効除数，信号因子の一次効果，および，自由度を，次の式で計算します。

$r = r_0\{(M_1-\overline{M})^2+(M_2-\overline{M})^2+(M_3-\overline{M})^2\}$

$S_\beta = \dfrac{1}{r}\{y_1(M_1-\overline{M})+y_2(M_2-\overline{M})+y_3(M_3-\overline{M})\}$

$f_e = r_0 \times k - 2$

あとは，同様です。ここで，k は M の水準数です。

正解　2

8. 品質管理と管理図

8—1 品質管理に関する問題

　日本は，品質管理では世界でも冠たる水準になっています。品質管理のために用いられる主な武器を7つ挙げて，QC7つ道具と言います。

【問題　65】　品質管理を行う際に，事実に基づく管理の手法として，QC7つ道具がある。この7つ道具に関する次の記述のうち，不適切なものを1つ選べ。
1. データをいくつかの分類項目に分け，発生頻度順に並べた棒グラフと，その累積値の折れ線グラフを表示した図をパレート図といい，対策の重点を置くべきポイントが明らかにしやすくなる。
2. データを棒グラフで表示して，その分布の状況を視覚的に見ることの出きる図として，ヒストグラムがある。
3. 二つの変量を縦軸と横軸にとって，データをプロットすると，2変量間の関係が視覚的に捉えやすくなる。これを散布図という。
4. 横軸に時間を取った折れ線グラフを用い，管理すべき線を記入して，データの平均値からのずれやばらつきを見やすくしたものを，管理図という。
5. 特性要因図は，問題となっている結果と，それに対する原因体系を整理し，関係を系統樹状態（別名，魚の骨）に表示した図のことをいう。

解説と正解

　2の記述は，**ヒストグラム**についてのものです。**柱状図**ともいって，**度数分布**を表すのによく用いられます。
　7つ道具には，その他に，**チェックシート**と**グラフ**（あるいは**層別**）とがあります。チェックシートは，不良の記録や装置の点検・確認などによく用いられ，データが分類項目のどこに集中しているかを見やすくする図表のことです。グラフは，データの効果や時間的推移を一目で分かるように表現したもので，統計的解析の結果の表現などにもよく用いられます。
　以下，7つ道具のいくつかについて，例示します。

8. 品質管理と管理図

パレート図

不良度数

B D A F K L C E 原因

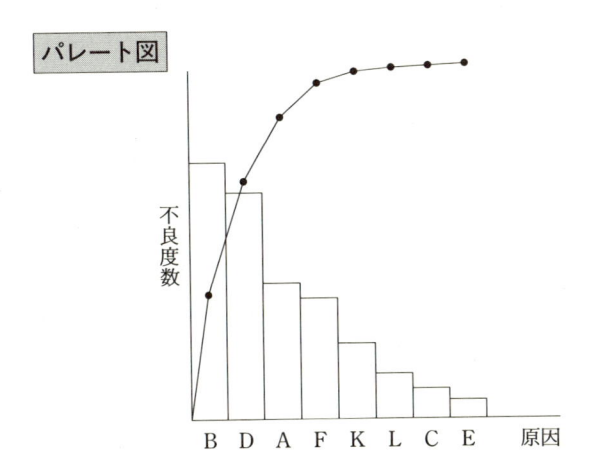

ヒストグラム

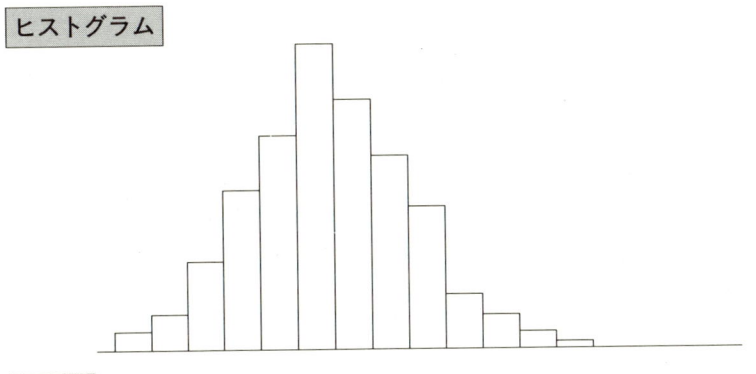

散布図

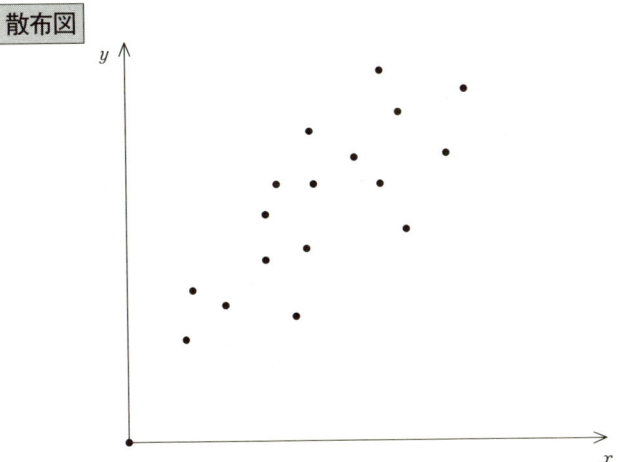

品質管理

特性要因図

魚の骨とも言います。次頁をご覧下さい。

チェックシート

項目ごとのチェックをします。

	A部分	B部分	C部分	D部分
漏れ	正 T	正 一	T	一
傷み	正 正	正	T	正
穴あき	正	一	正	

正は日本で用いられてきた方法ですが，卌 のような記法もあります。

また，チェックリストも活用される場合があります。項目ごとに必要な事項を漏れがないか確認します。

チェック項目	基礎化学あるいは基礎物理	化学分析あるいは音響・振動	環境法規	計量法規	計量管理
基本は学習したか					
用語は理解できたか					
テキストは理解できたか					
法律の体系は理解できたか	一	一			一
法令の条文は何度も読んだか	一	一			
計算問題は自ら計算できるまで練習したか			一	一	
問題集は学習したか					
過去の出題問題は確認したか					
自信は付いたか					

正解 2

8. 品質管理と管理図

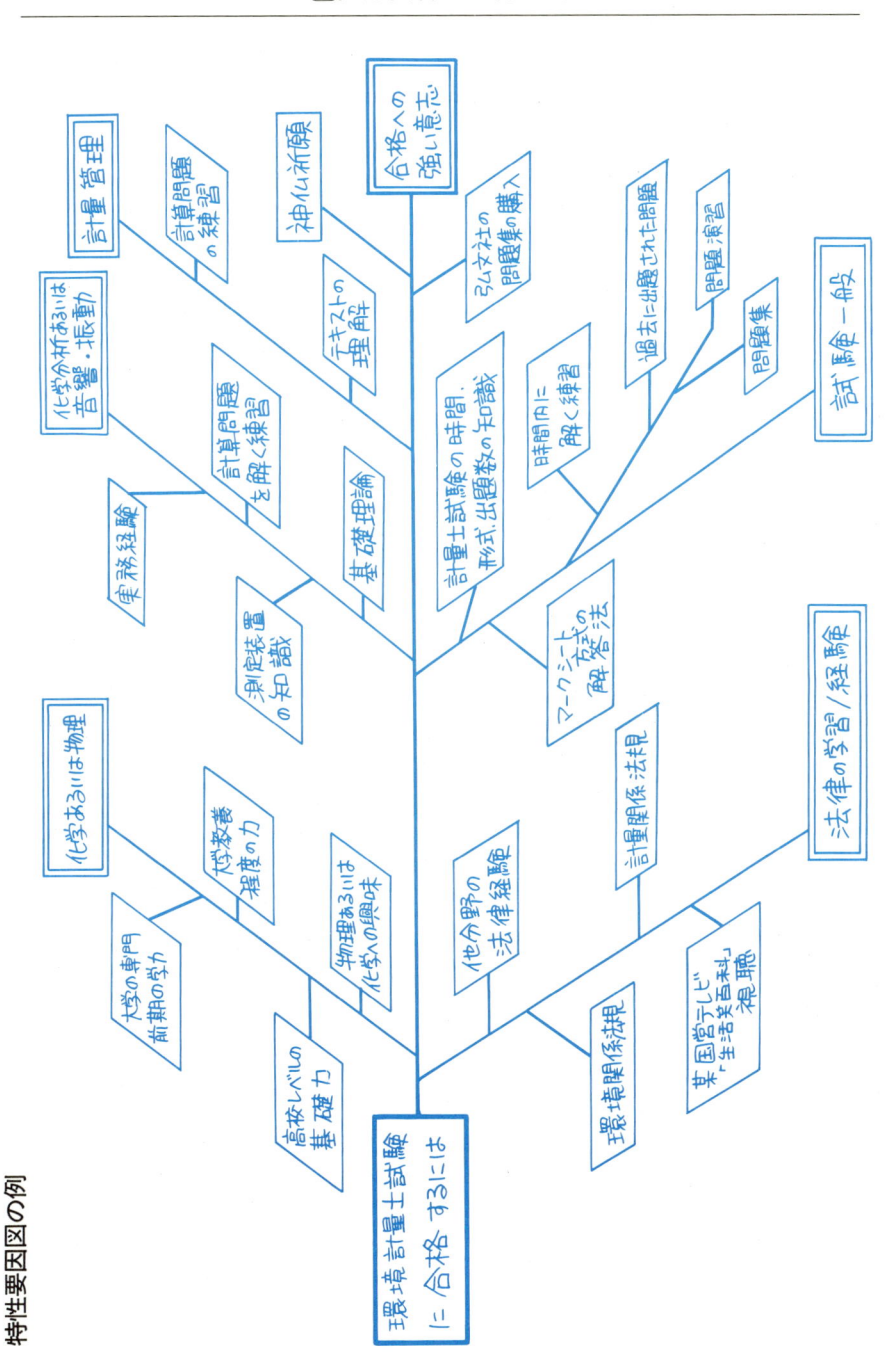

品質管理

特性要因図の例

- 計量管理
  - 化学分析あるいは音響・振動
  - 計算問題の練習
  - 計算問題を解く練習
  - 基礎理論
  - 測定装置の知識
  - 実務経験

- 試験会一般
  - 合格への強い意志
  - 神仏祈願
  - テキストの理解
  - らんス社の問題集の購入
  - 過去に出題された問題
  - 問題集
  - 計量士試験の時間、形式、出題数の知識
  - 時間内に解く練習
  - マークシート方式の解答法

- 法律の学習/経験
  - 計量関係法規
  - 他分野の法律経験
  - 環境関係法規
  - 実用窓テレビ「生活支援科」視聴

- 化学あるいは物理
  - 一般教養程度の力
  - 物理あるいは化学への興味
  - 大学の専門前期の学力
  - 高校レベルの基礎力

→ 環境計量士試験に合格するには

8−2　管理図に関する問題

管理図は，シューハートが考案した管理手法の中で用いられるもので，工程が安定な状態にあるかどうかを把握したり，工程を安定な状態に保つために使用される図です。管理図にプロットされた状況によっては，直ぐさま判断して工程のアクションに結びつけるなど，アクティブな使い方がなされることが多いものです。

従って，主に製造工場などで非常によく使われます。

【問題　66】　管理図に関連する次の各々の記述のうち誤っているものを1つ選べ。
1．管理図に用いる管理限界を求める公式は，3シグマ法に基づき，その値は標準偏差の3倍である。
2．予備データとして組別されたデータがあるとき，管理限界は次の式で求められる。
　　管理限界＝各組データの平均値の総平均 ±A_2×各組データの範囲 R の平均
3．点がすべて管理限界にあっても点の並び方に上昇傾向などの傾向が現れている場合は工程を調べるのがよい。
4．R 管理図においては，常に予備データの解析から求めた上方管理限界（UCL）線と下方管理限界（LCL）線が，それぞれ破線の横線という形で記入される。
5．R 管理図には，予備データから求めた R の平均値を中心線とし，実線の横線で書かれる。

解説と正解

予備データをもとに，管理図の中心線や限界線を引きます。予備データが6点以下の場合においては LCL 線は書かれません。$\bar{x}$ は，x の平均の平均を示します。
① $\bar{x}$ 管理図では，
　　中心線　$CL=\bar{\bar{x}}$
　　上方管理限界線（UCL：Upper Control Limit）＝$\bar{\bar{x}}+A_2\bar{R}$
　　下方管理限界線（LCL：Lower Control Limit）＝$\bar{\bar{x}}-A_2\bar{R}$

8. 品質管理と管理図

ここに，$A_2 = \dfrac{3}{d_2\sqrt{n}}$ です。A_2 や d_2 は，別途与えられます。

② R 管理図では，$n<7$ では LCL はありませんが，一般に
　　中心線　　$CL = \bar{R}$
　　上方管理限界線 $= D_4 \bar{R}$
　　下方管理限界線 $= D_3 \bar{R}$

それぞれの係数である，D_3 や D_4 なども別途与えられます。（第 5 編の【問題 No. 95】を参照）

正解　4

【問題　67】　管理図に関する次の記述のうち誤っているものを1つ選べ。
1．管理図の管理限界に3シグマを用いるのは，第1種の誤りを小さくしたいからである。
2．管理図の管理限界に2シグマを用いると，3シグマ法の場合より第2種の誤りが大きくなる。
3．3シグマ法の管理図では，工程に変化がなくても確率的に1000回に3回くらいは点が管理限界の外に出ることがある。
4．管理図は，一般的に製造工程をよく管理された状態に保つために用いられる。
5．管理図に記入した点が，たとえすべて管理限界内にあっても，それらの点がだんだんに下降する傾向を示すときは，工程に何らかの変化があったと考えてよい。

解説と正解

管理図において3シグマの位置に限界線を引いた場合，工程に全く異常がなくても0.3％の確率で限界線をはみ出すことがあります。
管理図の管理限界をより広げると，現実は異常でないのに異常と判断する誤り（第1種の誤り，いわゆる**あわて者の誤り**）が少なくなり，逆に管理限界を狭くとると実際には異常であるのに異常でないと判断する誤り（第2種の誤り，別名**ぼんやり者の誤り**）が少なくなります。
また，管理図に記入した点が，仮にすべて管理限界内にあったとしても，それらの点がだんだんに下降（あるいは，上昇）するなどの傾向を示すときには，その工程に何らかの変化があったと考えるべきです。その変化は，場合によっ

ては望ましい変化であるかも知れませんが，工程にとっては設計時点において考慮されていない何らかの異常が起きていると判断する必要があります。その原因を追究することで，時には工程の不良の復旧になり，時には逆に工程改善のヒントが得られる場合もあると思われます。

正解　2

【問題　68】　管理図に関する次のそれぞれの記述のうち誤っているものを1つ選べ。
1. 管理図法は群内変動をもとに群間変動を調べる方法なので，管理線を引くときの予備データの合理的群分けが大切である。
2. 管理図にデータをプロットする目的の中には，工程において見逃せない変化が起こっていることをチェックすることも含まれている。
3. 管理図の限界線として，排水基準の値などを用いることは通常は不自然である。
4. R 管理図に記入した点が，中心線の下側に連続して多数が続いた場合には，製品の分布の形が，R 管理図を設計したときの分布の形に比べ，裾の広がった扁平な形になったと推定される。
5. 管理限界内にすべての点が入っていても，中心線の一方の側に連続してプロットされる場合には，原因を調査することが重要である。

解説と正解

1は，管理図を作成するに当たって，基本となる重要事項です。

管理限界線は，品質管理の上からは，予備データから求めた 3σ などを用いることが必要です。排水基準の規制値などは工程そのものから定まるものではなく，工程からすると外部的に決まるものなので重要であって二次的に使うことはあり得ても，直接的に管理図に用いることは不自然です。第一義的な管理指標としては，工程の性格や特徴などから決まってくるものを用いることが必要です（肢3）。

R 管理図に記入した点が，中心線の下側に連続して多数が続いた場合には，平均値がずれてしかもばらつきが小さくなっていることを示しており，分布の形は幅が狭くなっています。ばらつきが減っていることはいいことではありますが，この場合も工程に（当初の設計とは異なる）何らかの変化が起きていると考えてその原因を調査することが必要です。何か新しいことが分かるかも知

れません（肢2，4，5）。　　　　　　　　　　　　　　　　正解　4

【問題　69】　ある工程において，$\bar{X}-R$ 管理図による管理を行っている。この工程で，工程のかたよりはほとんど変化せずに，ばらつきが大きくなった場合に，$\bar{X}-R$ 管理図の示す傾向は次のうちのどれになるか。最も適切なものを選べ。
1. $\bar{X}$ 管理図，および，R 管理図は両方ともそれぞれの中心線の下側に多く分布するようになる。
2. $\bar{X}$ 管理図は，中心線に近いものが多くなり，R 管理図は中心線の下側に多くプロットされるようになる。
3. $\bar{X}$ 管理図も R 管理図も，ともに中心の上下にほぼ同じ数が分布するようになり，かつ，中心線からは離れる傾向となる。
4. $\bar{X}$ 管理図も R 管理図も，ともに目立った変化は見られない。
5. $\bar{X}$ 管理図はあまり変化しないが，R 管理図は中心線の上側に多く点が集まるようになる。

解説と正解

$\bar{X}-R$ 管理図は $\bar{X}$ 管理図で平均値のかたよりを，R 管理図でばらつきを管理する管理図です。従って，この問題では，かたよりがほとんど変化しないということですから，$\bar{X}$ 管理図には目立った変化が出てきません。ばらつきが大きくなったということなら，R 管理図に変化が表れ，中心線より上側に多く分布するようになります。

なお，プロットとはグラフ上に点を書くことを意味します。　　正解　5

9. サンプリングと製品検査

9－1　サンプリングに関する問題

【問題 70】 サンプリングに関する次の文章において，不適当なものを次の中から1つ選べ。

1. サンプリングの方法にはいろいろあり，母集団から時間的，空間的に一定間隔でサンプリングを採る方法を系統サンプリングという。
2. 母集団をいくつかの部分に区分して，各部分から各々ランダムにサンプリングする方法を層別サンプリングという。
3. 層別サンプリングにおいて，各部分内を均一にし，各部分間の差が大きくなるようにできれば有効なサンプリングが行える。
4. 母集団をいくつかの部分に分けて，その分けられた部分のうちいくつかをランダムに選び，選ばれた部分のすべてをサンプルとする方法を集落サンプリングと呼んでいる。
5. 集落サンプリングにおいては，部分間の差を大きくし，部分内のばらつきを小さくすることが望ましい。

解説と正解

系統，層別，集落サンプリングの定義を問う問題です。**サンプリング**とは，母集団の一部をサンプルとして採取して，サンプルの測定データから母集団の特性を判断する方法です。

ラインを流れている製品を一定時間間隔でサンプリングしたり，倉庫などに順に並べたものを一定距離ごとに抜き取ることを**系統サンプリング**といいます。

一定母集団をいくつかの部分に区分けすることを**層別**といい，層内の集団を均一に層間の差が大きくなるように層別すると**層別サンプリング**の効果が上がります。

集落サンプリングはロットを群に分けてランダムに群を選び，選んだ群の中を全数検査する方式で，層間を均一に層内の差（分散）が大きくなるように層別すると効果が上がります（肢5）。

⑨. サンプリングと製品検査

その他に，**単純ランダム・サンプリング**（母集団の各部分の採取確率が一様になるようにする方法），**ジッグザッグ・サンプリング**（系統サンプリングにおいて，意識的に採取間隔を増減させて周期性によるかたよりをなくす工夫をした方法）などという方法もあります。

正解　5

【問題　71】サンプリングにおいて注意すべきことを記述した，次の記述のうち，不適切なものを1つ選べ。
1．層流の状態で流れている流体からサンプリングする際に，気を付けなければならないことは，一つの層のみを採取してしまってかたよりを生じることである。
2．液体のサンプリングにおいて，管壁や曲がり部の近くから採取することが重要である。
3．粉塊混合物からのサンプリングでは，水分の分布によってかたよりが生じることがあり注意すべきである。
4．粉塊混合物からのサンプリングでは，なるべく細かく粉砕することによって，サンプルの中での分布によるかたよりを減らすことが出きる。
5．排ガスや排水のサンプリングでは，操業状況に留意して，異常のないことを確認するなどの配慮が必要である。

解説と正解

サンプリングする対象の状況に合わせて工夫し，かたよりやばらつきなど測定精度に対してサンプリング上の問題を生じないように配慮することが重要です。

液体のサンプリングにおいて，層流になっているところや管壁や曲がり部の近くは，とくに混合が不充分になる部分ですから，そういう個所からの採取はできるだけ避けることが重要です（肢1，2）。

また，固体においては，とくに混合がなされにくいので，注意する必要があります（肢3，4）。

更に，排ガスや排水は，工程の瞬時瞬時の状態そのものに大きく依存しますので，操業状態の異常の有無を確認してから行うことが必要です（肢5）。

通常は，これらのように，抜き取り検査（サンプリング検査）を行いますが，特別に，**無試験検査**や**全数検査**も行われます。

無試験検査は，設計上の理由から規格外が発生しないと考えられる場合や，製造工程の条件から不良品発生の恐れのない場合，あるいは，過去の実績からして品質のばらつきが規格値に対して十分余裕のある場合などに採用されます。

全数検査は，検査することによって品質が破壊されない場合に，特別に重要な品質や比較的安価に検査できるものについて行われることがあります。

正解　2

9−2　製品検査に関する問題

【問題　72】　製品の検査に関する次のそれぞれの記述のうち最も不適切なものを1つ選べ。
1．破壊試験によって製品の品質を計測する場合は，抜取検査を実施する必要がある。
2．抜取の検査をする主な目的は，個々の製品の良否の判別にある。
3．長い期間において工程管理が管理状態で，しかもその間のロット検査1つも不合格にならないならば，検査を緩和することができる。
4．過去の実績によって，製造工程が安定状態になることが判明しているので製品は無試験で出荷している。ただし，工程が安定に保たれているかのチェックは行うことにした。
5．原料の受入検査の際，供給者の品質の状況に応じて，検査の厳しさを変える調整型の抜取検査を採用している。

解説と正解

　検査の方法を選択する場合，検査を実施したことによって出荷される不良品による損失と検査コストのバランスを考えることが必要です。つまり，検査を厳密に行うことによって生じる検査コスト増と，このことによって不良品が少なくなる損失減との比較を行うことになります（肢5）。
　抜取検査は，個々の製品の検査によって，確率として全体の製品の善し悪しを判定しているのです。個々の製品の良し悪しを判定するには抜き取り法ではできません（肢2）。
　また抜取検査では，長い間工程が管理された状態で，その間のロットが一つも不合格にならないならば検査を緩和することができます（肢3，4）。
　破壊試験で全数検査を行えば，製品がとれなくなります（肢1）。　正解　2

【問題　73】　次の製品検査に関する記述のうち，正しいものはどれか。1つ選べ。
1．抜取検査による品質保証は製品1個，1個の保証でしかなく，その検査ロット全体の保証ではない。
2．検査部門は検査をするだけで十分であるので，検査結果で得た情報を工

程管理のために他部門に提供する必要はない。
3．検査を慎重に行えば，抜取検査で合格となったロット中には不良品は含まれるはずがない。
4．計数基準型の抜取検査で合格となったロットは，もし再検査したとしても合格判定値を超える不良品が出ることはない。
5．簡便かつ安価な検査が可能である場合には，全数検査を適用することに意義がある。

解説と正解

　抜取検査とは，検査ロットから，あらかじめ定められた抜取検査方式に従ってサンプルを抜き取って試験し，その結果をロット判定基準と比較して，そのロットの合格・不合格を判定する検査です。従って，当該検査で抜き取られたサンプルが合格基準を満たしていれば他のサンプルを調べることなく，一つの集団，すなわち検査ロットを全部合格とする（肢1）ので，あらかじめ抜取方式を定めておくことと，サンプルがロットの中からランダムに抜き取ることができなければなりません。しかし，いずれにしても抜き取り検査ですから，ロット全体に不良品が完全にないとは言い切れません（肢3，4）。

　計数基準型抜取検査は，売り手あるいは買い手に対する保護の2つを考えていて，両者が満足できるように構成することが特徴となります。売り手保護の場合，一定の不良率のロットが抜取検査で不合格となる確率（**生産者危険**）を一定に押さえて，品質の良いロットをなるべく合格させたいし，また，買い手保護に対しては，一定の不良率のロットが抜取検査で合格する確率（**購買者危険**）を一定の値に押さえて，品質の悪いロットをなるべく不合格にさせたいわけです。すなわち，抜取検査ではある確率で不良品が出荷されることを前提に考えられています。したがって，再検査したとき，必ずしも不良品がないとは限りません。

　全数検査は，検査方法が安価で簡便である場合になされますが，コストがかかる場合などは抜き取り検査になります（肢5）。

　検査部門も製造工程の一つの部門ですので，検査が第一義的な目的ですが，大きな目的としては製造工程全体で定められた品質の製品を製造することがなければなりません（肢2）。

正解　5

10. 信頼性

10-1 機器の寿命等に関する問題

【問題 74】 機器や部品の信頼性を評価するための尺度にMTBFがある。これは平均故障間隔を意味し，動作時間をその期間中の故障回数で割ったものである。MTBFに関する次の記述のうち正しい記述はどれか。1つ選べ。

1．MTBFの単位は時間を正規化した無名数である。
2．MTBFの算出には，故障修理を要する時間は含めない。
3．MTBFの値が小さいものほど寿命は短い。
4．MTBFの値が大きいほど，単位時間当たりの故障回数も多い。
5．MTBFは修理されることのない機器や部品を対象にした信頼性の評価である。

解説と正解

信頼性工学では，**信頼度，保全度，アベイラビリティ**（利便性，利用可能性）が3つの基本的概念です。

MTBFは，Mean Time Between Failuresの略であって，その定義は，総動作時間をその期間中の故障回数で割ったものです。従って，その単位は時間ごとであり，この計算に当たり故障修理の時間は含まれていません。当然，MTBFの値が大きいほど単位時間当たりの故障回数は少なくなります。

一般に，MTBFは修理しながら使用する機器，部品の評価についての概念であって，次頁に出てくる**MTTR**のような平均修理時間とは直接の関係はありません。

MTBFが大きくても修理を何度もすることができなければ寿命は短く，逆にMTBFが小さくても何度も修理を繰り返すことができれば寿命は長くなります。

正解 2

【問題 75】 機器等の故障に関する次の記述において，不適切なものを1つ選べ。

1．故障率を時間に対してプロットすると，一般にプラトー曲線と言われるものになる。
2．初期故障とは，機器等の使用開始早々に多発する故障を言う。
3．機器等の使用開始から一定の期間が過ぎて使用状態が落ち着いてくると，偶発故障期といわれる時期になる。
4．長い間使用される機器などは，いずれは磨耗故障期を迎える。
5．磨耗故障期においては，保全費とのバランスで，機器の新規更新が判断される。

解説と正解

故障率を時間に対してプロットする時の曲線は，西洋の浴槽の断面図に似た形になるので，**バスタブ曲線**と言われます。その他は，正しい記述です。

正解　1

【問題　76】　信頼性に関する次の記述のうち，不適切なものを1つ選べ。
1．与えられた条件において，規定の期間内に装置・システム等の保全が終了できる確率を，保全度という。
2．ある時点まで動作してきた装置・システム等がその後の単位時間内に故障を起こす確率を，故障率と呼ぶ。
3．アベイラビリティは，稼働率と同様の概念であって，時間の経過とともに増大する性質を有する。
4．ある時刻において，装置・システム等が機能を果たすことの出来る確率を信頼度という。
5．信頼性とは，対象となる装置・システム等が，与えられた条件で規定の期間中に要求された機能をはたすことのできる性質と定義される。

解説と正解

アベイラビリティは，ある時間に機能を維持している確率として表され，基本的に**稼働率**と同様の概念ですので，むしろ時間の経過とともに低下していきます。これは，MTBF／(MTBF＋MTTR)で表され，**MTTR**（mean Time to Repair）は故障状態から修理を終えて正常に戻るまでの時間平均をいいます。

10. 信頼性

保全という言葉は，メインテナンスと同義語で，信頼性の維持のために行われる処置のことを言い，予防保全と事後保全とがあります。　　正解　3

【問題　77】　システムの信頼性に関する次の記述のうち，以下のように接続されたシステムの信頼度 $R(t)$ について，不適切なものを1つ選べ。ただし，3個のシステムについて，それぞれの信頼度を $R_i(t)$，$(i=1〜3)$ で表す。

1．3個のシステムを直列に接続したときの $R(t)$，
 $R(t)=R_1(t)\cdot R_2(t)\cdot R_3(t)$
2．3個のシステムを並列に接続したときの $R(t)$，
 $R(t)=1-\{1-R_1(t)\}\{1-R_2(t)\}\{1-R_3(t)\}$
3．3個のシステムについて，$R_1(t)$ および $R_2(t)$ を並列に，その後に $R_3(t)$ を直列に接続するときの $R(t)$，
 $R(t)=R_3(t)\{R_1(t)+R_2(t)-R_1(t)R_2(t)\}$
4．3個のシステムについて，$R_1(t)$ および $R_2(t)$ を直列に，かつ，それらと並列に $R_3(t)$ を接続するときの $R(t)$，
 $R(t)=1-\{1-R_1(t)R_2(t)\}\{1-R_3(t)\}$
5．3個のシステムのうち，2個のシステムが正常の場合に，全体のシステムが正常であるようなシステムのときの $R(t)$，
 $R(t)=R_1(t)R_2(t)+R_2(t)R_3(t)+R_3(t)R_1(t)$

解説と正解

3個のシステムの**直列接続**は単純に信頼度の積になります。

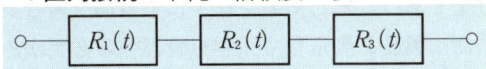

○─[$R_1(t)$]─[$R_2(t)$]─[$R_3(t)$]─○

並列接続の不信頼度は，1から信頼度を引いた**不信頼度** $F_i(t)$，$(i=1〜3)$ の積になりますので，
 $F(t)=F_1(t)\cdot F_2(t)\cdot F_3(t)$
信頼度に戻して，
 $R(t)=1-\{1-R_1(t)\}\{1-R_2(t)\}\{1-R_3(t)\}$
この並列接続は，言わば冗長型に当たります。二つのシステムの並列はデュアル方式と呼ばれます。

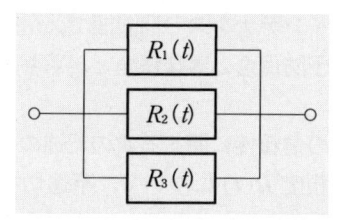

3，および，4の場合は，1と2を組み合わせれば算出可能で，設問の表式は正しいものとなっています。

5では，
① 3システムとも正常の確率は，$R_1(t)R_2(t)R_3(t)$
② $R_3(t)$ だけが不調でもシステムは正常なので，その確率は，
$R_1(t)R_2(t)\{1-R_3(t)\}$

同様に，
③ $R_2(t)$ だけが不調の時，$R_1(t)\{1-R_2(t)\}R_3(t)$
④ $R_1(t)$ だけが不調の時，$\{1-R_1(t)\}R_2(t)R_3(t)$

以上より，これらの4ケースを加えて
$R(t) = R_1(t)R_2(t) + R_2(t)R_3(t) + R_3(t)R_1(t) - 2R_1(t)R_2(t)R_3(t)$

正解 5

【問題 78】 信頼性，および，保全に関する記述として，誤っているものを選べ。

1．ばらつきの大きな製品を製造する工程においては，出荷検査を強化して，不良品を出荷しないようにしなければならない。
2．製造工程においては，時間とともに変化する要素もありうるので，運転開始時点で万全であったとしても，徐々に不良品を産む要因が生じる恐れがあり，定期的に製品を測定して工程を管理する必要がある。
3．製造工程においては，製造している製品性能の急激な劣化や機能低下が起こった場合には，その原因を調査して対策を打たねばならない。
4．製造工程において，装置の故障などの工程異常が起こらないように，定期点検や定期保全を計画的，周期的に行うことが必要である。
5．製造者は，製品使用者の立場に立って，製品が使用される全ての条件で正しく機能するかどうかをテストして出荷しなければならない。

⑩. 信頼性

解説と正解

1〜4は当然のことですね。この辺の文章は，ほぼ常識どおりの判断で解答できると思います。4は予防保全に関する記述と言えます。

5の記述は，そこまで実施できれば非常に好ましいことですが，使用者側の「全ての条件」については，中には極めて特殊な使い方もありうるかも知れませんし，一般に全ての使用条件に渡ってテストすることはありません。

正解　5

11. コンピュータと自動制御

11−1　信号の扱いに関する問題

【問題　79】 ディジタル信号伝送系で，送信出力側から $20(V)$，$0(V)$ のオンオフ信号を送る。この系には，受信側の電圧に換算して $\pm 0.1(V)$ の範囲の雑音混入が把握できている。誤りのないディジタル信号伝送を実現するためには，伝送系に許容される減衰の大きさは何 dB までか。正しいものを1つ選べ。

1. 40　　2. 33　　3. 25　　4. 20　　5. 16

解説と正解

　ディジタル信号系は，アナログ系と異なり波形変化等による雑音はありませんが，信号減衰によってオンオフの区別が付かなくなることがあります。そのため，減衰と計測誤差のバランスの考慮が必要です。この場合，$\pm 0.1V$ の雑音の大きさを考えると可能性のあるノイズの幅の $0.2V$ よりも大きい信号を送る必要があるので，$20V$ が $0.2V$ まで減衰することが許されることになります。

　これをデシベルで表すことになりますが，デシベル D の求め方は，簡単に言いますと，エネルギー比の常用対数から求めます。一般にエネルギー比例の二つの物理量 X_1 と X_2 $(X_1 > X_2)$ がある時，これらの比の常用対数の10倍をデシベル（dB）で表します。

　エネルギーに比例する量では，$D = 10 \log(X_1/X_2)$。その量の2乗がエネルギーに比例する量では，$D = 10 \log(X_1/X_2)^2 = 20 \log(X_1/X_2)$
となります。ベルは電話の発明者にちなんだもので，デシベルはその1/10です。ベル値は対数をとった値そのままですが，デシベル値は10倍する必要があるのです。本題では，信号としての電圧でエネルギー比例量ではないため20倍する方を用い，$20V$ と $0.2V$ の比をとってこれをデシベル値に換算すれば，

　　$20 \log(20/0.2) = 40(dB)$　　となります。結局，40dB 以上の減衰があるとオンオフ信号が区別できなくなるので，正解は 40dB です。　　**正解　1**

【問題　80】 ある重量測定の計測器で，$0 \sim 10mg$ の重さの変化を $0 \sim 1V$ の電圧変化に置換して，$0.1mV$ の単位まで測定している。この計測器で得ら

11. コンピュータと自動制御

れる値を2進法に変換するとき，最低何ビットが必要で，このとき長さの最小読み取りの1デジットはどこまで表示できるか。次の中から適切な組み合わせのものを1つ選べ。ただし表示は μg の単位で小数点以下1桁まで表すものとする。
1．12ビット必要で 2.0 μg まで表示できる。
2．13ビット必要で 1.0 μg まで表示できる。
3．14ビット必要で 0.6 μg まで表示できる。
4．15ビット必要で 0.3 μg まで表示できる。
5．16ビット必要で 1.0 μg まで表示できる。

解説と正解

重さ変化 0〜10 mg を 0〜1 V の電圧変化で 0.1 mV の単位まで計測するので 10 mg が 0.1 mV の 10,000 倍に当たります。これを2進数に変換する際の最低ビット数は $2^n \geq 10{,}000$ を満足する最小の n なので $n=14$。また，$2^{14}=16{,}384$ ですから，2進数への変換分解能は，$1/16{,}384=0.00006$。10 mg が 1 V に当たるので 14 ビットで表示可能な能力は，$10 \text{[mg]} \times 10^{-3} \text{[μg/mg]}/16{,}384 \fallingdotseq 0.61 \times 10^{-6} = 0.61$ μg です。ただ，電圧測定の最小単位は 0.1 mV で，これは 10 mg の重さ測定で，$10 \text{ mg}/10{,}000=1$ μg に相当するので，計測の誤差がこれ以下になるわけではありません。

例えば，±100分の1の分解能を有するシステムで，あるデータを伝送するとき必要なビット数を求めてみます。100を2進数で表すと，1,100,100 となって7桁となります。従って，数値的には7桁が必要ですが，± の情報を1ビット使って，8桁の情報が必要です。

正解 3

【問題 81】 変調信号伝送に関する記述のうち，誤っているものを1つ選べ。
1．振幅変調方式は AM 方式と呼ばれ，搬送波の振幅を信号で変えるもので，ラジオなどで用いられているが，雑音に弱いという問題点がある。
2．パルス振幅変調方式は，搬送波にパルスと呼ばれる矩形波を用いる。
3．周波数変調方式（FM 方式）は，搬送波の周波数を信号で変えて伝える。
4．ベースバンド方式は搬送波を用いず 0 と 1 の信号を電圧で直接に伝送する。
5．位相変調方式は，搬送波の位相を信号で変化させるものである。

解説と正解

2の記述は，パルス幅変調方式に関する説明です。

正解 2

11－2　2進法に関する問題

コンピュータの内部では，信号が付いたとき（オン）と消えたとき（オフ）によって判断がなされて計算されていきます。従って，0と1だけからなる数字，いわゆる2進法が基礎となっています。2進法の計算を学習して下さい。

【問題　82】 10進法の30を2進法で表すとき，次の数値の中から適切なものを1つ選べ。
1．11,110　　2．11,111
3．1,111　　　4．11,101
5．11,011

解説と正解

次のような，割り算を組み合わせた計算をします。2で割った余りがでれば，右の方に1を，割り切れれば0を書きます。

$2 \,)\,\underline{30}$ ……… 0
$2 \,)\,\underline{15}$ ……… 1
$2 \,)\,\underline{\ 7}$ ……… 1
$2 \,)\,\underline{\ 3}$ ……… 1
$2 \,)\,\underline{\ 1}$ ……… 1
　　　0

この結果，右に書いた数字を下から拾い集めて，11,110とします。

正解　1

【問題　83】 2進法の11,110を10進法で表すとき，次の数値の中から適切なものを1つ選べ。
1．10　　2．15　　3．20　　4．25　　5．30

解説と正解

次のような計算になります。
$1\times2^4+1\times2^3+1\times2^2+1\times2^1+0\times2^0=16+8+4+2+0=30$

11. コンピュータと自動制御

麻雀をされる方には，32，64，128，256，512，1,024 という数字はお馴染みのものと思いますが，これらのどれかを 2 の何乗か覚えておかれるといいと思います。例えば，$2^6=64$ や，$2^{10}=1,024$ など。あとは，それから増減すれば 2 の何乗かが計算しやすいことと思います。

正解　5

【問題　84】　10 進法の 0.8125 を 2 進法で表す時，次の数値の中より適切なものを選べ。
1．0.1011　　2．0.1101　　3．0.1001
4．0.1111　　5．0.1110

解説と正解

次のような計算をします。
0.5　　）0.8125……1（0.8125 の中に 0.5 があるので，1 を書いて 0.5 を引く）
0.25　 ）0.3125……1（0.3125 の中に 0.25 があるので，1 を書いて 0.25 を引く）
0.125　）0.0625……0（0.0625 の中に 0.125 はないので，0 を書く）
0.0625）0.0625……1（0.0625 の中に 0.0625 があるので，1 を書く）
　　　　　　0

小数点の次に，右に書いた数字を上から順に拾って，0.1101

正解　2

【問題　85】　2 進法で表された 0.1101 を 10 進法で表すとすると，次のどれが適切か。
1．0.6875　　2．0.6975　　3．0.7765
4．0.8125　　5．0.9875

解説と正解

次のような計算をします。
$1\times 2^{-1}+1\times 2^{-2}+0\times 2^{-3}+1\times 2^{-4}=0.5+0.25+0+0.0625=0.8125$

正解　4

11−3 コンピュータに関する問題

【問題 86】 コンピュータに関する次の記述のうち誤っているのを1つ選べ。
1. コンピュータ計算は，基本的に2進法を用いているため，10進法への変換過程などで四捨五入や繰り上げの計算結果に微妙な差異が生ずる場合がある。
2. コンピュータは入力装置，記憶装置，演算装置，制御装置，出力装置などで構成されている。
3. コンピュータ間でプログラムを含む各種のデータを相互にやりとりするにはインターフェースが必要である。
4. キーボードの配列は，本来人間工学的に最も高速で入力できるものが望ましいが，現在のものは必ずしもその配列になっていない。しかしながら，一旦覚えてしまった配列を変えることは極めて困難のため，現状で留まっている。
5. コンピュータの記憶装置の容量は以前は目覚ましく進歩をして急速に大きなものが生まれたが，最近ではその開発競争も飽和し大きな容量のものは新たには生まれていない。

解説と正解

デジタルコンピュータは**入力・出力・記憶・演算・制御**の5つの装置からなっていて（肢2），演算装置と制御装置からなるものを**中央集積装置**（CPU，Central Processing Unit）といいますが，**パソコンやマイクロコンピュータ**等の小型のもので CPU に記憶装置が含まれているものも多くなっています。

コンピュータの内部では，情報は電気信号のオン，オフに基づく2進法が使われています。電気信号のオンまたはオフのいずれかを表しているとき，この情報は1ビットであるといい，これが情報量の基本単位になっている。この2進法を用いて，英数字や記号を表すことができます。日本語の場合，2バイトで1つの文字（漢字，カタカナ，ひらがな等）を表現しており，その方法は JIS 規格に定められています。

コンピュータを1台使うだけでなく，コンピュータを相互に連結させて高度に使用することがよく行われます。このため，コンピュータ間でプログラムを含む各種のデータを相互にやりとりするのに，いろいろなインターフェースが規格化されています（肢3）。

11. コンピュータと自動制御

　コンピュータの記憶容量は，まだまだ飽和しておらず，更なる改善が進んでいると思ってよい状態です（肢5）。また，現在のキーボードの配列は，タイプライターが開発された折，手の入力が速すぎて機械がスムーズに動かなかったために考案された入力しにくい配列ですが，世界中の人の指が覚えてしまった配列を変えることは困難で，改善できないでいるのです（肢4）。　|正解　5|

【問題　87】　コンピュータに関する次の記述のうち，適切なものを1つ選べ。
1．コンピュータの計算で四捨五入や繰り上げの誤差を防ごうとするとき，数字の有効桁数を増やしても効果はない。
2．コンピュータの中央制御装置と呼ばれる部分の内部で行う演算では主に2進法と10進法が併用して用いられる。
3．数字は2進法を用いて符号化できるが，記号や文字は符号化できない。
4．コンピュータの複雑なプログラムを開発する際には，プログラムミスが起こりやすく，これを防ぐために細心の注意が必要である。
5．FORTRAN や BASIC などは高級言語であり，それを用いてコンピュータを稼働できるので，機械語に翻訳するコンパイラなどは不要である。

解説と正解

　プログラミング言語には**機械語**，**アセンブラ言語**，**高級言語**などがありますが，高級言語は人間にも分かりやすい形で書かれたプログラム作成用の言葉です。高級言語の1つである BASIC は非常に手軽なことからパソコンなどのプログラミングに使用されています。高級言語で作成されたプログラミングは，実行時にはコンパイラなどにより，機械語に翻訳されて処理がなされなければなりません（肢5）。コンピュータのプログラムは一般に非常に複雑になっていますので，プログラムミスを発見することはそれなりに注意しまたはそれを発見するソフトまで動員しなければ，なかなかなくならない状態でもあります。2000年問題などはそのいい例であろうと思います（肢4）。

　最近ではコンピュータのメモリー容量も急激に大きくなっていますので，記号や符号も符号化され，例えば各種の書体の漢字まで扱われています（肢3）。

　コンピュータの中央制御装置は CPU と呼ばれ，基本的に2進法で各種の処理が行われます（肢2）。その2進法を10進法に変換するなどの過程で，四捨五入や繰り上げの計算に誤差が生じることもありますが，これらは数字の有効桁数を増やすことによって防ぐことができます（肢1）。　|正解　4|

11―4　自動制御に関する問題

自動制御

　自動制御には，なじみの薄い方もおられると思いますので，まず概要の説明をします。

　工場などの工程を安定に，あるいは目的の状態にするために自動制御が行われます。主な制御法に**フィードバック制御**と**フィードフォワード制御**があり，前者は，次の図のように検出した情報をもとに上流にさか上って制御を行います。

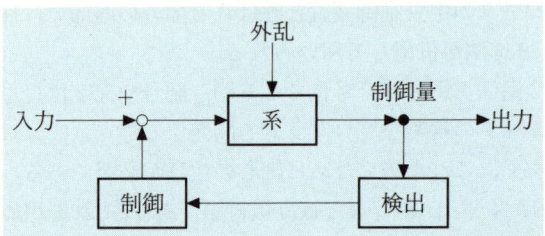

　フィードフォワード制御は，外乱等の検出によって，系の変化を予測して制御を加えます。

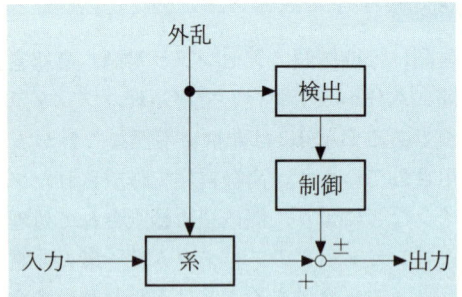

　その他にも，各種の制御法があり，あらかじめ定められた順序に従って，各段階の制御を逐時進めていくシーケンス制御や，一定の計画された処方に従って制御してゆくプログラム制御などもよく使われます。

ラプラス変換

　制御系や力学系などの多くの系において，独立変数や従属変数が従う関係が微分方程式であることが多いですが，それらを視覚的に分りやすく表現する方法にブロック線図があります。そのブロック線図の状態から，機械的に四則計算することによって実質的に微分方程式を解くことと同じ作業が，**ラプラス変**

11. コンピュータと自動制御

換という方法によって容易にできますので，この方法は実用工学において，非常によく使われます。

　ラプラス変換は，微分という面倒な操作を，単に s という一つの文字変換にしてしまうことを可能にする方法です。

　例えば，図のような系で，質量 m の物体がばねとダッシュポットで固定端に接続されている場合を考えます。

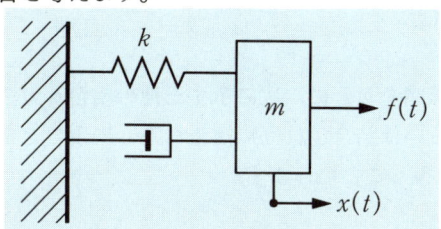

　ばねは，多くの方にはお分りと思いますが，ダッシュポットは粘弾性の物性などを勉強された方以外には，一般にどんなものか分りにくいと思います。力をかけて引張っても，すぐには伸びないが時間が遅れて伸びてくるようなものを想像して下さい。紙風船のように両手で押さえても，すぐにはつぶれず空気が抜けるにつれてペチャンコになるようなものもあります。

　この系の微分方程式は，

$$m\frac{d^2x}{dt^2}+\mu\frac{dx}{dt}+kx=f(t)$$

のように難しげなものになりますが，ラプラス変換するときは，二階微分を s^2，一階微分を s で置き換えて，

$$(ms^2+\mu s+k)X(s)=F(s)$$

と書けます。x と f を大文字にしたのは，時間の関数 $x(t)$，$f(t)$ を，それぞれ s の関数 $X(s)$，$F(s)$ に変換したためです。

　ここまで来ると，s は普通の変数のように扱えばいいことになっていますので，

$$X(s)=\frac{1}{ms^2+\mu s+k}F(s)$$

　$F(s)$ に適当な関数（入力関数）を入れ，この式の右辺を計算して $X(s)$ を求めれば，系の出力 $X(s)$ が求まります。$f(t)$ を $F(s)$ に，また，$X(s)$ を $x(t)$ に変換するには，ラプラス変換表を引けばよく，結局微分方程式が簡単に解けることになります。この方法を**ヘビサイド法**，あるいは**演算子法**と言います。

ブロック線図の結合

ブロック線図の入力と出力の比を，伝達関数といい $G(s)$ などと書きます。

$X(s)$ に $G(s)$ を作用させて $Y(s)$ になると考えて，

$$Y(s) = G(s)X(s)$$

と書きます。

複数のブロック線図をもとに，次に示す三種の組合せ方法を用いて機械的に合せれば（接続あるいは結合すれば）複雑な系も表現できます。組合された伝達関数を，$G_0(s)$ と書くことにします。

1) 直列接続

$$Y(s) = G_2(s)G_1(s)X(s)$$
$$\therefore \quad G_0(s) = G_2(s)G_1(s)$$

2) 並列接続

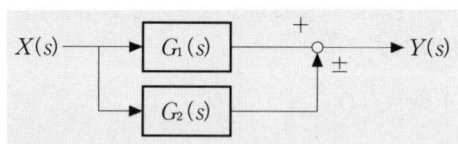

$$G_0(s) = G_1(s) \pm G_2(s)$$

3) フィードバック接続

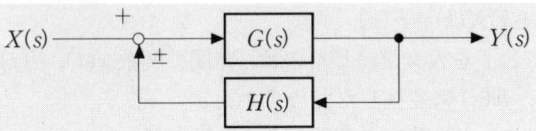

このケースでは，$X(s)$ と $\pm H(s)Y(s)$ を加えたものに $G(s)$ を作用させると $Y(s)$ になるわけですから，

$$G(s)\{X(s) \pm H(s)Y(s)\} = Y(s)$$

これを，$Y(s)$ について解くと，

$$Y(s) = \frac{G(s)}{1 \mp G(s)H(s)} X(s)$$

従って，

$$G_0(s) = \frac{G(s)}{1 \mp G(s)H(s)}$$

つまり，$G(s)$ と逆並列（という言葉はありませんが）に $\pm H(s)$ を結合させる場合には，$G(s)$ を $1 \mp G(s)H(s)$ で割った伝達関数になります。

制御系の特性

入力と出力の間の関数が一階微分方程式で記述できる系を一次遅れ系といいます。伝達関数が分数形をしていて，その分母が s の一次式の場合です。微分方程式，および，伝達関数が，それぞれ例えば，

$$T\frac{dy(t)}{dt} + y(t) = Kx(t)$$

$$G_0(s) = \frac{K}{1+Ts}$$

のような場合です。この時 T を時定数，K をゲイン定数といいます。T が小さい時，応答は速く，K が大きい時は応答の値が大きくなります。

これに対して，二次遅れ系は分数形をしている伝達関数の分母が s の二次式の場合を言います。この時，系を記述する微分方程式は二階微分を含みます。

その伝達関数を，

$$G_0(s) = \frac{1}{k}\frac{\omega_n^2}{s^2 + 2\zeta\omega_n s + \omega_n^2}$$

と書くとき，ω_n を**固有振動数**，ζ を**減衰比**または**減衰係数**と呼びます。$\zeta=1$ の時，**臨界制動**と言い，$\zeta<1$ なら入力が階段状に変化した場合（ステップ入力）に，振動出力を生じます。

【問題　88】 PID動作に関する次の記述の【　】の中に適切な語句を入れるために，下記の中から1つ選べ。

　　制御における調節計の動作は，比例動作（【(ア)】動作，【(イ)】動作（I動作），および【(ウ)】動作（D動作）に分類され，これらが組合わされて使われる。

	(ア)	(イ)	(ウ)
1.	P	微分	積分
2.	P	積分	微分
3.	Q	微分	積分
4.	X	積分	微分

5. X 積分 微分

解説と正解

自動制御は，通常目標値と観測値の差 Δx に対して行われ，比例動作は，Δx に比例した調節を行う動作です。この動作では，系のステップ変化の時にオフセット（目標値との最終的なズレ）をゼロにすることができません。

積分動作は，Δx の積算値に比例した調節を行い（従ってオフセットは小さくなります），多くは比例動作と併用されます（PI 動作）。

微分動作は，Δx の値の変化に比例した調節をし（オフセットは大きくなる傾向があります），PD あるいは PID 動作の形で用いられることが多くあります。

正解　2

【問題　89】伝達関数が次式で示される一次遅れ系がある。

$$\frac{1}{1+Ts} \quad (T \text{ は時定数})$$

この系において，単位ステップ応答 $f(t)$ の形，および，$t=T$ における応答値のパーセント値を示す組のうち，正しいものはどれか。

　　　　$f(t)$　　　　　$t=T$ の応答値

1. $1 + \exp\left(-\dfrac{t}{T}\right)$　　　63.2 %

2. $1 - \exp\left(\dfrac{t}{T}\right)$　　　36.8 %

3. $1 + \exp\left(\dfrac{t}{T}\right)$　　　36.8 %

4. $1 + \exp\left(\dfrac{t}{T}\right)$　　　63.2 %

5. $1 - \exp\left(-\dfrac{t}{T}\right)$　　　63.2 %

解説と正解

ステップ応答（インディシャル応答）とは，典型的な入力信号の一つで図に示しますような単位ステップ関数 $u(t)$ を入力として伝達系に与えた時の出力

（応答）のことです。

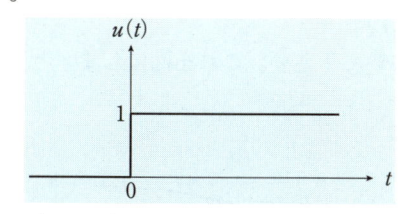

これに対し，次のような入力に対する応答を**インパルス応答**と言います。

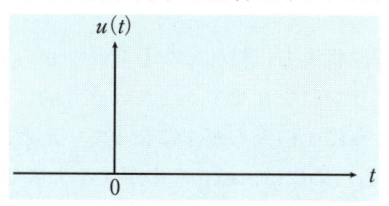

少し分かりにくい図ですが，$t=0$ の時に ∞ の入力があり，その他の時間では 0 の入力（つまり，入力無し）となります。ただし，$t=0$ の時の図の面積は 1（幅が 0 で長さ ∞）とされます。

本問題の単位ステップ入力をラプラス領域で表しますと，つまり，t でなくて s の関数で書きますと，

$$\frac{1}{s}$$

となります。これを，与えられた一次遅れ系の伝達関数

$$\frac{1}{1+Ts}$$

で伝達されますと，次のような出力が出てきます。

$$\frac{1}{1+Ts}\cdot\frac{1}{s}$$

これを，再び時間領域，つまり，t の関数として書くためには，逆ラプラス変換をします。複素積分のできる方は計算をしていただいてもいいのですが，ここではラプラス変換表を逆に引くことにします。そのために，次のように部分分数に展開します。

$$\frac{1}{1+Ts}\cdot\frac{1}{s}=\frac{1}{s}-\frac{T}{1+Ts}=\frac{1}{s}-\frac{1}{(1/T)+s}$$

これをラプラス変換表の逆引きで，次のように逆変換します。第 1 項の逆変換関数は単位ステップ関数になりますから，その関数の $t>0$ の領域では，関数は 1 となります。

$$u(t) 1 - \exp\left(-\frac{t}{T}\right)$$

この式の形は覚えておいて下さい。これを図にしますと，

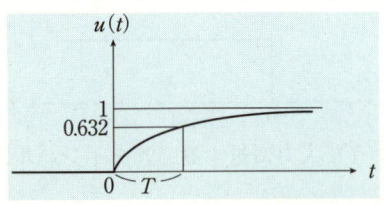

このようになって，階段状入力に対して少し遅れながら1より小さいところから段々と1に近づくグラフになります。これは感覚的にも合っていますね。つまり，1，3，4のように1の後ろが+になっていると却下されます。また，$t=\infty$で関数が1となるためには，expの中がマイナスでなければなりません。このことから逆ラプラス変換するまでもなく，5が選ばれます。$t=T$で$u=0.632$も覚えておかれる方がよいでしょう。

なお，一次遅れ系のインパルス応答は，次式で表されます。

$$u(t) = \exp\left(-\frac{t}{T}\right)$$

$t=0$で$u(t)=1$となり，そのまま段々と小さくなって$u(t)=0$に近づきます。

正解　5

第5編

実践的模擬試験問題と解説・解答

解答に当たっての留意点

　一般の試験と共通ですが，下記のように心掛けていただきたいと思います。一部に，受験案内の 10 と重なるものがありますが，再度注意を喚起したいと思いますので，ご容赦下さい。

1）事前の心構え
　できるだけ，弱点が克服できるように計画的に学習を進めて下さい。
　また，体調をあらかじめ整えておいて下さい。試験が 3 月なので，受験勉強の時期に風邪などを引かないようにご注意下さい。

2）直前の心構え
　受験に必要なものを忘れないようにチェックリストを作って確認するくらいの配慮をお願いします。（送付された受験票も忘れずに）
　試験会場の地図などを参考に，当日あわてないように会場の位置を事前に下調べしておいて下さい。
　前日は，十分な睡眠をとって下さい。残業や酒席の付き合いなどは避けるようでないとなかなか合格はできません。

3）当日の心構え
　試験会場には，少なくとも開始時間の 30 分前には到着するように出発して下さい。自分の席を早めに確認して下さい。また，用便はあらかじめ済ませておくことがよいでしょう。

4）試験に臨んで
　受験番号と氏名などをまず書きましょう。

その他の注意点として
① 解答にあたっては，リラックスして，問題文を少なくとも 2 回以上読みましょう。
　とくに，問題文の末尾には要注意です。基本的に，「正しいものはどれか？」と「誤っているものはどれか？」の二種類の問い方があります。「正しいもの」

と「誤っているもの」のどちらを選ぶのか，間違えないようにしましょう。
② 100点を取る必要はないので，**難しい問題は後回し**にしましょう。
　国家試験では満点を取る必要はありません。できる問題から確実にこなしていきましょう。また，出題率が高い問題はあらかじめ確実に覚えて下さい。練習段階で誤答してしまった場合には，その内容に対する1〜4編の解説部分を再度チェックしてから再チャレンジして下さい。
③ 全ての科目で**60点以上確実**に取れるようにご準備下さい。
　計量士国家試験の合格基準は公表されていませんが，その基準は他の国家試験に比べ，ハイレベルであると言われています。一般には国家試験の合格基準は総合点で6割以上の得点と言われていますが，この国家試験では各科目とも6割以上を確実に得点できるようにしておいたほうがいいでしょう。
④ マークは確実に記入しましょう。
⑤ 答案用紙は汚さないように折らないように気を付けましょう。
⑥ 解答を修正する場合は，良質の消しゴムで丁寧に消してから書きましょう。
⑦ 分からない問題や自信のない問題も，必ず1つマークを入れましょう。
⑧ 最後に，もう一度解答漏れがないかどうかをチェックしましょう。
　ご健闘をお祈りしております。

実践的模擬試験問題

1　環境関係法規と物理基礎

【問題 No. 1】　環境基本法第3条の条文の記述のうち(ア)～(カ)に入れる語句の組合せとして正しいものはどれか。1つ選べ。

「環境の【(ア)】は,環境を【(イ)】で恵み豊かなものとして【(ウ)】することが人間の健康で文化的な生活に欠くことのできないものであること及び【(エ)】が微妙な均衡を保つことによって成り立っており人類の存続の基盤である【(オ)】環境が,人間の活動による環境への負荷によって損なわれるおそれが生じていることにかんがみ,現在及び将来の世代の人間が【(イ)】で恵み豊かな環境の恵沢を享受するとともに人類の存続の基盤である環境が将来にわたって【(ウ)】されるように適切におこなわれなければならない。」

	(ア)	(イ)	(ウ)	(エ)	(オ)
1	保全	健全	維持	生態系	限りある
2	維持	健康	保全	地球	限りある
3	保全	健全	維持	地球	無限の可能性のある
4	維持	健康	保全	生態系	限りある
5	保全	健康	維持	地球	無限の可能性のある

【問題 No. 2】　振動に係る特定施設の設置届を提出する先は次のうちどれか。
1　環境大臣　　2　経済産業大臣　　3　市町村長
4　都道府県知事　　5　経済産業局長

①. 環境関係法規と物理基礎

【問題 No. 3】 騒音規制法に関する次の記述のうち、誤っているものを1つ選べ。
1. 騒音の大きさの決定に際し、騒音計の指示値が不規則かつ大幅に変動する場合は、測定値の90パーセント・レンジの上端を数値とする。
2. 市町村長は、指定地域の全部又は一部について、当該地域の自然的、社会的条件に特別な事情があるため、都道府県知事が定めた規制基準によっては当該地域の住民の生活環境を保全することが十分でないと認めるときは、条例で、環境大臣の定める範囲内において、都道府県知事が定めた規制基準にかえて適用すべき規制基準を定めることができる。
3. 第1種区域とは、良好な住居の環境を保全するため、特に静穏の保持を必要とする区域である。
4. 環境大臣は、自動車が一定の条件で運行する場合に発生する自動車騒音の大きさの許容限度を定めなければならない。
5. 電気事業法に規定する電気工作物又はガス事業法に規定するガス工作物については、騒音規制法で定める規制基準の適用は受けない。

【問題 No. 4】 騒音に係る特定施設の設置届を出すに際して、提出する必要のないものはどれか。
1. 設置者の氏名、住所等
2. 特定施設の使用の方法
3. 特定施設の種類ごとの数
4. 工場又は事業場の名称、所在地
5. 騒音防止の方法

【問題 No. 5】 騒音規制法の目的に関する次の条文において、下線を付した個所のうち、誤っているものを1つ選べ。
　この法律は、(ア)工場及び事業場における事業活動並びに建設工事に伴って発生する(イ)相当範囲にわたる騒音について必要な規制を行うとともに、(ウ)自動車騒音に係る許容限度を定めること等により、(エ)地球環境を保全し、(オ)国民の健康の保護に資することを目的とする。
1. (ア)　2. (イ)　3. (ウ)　4. (エ)　5. (オ)

【問題 No. 6】 鉛直下向きに初速度 v_0 で質量 m の質点を落下させた。

速度が nv_0 になるまでの時間はどれだけか．ただし，空気の抵抗は無視できるものとし，重力の加速度は g とする．

1　$\dfrac{n-3}{g}v_0$　　2　$\dfrac{n-2}{g}v_0$

3　$\dfrac{n-1}{g}v_0$　　4　$\dfrac{n}{g}v_0$

5　$\dfrac{n+1}{g}v_0$

【問題　No. 7】　力や物体の運動に関する次の記述について，正しいものを1つ選べ．
1　加速度，力，運動量はそれぞれベクトル量であるが，質量，速度はスカラー量である．
2　物体の加速度の方向は，力の方向とは必ずしも一致しない．
3　2つの質点が衝突した場合，運動エネルギー保存則と，運動量保存則とは常に成立する．
4　弾性衝突においては，反発（はねかえり）係数は1である．
5　摩擦力が働く場合であっても，力学的エネルギーは一般に保存される．

【問題　No. 8】　振り子に関する次の記述のうち，正しいものを1つ選べ．
1　地球のまわりを回っている人工衛星の中では，振り子の周期は測定できない．
2　単振子は，おもりが糸の先についている場合でも，細い棒の先についている場合でも，基本的に周期は一定である．
3　単振子の周期は，糸の長さが一定であっても一般にはおもりの質量によって変化する．
4　等速度で移動している電車の中の振り子の周期は，電車が止まっている場合よりも長い．
5　加速しながら上昇しているロケットの中で，振り子はその周期が地上における値よりも長い．

【問題　No. 9】　角振動数 ω を同じくする二つの単振動 $x_1 = r_1 \sin(\omega t + \delta_1)$，$x_2 = r_2 \sin(\omega t + \delta_2)$ の合成振動 $x = x_1 + x_2 = r \sin(\omega t + \delta)$ は次のど

れになるか。

1 $r^2 = r_1^2 + r_2^2 + 2r_1r_2 \cos(\delta_1 - \delta_2)$ $\tan \delta = \dfrac{r_1 \sin \delta_1 + r_2 \sin \delta_2}{r_1 \cos \delta_1 + r_2 \cos \delta_2}$

2 $r^2 = r_1^2 + r_2^2 + 2r_1r_2 \cos(\delta_1 + \delta_2)$ $\tan \delta = \dfrac{r_1 \sin \delta_1 + r_2 \sin \delta_2}{r_1 \cos \delta_1 + r_2 \cos \delta_2}$

3 $r^2 = r_1^2 + r_2^2 + 2r_1r_2 \cos(\delta_1 - \delta_2)$ $\tan \delta = \dfrac{r_1 \sin \delta_2 + r_2 \sin \delta_1}{r_1 \cos \delta_1 + r_2 \cos \delta_2}$

4 $r^2 = r_1^2 + r_2^2 + 2r_1r_2 \cos(\delta_1 + \delta_2)$ $\tan \delta = \dfrac{r_1 \sin \delta_2 + r_2 \sin \delta_1}{r_1 \cos \delta_2 + r_2 \cos \delta_1}$

5 $r^2 = r_1^2 + r_2^2 + 2r_1r_2 \cos(\delta_1 + \delta_2)$ $\tan \delta = \dfrac{r_1 \sin \delta_1 + r_2 \sin \delta_2}{r_1 \cos \delta_2 + r_2 \cos \delta_1}$

【問題 No. 10】 密度 ρ_0 で粘性係数が η である液中に, それより低密度 (密度 ρ) の忠実プラスチック球 (半径 r) が等速上昇している。その速度はどれだけか。ただし, 重力の加速度が g であることと, 粘性係数 η の液中を速度 v で移動する球に対する粘性抵抗力は $6\pi r \eta v$ であることを用いてよい。

1 $\dfrac{3(\rho_0 - \rho)r^2 g}{2\eta}$ 2 $\dfrac{2(\rho_0 - \rho)r^2 g}{3\eta}$

3 $\dfrac{9(\rho_0 - \rho)rg}{2\eta}$ 4 $\dfrac{2(\rho_0 - \rho)rg}{9\eta}$

5 $\dfrac{2(\rho_0 - \rho)r^2 g}{9\eta}$

【問題 No. 11】 流体に関する次の文章の中より, 誤っているものを一つ選べ。

1 気体は圧縮性流体, 液体は非圧縮性流体とみられている。
2 密度 d_0 の液中に, 体積が V で密度 $d\,(d > d_0)$ の物体を糸に吊り下げて沈める時, 糸にかかる張力は dVg である。
3 流体の粘性とは, 流れる流体において, 隣り合う部分の速度差に応じた応力がかかる性質を言うが, これは周囲の分子や分子塊の動きにつられて動くことによるものである。
4 粘性のある流体が細管の中を流れる場合, その流量は管の両端の圧力差に比例し, 管の直径の 4 乗に比例し, また, 管の長さと粘性係数に反比例する。

5 粘性のない理想化された流体は，完全流体あるいは理想流体と呼ばれる。

【問題 No. 12】 第2種の永久機関は存在しない。その理由として，最も適当と思われるものを次の中から1つ選べ。
1 人間はまだそんなに良い機械を作る技術を持たないから。
2 エネルギー保存則に反するから。
3 機械的仕事を全部熱に変換することが不可能であるから。
4 熱を全部機械的仕事に変換することが不可能であるから。
5 いつも摩擦が存在するから。

【問題 No. 13】 熱力学に関する次の記述において，誤っているものを選べ。
1 可逆機関の熱効率 η は，高温熱源の絶対温度を T_H，低温熱源のそれを T_L とすると，次のようになる。

$$\eta = \frac{T_H - T_L}{T_L}$$

2 熱力学の第一法則とは，熱系および力学系の両方を含むエネルギー保存則である。
3 気体分子の運動エネルギーが，気体の内部エネルギーを与える。
4 気体分子の平均2乗速度を $<v^2>$ と書くと，その1モル当たりの運動エネルギーは分子量を M として，

$$\frac{1}{2} M <v^2>$$

と表される。
5 温度が異なる物体間では，たとえその間が真空であっても熱は伝わる。

【問題 No. 14】 ある物体の50℃から100℃までの比熱 C_P が，温度 t の関数として

$C_P = at$

で与えられることが分かっている。この温度範囲での平均比熱は次のどれになるか。適当なものを1つ選べ。

1　55a　　　2　65a　　　3　75a　　　4　85a　　　5　95a

1. 環境関係法規と物理基礎

【問題 No. 15】 凹面鏡の焦点の位置に物体を置く時，その像の位置，向き，および，大きさについてどれが正しい記述であるか。
1　焦点の位置に正立の虚像ができ，大きさは物体に等しい。
2　焦点の位置に倒立の実像ができ，大きさは物体に等しい。
3　無限遠の位置に結像し，無限大の大きさの像となる。
4　焦点の位置に正立の実像ができ，大きさは物体の2倍となる。
5　焦点の位置に倒立の虚像ができ，大きさは物体の2倍となる。

【問題 No. 16】 振動数が 600[Hz]より若干大きいおんさがある。これを振動数 600[Hz]のおんさと一緒に鳴らしたところ，うなりが10秒間に12回聞こえた。はじめのおんさの振動数について，次の記述のうち，正しいものを1つ選べ。
1　600.6[Hz]　　2　601.2[Hz]　　3　601.8[Hz]
4　602.4[Hz]　　5　603.0[Hz]

【問題 No. 17】 光ファイバーの基本素材としては一般にポリメチルメタクリレート（pMMA）が用いられる。真空中の光速を 3.0×10^8 m/s とすると，pMMA で構成された光ファイバーを通過する光の速度はおよそどのくらいか。ただし，pMMA の屈折率を 1.491 とする。
1　1.0×10^8 m/s　　2　1.5×10^8 m/s
3　2.0×10^8 m/s　　4　2.5×10^8 m/s
5　3.0×10^8 m/s

【問題 No. 18】 電荷 Q_1 を貯えているコンデンサーに，更に電荷を貯えて Q_2 まで増加させるときにする仕事量はいかほどか。ただし，このコンデンサーの電気容量を C とする。
1　$\dfrac{Q_2 - Q_1}{2C}$　　2　$C(Q_2 - Q_1)$　　3　$\dfrac{Q_2^2 - Q_1^2}{2C}$
4　$C(Q_2^2 - Q_1^2)$　　5　$\dfrac{C(Q_2^2 - Q_1^2)}{Q_2 + Q_1}$

【問題 No. 19】 真空中に面積 S で厚み d の平行平板コンデンサーがある。この間に，誘電率 ε_1 および ε_2 の材料を充てんした時の電気容量はどれだけか。次の中から適切なものを1つ選べ。ただし，それぞれの材料の厚みは，d_1，d_2（$d_1+d_2=d$）とする。

1　$\dfrac{\varepsilon_1\varepsilon_2 S}{\varepsilon_1 d_2+\varepsilon_2 d_1}$　　2　$\dfrac{(\varepsilon_1+\varepsilon_2)S}{d_1+d_2}$　　3　$\dfrac{\varepsilon_1\varepsilon_2 S}{\varepsilon_1 d_1+\varepsilon_2 d_2}$

4　$\dfrac{(\varepsilon_1 d_1+\varepsilon_2 d_2)S}{d_1 d_2}$　　5　$\dfrac{(\varepsilon_1 d_2+\varepsilon_2 d_1)S}{d_1 d_2}$

【問題 No. 20】 電磁気に関する次の記述の中で，不適当なものを1つ選べ。
1　半導体ダイオードにおいては，オームの法則は成立しない。
2　磁場の変化によって発生する誘導電流は，磁場の変化に沿ってそれを増幅させるように流れる。
3　電流によって生じる磁場は，電流を取り囲むように環状に生じる。
4　1秒間に1アンペアの電流が流れるときに運ばれる電気量が1クーロンである。
5　導体に正電荷を近づけるとき，導体の正電荷に近い部分に負電荷が生じるが，これを静電誘導という。

【問題 No. 21】 無限に長いまっすぐな導線に電流 i が流れるとき，その電流によって発生する磁束は，導線に垂直な平面で切断してみると導線の位置を中心とした同心円状に右ネジの回転の向きに形成される。この平面上にあって導線から r だけ離れた位置の磁束密度 B は次のどれで表されるか。適当なものを1つ選べ。

1　$\dfrac{\mu_0 i}{2\pi r}$　　2　$\dfrac{\varepsilon_0 i}{2\pi r}$　　3　$\dfrac{\varepsilon_0 i}{2\pi r^2}$　　4　$\dfrac{\varepsilon_0 i}{\pi r^2}$　　5　$\dfrac{\mu_0 i}{2\pi r^2}$

【問題 No. 22】 波動性を持つ粒子が進行しているとき，物質波としての波長は粒子の質量及びその進行速度とどのような関係があるか。下記の中から適当なものを1つ選べ。
1　波長は，質量に比例し，進行速度に反比例する。
2　波長は，質量及び進行速度に比例する。

1. 環境関係法規と物理基礎

3 波長は，質量に反比例し，進行速度に比例する。
4 波長は，質量及び進行速度に反比例する。
5 波長は，質量に比例し，進行速度の2乗に反比例する。

【問題 No. 23】 原子関係に関する次の記述の中より，誤っているものを1つ選べ。
1 光子は，素粒子ではない。
2 ニュートリノは，質量がほとんど0で電荷を持たない素粒子である。
3 原子核内の中性子は，β線を出して陽子に変わることがある。
4 原子核は極めて強い電磁波を出すことがある。
5 陽電子は，質量やその他の性質は電子と同じであるが，電荷が正である。

【問題 No. 24】 原子や素粒子に関する次の記述のうち，誤っているものを1つ選べ。
1 不活性元素の原子は，閉殻構造を有している。
2 原子内にある電子のエネルギー準位は不連続である。
3 水素原子の半径の目安はボーア半径で与えられる。
4 バルマー系列とは，水素原子の発光スペクトルにつけられた名前である。
5 原子内の電子のp軌道に収容しうる電子の数は4個である。

【問題 No. 25】 真空中の誘電率ε_0および透磁率μ_0については真空中の光速c_0と$c_0^2\varepsilon_0\mu_0=1$のような関係がある。それらの単位について，次の中より適切なものを選べ。

	誘電率 ε_0	透磁率 μ_0
1	$C/(N \cdot m^2)$	$Wb/(N \cdot m^2)$
2	$C^2/(N \cdot m^2)$	$Wb^2/(N \cdot m^2)$
3	C^2/m^2	Wb^2/m^2
4	W^2/m^2	T^2/m^2
5	$W^2/(N \cdot m^2)$	$T^2/(N \cdot m^2)$

2 音響・振動概論

【問題 No. 26】 波に関する次の記述の中から，誤っているものを1つ選べ。
1　S波と呼ばれる圧縮波はP波と呼ばれるせん断波より早く伝わる。
2　レイリー波は，せん断波よりやや遅れて伝わる。
3　地中を伝わる各種の弾性波の伝搬速度は，いずれも地盤の密度やヤング率，ポアソン比によって決まり，振動数にはよらない。
4　圧縮波は縦波であり，せん断波は横波である。
5　気体や液体の中では，せん断力がありえないので横波は伝わらない。

【問題 No. 27】 一方が閉じて他端が開放の管がある。ここに，85 Hz の音波を与えると共鳴現象が起こった。この管の長さはいかほどか，次の数値の中から適切なものを1つ選べ。ただし，空気は常温であって，開口端の補正は無視するものとする。
1　0.2 m　　2　0.4 m　　3　0.6 m　　4　0.8 m　　5　1.0 m

【問題 No. 28】 振動に関する次の文章の中から，誤っているものを1つ選べ。
1　振動とは，周期的な物理現象の一つであり，地表面あるいは地中や建物などを伝搬して体感されるものである。
2　角周波数 ω の正弦波振動において，加速度の実効値 a と変位の実効値 x との間には $a = \omega^2 x$ の関係がある。
3　振動の振幅の値とその実効値とを比べると，値は等しくなる。
4　振動の周期 T と角周波数 ω との間には，$T = \dfrac{2\pi}{\omega}$ の関係がある。
5　振動加速度レベルの基準値は，$10^{-5}\,[\text{m/s}^2]$ とされている。

【問題 No. 29】 騒音に関する次の記述のうち，正しいものを1つ選べ。
1　暗騒音とは，光の量が一定以下の暗いところにおける騒音をいう。
2　騒音とは，好ましくない音の総称であって，その境界を科学的に分別することは容易である。
3　環境騒音(総合騒音)とは，観測しようとする場所における総合された

騒音をいう。
4 道路や建物の建設作業に伴う騒音を工事騒音という。
5 汽車，電車，地下鉄などの車両による騒音を車輪騒音という。

【問題 No. 30】 次の各記述の中で，誤っているものを1つ選べ。
1 音圧 P に対する音圧レベル L_P は，基準音圧を P_0 として次のように表わされる。
$$L_P = 10 \log\left(\frac{P}{P_0}\right)$$
2 音響パワーレベルとは，ある音響出力と基準の音響出力（$1\,\mathrm{pW} = 10^{-12}\,\mathrm{W}$）との比の常用対数の10倍である。
3 騒音レベルは，特定の周波数の音では音圧レベルと同じ値となる。
4 騒音レベルと音圧レベルの基準音圧は等しく，$2\times10^{-5}\,\mathrm{Pa}$ である。
5 振動レベルとは，人間の振動感覚における周波数特性の補正を施した振動加速度レベルのことをいう。

【問題 No. 31】 自由音場における点音源を中心とする半径2mの球面上の音の強さが，$0.5\,\mathrm{W/m^2}$ であった。半径10mの球面上の音圧レベルはどれだけと考えられるか。次の中から適切なものを1つ選べ。
1　83 dB　　2　88 dB　　3　93 dB　　4　98 dB　　5　103 dB

【問題 No. 32】 音圧 p_A および p_B（$p_A \neq p_B$）の音圧レベルをそれぞれ L_A および L_B とする時，次の記述において誤っているものを選べ。
1 $p_A > p_B$ ならば $L_A > L_B$ である。
2 p_A と p_B の相加平均の音圧レベルは，L_A と L_B の相加平均より大きい。
3 p_A と p_B の相乗平均の音圧レベルは，L_A と L_B の相加平均より大きい。
4 p_A と p_B の相加平均の音圧レベルは，L_A と L_B の相乗平均より大きい。
5 p_A と p_B の相乗平均の音圧レベルは，L_A と L_B の相乗平均より大きい。

【問題 No. 33】 1,000 Hz の音が空気中を伝わる時の音の波長は次のどれが近いか。ただし，空気中の音速を 340 m/s とする。

1　340 m
2　34 m
3　3.4 m
4　0.34 m
5　0.034 m

【問題　No. 34】　ある同じ機械を5台同時に運転したとき，均等に影響を受けるある点の騒音レベルが60 dBであった。同じ場所で1台だけ運転したときの騒音レベルは何 dBとなるか。適当なものを次の数値の中から1つ選べ。ただし，この場所の暗騒音レベルは53 dBである。

1　46 dB　　2　49 dB　　3　53 dB　　4　56 dB　　5　59 dB

【問題　No. 35】　ある騒音を周波数分析して次の表のような結果を得た。この騒音の騒音レベル（聴感補正を行った音圧レベル）は約何 dBか。下記に示すA特性の補正値をもとに計算し，次の数値の中から適切なものを1つ選べ。

中心周波数[Hz]	63	125	250	500	1,000	2,000	4,000	8,000
オクターブバンドレベル[dB]	80	84	86	88	90	85	82	81
A特性の補正値[dB]	−26	−16	−9	−3	±0	+1	+1	−1

1　84 dB　　2　87 dB　　3　90 dB　　4　93 dB　　5　96 dB

【問題　No. 36】　3台の機械，A, B, Cがあって，AとB, BとC, CとAとをそれぞれ2台ずつ運転したときの振動レベルを $L_{(A,B)}, L_{(B,C)}, L_{(C,A)}$ としたとき，$L_{(A,B)} > L_{(B,C)} > L_{(C,A)}$ であった。これらを単独で運転したときの振動レベル L_A, L_B, L_C の相対的な大きさの関係は次のうちどれか。適当なものを1つ選べ。

1　$L_A > L_B > L_C$　　　2　$L_C > L_B > L_A$　　　3　$L_B > L_A > L_C$
4　$L_A > L_C > L_B$　　　5　$L_B > L_C > L_A$

2. 音響・振動概論

【問題 No. 37】 n 個の音源のパワー平均 L_m を求める式として，誤っているものを次の中から1つ選べ。ただし，P_1, P_2, …, P_n はそれぞれの音響出力，P_0 は音響出力の基準値，L_1, L_2, …, L_n はそれぞれの音響出力に対応する音圧レベルを示すものとする。

1. $L_m = 10 \log \dfrac{P_1 + P_2 + \cdots + P_n}{nP_0}$
2. $L_m = 10 \log \left(10^{\frac{L_1}{10}} + 10^{\frac{L_2}{10}} + \cdots + 10^{\frac{L_n}{10}} \right) - 10 \log(n)$
3. $L_m = 10 \log \dfrac{10^{\frac{L_1}{10}} + 10^{\frac{L_2}{10}} + \cdots + 10^{\frac{L_n}{10}}}{n}$
4. $L_m = 10 \log \dfrac{L_1 + L_2 + \cdots + L_n}{n}$
5. $L_m = 10 \log (P_1 + P_2 + \cdots + P_n) - 10 \log (nP_0)$

【問題 No. 38】 難聴に関する次の記述のうち，不適切なものを1つ選べ。
1. 聴力は二十歳前後が最もよいが，その後年齢とともに次第に低下する。これを老人性難聴という。
2. 男性よりも女性の方が老人性難聴の進行が速いが，これは男女による体質と生活歴の差のためと考えられている。
3. 老人性難聴は，高い周波数ほど聴力低下が著しい。
4. 一時難聴は，大きな騒音に曝された後の一時的な聴力の低下であって，数秒から数日で回復する。
5. 永久難聴は，騒音に暴露された後，2～3週間経ても回復しない難聴である。

【問題 No. 39】 騒音の影響に関する次の記述のうち，不適当なものを1つ選べ。
1. 一般に男性より女性の方が騒音に対する感受性が高い。
2. 一般に高齢者より若年者の方が騒音に対する感受性が高い。
3. 睡眠に対しては，若い人の方が年輩者より騒音の影響が大きい。
4. 神経質な人や病人は，騒音からの感受性が高く影響が大きい。
5. 自分の出す音や自分の組織の出す音よりも，他人や他の組織が出す音の方がやかましく感じる傾向がある。

【問題 No. 40】「新幹線鉄道騒音に係る環境基準について」の環境基準に関する測定について述べた以下の記述の中で，不適当なものを1つ選べ。
1　原則として連続して通過する上りと下りの20本の列車について，列車ごとの騒音のピークレベルを測定する。
2　騒音計は，屋外で原則として，地上 1.2 m の高さで用いる。
3　評価は連続して通過する上りと下りの20本の列車ごとのピークレベルのうち，レベルの大きさが上位半数のものをパワー平均して行う。
4　騒音計は，計量法に定める条件に合格したものを用い，周波数補正回路には A 特性を，動特性としては速い動特性（FAST）を用いる。
5　地域ごとに定められた環境基準値は，午前6時から午後12時までの間の新幹線鉄道騒音に適用するものとする。

【問題 No. 41】サンプリング定理を満たすように，ある騒音を一定間隔 T_s（秒）毎にサンプリングして得た N 個のデータの時間波形を離散的フーリエ変換（DFT）を用いて周波数分析をした。その波形の時間長は $T = NT_s$（秒）である。この手法に関する下記の記述について不適当なものを1つ選べ。
1　騒音の周波数帯域は $\frac{1}{2T_s}$ [Hz] 以下に制限しておく必要がある。
2　分析できる周波数間隔は $\frac{1}{T}$ [Hz] 毎である。
3　サンプリングして得た後の信号はパルス列で構成され，その包絡線が騒音波形に一致する。
4　騒音を T の時間長で取り込むときに用いる窓関数によって得られる周波数応答の形が異なるので，窓関数の選択には注意を払う必要がある。
5　分析できる最低周波数は $\frac{1}{2T}$ [Hz] である。

【問題 No. 42】計量法で規定する振動レベル計についての次の記述の中より，不適当なものを1つ選べ。
1　計量法には，鉛直振動特性と水平振動特性に関する規定がある。
2　振動加速度レベルの単位は，デシベルである。
3　使用周波数範囲は，1～80 Hz となっている。

2. 音響・振動概論

4　実効値回路は，時定数 0.63 s の動特性を有している。
5　基準の振動加速度は 10^{-5} m/s^2 である。

【問題　No. 43】　ある単一周波数の鉛直振動の振動加速度レベル，および，振動レベル（感覚補正を行った振動加速度レベル）が，それぞれ 76 [dB]，および，70 [dB] であった。この振動の周波数はいかほどか。次の中から適切なものを1つ選べ。

1　8 Hz　　2　12 Hz　　3　16 Hz　　4　20 Hz　　5　24 Hz

【問題　No. 44】　1/3 オクターブバンド分析器を用いて，ある場所の鉛直振動を測定したところ，6.3, 12.5, 25 Hz の成分を有し，その振動加速度レベルが，それぞれ 66, 70, 76 dB であった。この振動の，振動レベルはどの程度か。次の数値の中から適切なものを1つ選べ。

1　69 dB　　2　71 dB　　3　73 dB　　4　75 dB　　5　77 dB

【問題　No. 45】　時間率振動レベル L_x に関する次の記述のうち，誤っているものを1つ選べ。

1　一般に，測定値の算術平均値と L_{50} とは一致しない。
2　L_{95} は，ほぼ暗振動のレベルに相当すると見てよい。
3　L_5 は，変動振動の 90％ レンジの上端値である。
4　L_1 は，実質的に測定値の中の最大値を示している。
5　80％ レンジの下端値は，90％ レンジの下端値より大きい。

【問題　No. 46】　音の減衰に関する次の記述のうち，誤っているものを1つ選べ。

1　自由音場における点音源から r の距離にある音の強さのレベルは，基準距離を r_0，音響パワーレベルを L_W として，次式で表される。

$$L_I = L_W - 20 \log\left(\frac{r}{r_0}\right) - 11 \text{ [dB]}$$

2　半自由音場における点音源から r の距離にある音の強さのレベルは，基準距離を r_0，音響パワーレベルを L_W として，次式で表される。

$$L_I = L_W - 10 \log\left(\frac{r}{r_0}\right) - 8 \text{ [dB]}$$

3 点音源からの音の強さの減衰特性は，$-6[\text{dB}/\text{倍距離}]$，あるいは，-6 [dB/DD] と表される．

4 自由音場の無限長線音源から r の距離にある音の強さのレベルは，
$$L_I = L_W - 10 \log\left(\frac{r}{r_0}\right) - 8 [\text{dB}]$$

5 有限線音源からの減衰特性の略算として以下の方法がある．

$r_1 < r_2 \leq \dfrac{a}{\pi}$ では線音源減衰で，$L_1 - L_2 = 10 \log\left(\dfrac{r_2}{r_1}\right)$ すなわち，$-3 [\text{dB}/\text{DD}]$

$\dfrac{a}{\pi} < r_1 < r_2$ では点音源減衰で，$L_1 - L_2 = 20 \log\left(\dfrac{r_2}{r_1}\right)$ すなわち，$-6 [\text{dB}/\text{DD}]$

【問題 No. 47】 音響透過率として 2.2×10^{-3} および 2×10^{-4} の材料があり，それらを面積でそれぞれ 10 % および 90 % 使用している壁の総合音響透過損失は何 dB となるか．

1　28 dB　　2　31 dB　　3　34 dB　　4　37 dB　　5　40 dB

【問題 No. 48】 自由空間中に音響出力 8 mW の小型音源があって，音源の主軸方向で音源から 5 m 離れた地点での指向係数を測定したところ，4 であった．その地点における音圧レベルはどれだけと予想されるか．次の数値の中から適切なものを 1 つ選べ．

1　80 dB　　2　85 dB　　3　90 dB　　4　95 dB　　5　100 dB

【問題 No. 49】 一様な地盤を伝わる正弦波振動があって，進行方向に 10 m 離れた 2 点間で測定したところ，位相差は $\dfrac{\pi}{2}$，伝搬速度は 800 m/s であった．この振動の周波数と波長は次のどれに近いか．適当なものを 1 つ選べ．

	周波数	波長
1	20 s^{-1}	40 m
2	25 s^{-1}	40 m
3	30 s^{-1}	50 m
4	35 s^{-1}	50 m

5　40 s⁻¹　　60 m

【問題　No. 50】　防振支持がなされている台の上に，質量が 1,000 [kg] の機械を取り付けたところ，台の沈下幅が 16 [mm] であった。機械を取り付けたあとの鉛直方向の共振周波数が 2 [Hz] であるとすると，台の質量はどのくらいと見られるか。次の中から適切なものを 1 つ選べ。

1　333 kg　　　2　1,000 kg　　　3　2,000 kg
4　2,500 kg　　5　3,000 kg

3 計量関係法規

【問題 No. 51】 計量に関する用語の定義について下記のイ〜ホの記述のうち，誤りを含む記述を全て取り出した組合せとして，正しいものを1つ選べ。
A 「計量」とは長さ，質量，時間等の計量法に掲げる物象の状態の量を量ることをいう。
B 「計量単位」とは計量の基準となるものをいう。
C 「計量器」とは計量をするための器具，機械又は装置をいう。
D 「取引」とは有償であると無償であるとを問わず，物又は役務の給付を目的とする業務上の行為をいう。
E 「証明」とは公に又は業務上他人に，一定の事実が真実である旨を表明することをいう。

1　A　　　2　A, B　　　3　D, E
4　B, C　　5　すべて正しく，誤りは含まれない。

【問題 No. 52】 「みなし証明」に関する次の記述を完成させるために，下記の語の組合せの中から，正しいものを1つ選べ。
「車両若しくは【 ㋐ 】の運行又は【 ㋑ 】，ガスその他の危険物の取扱いに関して人命又は【 ㋒ 】に対する危険を防止するためにする計量であって【 ㋓ 】で定めるものは，この法律の適用に関しては，証明とみなす」

	㋐	㋑	㋒	㋓
1	船舶	火薬	財産	政令
2	航空機	火薬	健康	政令
3	航空機	燃料	財産	内閣府令
4	船舶	燃料	財産	内閣府令
5	船舶	燃料	健康	省令

【問題 No. 53】 次の記述のうち取引又は証明における法定計量単位による計量に使用してよいものを1つ選べ。
1　体積の目盛が付してあるバケツ。
2　変成器付電気計器検査を受け合格した電気計器と他の該当検査に合格

③. 計量関係法規

している変成器を組み合わせたもの。
3　修理した特定計量器で検定証印が除去されているが，検定の有効期間を経過していないもの。
4　船舶の喫水により積載した貨物の質量の計量をする場合におけるその船舶。
5　検定に合格した特定計量器であって，付してあった検定証印が脱落しているもの。

【問題　No. 54】　計量法に関する次の記述のうち，誤っているものを1つ選べ。

1　計量法は，一定の計量単位を「法定計量単位」として定め，それ以外の計量単位である「非法定計量単位」を取引又は証明に用いることを禁じている。
2　すべての特定商品について，その販売を行う者は，当該特定商品を容器に入れて販売する場合には，必ず容器にその特定物象量を法定計量単位によって表記しなければならない。
3　計量法上，取引又は証明に用いることができる計量単位は，国際単位系を原則とした計量単位とされている。
4　特定商品のうち，政令で定める一定の商品の販売の事業を行う者は，その特定物象量に関し密封をするときは，量目公差を超えないように計量し，その容器又は包装に特定物象量を表記し，表記する者の氏名又は名称及び住所を付記しなければならない。
5　特定商品のうち，政令で定める一定の商品の販売の輸入を行う者が，その特定物象量に関し密封されたその商品を輸入して販売するときは，その容器又は包装に，量目公差を超えないように計量された特定物象量が表記されたものを販売しなければならない。

【問題　No. 55】　計量単位に関する次の記述のうち，誤っているものを1つ選べ。

1　特殊容器を使用できる場合を例外として，計量器でないものは取引又は証明における法定計量単位を用いた計量に使用してはならない。
2　計量法において，取引又は証明に用いることができる計量単位は，原則として国際単位系（SI単位系）を原則とした計量単位である。

3 「もんめ，カラット」は，非法定計量単位ではあるが，猶予期間の範囲内で取引又は証明における計量に使用することが認められている。
4 海里やノットなど伝統的な単位であってSI単位系でない単位も，使用してよい場合がある。
5 国内において，非法的計量単位を付した計量器を製造することは特に禁止されていない。

【問題 No. 56】 SI単位系にかかる計量単位の定義について正しいものはどれか。
1 電気量の計量単位「クーロン」は，1秒間に1アンペアの交流電流が運ぶ電気量である。
2 質量の計量単位「グラム」は，国際グラム原器の質量である。
3 仕事の計量単位「ジュール」は，1ニュートンの力がその力の方向に物体を1センチメートルだけ動かすときの仕事である。
4 長さの計量単位「メートル」は，国際メートル原器の長さである。
5 力の計量単位「ニュートン」は，1キログラムの物体に対して，与えた力の方向に1メートル毎秒毎秒の加速度を与える力である。

【問題 No. 57】 次の表は，特定商品政令第3条に付けられた量目公差規定の表の一つである。

表示量	誤差	
5g以上50g以下	4	ア
50gを超え，100g以下	2	イ
100gを超え，500g以下	2	ウ
500gを超え，1kg以下	10	エ
1kgを超え，25kg以下	1	オ

この表の誤差の欄には数字だけで単位が付されていないが，実際に法律に付されている単位は次のどれが正しいか。

	ア	イ	ウ	エ	オ
1	%	%	%	%	%
2	%	g	%	g	%
3	g	g	g	g	g

| 4 | mL | mL | mL | mL | mL |
| 5 | % | mL | % | mL | % |

【問題 No. 58】 特殊容器に関する次の記述のうち，誤っているものを1つ選べ。

1　透明で強力なプラスチックの新素材が開発されたので，特殊容器として取引又は証明に使用することができる。
2　計量器を使用せず特殊容器で取引ができる物象の状態の量は体積のみである。
3　特殊容器製造事業者の指定は，工場又は事業場ごとに行われる。
4　外国において製造された特殊容器を輸入した者は，経済産業大臣に届け出ることにより，取引又は証明に使用することができる特殊容器としてこれを販売することができる。
5　外国において日本に輸出する特殊容器の製造の事業を行う者も，経済産業大臣が行う特殊容器の製造の事業を行う者の指定を受けることができる。

【問題 No. 59】 定期検査に関する次の記述のうち，正しいものを1つ選べ。

1　法19条1項によって，定期検査の対象となる特定計量器には，有効期間の定めのある特定計量器も含まれる。
2　定期検査の免除について定める法19条1項によれば，定期検査の実施期日において，検定証印等に表示された年月の翌月1日から起算して政令で定める期間を経過していないものは，定期検査を受けることを要しない。
3　取引又は証明における法定計量単位による計量の有無にかかわらず，定期検査の対象となる特定計量器を使用する者は，定期検査を受けなければならない。
4　定期検査の対象となる特定計量器は非自動はかり，分銅及びおもりに限定されている。
5　定期検査の周期は対象となる特定計量器について一律2年である。

【問題 No. 60】 指定定期検査機関に関する次の記述のうち正しいものを

1つ選べ。
1　指定定期検査機関は，検査業務に関する業務規定を定め，都道府県知事又は特定市町村の長の認可を受けなければならない。
2　指定定期検査機関は，計量証明事業の登録を受けた事業者が使用する特定計量器について，定期検査をしなければならない。
3　指定定期検査機関は，毎事業年度開始前に，その事業年度の事業計画及び収支予算について経済産業大臣の認可を受けなければならない。
4　指定定期検査機関の指定は，経済産業大臣が行う。
5　指定定期検査機関が行った定期検査で不合格になった特定計量器は，都道府県知事による定期検査を受けなければならない。

【問題　No. 61】　指定定期検査機関に関する次の記述のうち誤っているものを1つ選べ。
1　民法第34条の規定により設立された法人が指定定期検査機関になることは可能である。
2　指定定期検査機関は，検査義務の規程について都道府県知事又は特定市町村の長の認可を受けなければならない。
3　指定定期検査機関は，定期検査業務が不公正になるおそれがなければ，定期検査業務以外の検査業務を行うことができる。
4　都道府県知事又は特定市町村の長は，指定した指定定期検査機関にその業務の一部または全部を行わせることとした場合には，検査業務を行うことができない。
5　指定を取り消された日から1年を経過しないものは，指定定期検査機関の指定を受けることができない。

【問題　No. 62】　特定計量器の製造の事業に関する次の記述のうち，誤っているものを1つ選べ。
1　特定計量器に該当するものであっても，自己が取引又は証明以外の用途にのみ使用する物であればその届出は必要ない。
2　届出製造事業者が当該事業の区分に係る特定計量器の修理の事業を行う場合はその届出を要しない。
3　届出製造事業者は，法人名を変更する場合に，その地位を継承することはできないため，新たに届出製造事業者になるための届出を行う必要

がある。
4 特定計量器の製造の事業の届出を行った者は、計量法によりその製造した特定計量器の検査を義務づけられている。
5 特定計量器の修理の届出をした者が、有効期間のある特定計量器であって一定期間の経過後修理が必要なものを経済産業省令で定めた基準により修理したときは、これに修理した年を表示することができる。

【問題 No. 63】 特定計量器の修理の事業に関する次の記述のうち、誤っているものはどれか。
1 届出製造事業者は自己の届出に係る特定計量器の修理の事業を行おうとするときは特定計量器の修理の事業の届出を必要としない。
2 修理事業者はその届出をした特定計量器の修理を行ったときは、それに付されている検定証印を必ず除去しなければならない。
3 修理の事業を行おうとする者は、特定計量器の区分ごとに工場又は事業場の所在地を管轄する都道府県ごとにその知事に届け出なければならない。
4 届出製造事業者又は届出修理事業者は特定計量器の修理をした際は、経済産業省令で定める基準に従って当該特定計量器の検査を行わなければならない。
5 特定計量器の修理事業を届け出る際にも、修理する計量器の種類に応じた計量士を届け出る必要はない。

【問題 No. 64】 家庭用特定計量器に関する次の記述のうち、正しいものを1つ選べ。
1 家庭用特定計量器に該当するものは、温度計、体重計、および、調理用はかりの3種である。
2 輸入した家庭用特定計量器を販売する際には、経済産業省令で定める技術上の基準適合義務は課せられない。
3 都道府県知事は、家庭用特定計量器の届出製造事業者が経済産業省令で定める技術上の基準に違反していると認めるときは、必要な改善措置をとるべきことを命ずることができる。
4 家庭用特定計量器の販売事業を行う者は、経済産業省令で定める表示又は検定証印等が付されているものでなければ販売し、又は販売の目的

で陳列してはならない。
5　家庭用特定計量器の届出製造事業者は，経済産業省令で定める技術上の基準に適合した上で，都道府県知事が行う検定を受けなければならない。

【問題　No. 65】　検定等に関する次の記述のうち，誤っているものを1つ選べ。
1　検定の対象となる計量器は，政令で定める種類に属していなければならない。
2　検定に際して器差の合格条件に適合するかどうかの検査には省令で定める方法により，基準器検査に合格した基準器が用いられる。
3　検定に合格したすべての特定計量器の検定証印には，その検定を行った年月を表示する。
4　検定に合格するためにはその計量器が省令で定める構造を有していなければならない。
5　特定計量器の検定の合格条件は，その構造が経済産業省令で定める技術上の基準に適合し，かつその器差が経済産業省令で定める検定公差を超えないことである。

【問題　No. 66】　型式承認に関する次の記述のうち，正しいものを1つ選べ。
1　型式承認を受けた特定計量器であれば，取引又は証明における計量に使用することができる。
2　型式承認は，特定計量器の構造が経済産業省令で定められた技術上の基準に適合しているかどうかの検査により行われる。
3　外国政府の型式承認を得ている特定計量器は，本邦においても計量法の型式承認を得たものと見なされる。
4　特定計量器は，試験的に製造する場合であっても，型式承認を受けなければならない。
5　型式承認の有効期間は，承認外国製造事業者には適用されない。

【問題　No. 67】　基準器に関する次の記述のうち，誤っているものはどれか。

③. 計量関係法規

1 基準器検査では，特定計量器以外に特殊容器や巻尺，フラスコなども対象となる。
2 基準器検査は政令の定める区分に従い経済産業大臣，都道府県知事又は日本電気計器検定所が行う。
3 基準器検査に合格したときは，その計量器に基準器検査証印が付されるとともに基準器検査成績書が交付される。
4 基準器検査に合格した基準器は経済産業大臣に登録しなければならない。
5 基準器は計量法上の計量器に含まれる。

【問題 No. 68】次に示す各種の証印において，検定証印はどれか。正しいものを選べ。

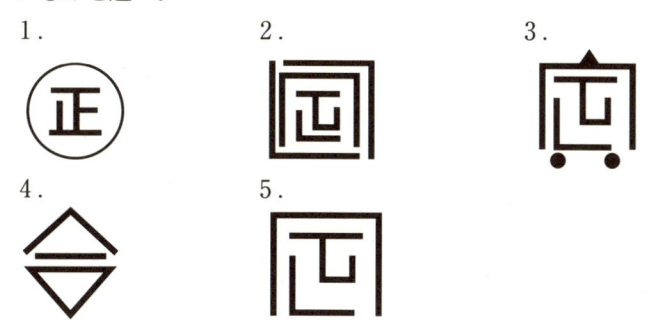

1.　　　2.　　　3.

4.　　　5.

【問題 No. 69】計量証明検査に関する次の記述のうち，誤っているものを1つ選べ。
1 計量証明検査に合格した特定計量器に付する計量証明検査済証印には，計量証明検査を行った年月が表示されている。
2 計量証明検査の合格条件は，使用する特定計量器の器差が検定公差を超えないことである。
3 指定計量証明検査機関に計量証明の業務の全部を行わせることにした都道府県知事は，計量証明事業の一切を行わない。
4 特定計量器の使用者が，都道府県知事に，計量証明検査に代わる検査に合格した旨を届け出たときは，計量証明検査を受けることを要しない。
5 面積に係る計量証明事業者は，1年ごとに，都道府県知事の行う計量証明検査を受けなければならない。

【問題 No. 70】 計量士に関する次の記述を完成させるために，下記の語の組合せの中から，正しいものを１つ選べ。

「【(ア)】は，計量器の検査その他の【(イ)】を適格に行うために必要な【(ウ)】を有する者を計量士として【(エ)】する。」

	(ア)	(イ)	(ウ)	(エ)
1	経済産業大臣	計測管理	技能経験	登録
2	経済産業大臣	計量管理	知識経験	登録
3	都道府県知事	計測管理	技能経験	指定
4	経済産業大臣	計測管理	知識経験	指定
5	都道府県知事	計量管理	技術技能	登録

【問題 No. 71】 次の記述は計量法第25条第３項に規定する定期検査に代わる計量士による検査に関するものであるが，下線部の中で不適切なものを選べ。

　(1)定期検査に代わる計量士による検査をした(2)計量士は，その特定計量器が第23条第１項各号（(1)定期検査の合格条件）に適合するときは，経済産業省令で定めるところにより，その旨を記載した(3)証明書をその(4)特定計量器を使用する者に交付し，その特定計量器に経済産業省令で定める方法により表示及び(5)検査をした年を付すことができる。

【問題 No. 72】 計量士の登録に関する次の文章において，誤っているものを選べ。

1　環境計量士に係る国家試験に合格した者は，計量士に関する実務に２年以上従事しなければ，環境計量士の登録を受けることはできない。

2　経済産業大臣は，計量士がこの法律に基づく命令の規定に違反したときは，その登録を取消し，又は，１年以内の期間を定めて計量士の名称の使用の停止を命ずることができる。

3　計量士は省令で定められる計量士の区分ごとに経済産業大臣の登録を受けなければならない。

4　計量士は登録を取消されたときは遅滞なくその計量士登録証をその住所又は勤務地を管轄する都道府県知事を経由して経済産業大臣に返納しなければならない。

5　計量士は，登録証に記載された氏名に変更があったときは，計量士登

録証を添えてその旨を遅滞なくその住所又は勤務地を管轄する都道府県知事を経由して経済産業大臣に提出し，計量士登録証の訂正を受けなければならない。

【問題 No. 73】 適正計量管理事業所に関する次の記述のうち，誤っているものを1つ選べ。
1 国の事業所が，適正計量管理事業所の指定を受けることはできない。
2 適正計量管理事業所制度は，事業所における自主的な計量管理の推進を目的として制定されたものである。
3 適正計量管理事業所は，使用する特定計量器について，計量士が定期的に検査を行わなければならない。
4 適正計量管理事業所において使用する特定計量器については，都道府県知事又は特定市町村の長の行う定期検査を受ける必要はない。
5 適正計量管理事業所とは，工場，事業場，店舗その他の特定計量器を使用する事業所であって，適正計量管理を行うものとして指定を受けた事業所をいうものである。

【問題 No. 74】 指定校正機関に関する次の記述のうち，誤っているものを1つ選べ。
1 指定校正機関になろうとする者は，経済産業大臣に申請しなければならない。
2 指定校正機関には，少なくとも1人以上の計量士をおかなけれなならない。
3 指定校正機関には，一定期間ごとに特定標準器等の校正を行う義務はない。
4 指定校正機関は，業務の公正さが確保されていれば，特定標準器による校正等以外の業務を行うことは妨げられていない。
5 指定校正機関になろうとする者は，特定標準器による校正等の業務を的確かつ円滑に行うに必要な技術能力を有していなければならない。

【問題 No. 75】 計量法において定められている表示マークには「正」の字を用いたものがいくつかあるが，次の中で実際に定められていないものはどれか。

1.　　　　　　2.　　　　　　3.

4.　　　　　　5.

4 計量管理概論

【問題 No. 76】 計量管理に関する次の記述のうち,不適切なものを1つ選べ。
1. 製造工程の制御のために用いられる計測器のばらつきは,その工程で生産される製品のばらつきに影響する。
2. 製造工程で使用する計測器の管理において,計測誤差による損失と計測器の管理に要するコストとの和を小さくするように努めることが重要である。
3. 製品の開発設計段階において試作品の特性を測定する際には,製品の検査で計測することになっている特性だけを測定すれば十分である。
4. 計測管理を行う者にとって,計測器の校正,保守,管理のためのマニュアルを作る仕事は最も重要なものの一つである。
5. 製造された後で製品を対象に行う製品検査で,良品と不良品とを選別する検査だけでは,製造される製品の品質上のばらつきなどは改善されない。

【問題 No. 77】 製造工程を管理するために実施する計測管理について記した次の文章のうち,不適切なものを1つ選べ。
1. 製造工程の能力が低く不良品が多い場合には,その工程を改善するまでの間,合格品を選別するための製品検査が必要である。
2. 製造工程で使用されている測定器を工程内でチェックする目的で,実際の製品の中から1つを選び,それを基準として用いることもありうる。
3. 製造工程の能力を向上させるためには,工程内の測定器の誤差を減らすことも重要である。
4. ほとんどの製品が許容範囲内に入る製造工程においても,工程を管理する目的で工程の特定の値を測定することがある。
5. 製造工程で用いられる測定器を校正する時間間隔は,工程のばらつきだけで決めればよい。

【問題 No. 78】 通常の製造工場においては,目標通りの製品を安価に製造することが要求される。そのために行われる工程管理は,様々な考慮を

して行われるべきであるが，それに対して最も適切な事項を次の中から1つ選べ。
1 工程管理のために工程の状態を把握する計器は，価格が高くても計測誤差のもっとも小さいものを選定することが必要である。
2 工程管理の方法を厳しくすれば，目標値通りの製品ができる可能性が高くなるので，製造現場ではそのように工程管理を厳密に行うことがもっとも重要である。
3 目標値に近い製品だけを出荷するために，製造における規格の限界を小さくする必要がある。
4 工程管理の方法を緩和すれば，そのコストは少なくて済むが，目標を外れる製品が発生する可能性は増えるので，これらの両方のコストの和を最小にするような管理を行うことが重要である。
5 製品の特性を計測して工程の状態を把握する際に，その計測値が製品の許容値限界を外れた時に工程が不安定になったと判断することが妥当である。

【問題 No. 79】 計測器に関する次の記述のうち，適切なものを1つ選べ。
1 製品の工程管理に用いている測定器の指示にばらつきがあっても，このばらつきのために工程で製造される製品の品質にばらつきが生ずることは有り得ない。
2 工程の濃度を測定するための濃度計の中には，指示値が目的の成分ではなくて，電流や電圧などで表示されるものがあるが，これらは目的成分の表示ではないので工程計測には使用することはできない。
3 JIS Z 9090「測定—校正方式通則」を用いて，測定器の校正方式の最適化を行った際に，測定器の校正のための経費が増加することがある。
4 測定器の保守管理において，故障が起きてから修理を行う形の事後保全がもっとも合理的な保全である。
5 工程の濃度を測定するための濃度計の中には，目的成分のみを選択的に検知できる選択性の測定器とそうでない非選択性のものとがある。選択性の測定器は，非選択性の測定器よりも目的成分とよく似た成分の影響を受けやすい。

【問題 No. 80】 次の物理量とその国際単位系における単位記号の組合せ

4. 計量管理概論

の中より，不適切なものを選べ．
1 磁束密度 [Wb/m^2]　　2 電流密度 [A/m^3]
3 熱流密度 [W/m^2]　　4 物質量濃度 [mol/m^3]
5 密度 [kg/m^3]

【問題 No. 81】 固有名詞に基づく名称を有する SI 単位とその読み方の組合せにおいて，正しいものを選べ．
1 He（ヘンリー）　　2 Gr（グレイ）
3 Te（テスラ）　　　4 Sv（シューベルト）
5 Wb（ウェーバ，または，ウェーバー）

【問題 No. 82】 校正事業者の認定制度に関する次の記述のうち，適切なものを1つ選べ．
1 校正事業者の認定を受けようとする者は，認定基準で定められた一定の値以下の校正の不確かさで校正を行えれば十分である．
2 校正事業者の認定を受けた者が校正した結果は，基本的に正確であってばらつきはありえない．
3 校正事業者の認定を受けた事業者でなければ，校正を行ってはならない．
4 一般の測定を行う者が，その測定値のトレーサビリティを確保するためには，校正事業者の認定を受けた事業者から直接校正を受けた測定器を使用する必要がある．
5 校正事業者の認定を受けた事業者は，校正証明書に省令で定められたロゴマークを付すことができる．

【問題 No. 83】 次の文章の空欄を埋めるのに適切な語群の組合せを1つ選べ．
　JIS Z 8103 計測用語の中で，トレーサビリティは次のように定義されている．
　「標準器又は計測器が，より高位の【 (ア) 】によって次々と【 (イ) 】され，【 (ウ) 】，【 (エ) 】につながる経路が確立していること」

	(ア)	(イ)	(ウ)	(エ)
1	測定標準	校正	国家標準	国際標準

2	測定標準	検定	企業標準	国家標準
3	校正標準	校正	企業標準	国家標準
4	校正標準	検定	国家標準	国際標準
5	検定標準	校正	国家標準	国際標準

【問題 No. 84】 計量法において,特定計量器の校正結果を公的に証明する際に発行される文書を,校正証明書などと言うが,これに関して述べた次の文章のうち,もっとも不適切なものを1つ選べ.
1 校正証明書には,校正の結果と校正された機器の表示値等との差が記載される.
2 校正証明書は,校正された後の計量器の狂いについて保証するものでなければならない.
3 校正証明書には,校正の結果の不確かさが書かれる.
4 校正証明書に記されている校正の条件は,校正の結果を用いる際にも必要となる重要な情報である.
5 特定の機関によって校正の能力が認められた校正機関が出す校正証明書には,定められたロゴマークが付される.

【問題 No. 85】 真の値として $M_i (i=1, \cdots, k)$ の組が分かっている測定器の標準を k 個用意した.いま,それぞれを n 回測定して,その読みの値として得られた測定データが $y_{ij} (j=1, \cdots, n)$ である時,この結果を用いてとりあえず誤差の分散 V_e の大きさを次のように推定した.ここに,Σ_i および Σ_j はそれぞれ i および j に関する和を示す.

$$V_e = \Sigma_i \Sigma_j (y_{ij} - M_i)^2 / kn$$

このような誤差の評価に関して述べている次の記述の中で,もっとも不適切なものを1つ選べ.
1 $(y_{ij} - M_i)$ は,個々の測定値 y_{ij} の誤差を表している.
2 この計算には,校正という考え方が入っていないので,回帰分析による直線性の評価をして測定の SN 比を求めた方が現実的な誤差を求めることができる.
3 誤差分散を正確に求めるためには,$(y_{ij} - M_i)$ の2乗和を,データの個数である kn で割るのではなく,誤差の2乗和の自由度である $(kn-1)$ で割るのがよい.

4. 計量管理概論

4 推定された誤差の大きさの中には，同じ標準を複数回測定したときのばらつきも含まれている。
5 このような誤差の大きさの計算は，M_i に対する測定値のかたよりとばらつきを含めた推定値となっている。

【問題 No. 86】 統計の分布において，実際に使われていない分布はどれか。
1 χ^2 分布　　2 F 分布
3 t 分布　　4 ポアソン分布
5 x^2 分布

【問題 No. 87】 変量 x，および，y の関数として次のように定まる変量 z がある。
$$z = ax - by + c$$

この時，z の平均 $E(z)$ と分散 $V(z)$ は，x，および，y の平均・分散によってどのように表されるか。正しいものを選べ。

	$E(z)$	$V(z)$
1	$aE(x) - bE(y) + c$	$a^2 E(x) + b^2 E(y)$
2	$aE(x) - bE(y) + c$	$a^2 E(x) + b^2 E(y) + c$
3	$aE(x) - bE(y) + c$	$a^2 E(x) - b^2 E(y) + c$
4	$aE(x) - bE(y) + c$	$a^2 E(x) - b^2 E(y)$
5	$aE(x) - bE(y)$	$a^2 E(x) + b^2 E(y) + c$

【問題 No. 88】 n 個の統計データに関する次の記述について，不適切なものを1つ選べ。
1 データの数である n が非常に大きいときには，残差平方和と平均と分散はほとんど同じ値となる。
2 平均値からの差の分散を求めるときの，分散の自由度は $(n-1)$ である。
3 目標値からの差の2乗平均を求めるときの，分散の自由度は $(n-1)$ である。
4 自由度が大きい分散は基本的にサンプル数が多いことから，自由度が

小さい分散よりも母分散の推定値の信頼性が高い。
5　自由度がゼロであるときには，分散が求められないということになる。

【問題 No. 89】　データの個数が n 個，i 番目のデータが x_i，全データの平均値を x_m と書くとき，不偏分散を求めるための式で，正しくないものを次の中から1つ選べ。ただし，Σ_i は i に関する和を表すものとする。

1　$(\Sigma_i x_i^2 - \Sigma_i x_i^2/n)/(n-1)$　　　2　$\Sigma_i(x_i - x_m)^2/(n-1)$
3　$(\Sigma_i x_i^2 - x_m \Sigma_i x_i)/(n-1)$　　　4　$(\Sigma_i x_i^2 - n x_m^2)/(n-1)$
5　$\{\Sigma_i x_i^2 - (\Sigma_i x_i)^2/n\}/(n-1)$

【問題 No. 90】　コロイド粒子による光散乱 R は，光の波長 λ，粒子の体積 V，入射光の強さ I_0 によって次のように書かれる。k は係数である。

$$R = k\frac{V^2 I_0}{\lambda^4}$$

いま，I_0 は一定として R の誤差率の最大限度 $|\Delta R/R|$ を $1/1,000$ とするような測定を行いたい。そのために，V，および，λ の誤差率の最大限度の組合せとして，最も適当なものを一つ選べ。

	$\|\Delta V/V\|$	$\|\Delta\lambda/\lambda\|$
1	1/2,000	1/4,000
2	1/2,000	1/6,000
3	1/4,000	1/8,000
4	1/6,000	1/8,000
5	1/8,000	1/8,000

【問題 No. 91】　計測に関する実験計画法，および，解析法について述べた次の各記述の中より，もっとも不適切なものを1つ選べ。

1　計測誤差を改善するための実験においては，もっとも誤差を小さくする水準を選ぶために取り上げる因子を誤差因子と呼ぶ。
2　計測に関する実験計画には，計測誤差を評価するためのものと計測誤差を最小化するためのものとがある。
3　計測誤差を評価する実験計画では，計測値を変化させるための信号因子と計測誤差の原因になる条件である誤差因子を取り上げることが望ましい。

4. 計量管理概論

4 計測誤差を評価する SN 比を求める際には，2乗和の分解が必要となる。
5 信号因子によって計測量を変化させ，対応する計測器の読みの変化から計測誤差を評価することができる。この場合には，いわゆる「標準」はなくても構わない。

【問題 No. 92】 計測誤差の検討のために，ある測定の誤差の要因と考えられる4つの因子 A, B, C, D について，それぞれ3水準をとって直交表への割付実験を実施した。その結果をまとめて，それぞれの一次効果と誤差 e を求める分散分析を行った表が下記の表である。測定結果に与える影響度から見た記述のうち，もっとも不適切なものを1つ選べ。

要因	平方和	自由度	分散	寄与率（%）
A	S_A	f_A	V_A	26
B	S_B	f_B	V_B	38
C	S_C	f_C	V_C	12
D	S_D	f_D	V_D	17
e	S_e	f_e	V_e	7
合計	S_T	f_T		100

1 各因子の寄与率は，S_T に対する各々の平方和の比から求められる。
2 測定誤差要因 A, B, C, D について補正すれば，誤差 e の影響も小さくなることが期待される。
3 測定誤差要因 B と C の二つの一次効果を確実に補正すれば，誤差の大きさはほぼ半減すると見られる。
4 測定誤差要因 B が，もっとも大きな影響を与えている。
5 この測定に対しては，測定誤差要因 C がもっとも影響が小さい。

【問題 No. 93】 2つの変数の n 組のデータ (x_i, y_i) から回帰式 $y=a+bx$ を作るとき，次の各記述の中で，誤りを含むものを1つ選べ。ただし，x の平均を x_m と書き，Σ_i で i に関する和を表して，
$$S_{xx}=\Sigma_i(x_i-x_m)^2, \ S_{xy}=\Sigma_i(x_i-x_m)(y_i-y_m), \ S_{yy}=\Sigma_i(y_i-y_m)^2$$
と書くものとする。
1 y の x に対する回帰係数 b は，$b=S_{xy}/S_{xx}$ と表される。
2 x の y に対する回帰係数 b' は，$b'=S_{xy}/S_{yy}$ と表される。

3　x と y の相関係数 r は，$r^2 = S_{xy}{}^2/S_{xx}S_{yy}$ の関係式を満たす。
4　b, b' および r の間には，$b/b' = r^2$ という関係がある。
5　r を用いると，x と y との間の関係は，$y - y_m = r(x - x_m)$ と表される。

【問題　No. 94】 計測器の校正方法に関する次の記述のうち，誤っているものを 1 つ選べ。

1　測定量がゼロのとき計測器の読みもゼロになり，使用される目盛範囲が特定できない計測器の校正には，一般に零点比例式校正が使われる。
2　測定量がゼロのときに計測器の読みがゼロになるとは限らず，使用される目盛範囲が特定できない計測器の校正には，一般に零点校正が適用される。
3　非直線性が大きく，一次式校正では校正後の誤差が大きい計測器の場合には，その誤算が小さくなるような高次の校正式を用いることがある。
4　計測器の読みをそのまま測定値とする場合には，無校正と呼ばれる。
5　測定値が設計値の近傍に分布している場合の測定に用いられる専用計測器の校正には，一般に基準点校正，あるいは，基準点比例式校正が用いられる。

【問題　No. 95】 ある R 管理図の平均値が 1.23，その上方管理限界が 2.81 であるとき，$\bar{x}$-R 管理図の管理限界は中心線の上下にどれだけの幅で確保することが望ましいか。次に示す値の中から，もっとも正しいものを 1 つ選べ。ただし，$\bar{x}$-R 管理図用係数表の一部を以下に示す。

n	A_2	D_3	D_4
2	1.880	—	3.267
3	1.023	—	2.575
4	0.729	—	2.282
5	0.577	—	2.115
6	0.483	—	2.004
7	0.419	—	1.924

1　±0.6　　2　±0.7　　3　±0.8　　4　±0.9　　5　±1.0

【問題　No. 96】 製品検査に関する次の記述のうち，正しいものを 1 つ選べ。

4. 計量管理概論

1. サンプリング検査の主たる目的は，個々の製品の規格外れを見逃さないことである。
2. 検査部門の業務は，検査をするだけであるので，検査結果から得られた情報を工程管理のために他の部門に提供する義務はない。
3. サンプリング検査による品質保証は，製品各々の保証であって，その製品全体の保証ではない。
4. サンプリング検査で合格となったロットの中には，検査を慎重にさえ行っていれば不良品は含まれることはありえない。
5. 長期間において，その工程が管理状態にあり，かつその間のロットが検査でも1つも不合格にならないならば，検査の方式を緩和できる可能性がある。

【問題 No. 97】 製品検査に関する次の記述のうち適切でないものを1つ選べ。

1. ロットの性質と，対象としているロットの合格確率との関係を示すために縦軸にロットの合格確率，横軸にロットの品質を採用してプロットすると，抜取検査方式を表すOC曲線(Operating Characteristic Curve)が得られる。
2. OC曲線は，ロットの大きさ N，サンプルの大きさ n，合格判定個数 c で変化し，抜取検査方式が決まれば，ただ一本与えられる。
3. 代表的な抜取検査では，それぞれの抜取検査方式に対するOC曲線が示される。
4. なるべく合格としたいロットの不良率の上限 (p_0) のロットが合格する確率 $L(p_0)$ はOC曲線上で，次の関係がある。ただし，α は生産者危険（合格とさせたい良いロットが誤って不合格となる確率）を表す。
   $L(p_0) = \alpha$
5. なるべく不合格としたいロットの不良率の下限 (p_1) のロットが合格する確率 $L(p_1)$ はOC曲線上で，次の関係がある。ただし，β は消費者危険（不合格とさせたい悪いロットが誤って合格となる確率）を表す。
   $L(p_1) = \beta$

【問題 No. 98】 一次遅れ系に関する次の記述のうち誤っているものを1つ選べ。

1 　一次遅れ系の伝達関数は，整理すればすべて $G(s) = K/(1+Ts)$ と書くことができる。これは，入力 x, 出力 y に関する微分方程式である次式に対応する。
　　$Tdy/dt + y = Kx$
2 　一次遅れ系の伝達関数 $G(s) = K/(1+Ts)$ において，T はゲイン定数と呼ばれ，K は時定数と呼ばれる。
3 　ステップ応答を実験的に求めて，最終到達値の 63.2％に達するまでの時間から時定数 T を求めることができる。
4 　インパルス応答は，瞬時的な入力に対する応答であって，一次遅れ系では
　　$y(t) = (K/T)\exp(-t/T)$
　となる。
5 　ステップ応答は，階段的に変化する入力に対する応答であって，一次遅れ系では，
　　$y(t) = K\{1-\exp(-t/T)\}$
　となる。

【問題 No. 99】製造工場で工程の自動化を検討している。フィードフォワード型の自動制御方式に適しないものを次の中から1つ選べ。
1 　工程の出力の状態を予想してあらかじめ修正動作を行う場合。
2 　測定することによって得た品質の情報を，前の工程の条件変更に使用する場合。
3 　測定することによって得た品質の情報を，次の工程の条件変更に使用する場合。
4 　中間製品を測定して，次工程の状態を変更する場合。
5 　原材料を測定して，その結果をもって初期工程を調節する場合。

【問題 No. 100】データ伝送に関しての記述のうち，誤っているものを1つ選べ。
1 　データ伝送の目的は，情報を離れたところに誤りなく伝えることにある。この目的のため，外部環境からの雑音を受けにくい信号を用いる必要がある。
2 　信号には，連続的な信号波形を伝送するアナログ信号と，時間的には

信号のレベルとしても離散的に伝送するデジタル信号があり，それぞれアナログ伝送，デジタル伝送と呼ばれている。
3 デジタル伝送において，"0"，"1"をどんな信号に対応づけるかについては，各種の方式が考案されているが，デジタル信号をそのまま伝送する直接方式と，信号をいったん伝送路に適した信号に変換してから伝送する変調方式の2つに大別することが可能である。
4 デジタル信号をそのまま伝送する直接方式はベースバンド方式とも呼ばれる。
5 アナログ伝送は，外乱（ノイズ）に強いため，信頼性の要求される伝送によく用いられる。

模擬問題解説

模擬問題の中で，数式の解き方を要望される読者の方のため，必要と思われる問題を抜粋して解説しています。

≪環境関係法規と物理基礎≫

【問題 No. 6】 落下運動の速度 v は，$v = v_0 + gt$. $v = nv_0$ になる時間 T は，$nv_0 = v_0 + gT$.

【問題 No. 9】 $r\sin(\omega t + \delta) = r_1\sin(\omega t + \delta_1) + r_2\sin(\omega t + \delta_2)$ を加法定理によって展開すると，

$r(\sin\omega t\cos\delta + \cos\omega t\sin\delta)$
$= r_1(\sin\omega t\cos\delta_1 + \cos\omega t\sin\delta_1) + r_2(\sin\omega t\cos\delta_2 + \cos\omega t\sin\delta_2)$

ここで，$t = 0$ および，$t = \dfrac{\pi}{2\omega}$ とおくと，それぞれ

$r\sin\delta = r_1\sin\delta_1 + r_2\sin\delta_2$ ……①
$r\cos\delta = r_1\cos\delta_1 + r_2\cos\delta_2$ ……②

①^2+②^2 より，$r^2 = r_1^2 + r_2^2 + 2r_1r_2\cos(\delta_1 - \delta_1)$

$\dfrac{①}{②}$ より $\tan\delta = \dfrac{r_1\sin\delta_1 + r_2\sin\delta_2}{r_1\cos\delta_1 + r_2\cos\delta_2}$

【問題 No. 10】 浮力 $(4/3)\pi r^3(\rho_0 - \rho)g$ と粘性力 $6\pi r\eta v$ を等しいと置きます。

【問題 No. 11】 2 の糸にかかる張力は $(d - d_0)Vg$

【問題 No. 13】 可逆機関の熱効率 η は $(T_H - T_L)/T_H$

【問題 No. 14】 $\dfrac{1}{100 - 50}\displaystyle\int_{50}^{100} C_p dt = 75\,a$

【問題 No. 15】 $1/a + 1/b = 1/f$ で考えます。

【問題 No. 17】 媒質の屈折率を n としますと，$3.0 \times 10^8\,\text{m/s} \div n$ となります。

【問題 No. 18】 $U = \dfrac{1}{2}\dfrac{Q^2}{C}$ を用います。

【問題 No. 19】 コンデンサーの直列結合から,

$$C = \frac{C_1 C_2}{C_1 + C_2} = \frac{\varepsilon_1 \dfrac{S}{d_1} \cdot \varepsilon_2 \dfrac{S}{d_2}}{\varepsilon_1 \dfrac{S}{d_1} + \varepsilon_2 \dfrac{S}{d_2}} = \frac{\varepsilon_1 \varepsilon_2}{\varepsilon_1 d_2 + \varepsilon_2 d_1} S$$

【問題 No. 25】 クーロンの法則を考えます。

≪音響・振動概論≫

【問題 No. 31】 2, 10 m の点の音圧レベルを L_{11}, L_{12} としますと,

$$L_{11} = 10 \log\left(\frac{0.5}{10^{-12}}\right)$$

$$L_{12} = L_{11} - 10 \log\left(\frac{10}{2}\right)^2$$

【問題 No. 32】 2:p_A と p_B の相加平均の音圧レベルを L_{K_1}, L_A と L_B の相加平均を L_{K_2} と書きますと, これらの差を取り, 基準 p_0 を用いて,

$L_{K_1} - L_{K_2}$
$= 20 \log \{(p_A + p_B)/(2p_0)\} - \{20 \log (p_A/p_0) + 20 \log (p_B/p_0)\}/2$
$= 10 \log \{(p_A + p_B)^2/(2p_0)^2\} - 10 \log \{p_A p_B/(p_0)^2\}$
$= 10 \log \{(p_A + p_B)^2/4\} - 10 \log (p_A p_B)$
$= 10 \log \{(p_A + p_B)^2/4 p_A p_B\}$

この log の中の式と 1 との比較をすると,

$$\frac{(p_A + p_B)^2}{4 p_A p_B} - 1 = \frac{(p_A + p_B)^2 - 4 p_A p_B}{4 p_A p_B} = \frac{(p_A - p_B)^2}{4 p_A p_B} > 0$$

という結果より log の中は 1 より大きい。よって, log の値は 0 より大きいので, $L_{K_1} > L_{K_2}$

3:p_A と p_B の相乗平均の音圧レベル L_{J_1} と書けば, これと L_{K_2} の比較となります。

$L_{J_1} = 20 \log \{(p_A p_B)^{1/2}/p_0\} = 10 \log (p_A p_B/p_0^2)$
$= 10 \log (p_A/p_0) + 10 \log (p_B/p_0)$
$= \{20 \log (p_A/p_0) + 20 \log (p_B/p_0)\}/2$
$= L_{K_2}$

4, 5:2 値が異なるとき, 相加平均>相乗平均ですから,
 $L_{K_1} > L_{J_1}$, および, $L_{K_2} > L_{J_2}$
3 より $L_{J_1} = L_{K_2}$ なので, $L_{K_1} > L_{J_2}$, および, $L_{J_1} > L_{J_2}$

【問題　No. 33】　$340 \text{ m/s} \div 1{,}000 \text{ Hz} = 0.34 \text{ m}$

【問題　No. 34】　1つの機械のレベルを L，1台運転したときのレベルを X としますと，

$$10 \log (5 \times 10^{\frac{L}{10}} + 10^{\frac{53}{10}}) = 60$$
$$10 \log (10^{\frac{L}{10}} + 10^{\frac{53}{10}}) = X$$

これを解いて，$X = 55.6 \fallingdotseq 56 \text{ dB}$

【問題　No. 37】　4は，$L_1 = L_2 = \cdots = L$ の時，$L_m = 10 \log_{10} L$ となって，不自然です。

【問題　No. 43】　6 dB の補正値は 16 Hz の時。

【問題　No. 44】　$L_V = 10 \log (10^{\frac{66-0}{10}} + 10^{\frac{70-4}{10}} + 10^{\frac{76-10}{10}}) = 10 \log (3 \times 10^{6.6})$
$= 66 + 5 = 71$

【問題　No. 47】　音響透過率が τ_1 および τ_2 の2種の材料を面積でそれぞれ S_1 および S_2 だけ用いて作られた壁の音響透過率 τ は，

$$\tau = \frac{S_1 \tau_1 + S_2 \tau_2}{S_1 + S_2}$$

となりますので，本問においては，

$$\tau = \frac{10 \times 2.2 \times 10^{-3} + 90 \times 2 \times 10^{-4}}{10 + 90}$$
$$= 2.2 \times 10^{-4} + 1.8 \times 10^{-4}$$
$$= 4 \times 10^{-4}$$

これを，総合音響透過損失 R に換算しますと，

$$R = 10 \log \frac{1}{\tau} = -10 \log (4 \times 10^{-4})$$
$$= -10 \log 2^2 - 10 \log 10^{-4}$$
$$= -20 \times 0.3 + 40 = 34 \text{ dB}$$

【問題　No. 48】　平均の音圧レベル（球面波では音の強さのレベルと等しい）I_m は，

$$I_m = \frac{8 \times 10^{-3}}{4 \pi \times 5^2} = 2.55 \times 10^{-5} [\text{W/m}^2]$$

$\dfrac{I}{I_m} = 4$ より，$I = 1 \times 10^{-4}$

$$L_P = 10 \log \left(\frac{10^{-4}}{10^{-12}} \right) = 80 [\text{dB}]$$

【問題　No. 49】 $\Delta r = 10$[m], $\Delta \delta = \dfrac{\pi}{2}$, $C = 800$[m/s]として，波長定数 k は

$$k = \dfrac{\Delta \delta}{\Delta r} = \dfrac{\pi}{20}$$

また，波長　$\lambda = \dfrac{2\pi}{k} = \dfrac{2\pi}{\left(\dfrac{\pi}{20}\right)} = 40$[m]

周波数 $f = \dfrac{C}{\lambda} = \dfrac{800 \text{ m/s}}{40 \text{ m}} = 20$[s^{-1}]

【問題　No. 50】 $U_0 = 16$ mm に対応する共振周波数は，$\nu = \dfrac{16}{\sqrt{16}} = 4$[Hz]

$\dfrac{\nu_1}{\nu_2} = \sqrt{\left(\dfrac{m_2}{m_1}\right)} = \sqrt{\left(\dfrac{M + 1000}{M}\right)} = \dfrac{4}{2} = 2$　　∴　$M = 333$

≪計量法規≫

【問題　No. 56】　1：交流電流ではなくて，直流電流が運ぶ電気量です。
2：「グラム原器」ではなくて，「国際キログラム原器」の質量です。
3：1センチメートルではなくて，1メートルだけ動かすときの仕事です。
4：メートル原器を基準にしていた時代もありましたが，今では，光が真空中を約3億分の1，もう少し正確さを上げて言いますと，約2億9千9百79万分の1秒で進む距離とされています。

【問題　No. 57】　表示量が質量ですから，mL を含む選択肢は外せます。量目公差は誤差率（公差率）の急変を防ぐために％と g が交互に並んでいます。

【問題　No. 61】　1：法第28条により，指定の条件としては民法第34条の規定により設立された法人であるということになっています。
2：法第30条（業務規定）第1項です。
3：法第28条第4項です。
4：設問の通りです。指定定期検査機関にその業務の一部または全部を行わせることとした場合には，都道府県知事又は特定市町村の長はもはや，同じ管轄で検査業務をすることができなくなります。もし都道府県知事なども実施することになると，定期検査を行う主体が同時に2ヶ所存在することになり，行政としての問題が生じますので，避けることになっています。(法第20条第2項)
5：指定を取り消された日から1年ではなくて，2年です。指定を取り消された日から2年を経過しないものは，指定定期検査機関の指定を受けることがで

きないとされています。法第28条（指定の基準）の規定です。
【問題 No. 63】 2：修理を行ったときは，検定証印等が付されているものはこれを除去することを原則としています（法第49条1項）。その例外として届出製造・修理事業者及び適正計量管理事業所が行う省令で定める「一定範囲の修理」の場合は，性能や器差が所定の基準に適合していれば，除去しなくてもよいことになっています（同条第1項）。
【問題 No. 68】 1：計量証明検査済証印，2：基準適合証印，3：装置検査証印，4：基準器検査証印，5：検定証印
【問題 No. 71】 年ではなく年月です。

≪計量管理概論≫
【問題 No. 80】 流れるものや束になっているものの密度は $/m^2$ です。
【問題 No. 86】 χ^2（カイ2乗）≠ x^2（エックス2乗）
【問題 No. 87】 5 は $<x_t+\mu_x+e_{x,i}> = <x_t> + <\mu_x> + <e_{x,i}>$
$$= x_t + \mu_x$$
【問題 No. 89】 例えば，全くばらつきのない場合，$\sum_i x_i^2 = n\bar{x}^2$，$x_i - x_m = 0$ などを代入しますと，1のみ $\bar{x}^2$ となり他は0となります。
【問題 No. 90】 $|\Delta R/R| = |2\Delta V/V| + |4\Delta \lambda/\lambda|$
【問題 No. 95】 $\bar{R} = 1.23$，$D_4\bar{R} = 2.81$ より，$D_4 = 2.28$，表から，$n = 4$，$A_2 = 0.729$
よって，$\pm A_2\bar{R} = 0.729 \times 1.23 = \pm 0.897$
【問題 No. 97】 4 は，$L(p_0) = 1 - \alpha$ が正しい。
【問題 No. 100】 ノイズに強いのは，デジタル信号。

模擬問題解答

1．環境関係法規と物理基礎

【問題　No.　 1】　正解　1
【問題　No.　 2】　正解　3
【問題　No.　 3】　正解　5
【問題　No.　 4】　正解　2
【問題　No.　 5】　正解　4
【問題　No.　 6】　正解　3
【問題　No.　 7】　正解　4
【問題　No.　 8】　正解　1
【問題　No.　 9】　正解　1
【問題　No.　10】　正解　5
【問題　No.　11】　正解　2
【問題　No.　12】　正解　4
【問題　No.　13】　正解　1
【問題　No.　14】　正解　3
【問題　No.　15】　正解　3
【問題　No.　16】　正解　2
【問題　No.　17】　正解　3
【問題　No.　18】　正解　3
【問題　No.　19】　正解　1
【問題　No.　20】　正解　2
【問題　No.　21】　正解　1
【問題　No.　22】　正解　4
【問題　No.　23】　正解　1
【問題　No.　24】　正解　5
【問題　No.　25】　正解　2

2．音響・振動概論

【問題　No.　26】　正解　1
【問題　No.　27】　正解　5
【問題　No.　28】　正解　3
【問題　No.　29】　正解　3
【問題　No.　30】　正解　1
【問題　No.　31】　正解　5
【問題　No.　32】　正解　3
【問題　No.　33】　正解　4
【問題　No.　34】　正解　4
【問題　No.　35】　正解　4
【問題　No.　36】　正解　3
【問題　No.　37】　正解　4
【問題　No.　38】　正解　2
【問題　No.　39】　正解　3
【問題　No.　40】　正解　4
【問題　No.　41】　正解　5
【問題　No.　42】　正解　1
【問題　No.　43】　正解　3
【問題　No.　44】　正解　2
【問題　No.　45】　正解　4
【問題　No.　46】　正解　2
【問題　No.　47】　正解　3
【問題　No.　48】　正解　1
【問題　No.　49】　正解　1
【問題　No.　50】　正解　1

模擬問題解答

3．計量関係法規

【問題 No. 51】 正解 5
【問題 No. 52】 正解 1
【問題 No. 53】 正解 4
【問題 No. 54】 正解 2
【問題 No. 55】 正解 3
【問題 No. 56】 正解 5
【問題 No. 57】 正解 2
【問題 No. 58】 正解 1
【問題 No. 59】 正解 2
【問題 No. 60】 正解 1
【問題 No. 61】 正解 5
【問題 No. 62】 正解 3
【問題 No. 63】 正解 2
【問題 No. 64】 正解 4
【問題 No. 65】 正解 3
【問題 No. 66】 正解 2
【問題 No. 67】 正解 4
【問題 No. 68】 正解 5
【問題 No. 69】 正解 2
【問題 No. 70】 正解 2
【問題 No. 71】 正解 5
【問題 No. 72】 正解 1
【問題 No. 73】 正解 1
【問題 No. 74】 正解 2
【問題 No. 75】 正解 5

4．計量管理概論

【問題 No. 76】 正解 3
【問題 No. 77】 正解 5
【問題 No. 78】 正解 4
【問題 No. 79】 正解 3
【問題 No. 80】 正解 2
【問題 No. 81】 正解 5
【問題 No. 82】 正解 5
【問題 No. 83】 正解 1
【問題 No. 84】 正解 2
【問題 No. 85】 正解 3
【問題 No. 86】 正解 5
【問題 No. 87】 正解 1
【問題 No. 88】 正解 3
【問題 No. 89】 正解 1
【問題 No. 90】 正解 3
【問題 No. 91】 正解 1
【問題 No. 92】 正解 2
【問題 No. 93】 正解 4
【問題 No. 94】 正解 2
【問題 No. 95】 正解 4
【問題 No. 96】 正解 5
【問題 No. 97】 正解 4
【問題 No. 98】 正解 2
【問題 No. 99】 正解 2
【問題 No. 100】 正解 5

あとがき

　人類にとって，「地球環境問題」はますます複雑な様相を呈しつつあり，さし迫った危機と言っても過言ではありません。

　「はるか昔，この地球上に我が世の春を謳歌した恐竜たちが，ある時，突然にその姿を消したことは，人類にとって大いなる警告なのではないか。化石資源に頼った『石油化学工業』が盛んな現在に対して，廃棄物を完全になくし環境に負荷のかからないものを原料として使うという『ゼロエミッション』の循環型社会を早急に構築すべきではないか。そのために，例えば『生物化学工業』などを世界に広めるべきではないか。」

　というような思いにかられて，化学企業と言われる会社から，環境学園専門学校（旧名　国際環境専門学校）という学校に移り，環境のことに役に立ちたいという若者を環境技術者として育成している著者が，このたび環境計量士の資格を目指す人のためにできるだけ分かりやすいものにしようと国家試験受験のための問題解説集を発刊したことは，その資格をもつ人を増やして環境問題解決に少しでも役に立ちたいという思いの現れです。

　ですから，地球環境問題の解決の一環として，少しでも多くの方が本書を利用して環境計量士の資格を取得され，大げさな言い方にはなりますが，人類のために働いていただくことを強く望むものです。

　また，本書は，著者の勤務する学校法人重里学園の重里國麿理事長の強い熱意に基づいたご支援とあたたかい励ましがなかったならば陽の目を見ていなかったし，弘文社ならびに関係各位のご協力がなくては出版に至っていなかったことを明記しなければなりません。

　ここで，著者の勤務する学校について若干のご説明を申し上げます。専門学校が２校，通信教育を行なっている研究所が１つあります。ご興味のある方はご検討下さい。

1）環境学園専門学校
　　［ホームページ URL　http://www.kankyo.ac.jp　電子メール　info@kankyo.ac.jp
　　　電話 06－6412－8461　　　　　　　　　　　　　　　　　　　　　　　　　　　］

あとがき

　環境の世紀と言われる今世紀において，環境の勉強をして循環型社会の形成に役に立とうという若者が集まっています。
　学科として，以下のようなものがあります。
①自然環境保全学科（2年制）
　森林緑化水域コース（私たちの生活の基盤であり，また様々な動物の住み場所となる森林などの緑や，海，川，湖の自然環境を守るための知識や技術を学ぶ。実習では，フィールドにおいて自然環境の調査法，植物種の同定法を取得したり，標本作成の技術を学んだりする。）
　動物生態調査コース（生き物のための環境を守るには，その環境にどのような野生生物が生息しているのか等を調べ，そういった生物に配慮した開発・保全策が必要となってきます。このコースでは，主に昆虫類，鳥類，哺乳類，両生・ハ虫類などの野生生物を対象として，野外調査の基準となる対象分類や生態などを学びます。）
②環境技術保全学科（2年制）
　環境バイオロジーコース（汚染された環境を，化学物質ではなく，自然に生きている植物や微生物の力で回復するための「バイオテクノロジー」の知識と技術を学び，それを用いた環境保全に取り組んでいきます）
　環境テクノロジーコース（省資源型の製品づくりやエネルギーの有効利用技術，リサイクルによる廃棄物の削減などの知識と技術を学びます）
③生命環境医薬学科（2年制）
　生命医薬コース（これまで医薬品の販売は薬剤師の仕事でしたが，平成21年6月より薬事法が改正になり，医薬品の登録販売者〈公的資格〉を有する人も薬局，薬店で医薬品の仕事が出来るようになりました。このコースは医薬品の登録販売者の資格取得と医薬品や健康食品に対し本校独自のカリキュラムにより，講義・実験・実習を行い，環境面も含めて幅広く学ぶことができます）
④環境化学科（通信制，2～6年）
　環境分析技術を学習します。自宅学習（実験以外の科目）と学校に来ていただくスクーリング（実験のみ）とで履修します。一通りの技術を履修する全科生と，希望の科目だけを学習する単科生とがあります。

あとがき

2) 日本分析化学専門学校

　　[ホームページ URL　http://www.bunseki.ac.jp　電子メール　info@bunseki.ac.jp]
　　[電話 06-6353-0347]

　分析化学の知識および技術を修得し，企業や団体の研究・試験・測定・調査・開発・管理・検査業務等を行なえる人材を育成しています。創立は1982年で，これまでに約2800名の分析技術者が卒業し，それぞれの分野で活躍しています。

　設置学科は次の通りです。

①資源分析学科（2年制）
　自然化学コース（自然界に存在する化学物質の分析技術を学びます）
　もの化学コース（新製品・新素材の開発に関する分析技術を学びます）

②生命バイオ分析学科（2年制）
　医薬バイオコース（薬と生き物に関する分析技術を学びます）
　食と生活コース（人間の生活「衣・食・住」について科学的な分析技術を
　　　　　　　　学びます）

③有機テクノロジー学科（2年制）
　物質を「あつめてつくる」合成や高分子等の技術を学びます。

④資源分析学科（2年制）
　化学分析コース
　（働いておられる方にも学習の機会を持っていただくため，土曜日と日曜日に開講している学科で，国家資格である化学分析技能士の資格取得を目指しています。）

⑤医療からだ高度分析学科（4年制）
　医師，薬剤師の国家資格がなくても，新薬開発や臨床検査，医薬情報提供などの分野で活躍できる知識と技術を身につけます。また，卒業と同時に，大学院入学資格も付与されます。

3）生涯教育研究所

[ホームページURL　http://www.tsu-kyo.net/　電子メール　info@tsu-kyo.net
  電話 06-6412-8461]

厚生労働省認定の教育給付金制度のある通信教育で，全国の方が受講されています。通常，月に一回の課題を提出して標準で6ヶ月程度学習します。以下の講座があります。

1. 講座名（通信講座）

	講座名	受講期間	受講料	受給金額 (40%の場合)	本人 ご負担額
1	環境計量士講座	6ヶ月	43,000 円	17,200 円	25,800 円
2	公害防止管理者講座	6ヶ月	38,500 円	15,400 円	23,100 円
3	臭気判定士講座	6ヶ月	38,750 円	15,500 円	23,250 円
4	毒物劇物取扱責任者講座	6ヶ月	41,000 円	16,400 円	24,600 円

2. 給付制度利用の条件（申込資格）

　給付は厚生労働省（ハローワーク）からとなります。

　下記の条件を満たす方は給付制度を利用出来ます。

　・雇用保険に通算して3年以上加入した実績のある方

　　⇒　受講料の20%（上限10万円）

著者記す

著者紹介

久谷邦夫（ひさたに　くにお）

略歴
福井県出身，1947 年生まれ。
1966 年 3 月　富山県立富山中部高等学校卒業
1970 年 3 月　東京大学工学部化学工学科卒業
1972 年 3 月　東京大学大学院　工学系研究科（化学工学専攻）修士課程修了，
旭化成工業㈱勤務（繊維事業本部，研究開発本部，樹脂製品事業部）の後，
学校法人重里学園・環境学園専門学校非常勤講師，同学園・生涯教育研究所長。
（2002 年 4 月～2003 年 3 月）大阪大学工学部研究員（専修学校研修員）。
学術論文全 17 報，出願特許　国内全 36 件，海外 1 件（6 ヶ国）
大阪府池田市在住

資格
工学博士（東京大学提出論文「立体規則性を有する共重合高分子の連鎖分布に関する研究」）
公害防止管理者（水質 1 種，大気 1 種），甲種危険物取扱者，
特別管理産業廃棄物管理責任者，普通第一種圧力容器取扱作業主任者，
特定化学物質等作業主任者

著作
「よくわかる環境計量士試験　濃度関係」（共著，弘文社），2000.
「よくわかる環境計量士試験　騒音振動関係」（弘文社），2001.
「金子みすゞさんの心の旅路をたずねて」（筆名　牧野国男，文芸社），2001.
「よくわかる公害防止管理者　ダイオキシン類関係」（弘文社），2003.
「よくわかる公害防止管理者　水質関係」（弘文社），2005.
「わかりやすい公害防止管理者　大気関係」（弘文社），2006.
「わかりやすい公害防止管理者　水質関係」（弘文社），2007.
「わかりやすい公害防止管理者　騒音・振動関係」（弘文社），2008.

ホームページ URL：〈http://homepage3.nifty.com/epician/〉

| よくわかる！ | 環境計量士試験　騒音・振動関係 |

| 編　　著 | 学校法人・専修学校　環境学園専門学校 |
| （執　筆） | 工学博士　久谷邦夫 |

印刷・製本　　株式会社　太洋社

| 発行所 | 株式会社　弘文社 | 〒546-0012
大阪市東住吉区中野2丁目1番27号
☎(06)6797-7441
FAX(06)6702-4732
振替口座 00940-2-43630
東住吉郵便局私書箱1号 |

代表者　　　岡崎　達

落丁・乱丁本はお取り替えいたします。